! 여정
해 해요.

① 개념원리/RPM 교재 구매

② 에그릿 APP 무료 다운

egr!t

③ 수학 공부 일정 세우기

내 목표 완독일과
수준에 맞춘 **스케줄링** 제공

⑥ 유형 공부
➕ with RPM

• 문제 해설 영상 제공
• 질의응답 가능

⑤ 개념 공부
➕ with 개념원리

• 개념 OX 퀴즈
• **개념 강의 제공**
• 질의응답 가능

④ 소통

스터디 그룹 만들어
친구와 함께 공부하기

⑦ 문제 플레이리스트

• 틀린 문제 오답노트
• 중간/기말고사 대비를 위한
  나만의 문제집 만들기

⑧ 단원 마무리

• 단원 마무리 테스트 제공
• 결과에 따른 분석지 제공
• 분석에 따른 솔루션 제공

⑨ 완독

당신만의 완독 메이트 **egr!t**

개념원리 중학 수학 **1-2**

발행일	2024년 7월 1일 (1판 2쇄)
기획 및 집필	이홍섭, 개념원리 수학연구소
콘텐츠 개발 총괄	한소영
콘텐츠 개발 책임	오서희, 오지애, 김경숙, 오영석, 이선옥, 모규리, 김현진

사업 책임	정현호
마케팅 책임	권가민, 이미혜, 정성훈
제작/유통 책임	이건호
영업 책임	정현호
디자인	(주)이츠북스, 스튜디오 에딩크

펴낸이	고사무열
펴낸곳	(주)개념원리
등록번호	제 22-2381호
주소	서울시 강남구 테헤란로 8길 37, 7층(한동빌딩) 06239
고객센터	1644-1248

2022 개정 교육과정
2025년 중1부터 적용

개념원리 중학인강
www.imath.kr

수학의 시작 개념원리

중학 수학 1-2

개념원리

이홍섭 지음

수학 필독서 5,500만 부 돌파!

개념원리 수학연구소

첫 단원만 너덜너덜한 문제집은 그만!

내 목표, 내 일정, 내 수준 모두 고려해 주는
무료 APP '에그릿'으로 개념원리/RPM 공부하기

당신만의 완독 메이트 **egr!t**

홈
오늘의 공부 미션을
확인할 수 있는
나만의 **대시보드**

복습
• 자동으로 생성되는
  오답노트
• 나만의 문제
  플레이리스트

플래너
• 내 목표, 내 공부시간에
  딱 맞는 **스케줄** 설정
• 수학 공부 전체
  로드맵 제시

소통
• 함께 공부하면 더
  효율적인 **스터디 그룹**
• 우리끼리 **질의응답**

학습
• 출판사 최초로 제공하는
  RPM 전 문항 무료 강의
• 내 수준에 맞는 **추가문제** 제공

QR을 통해 앱을 다운받아 보세요.

I-1 기본 도형

01 점, 선, 면

(1) **도형의 기본 요소**
  ① 점, 선, 면을 도형의 기본 요소라 한다.
  ② 점이 움직인 자리는 선이 되고, 선이 움직인 자리는 면이 된다.

(2) **교점과 교선**
  ① 교점: 선과 선 또는 선과 면이 만나서 생기는 점
  ② 교선: 면과 면이 만나서 생기는 선

(3) **직선, 반직선, 선분**

직선 AB ($\overleftrightarrow{AB}$)	반직선 AB ($\overrightarrow{AB}$)	선분 AB ($\overline{AB}$)
$\xleftrightarrow{\quad A \quad B \quad}$	$\xrightarrow{\;\; A \quad B \;}$	$\overline{\;A \quad B\;}$

(4) **두 점 A, B 사이의 거리**: 두 점 A, B를 양 끝
  점으로 하는 무수히 많은 선 중에서 길이가
  가장 짧은 선인 **선분 AB의 길이**

  두 점 A, B 사이의 거리

(5) **선분 AB의 중점**: $\overline{AM}=\overline{MB}=\dfrac{1}{2}\overline{AB}$를 만족
  시키는 점 M

  선분 AB의 중점

02 각

(1) **각**
  ① **각 AOB** ($\angle AOB$): 두 반직선 OA,
    OB로 이루어진 도형
  ② **각 AOB의 크기**: 꼭짓점 O를 중심으로
    변 OA가 변 OB까지 회전한 양

  변 / 각의 크기 / 꼭짓점 / 변

(2) **각의 분류**
  ① (평각)=180°   ② (직각)=90°
  ③ 0°<(예각)<90°   ④ 90°<(둔각)<180°

(3) **맞꼭지각**
  ① 교각: 두 직선이 한 점에서 만날 때 생기는 네
    개의 각 ➡ $\angle a$, $\angle b$, $\angle c$, $\angle d$
  ② 맞꼭지각: 교각 중에서 서로 마주 보는 각
    ➡ $\angle a$와 $\angle c$, $\angle b$와 $\angle d$
  ③ 맞꼭지각의 성질: 맞꼭지각의 크기는 서로 같다.
    ➡ $\angle a = \angle c$, $\angle b = \angle d$

(4) **직교**: 두 직선 AB와 CD의 교각이 직각일 때,
  두 직선은 **직교**한다고 하고, 기호로
  $\overleftrightarrow{AB} \perp \overleftrightarrow{CD}$와 같이 나타낸다.

(5) **수직과 수선**: 두 직선이 직교할 때, 두 직선은 서
  로 수직이고, 한 직선은 다른 직선의 수선이다.

(6) **수직이등분선**: 선분 AB의 중점 M을 지나
  면서 선분 AB에 수직인 직선 l을 선분
  AB의 수직이등분선이라 한다.

  수직이등분선

(7) **점과 직선 사이의 거리**
  ① 수선의 발: 점 P에서 직선 l에 수선을
    그었을 때, 그 수선과 직선 l의 교점 H
  ② 점 P와 직선 l 사이의 거리: 점 P에서
    직선 l에 내린 수선의 발 H에 대하여
    선분 PH의 길이

  점 P와 직선 l 사이의 거리 / 수선의 발

I-2 위치 관계

01 두 직선의 위치 관계

(1) **점과 직선의 위치 관계**
  ① 점 A는 직선 l 위에 있다.
  ② 점 B와 점 C는 직선 l 위에 있지 않다.

(2) **점과 평면의 위치 관계**
  ① 점 A는 평면 P 위에 있다.
  ② 점 B는 평면 P 위에 있지 않다.

(3) **평면에서 두 직선의 위치 관계**
  ① 한 점에서 만난다. ② 일치한다. ③ 평행하다.

(4) **꼬인 위치**: 공간에서 두 직선이 만나지도 않고 평행하지도 않을 때,
  두 직선은 꼬인 위치에 있다고 한다.

(5) **공간에서 두 직선의 위치 관계**
  ① 한 점에서 만난다.   ② 일치한다.

  ③ 평행하다.   ④ 꼬인 위치에 있다.

02 직선과 평면의 위치 관계

(1) **공간에서 직선과 평면의 위치 관계**
  ① 한 점에서 만난다. ② 포함된다. ③ 평행하다.

(2) **공간에서 두 평면의 위치 관계**
  ① 한 직선에서 만난다. ② 일치한다. ③ 평행하다.

03 평행선의 성질

(1) **동위각과 엇각**
  ① 동위각: 서로 같은 위치에 있는 두 각
  ② 엇각: 서로 엇갈린 위치에 있는 두 각

(2) **평행선의 성질**
  ① $l \;/\!/\; m$이면
    $\angle a = \angle b$ (동위각)
  ② $l \;/\!/\; m$이면
    $\angle c = \angle d$ (엇각)

(3) **두 직선이 평행할 조건**
  ① $\angle a = \angle b$이면
    $l \;/\!/\; m$
  ② $\angle c = \angle d$이면
    $l \;/\!/\; m$

01 기본 도형의 작도

(1) **작도**: 눈금 없는 자와 컴퍼스만을 사용하여 도형을 그리는 것

(2) **길이가 같은 선분의 작도**

선분 AB와 길이가 같은 선분 PQ는 다음과 같이 작도한다.

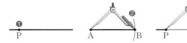

(3) **크기가 같은 각의 작도**

각 AOB와 크기가 같은 각 YPX는 다음과 같이 작도한다.

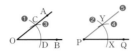

(4) **평행선의 작도**

직선 l 밖의 한 점 P를 지나고 직선 l과 평행한 직선 PD는 다음과 같이 작도한다.

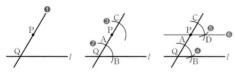

02 삼각형의 작도

(1) **삼각형 ABC ($\triangle$ABC)**: 세 꼭짓점이 A, B, C인 삼각형
① 대변: 한 각과 마주 보는 변
② 대각: 한 변과 마주 보는 각

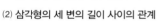

(2) **삼각형의 세 변의 길이 사이의 관계**

삼각형의 두 변의 길이의 합은 나머지 한 변의 길이보다 크다.

(3) **삼각형의 작도**

① 세 변의 길이가 주어질 때

② 두 변의 길이와 그 끼인각의 크기가 주어질 때

③ 한 변의 길이와 그 양 끝 각의 크기가 주어질 때

03 삼각형의 합동

(1) **합동**: 두 삼각형 ABC, DEF가 서로 합동일 때
$$\triangle ABC \equiv \triangle DEF$$
와 같이 나타낸다.

(2) **합동인 도형의 성질**

두 도형이 서로 합동이면
① 대응변의 길이가 같다.　　② 대응각의 크기가 같다.

(3) **삼각형의 합동 조건**

① 대응하는 세 변의 길이가 각각 같을 때 (SSS 합동)
➡ $\overline{AB}=\overline{DE}$, $\overline{BC}=\overline{EF}$, $\overline{CA}=\overline{FD}$

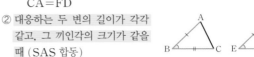

② 대응하는 두 변의 길이가 각각 같고, 그 끼인각의 크기가 같을 때 (SAS 합동)
➡ $\overline{AB}=\overline{DE}$, $\overline{BC}=\overline{EF}$, $\angle B=\angle E$

③ 대응하는 한 변의 길이가 같고, 그 양 끝 각의 크기가 각각 같을 때 (ASA 합동)
➡ $\overline{BC}=\overline{EF}$, $\angle B=\angle E$, $\angle C=\angle F$

II-1 다각형

01 다각형

(1) **다각형**: 여러 개의 선분으로 둘러싸인 평면도형
① 내각: 다각형에서 이웃하는 두 변으로 이루어진 내부의 각
② 외각: 다각형의 각 꼭짓점에서 한 변과 그 변에 이웃하는 변의 연장선으로 이루어진 각

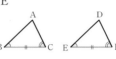

(2) **정다각형**: 모든 변의 길이가 같고 모든 내각의 크기가 같은 다각형

(3) **대각선**: 다각형에서 이웃하지 않는 두 꼭짓점을 이은 선분

(4) **대각선의 개수**
① n각형의 한 꼭짓점에서 그을 수 있는 대각선의 개수 ➡ $n-3$
② n각형의 대각선의 개수 ➡ $\dfrac{n(n-3)}{2}$

02 삼각형의 내각과 외각

(1) 삼각형의 세 내각의 크기의 합은 180°이다.
➡ $\angle A+\angle B+\angle C=180°$

(2) 삼각형의 한 외각의 크기는 그와 이웃하지 않는 두 내각의 크기의 합과 같다.
➡ $\angle ACD=\angle A+\angle B$

03 다각형의 내각과 외각

(1) **다각형의 내각의 크기의 합**
n각형의 내각의 크기의 합 ➡ $180°\times(n-2)$

(2) **다각형의 외각의 크기의 합**
n각형의 외각의 크기의 합은 항상 360°이다.

(3) **정다각형의 한 내각과 한 외각의 크기**
① 정n각형의 한 내각의 크기 ➡ $\dfrac{180°\times(n-2)}{n}$
② 정n각형의 한 외각의 크기 ➡ $\dfrac{360°}{n}$

개념원리

수학의 시작 개념원리

중학 수학 **1-2**

많은 학생들은 왜
개념원리로 공부할까요?
정확한 개념과 원리의 이해,
수학 공부의 비결
개념원리에 있습니다.

개념원리 중학 수학의 특징

❶ 하나를 알면 10개, 20개를 풀 수 있고 어려운 수학에 흥미를 갖게 하여 쉽게
수학을 정복할 수 있습니다.

❷ 나선식 교육법으로 쉬운 것부터 어려운 것까지 단계적으로 혼자서도 충분히
공부할 수 있도록 하였습니다.

❸ 문제를 푸는 방법과 틀리기 쉬운 부분을 짚어주어 개념원리를 충실히 익히도
록 하였습니다.

❹ 교과서 문제와 전국 중학교의 중간•기말고사 시험 문제 중 출제율이 높은
문제를 엄선하여 수록함으로써 시험에도 철저히 대비할 수 있도록 하였습니다.

"어떻게 하면 수학을 잘할 수 있을까?"

이것은 풀리지 않는 최대의 난제 중 하나로 오랫동안 끊임없이 제기되는 학생들의 질문이며 큰 바람입니다. 그런데 안타깝게도 대부분의 학생들이 성적이 오르지 않아 수학에 흥미를 잃어버리고 중도에 포기하는 경우가 많습니다.

공부를 열심히 하지 않아서일까요?
수학적 사고력이 부족해서일까요?

그렇지 않습니다. 이는 수학을 공부하는 방법이 잘못되었기 때문입니다.

개념원리 수학은 단순한 암기식 풀이가 아니라 학생들의 눈높이에 맞게 **개념과 원리를 이해하기 쉽게 설명**하고 **개념을 문제에 적용하면서 쉬운 문제부터 차근차근 단계별로 학습해 스스로 사고하는 능력을 기를 수 있도록** 기획했습니다.

이러한 개념원리만의 특별한 학습법으로 문제를 하나하나 풀어나가다 보면, 수학에 대한 자신감뿐만 아니라 수학적 사고에 기반한 창의적인 문제해결력까지 키워줄 수 있습니다.

스스로 생각하며 **공부**하는 **방법**을 알려주는
개념원리 수학을 통해
풀리지 않는 최대의 난제 '수학을 잘하는 방법'을 함께 찾아봅시다.

구성과 특징

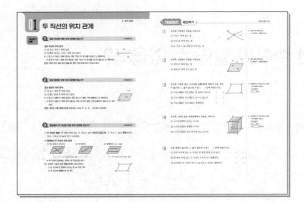

개념원리 이해
각 단원에서 다루는 개념과 원리를 완벽하게 이해할 수 있도록 자세하고 친절하게 정리하였습니다. 또 중요한 내용, 용어와 기호를 강조 처리해 한눈에 파악하도록 하였습니다.

개념원리 확인하기
개념을 확인할 수 있도록 개념과 원리를 정확히 이해할 수 있는 문제로 구성하였습니다.

핵심문제 익히기
해당 소단원의 대표적인 문제를 통하여 개념과 원리의 적용 및 응용을 충분히 익힐 수 있도록 핵심문제와 확인문제로 구성하였습니다.
어려운 핵심문제는 UP으로 표시해 난이도를 구분하였습니다.

➕ 핵심문제의 각 유형에 대한 다양한 문제를 RPM에서 풀어 볼 수 있습니다.

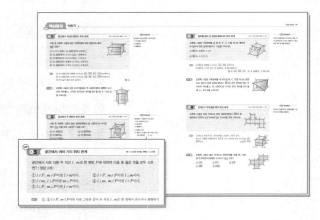

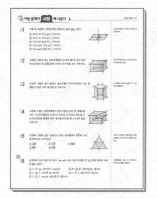

이런 문제가 시험에 나온다
내신 기출을 분석해 시험에 자주 출제 되는 문제로 배운 내용에 대한 확인을 할 수 있도록 구성하였습니다.

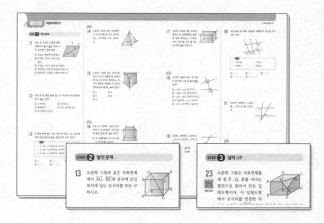

○ 중단원 마무리하기

학교 시험에 대비하여 전국 주요 학교의 시험 문제 중 출제율이 높은 문제를 엄선하여

STEP **1** / STEP **2** / STEP **3**

수준별로 구성하였습니다.

➡ STEP **3** 문제는 무료 해설 강의를 제공합니다.

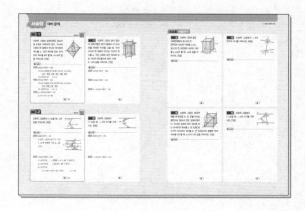

○ 서술형 대비 문제

예제 와 유제 를 통하여 풀이 서술의 기본기를 다진 후 시험에 자주 출제되는 서술형 문제를 풀면서 서술력을 강화할 수 있도록 구성하였습니다.

➡ 예제 는 무료 해설 강의를 제공합니다.

○ 한눈에 보는 개념 정리

중학 수학 1-2의 개념과 기본 공식을 모아 개념을 숙지할 수 있도록 부록으로 제공하였습니다.

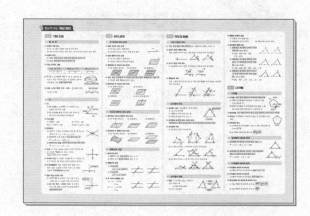

차례

Ⅲ 입체도형

Ⅳ 통계

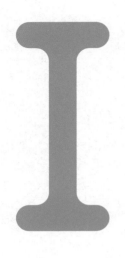

기본 도형

이 단원에서는 점, 선, 면, 각을 이해하고, 점, 직선, 평면의 위치 관계를 설명해 보자.
또 평행선에서 동위각과 엇각의 성질을 이해하고 설명해 보자.
또한 삼각형을 작도하고, 삼각형의 합동 조건을 이용하여 두 삼각형이 합동인지 판별해 보자.

I-1

기본 도형

I-2 | 위치 관계

I-3 | 작도와 합동

이 단원의 학습 계획을 세우고
하나하나 실천하는 습관을 기르자!!

나는 할 수 있어!

		공부한 날		학습 완료도
01 점, 선, 면	개념원리 이해 & 개념원리 확인하기	월	일	□□□
	핵심문제 익히기	월	일	○○○
	이런 문제가 시험에 나온다	월	일	○○○
02 각	개념원리 이해 & 개념원리 확인하기	월	일	□□□
	핵심문제 익히기	월	일	○○○
	이런 문제가 시험에 나온다	월	일	○○○
중단원 마무리하기		월	일	○○○
서술형 대비 문제		월	일	○○○

개념 학습 guide

• 개념을 이해했으면 ■■□, 개념을 문제에 적용할 수 있으면 ■■■, 개념을 친구에게 설명할 수 있으면 ■■■
  로 색칠한다.

• 부족한 부분의 개념을 반복 학습하여 ■■■ 3칸 모두 색칠하면 학습을 마친다.

문제 학습 guide

• 맞힌 문제가 전체의 50% 미만이면 ●○○, 맞힌 문제가 50% 이상 90% 미만이면 ●●○, 맞힌 문제가 90% 이
  상이면 ●●● 로 색칠한다. 문제를 찍지 말자!

• 틀린 문제는 왜 틀렸는지 그 이유를 파악한 후 다시 풀어 본다. 며칠 후 틀린 문제를 다시 풀어 보고, 풀이 과정과
  답이 맞으면 학습을 마친다.

01 점, 선, 면

개념원리 이해

1 도형은 무엇으로 이루어져 있는가?

(1) 도형의 기본 요소

① 점, 선, 면을 도형의 기본 요소라 한다.

② 점이 움직인 자리는 선이 되고, 선은 무수히 많은 점으로 이루어져 있다.

③ 선이 움직인 자리는 면이 되고, 면은 무수히 많은 선으로 이루어져 있다.

▶ 선에는 직선과 곡선이 있고, 면에는 평면과 곡면이 있다.

참고 일반적으로 점은 A, B, C, …와 같이, 직선은 l, m, n, …과 같이, 평면은 P, Q, R, …와 같이 나타낸다.

(2) 평면도형과 입체도형

① 평면도형: 삼각형, 사각형, 원과 같이 한 평면 위에 있는 도형

② 입체도형: 삼각뿔, 직육면체, 원기둥과 같이 한 평면 위에 있지 않은 도형

▶ 입체도형 중에는 삼각뿔, 직육면체와 같이 평면으로만 둘러싸인 도형도 있고 원뿔, 원기둥과 같이 평면과 곡면으로 둘러싸인 도형도 있으며 구와 같이 곡면으로만 둘러싸인 도형도 있다.

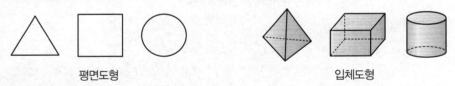

평면도형　　　　　　　　　입체도형

2 교점과 교선이란 무엇인가?

◎ 핵심문제 01

(1) 교점: 선과 선 또는 선과 면이 만나서 생기는 점

(2) 교선: 면과 면이 만나서 생기는 선

▶ 교선은 직선이 될 수도 있고 곡선이 될 수도 있다.

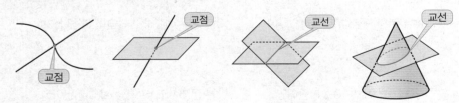

참고 ① 평면으로만 둘러싸인 입체도형에서

(교점의 개수)＝(꼭짓점의 개수), 　(교선의 개수)＝(모서리의 개수)

② 평면과 평면의 교선은 직선이다.

3 직선, 반직선, 선분이란 무엇인가?   ◎ 핵심문제 02∼04

(1) 직선이 정해질 조건

한 점을 지나는 직선은 무수히 많지만 서로 다른 두 점을 지나는 직선은 오직 하나뿐이다.

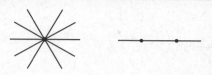

(2) 직선, 반직선, 선분

① **직선 AB**: 서로 다른 두 점 A, B를 지나 양쪽으로 한없이 곧게 뻗은 선
을 직선 AB라 하고, 기호로 $\overleftrightarrow{AB}$와 같이 나타낸다.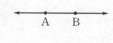

▶ $\overleftrightarrow{AB}$와 $\overleftrightarrow{BA}$는 같은 직선이다. 즉 $\overleftrightarrow{AB}=\overleftrightarrow{BA}$이다.

② **반직선 AB**: 직선 AB 위의 한 점 A에서 시작하여 점 B의 방향으로 한
없이 뻗어 나가는 직선의 일부분을 반직선 AB라 하고, 기호로 $\overrightarrow{AB}$와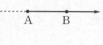
같이 나타낸다.

▶ $\overrightarrow{AB}$와 $\overrightarrow{BA}$는 시작점과 뻗어 나가는 방향이 모두 다르므로 서로 다른 반직선이
다. 즉 $\overrightarrow{AB}\neq\overrightarrow{BA}$이다.

예 오른쪽 그림과 같은 한 직선 위의 세 점 A, B, C에 대하여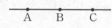

① $\overrightarrow{AB}$와 $\overrightarrow{AC}$는 시작점과 뻗어 나가는 방향이 모두 같으므로 $\overrightarrow{AB}=\overrightarrow{AC}$

② $\overrightarrow{BA}$와 $\overrightarrow{BC}$는 시작점(B)은 같지만 뻗어 나가는 방향이 다르므로 $\overrightarrow{BA}\neq\overrightarrow{BC}$

③ $\overrightarrow{AB}$와 $\overrightarrow{BC}$는 뻗어 나가는 방향(→)은 같지만 시작점이 다르므로 $\overrightarrow{AB}\neq\overrightarrow{BC}$

③ **선분 AB**: 직선 AB 위의 두 점 A, B를 포함하여 점 A에서 점 B까지
의 부분을 선분 AB라 하고, 기호로 $\overline{AB}$와 같이 나타낸다.

▶ $\overline{AB}$와 $\overline{BA}$는 같은 선분이다. 즉 $\overline{AB}=\overline{BA}$이다.

---

4 두 점 사이의 거리는 어떻게 구하는가?   ◎ 핵심문제 05, 06

(1) 두 점 A, B 사이의 거리: 두 점 A, B를 양 끝 점으로 하는 무수히 많은
선 중에서 길이가 가장 짧은 선은 선분 AB이다.

이때 선분 AB의 길이를 두 점 A, B 사이의 거리라 한다.

두 점 A, B 사이의 거리

▶ ① $\overline{AB}$는 도형으로서 선분 AB를 나타내기도 하고, 그 선분의 길이를 나타내
기도 한다.

② 선분 AB의 길이가 7 cm일 때, $\overline{AB}=7$ cm와 같이 나타낸다.

③ 선분 AB와 선분 CD의 길이가 같을 때, $\overline{AB}=\overline{CD}$와 같이 나타낸다.

(2) 선분 AB의 중점: 선분 AB 위의 한 점 M에 대하여 $\overline{AM}=\overline{MB}$일 때, 점
M을 선분 AB의 **중점**이라 한다.

➡ $\overline{AM}=\overline{MB}=\dfrac{1}{2}\overline{AB}$

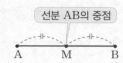

선분 AB의 중점

참고 **선분 AB의 삼등분점**

선분 AB의 길이를 삼등분하는 두 점을 M, N이라 하면

$$\overline{AM}=\overline{MN}=\overline{NB}=\dfrac{1}{3}\overline{AB}$$

01 다음 설명이 옳으면 ○, 옳지 않으면 ✕를 (   ) 안에 써넣으시오.

(1) 점, 선, 면을 도형의 기본 요소라 한다. (   )

(2) 선은 무수히 많은 점으로 이루어져 있다. (   )

(3) 교점은 선과 선이 만날 때에만 생긴다. (   )

(4) 면과 면이 만나서 생기는 교선은 직선이다. (   )

02 오른쪽 그림과 같은 사각뿔에 대하여 다음 물음에 답하시오.

(1) 평면도형인지 입체도형인지 말하시오.

(2) 이 도형은 몇 개의 면으로 둘러싸여 있는지 구하시오.

○ 한 평면 위에 있는 도형
➡ ☐

한 평면 위에 있지 않은 도형
➡ ☐

03 다음 그림과 같은 도형에 대하여 ☐ 안에 알맞은 수를 써넣으시오.

(1)

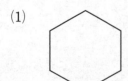

(2)

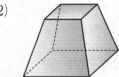

교점 ☐개, 교선 ☐개   교점 ☐개, 교선 ☐개

○ 선과 선 또는 선과 면이 만나서 생기는 점
➡ ☐

면과 면이 만나서 생기는 선
➡ ☐

04 다음 도형을 기호로 나타내시오.

(1)

(2)

(3) ◄——●————●--- ▸
　　　　P　　　Q

(4) ◄————●————●————▸
　　　　　P　　　Q

○ 직선, 반직선, 선분이란?

05 오른쪽 그림을 보고 다음 □ 안에 = 또는 ≠을 써넣으시오.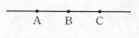

(1) $\overrightarrow{AB}$ □ $\overrightarrow{BC}$

(2) $\overrightarrow{AB}$ □ $\overrightarrow{AC}$

(3) $\overrightarrow{BA}$ □ $\overrightarrow{BC}$

(4) $\overline{BC}$ □ $\overline{CB}$

◎ 같은 반직선
➡ 시작점과 뻗어 나가는 방향이 모두 같다.

06 오른쪽 그림에서 다음을 구하시오.

(1) 두 점 A, B 사이의 거리

(2) 두 점 A, C 사이의 거리

(3) 두 점 C, D 사이의 거리

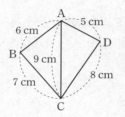

◎ 두 점 사이의 거리는?

07 오른쪽 그림에서 점 M은 $\overline{AB}$의 중점, 점 N은 $\overline{MB}$의 중점일 때, 다음 □ 안에 알맞은 수를 써넣으시오.

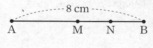

(1) $\overline{MB}=$ □ cm

(2) $\overline{MN}=$ □ cm

◎ 점 M이 선분 AB의 중점
➡ $\overline{AM}=\overline{MB}=$ □ $\overline{AB}$

08 오른쪽 그림에서 두 점 M, N이 $\overline{AB}$의 삼등분점일 때, 다음 □ 안에 알맞은 수를 써넣으시오.

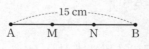

(1) $\overline{AM}=$ □ cm

(2) $\overline{AN}=$ □ cm

◎ 두 점 M, N이 선분 AB의 삼등분점
➡ $\overline{AM}=\overline{MN}=\overline{NB}$
= □ $\overline{AB}$

01 교점, 교선의 개수

● 더 다양한 문제는 RPM 1-2 12쪽

오른쪽 그림과 같은 삼각기둥에서 교점의 개수를 a, 교선의 개수를 b라 할 때, $2a-b$의 값을 구하시오.

풀이 교점의 개수는 꼭짓점의 개수와 같으므로　　$a=6$
교선의 개수는 모서리의 개수와 같으므로　　$b=9$
　　∴ $2a-b=2\times6-9=3$

답 3

확인 ① 오른쪽 그림과 같은 오각기둥에서 면의 개수를 a, 교선의 개수를 b, 교점의 개수를 c라 할 때, $a-b+c$의 값을 구하시오.

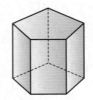

02 직선, 반직선, 선분

● 더 다양한 문제는 RPM 1-2 12쪽

오른쪽 그림과 같이 직선 l 위에 세 점 A, B, C가 있다. 다음 주어진 도형과 같은 것을 **보기**에서 모두 고르시오.

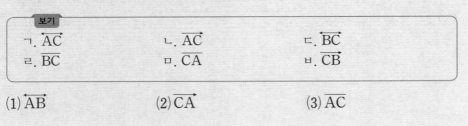

보기

ㄱ. $\overleftrightarrow{AC}$　　　ㄴ. $\overrightarrow{AC}$　　　ㄷ. $\overrightarrow{BC}$
ㄹ. $\overline{BC}$　　　ㅁ. $\overrightarrow{CA}$　　　ㅂ. $\overrightarrow{CB}$

(1) $\overrightarrow{AB}$　　　　(2) $\overrightarrow{CA}$　　　　(3) $\overleftrightarrow{AC}$

풀이 (1) $\overrightarrow{AB}$와 같은 것은 $\overrightarrow{AC}$, $\overrightarrow{BC}$이다.
(2) $\overrightarrow{CA}$와 같은 것은 $\overrightarrow{CB}$이다.
(3) $\overleftrightarrow{AC}$와 같은 것은 $\overleftrightarrow{CA}$이다.

답 (1) ㄱ, ㄷ　(2) ㅂ　(3) ㅁ

확인 ② 오른쪽 그림과 같이 직선 l 위에 네 점 P, Q, R, S가 있다. 다음 중 옳지 <u>않은</u> 것은?

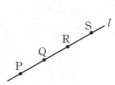

① $\overrightarrow{PQ}=\overrightarrow{RS}$　　　② $\overleftrightarrow{PS}=\overleftrightarrow{QR}$
③ $\overrightarrow{QR}=\overrightarrow{QS}$　　　④ $\overrightarrow{RS}=\overrightarrow{SR}$
⑤ $\overline{QR}=\overline{RQ}$

03 직선, 반직선, 선분의 개수 (1)

● 더 다양한 문제는 RPM 1–2 13쪽

┤ KEY POINT ├

어느 세 점도 한 직선 위에 있지 않은 점들 중 두 점을 지나는 서로 다른 직선의 개수가 n일 때
① 반직선의 개수 ➡ $2n$
② 선분의 개수 ➡ n

오른쪽 그림과 같이 한 직선 위에 있지 않은 세 점 A, B, C가 있다. 다음을 구하시오.

(1) 두 점을 지나는 서로 다른 직선의 개수

(2) 두 점을 지나는 서로 다른 반직선의 개수

(3) 두 점을 지나는 서로 다른 선분의 개수

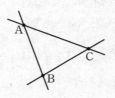

풀이
(1) 직선은 $\overleftrightarrow{AB}$, $\overleftrightarrow{AC}$, $\overleftrightarrow{BC}$의 3개이다.
(2) $\overrightarrow{AB}$와 $\overrightarrow{BA}$는 서로 다른 반직선이므로 반직선의 개수는 직선의 개수의 2배배다.
   따라서 반직선의 개수는
   $$3 \times 2 = 6$$
(3) 선분의 개수는 직선의 개수와 같으므로 3이다.

답 (1) 3 (2) 6 (3) 3

확인 3 오른쪽 그림과 같이 원 위에 4개의 점 A, B, C, D가 있다. 이들 4개의 점 중 두 점을 지나는 서로 다른 직선의 개수를 a, 반직선의 개수를 b라 할 때, $a+b$의 값을 구하시오.

04 직선, 반직선, 선분의 개수 (2)

● 더 다양한 문제는 RPM 1–2 13쪽

┤ KEY POINT ├

한 직선 위에 세 점 A, B, C가 있을 때, 이 세 점을 지나는 직선을 기호로 $\overleftrightarrow{AB}$, $\overleftrightarrow{AC}$, $\overleftrightarrow{BC}$로 나타낼 수 있다.
즉 $\overleftrightarrow{AB}$, $\overleftrightarrow{AC}$, $\overleftrightarrow{BC}$는 모두 같은 직선이다.

오른쪽 그림과 같이 네 점 A, B, C, P가 있을 때, 이 중 두 점을 골라 만들 수 있는 서로 다른 직선의 개수를 구하시오.

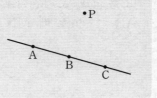

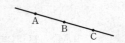

풀이 네 점 A, B, C, P 중 두 점을 골라 만들 수 있는 직선은 $\overleftrightarrow{PA}$, $\overleftrightarrow{PB}$, $\overleftrightarrow{PC}$, $\overleftrightarrow{AB}$의 4개이다.

답 4

확인 4 오른쪽 그림과 같이 네 점 A, B, C, D가 있다. 이 중 두 점을 골라 만들 수 있는 서로 다른 직선의 개수를 a, 반직선의 개수를 b, 선분의 개수를 c라 할 때, $a+b-c$의 값을 구하시오.

A ● B ● C ● D ●

● 더 다양한 문제는 RPM 1-2 14쪽

05 선분의 중점

오른쪽 그림에서 $\overline{AB}$의 중점을 M, $\overline{MB}$의 중점을 N이라 할 때, 다음 중 옳지 <u>않은</u> 것은?

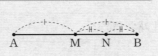

① $\overline{AB}=2\overline{MB}$
② $\overline{NB}=\dfrac{1}{2}\overline{AM}$
③ $\overline{AN}=3\overline{MN}$

④ $\overline{MN}=\dfrac{1}{4}\overline{AB}$
⑤ $\overline{AB}=\dfrac{3}{2}\overline{AN}$

KEY POINT

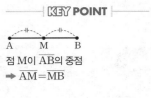

점 M이 $\overline{AB}$의 중점
➡ $\overline{AM}=\overline{MB}$

풀이
① 점 M은 $\overline{AB}$의 중점이므로 $\overline{AB}=2\overline{MB}$

② 점 N은 $\overline{MB}$의 중점이므로 $\overline{NB}=\dfrac{1}{2}\overline{MB}=\dfrac{1}{2}\overline{AM}$

③ $\overline{AN}=\overline{AM}+\overline{MN}=\overline{MB}+\overline{MN}=2\overline{MN}+\overline{MN}=3\overline{MN}$

④ $\overline{MN}=\dfrac{1}{2}\overline{MB}=\dfrac{1}{2}\times\dfrac{1}{2}\overline{AB}=\dfrac{1}{4}\overline{AB}$

⑤ $\overline{AN}=\overline{AM}+\overline{MN}=\dfrac{1}{2}\overline{AB}+\dfrac{1}{4}\overline{AB}=\dfrac{3}{4}\overline{AB}$ $\therefore \overline{AB}=\dfrac{4}{3}\overline{AN}$

따라서 옳지 않은 것은 ⑤이다.   **답** ⑤

확인 5 오른쪽 그림에서 $\overline{AB}=\overline{BC}=\overline{CD}$이고 점 M은 $\overline{AB}$의 중점일 때, 다음 중 옳지 <u>않은</u> 것은?

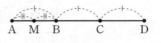

① $\overline{AB}=2\overline{AM}$
② $\overline{AD}=3\overline{AB}$
③ $\overline{BD}=\dfrac{2}{3}\overline{AD}$

④ $\overline{AC}=3\overline{AM}$
⑤ $\overline{MB}=\dfrac{1}{6}\overline{AD}$

06 두 점 사이의 거리

● 더 다양한 문제는 RPM 1-2 14쪽

오른쪽 그림에서 $\overline{AB}$ 위에 한 점 C를 잡고 $\overline{AC}$의 중점을 M, $\overline{CB}$의 중점을 N이라 하자. $\overline{AB}=12$ cm일 때, $\overline{MN}$의 길이를 구하시오.

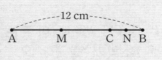

KEY POINT

$\overline{AC}$의 중점이 M
➡ $\overline{AM}=\overline{MC}$
$\overline{CB}$의 중점이 N
➡ $\overline{CN}=\overline{NB}$

풀이 점 M은 $\overline{AC}$의 중점이므로 $\overline{MC}=\dfrac{1}{2}\overline{AC}$

점 N은 $\overline{CB}$의 중점이므로 $\overline{CN}=\dfrac{1}{2}\overline{CB}$

$\therefore \overline{MN}=\overline{MC}+\overline{CN}=\dfrac{1}{2}\overline{AC}+\dfrac{1}{2}\overline{CB}=\dfrac{1}{2}(\overline{AC}+\overline{CB})$

$=\dfrac{1}{2}\overline{AB}=\dfrac{1}{2}\times12=6\,(\text{cm})$ **답** 6 cm

확인 6 오른쪽 그림에서 두 점 M, N은 각각 $\overline{AP}$, $\overline{PB}$의 중점이다. $\overline{MN}=7$ cm일 때, $\overline{AB}$의 길이를 구하시오.

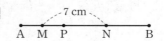

01 오른쪽 그림과 같은 사각뿔에서 교점의 개수를 a, 교선의 개수를 b라 할 때, $a+b$의 값을 구하시오.

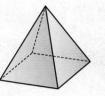

입체도형에서
(교점의 개수)=(꼭짓점의 개수)
(교선의 개수)=(모서리의 개수)

02 다음 중 옳은 것은?

① 한 점을 지나는 직선은 1개이다.
② 방향이 같은 두 반직선은 같다.
③ 직선의 길이는 반직선의 길이의 2배이다.
④ 서로 다른 두 점을 지나는 직선은 2개이다.
⑤ 두 점을 잇는 선 중에서 가장 짧은 것은 선분이다.

직선, 반직선, 선분의 성질을 생각해 본다.

03 오른쪽 그림과 같이 직선 l 위에 네 점 A, B, C, D가 있다. 다음 중 옳지 않은 것을 모두 고르면?

(정답 2개)

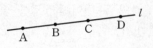

① $\overrightarrow{AC}=\overrightarrow{AD}$
② $\overrightarrow{BC}=\overrightarrow{CD}$
③ $\overline{AD}=\overline{DA}$
④ $\overleftarrow{BD}=\overrightarrow{AC}$
⑤ $\overrightarrow{CD}=\overline{CD}$

시작점과 뻗어 나가는 방향이 모두 같아야 같은 반직선이다.

04 오른쪽 그림과 같이 원 위에 5개의 점 A, B, C, D, E가 있다. 이 중에서 두 점을 지나는 서로 다른 직선의 개수를 구하시오.

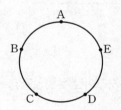

05 오른쪽 그림에서 점 M은 $\overline{AB}$의 중점이고, 점 N은 $\overline{AM}$의 중점이다. $\overline{NM}=3$ cm일 때, $\overline{AB}$의 길이를 구하시오.

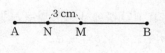

먼저 $\overline{AM}$의 길이를 구한다.

06 오른쪽 그림에서 두 점 M, N은 각각 $\overline{AB}$, $\overline{BC}$의 중점이고 $\overline{AB}=2\overline{BC}$이다. $\overline{MN}=15$ cm일 때, $\overline{AB}$의 길이를 구하시오.

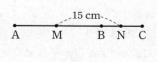

02 각

1 각이란 무엇인가?

◎ 핵심문제 01~03

(1) 각

① 각 AOB: 두 반직선 OA, OB로 이루어진 도형을 각 AOB라 하고, 기호로 ∠**AOB**와 같이 나타낸다.

▶ ∠AOB는 ∠BOA, ∠O, ∠a로 나타내기도 한다.

② 각 AOB의 크기: ∠AOB에서 꼭짓점 O를 중심으로 변 OA가 변 OB까지 회전한 양

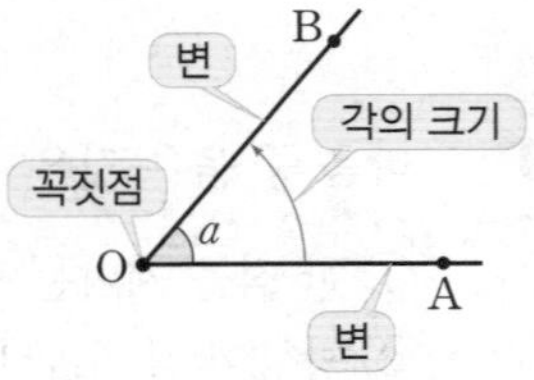

참고 ① ∠AOB는 도형으로서 각 AOB를 나타내기도 하고, 그 각의 크기를 나타내기도 한다. 예를 들어 ∠AOB의 크기가 80°이면 ∠AOB=80°와 같이 나타낸다.

② 오른쪽 그림에서 ∠AOB의 크기는 60° 또는 300°라 생각할 수 있다. 그러나 보통 ∠AOB는 크기가 작은 쪽의 각을 나타낸다.

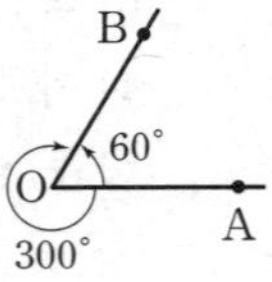

(2) 각의 분류

① 평각: 각의 두 변이 꼭짓점을 중심으로 반대쪽에 있으면서 한 직선을 이루는 각, 즉 크기가 180°인 각

② 직각: 평각의 크기의 $\frac{1}{2}$인 각, 즉 크기가 90°인 각

③ 예각: 크기가 0°보다 크고 90°보다 작은 각

④ 둔각: 크기가 90°보다 크고 180°보다 작은 각

 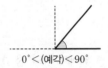 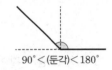

(평각)=180°　　(직각)=90°　　0°<(예각)<90°　　90°<(둔각)<180°

2 맞꼭지각이란 무엇인가?

◎ 핵심문제 04, 05

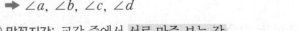

(1) 교각: 서로 다른 두 직선이 한 점에서 만날 때 생기는 네 개의 각

➡ ∠a, ∠b, ∠c, ∠d

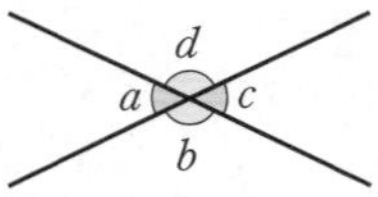

(2) 맞꼭지각: 교각 중에서 서로 마주 보는 각

➡ ∠a와 ∠c, ∠b와 ∠d

(3) 맞꼭지각의 성질: 맞꼭지각의 크기는 서로 같다.

➡ ∠a=∠c, ∠b=∠d

설명 위의 그림에서 ∠a+∠b=180°, ∠b+∠c=180°이므로

∠a+∠b=∠b+∠c　　∴ ∠a=∠c

같은 방법으로 하면　　∠b=∠d

예 오른쪽 그림에서 x의 값을 구해 보자.

➡ 맞꼭지각의 크기는 서로 같으므로

$60=2x+6$,　　$2x=54$　　∴ $x=27$

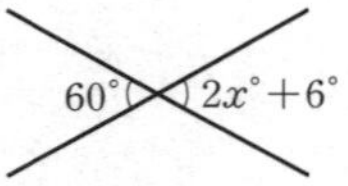

주의 맞꼭지각은 반드시 두 직선이 한 점에서 만날 때에만 생기는 각이다.
따라서 오른쪽 그림에서 $\angle a$와 $\angle c$, $\angle b$와 $\angle d$는 두 직선이 만나서 생기는 각이
아니므로 맞꼭지각이 아니다.

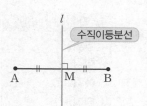

3 직교란 무엇인가?

○ 핵심문제 06

(1) **직교**: 두 직선 AB와 CD의 교각이 직각일 때, 두 직선은 서로 **직교**한다고
하고, 기호로 $\overleftrightarrow{AB} \perp \overleftrightarrow{CD}$와 같이 나타낸다.

(2) **수직과 수선**: 두 직선이 서로 직교할 때, 두 직선은 서로 수직이고, 한 직선
은 다른 직선의 수선이다.
즉 $\overleftrightarrow{AB}$를 $\overleftrightarrow{CD}$의 수선, $\overleftrightarrow{CD}$를 $\overleftrightarrow{AB}$의 수선이라 한다.

(3) **수직이등분선**: 선분 AB의 중점 M을 지나면서 선분 AB에 수직인 직
선 l을 선분 AB의 **수직이등분선**이라 한다.
➡ $l \perp \overline{AB}$, $\overline{AM} = \overline{MB} = \dfrac{1}{2}\overline{AB}$

수직이등분선

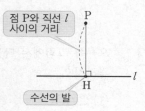

4 점과 직선 사이의 거리는 어떻게 구하는가?

○ 핵심문제 06

(1) **수선의 발**: 직선 l 위에 있지 않은 한 점 P에서 직선 l에 수선을 그었
을 때, 그 수선과 직선 l의 교점 H를 점 P에서 직선 l에 내린 **수선의
발**이라 한다.

점 P와 직선 l
사이의 거리

(2) **점과 직선 사이의 거리**: 직선 l 위에 있지 않은 한 점 P에서 직선 l에
내린 수선의 발 H에 대하여 선분 PH의 길이를 점 P와 직선 l 사이
의 거리라 한다.

수선의 발

▶ 선분 PH는 점 P와 직선 l 위의 점을 이은 선분 중에서 길이가 가장 짧다.

 시계의 두 바늘이 이루는 각의 크기

시계의 시침은 1시간에 $30°$만큼 움직이므로 1분에 $\dfrac{30°}{60} = 0.5°$씩 움직인다.

또 분침은 1시간에 $360°$만큼 움직이므로 1분에 $\dfrac{360°}{60} = 6°$씩 움직인다.

따라서 시침과 분침이 이루는 각 중에서 작은 쪽의 각의 크기는 시침과 분침이 12를 가리킬 때부터 움
직인 각도의 차를 이용하여 구할 수 있다.

(예) 오른쪽 그림과 같이 시계가 2시 25분을 가리킬 때, 시침과 분침이 이루는
각 중에서 작은 쪽의 각의 크기를 구해 보자.

➡ 시침이 12를 가리킬 때부터 2시간 25분 동안 움직인 각도는
$$30° \times 2 + 0.5° \times 25 = 72.5°$$
분침이 12를 가리킬 때부터 25분 동안 움직인 각도는
$$6° \times 25 = 150°$$
따라서 구하는 각의 크기는 $\quad 150° - 72.5° = 77.5°$

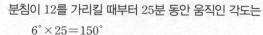

01 오른쪽 그림에서 ∠x, ∠y, ∠z를 점 A, B, C, D를 사용하여 각각 기호로 나타내시오.

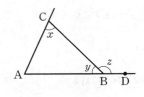

02 다음 각이 해당하는 칸에 ○를 써넣으시오.

각	60°	110°	45°	90°	30°	180°	125°
평각							
직각							
예각							
둔각							

○ 각의 크기에 따른 각의 분류
① (평각)=☐
② (직각)=☐
③ 0°<(예각)<☐
④ ☐<(둔각)<☐

03 오른쪽 그림에서 다음 각을 평각, 직각, 예각, 둔각으로 분류하시오.

(1) ∠AOC   (2) ∠AOD

(3) ∠BOD   (4) ∠COD

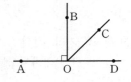

04 다음 그림에서 ∠x의 크기를 구하시오.

(1)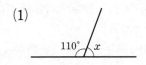

(2)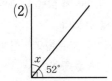

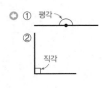

○ ① 평각

② 직각

05 오른쪽 그림과 같이 세 직선이 한 점 O에서 만날 때, 다음 각의 맞꼭지각을 구하시오.

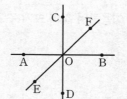

(1) ∠AOE　　　(2) ∠COF

(3) ∠AOD　　　(4) ∠BOE

◇ 맞꼭지각이란?

06 다음 그림에서 ∠a, ∠b, ∠c의 크기를 구하시오.

(1)
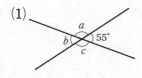

(2)
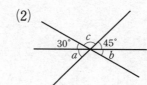

◇ 맞꼭지각의 크기는 서로 ☐.

07 오른쪽 그림에서 ∠COB＝90°일 때, 다음 ☐ 안에 알맞은 것을 써넣으시오.

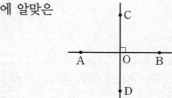

(1) $\overleftrightarrow{AB}$ ☐ $\overleftrightarrow{CD}$

(2) 점 D에서 $\overleftrightarrow{AB}$에 내린 수선의 발은 점 ☐이다.

(3) $\overleftrightarrow{AB}$는 $\overleftrightarrow{CD}$의 ☐이고, $\overleftrightarrow{CD}$는 $\overleftrightarrow{AB}$의 ☐이다.

◇ 두 직선이 서로 직교할 때, 한 직선은 다른 직선의 ☐ 이다.

08 오른쪽 그림과 같은 사다리꼴 ABCD에 대하여 다음을 구하시오.

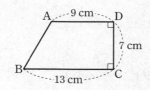

(1) $\overline{BC}$와 직교하는 변

(2) 점 A와 $\overline{DC}$ 사이의 거리

(3) 점 D와 $\overline{BC}$ 사이의 거리

◇ 점과 직선 사이의 거리는?

01 평각 또는 직각을 이용하여 각의 크기 구하기 ● 더 다양한 문제는 **RPM** 1-2 15쪽

다음 그림에서 x의 값을 구하시오.

(1)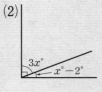

(2)

─┤ **KEY POINT** ├─

①
$\Rightarrow \angle a + \angle b = 180°$

②
$\Rightarrow \angle a + \angle b = 90°$

풀이 (1) $x + (2x + 5) + 40 = 180$이므로 $3x = 135$ $\therefore x = 45$
(2) $3x + (x - 2) = 90$이므로 $4x = 92$ $\therefore x = 23$

답 (1) 45 (2) 23

확인 ① 다음 그림에서 x의 값을 구하시오.

(1)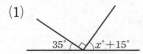

(2)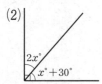

02 각의 크기 사이의 조건이 주어진 경우 각의 크기 구하기 ● 더 다양한 문제는 **RPM** 1-2 15쪽

오른쪽 그림에서 $\angle AOC = \angle COD$, $\angle DOE = \angle EOB$일 때, $\angle COE$의 크기를 구하시오.

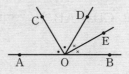

─┤ **KEY POINT** ├─

평각의 크기는 180°임을 이용하여 식을 세운다.

풀이 $\angle AOC = \angle COD = \angle a$, $\angle DOE = \angle EOB = \angle b$라 하면 평각의 크기는 180°이므로
$2\angle a + 2\angle b = 180°$ $\therefore \angle a + \angle b = 90°$
$\therefore \angle COE = \angle a + \angle b = 90°$

답 90°

확인 ② 오른쪽 그림에서 $\angle BOC = \dfrac{1}{4}\angle AOC$,
$\angle COD = \dfrac{1}{4}\angle COE$일 때, $\angle BOD$의 크기를 구하시오.

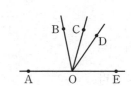

03 각의 크기의 비가 주어진 경우 각의 크기 구하기

● 더 다양한 문제는 RPM 1-2 16쪽

오른쪽 그림에서 $\angle x : \angle y : \angle z = 2 : 3 : 4$일 때, $\angle y$의 크기를 구하시오.

풀이 $\angle x + \angle y + \angle z = 180°$이고 $\angle x : \angle y : \angle z = 2 : 3 : 4$이므로

$$\angle y = 180° \times \frac{3}{2+3+4} = 180° \times \frac{3}{9} = 60°$$

답 $60°$

확인 ③ 오른쪽 그림에서 $\angle x : \angle y : \angle z = 3 : 2 : 7$일 때, $\angle x$의 크기를 구하시오.

04 맞꼭지각의 성질

● 더 다양한 문제는 RPM 1-2 16~17쪽

다음 그림에서 x, y의 값을 구하시오.

(1)

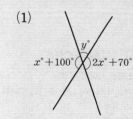

(2)

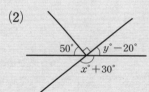

풀이 (1) 맞꼭지각의 크기는 서로 같으므로

$x + 100 = 2x + 70$ ∴ $x = 30$

$(x + 100) + y = 180$이므로 $30 + 100 + y = 180$ ∴ $y = 50$

(2) 맞꼭지각의 크기는 서로 같으므로

$50 + 90 = x + 30$ ∴ $x = 110$

$50 + 90 + (y - 20) = 180$이므로 $y = 60$

답 (1) $x = 30$, $y = 50$ (2) $x = 110$, $y = 60$

확인 ④ 다음 그림에서 x, y의 값을 구하시오.

(1)

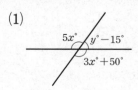

(2)

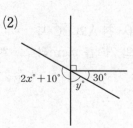

05 맞꼭지각의 쌍의 개수

● 더 다양한 문제는 RPM 1-2 17쪽

오른쪽 그림과 같이 세 직선이 한 점 O에서 만날 때 생기는 맞꼭지각은 모두 몇 쌍인지 구하시오.

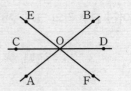

▶ 정답 및 풀이 4쪽

KEY POINT

두 직선이 한 점에서 만날 때 생기는 맞꼭지각
➡ ∠a와 ∠c, ∠b와 ∠d의 2쌍

풀이 $\overleftrightarrow{AB}$와 $\overleftrightarrow{CD}$, $\overleftrightarrow{AB}$와 $\overleftrightarrow{EF}$, $\overleftrightarrow{CD}$와 $\overleftrightarrow{EF}$로 만들어지는 맞꼭지각이 각각 2쌍이므로
  $2 \times 3 = 6$ (쌍)

답 6쌍

참고 맞꼭지각은
  ∠AOC와 ∠BOD, ∠AOD와 ∠BOC, ∠AOE와 ∠BOF,
  ∠AOF와 ∠BOE, ∠COE와 ∠DOF, ∠COF와 ∠DOE
의 6쌍이다.

확인 5 오른쪽 그림과 같이 4개의 직선이 한 점 O에서 만날 때 생기는 맞꼭지각은 모두 몇 쌍인지 구하시오.

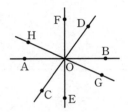

06 수직과 수선

● 더 다양한 문제는 RPM 1-2 18쪽

KEY POINT

점과 직선 사이의 거리
➡ 점에서 직선에 내린 수선의 발까지의 거리

다음 중 오른쪽 그림과 같은 사다리꼴 ABCD에 대한 설명으로 옳지 <u>않은</u> 것은?

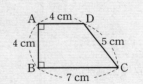

① $\overleftrightarrow{AD}$와 직교하는 직선은 $\overleftrightarrow{AB}$이다.
② $\overleftrightarrow{AB}$와 수직으로 만나는 직선은 $\overleftrightarrow{AD}$와 $\overleftrightarrow{BC}$이다.
③ 점 C와 $\overleftrightarrow{AB}$ 사이의 거리는 7 cm이다.
④ 점 D와 $\overleftrightarrow{BC}$ 사이의 거리는 5 cm이다.
⑤ 점 C에서 $\overleftrightarrow{AB}$에 내린 수선의 발은 점 B이다.

풀이 ④ 점 D와 $\overleftrightarrow{BC}$ 사이의 거리는 $\overline{AB}$의 길이와 같으므로 4 cm이다.
  따라서 옳지 않은 것은 ④이다.

답 ④

확인 6 오른쪽 그림과 같은 직각삼각형 ABC에서 점 A와 $\overleftrightarrow{BC}$ 사이의 거리를 x cm, 점 B와 $\overleftrightarrow{AC}$ 사이의 거리를 y cm라 할 때, $y - x$의 값을 구하시오.

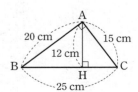

01 오른쪽 그림에서 $\angle x$, $\angle y$의 크기를 구하시오.

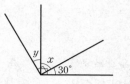

직각의 크기는 90°임을 이용한다.

02 오른쪽 그림에서 $\angle AOB = 2\angle BOC$, $\angle DOE = 2\angle COD$일 때, $\angle BOD$의 크기를 구하시오.

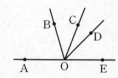

평각의 크기는 180°임을 이용하여 식을 세운다.

03 오른쪽 그림에서 $\angle x : \angle y : \angle z = 3 : 4 : 5$일 때, $\angle z$의 크기를 구하시오.

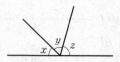

04 오른쪽 그림에서 $y - x$의 값은?

① 5   ② 10   ③ 15
④ 20   ⑤ 25

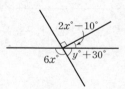

맞꼭지각의 크기는 서로 같다.

05 오른쪽 그림과 같이 직선 AB와 직선 CD가 서로 수직으로 만나고 $\overline{AH} = \overline{BH}$일 때, 다음 중 옳지 <u>않은</u> 것은?

① $\overleftrightarrow{AB} \perp \overleftrightarrow{CD}$
② $\overleftrightarrow{CD}$는 $\overline{AB}$의 수직이등분선이다.
③ $\overline{CH} = \overline{DH}$
④ 점 A에서 $\overleftrightarrow{CD}$에 내린 수선의 발은 점 H이다.
⑤ 점 C와 $\overleftrightarrow{AB}$ 사이의 거리는 $\overline{CH}$의 길이와 같다.

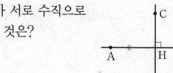

01 오른쪽 그림과 같은 육각뿔에서 교점의 개수를 a, 교선의 개수를 b라 할 때, $a+b$의 값은?

① 17 ② 18
③ 19 ④ 20
⑤ 21

꼭나와
02 오른쪽 그림과 같이 직선 l 위에 세 점 A, B, C가 있 다. 다음 **보기** 중 옳은 것을 모두 고른 것은?

보기

ㄱ. $\overline{AB}=\overline{BA}$ ㄴ. $\overrightarrow{AB}=\overrightarrow{BC}$
ㄷ. $\overrightarrow{AB}=\overrightarrow{AC}$ ㄹ. $\overleftrightarrow{AC}=\overleftrightarrow{CA}$

① ㄱ, ㄴ   ② ㄱ, ㄷ   ③ ㄱ, ㄴ, ㄷ
④ ㄱ, ㄴ, ㄹ   ⑤ ㄴ, ㄷ, ㄹ

03 오른쪽 그림과 같이 어느 세 점 도 한 직선 위에 있지 않은 네 점 A, B, C, D가 있다. 이 중 에서 두 점을 지나는 서로 다른 직선의 개수를 구하시오.

A   D
B   C

04 아래 그림에서 두 점 M, N은 $\overline{AB}$의 삼등분점이고 점 P는 $\overline{MN}$의 중점이다. 다음 중 옳지 <u>않은</u> 것은?

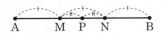

A   M   P   N   B

① $\overline{AN}=2\overline{AM}$ ② $\overline{NB}=\dfrac{1}{3}\overline{AB}$
③ $\overline{AP}=\overline{PB}$ ④ $\overline{MP}=\dfrac{1}{4}\overline{MB}$
⑤ $\overline{AB}=5\overline{PN}$

꼭나와
05 다음 그림에서 $\overline{AB}=24$ cm, $\overline{AC}=16$ cm이다. $\overline{AC}$의 중점을 M, $\overline{CB}$의 중점을 N이라 할 때, $\overline{MN}$의 길이는?

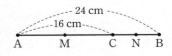

24 cm
16 cm
A   M   C   N   B

① 11 cm   ② 12 cm   ③ 13 cm
④ 14 cm   ⑤ 15 cm

06 다음 중 예각의 개수를 x, 둔각의 개수를 y라 할 때, $x+2y$의 값을 구하시오.

30°	90°	115°	0°
150°	48°	180°	75°

07 오른쪽 그림에서 ∠BOC의 크기는?

① 30° ② 35°
③ 40° ④ 45°
⑤ 50°

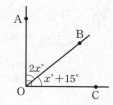

10 오른쪽 그림에서 x의 값을 구 하시오.

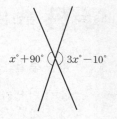

(꼭나와)

08 오른쪽 그림에서 $\overline{CO}\perp\overline{DO}$이고 ∠DOB=2∠AOC일 때, ∠AOC의 크기를 구하시 오.

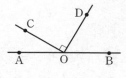

(꼭나와)

11 오른쪽 그림에서 x의 값 은?

① 26 ② 28
③ 30 ④ 32
⑤ 34

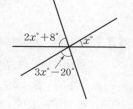

09 오른쪽 그림과 같이 4개의 직선이 한 점 O에서 만난 다. 다음 중 ∠AOD와 맞 꼭지각인 것은?

① ∠AOF
② ∠BOE ③ ∠COF
④ ∠DOG ⑤ ∠EOH

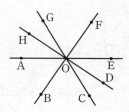

12 다음 중 오른쪽 그림에 대한 설명으로 옳지 <u>않은</u> 것은?

① $\overleftrightarrow{AB}\perp\overleftrightarrow{CD}$
② ∠BHD=90°
③ $\overleftrightarrow{AB}$는 $\overleftrightarrow{CD}$의 수선이다.
④ 점 C에서 $\overleftrightarrow{AB}$에 내린 수선의 발은 점 H이다.
⑤ 점 A와 $\overleftrightarrow{CD}$ 사이의 거리는 $\overline{AC}$의 길이와 같다.

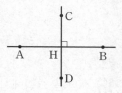

13 다음 중 옳은 것을 모두 고르면? (정답 2개)

① 점이 연속적으로 움직이면 직선이 된다.
② 사각기둥의 교점의 개수는 8이다.
③ 교점이 생기는 경우는 선과 면이 만날 때뿐이다.
④ 평면과 평면의 교선은 직선이다.
⑤ 원기둥에서 교선의 개수는 면의 개수와 같다.

14 오른쪽 그림과 같이 어느 세 점도 한 직선 위에 있지 않은 6개의 점 A, B, C, D, E, F가 있다. 다음 중 직선 AB와 만나는 것을 모두 고르면? (정답 2개)

A. •F

B• •E

•C •D

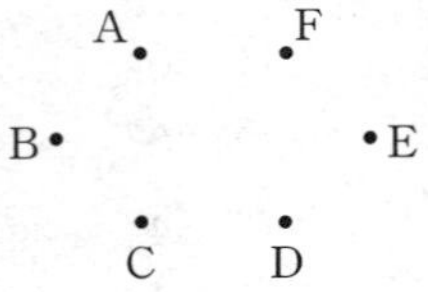

① $\overleftrightarrow{CD}$　　② $\overline{CF}$　　③ $\overrightarrow{DE}$
④ $\overrightarrow{EF}$　　⑤ $\overrightarrow{FD}$

🔵꼭나와
15 다음 그림에서 $\overline{AB}$의 중점을 M, $\overline{AM}$의 중점을 N, $\overline{NM}$의 중점을 P라 하고 $\overline{PB}=20$ cm일 때, $\overline{AB}$의 길이를 구하시오.

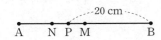

A　N P M　　　B
＜----20 cm----＞

16 다음 그림에서 점 B는 $\overline{AC}$의 중점이고 점 D는 $\overline{CE}$의 중점이다. $\overline{BD}=\dfrac{2}{5}\overline{AF}$, $\overline{EF}=3$ cm일 때, $\overline{BD}$의 길이는?

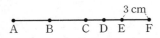

3 cm

A　B　C D E　F

① 5 cm　　② 6 cm　　③ 7 cm
④ 8 cm　　⑤ 9 cm

🔵꼭나와
17 오른쪽 그림에서
$\angle AOC=\dfrac{2}{3}\angle AOD$,
$\angle EOB=\dfrac{2}{3}\angle DOB$일
때, $\angle COE$의 크기를 구하시오.

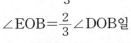
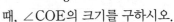

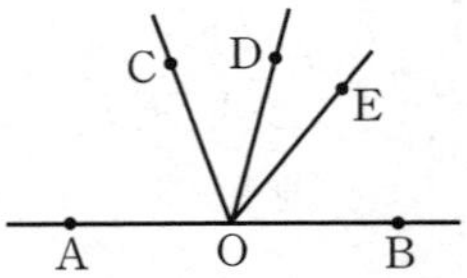

C D

E

A　O　B

18 오른쪽 그림에서
$\angle x : \angle y : \angle z = 4 : 8 : 3$
일 때, $\angle y$의 크기는?

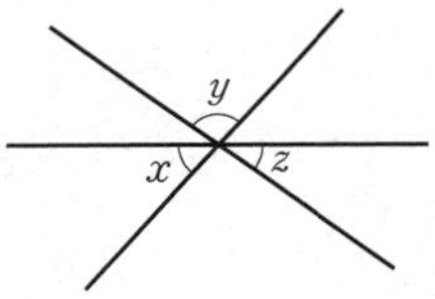

y

x　z

① 84°　　② 88°
③ 92°　　④ 96°
⑤ 100°

19 오른쪽 그림과 같이 5개의 직선이 한 점에서 만날 때 생기는 맞꼭지각은 모두 몇 쌍인가?

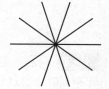

① 10쌍 　② 12쌍
③ 15쌍 　④ 18쌍
⑤ 20쌍

20 오른쪽 그림에서 세 직선 AB, CD, EF의 교점이 O이고 $\angle COG=4\angle AOC$, $\angle FOB=\frac{1}{5}\angle GOB$일 때, $\angle DOE$의 크기를 구하시오.

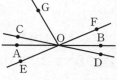

꼭나와

21 오른쪽 그림과 같은 사다리꼴 ABCD의 넓이가 28 cm²일 때, 점 A와 직선 BC 사이의 거리를 구하시오.

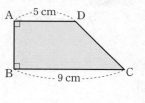

22 시계가 1시 30분을 가리킬 때, 시침과 분침이 이루는 각 중에서 작은 쪽의 각의 크기를 구하시오.

STEP 3 실력 UP

23 오른쪽 그림과 같이 반원 위에 6개의 점이 있다. 이 중 두 점을 골라 만들 수 있는 서로 다른 직선의 개수를 a, 반직선의 개수를 b라 할 때, $b-a$의 값을 구하시오.

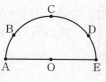

24 네 점 A, B, C, D가 이 순서대로 한 직선 위에 있다. $\overline{AB}:\overline{BC}=2:3$, $\overline{BC}:\overline{CD}=1:2$이고 $\overline{AD}=44$ cm일 때, $\overline{AC}$의 길이를 구하시오.

25 오른쪽 그림과 같이 3시와 4시 사이에 시침과 분침이 서로 반대 방향을 가리키며 평각을 이루는 시각은 몇 시 몇 분인지 구하시오.

예제 1

다음 그림에서 두 점 M, N은 각각 $\overline{AB}$, $\overline{BC}$의 중점이고 $\overline{AB} : \overline{BC} = 3 : 1$이다. $\overline{AM} = 9$ cm일 때, $\overline{MN}$의 길이를 구하시오. [6점]

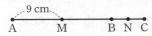

풀이 과정

1단계 $\overline{AB}$의 길이 구하기 · 2점

점 M은 $\overline{AB}$의 중점이므로

$$\overline{AB} = 2\overline{AM} = 2 \times 9 = 18 \, (\text{cm})$$

2단계 $\overline{BC}$의 길이 구하기 · 2점

$\overline{AB} : \overline{BC} = 3 : 1$이므로

$$\overline{BC} = \frac{1}{3}\overline{AB} = \frac{1}{3} \times 18 = 6 \, (\text{cm})$$

3단계 $\overline{MN}$의 길이 구하기 · 2점

$$\overline{MN} = \overline{MB} + \overline{BN} = \frac{1}{2}\overline{AB} + \frac{1}{2}\overline{BC}$$

$$= \frac{1}{2} \times 18 + \frac{1}{2} \times 6 = 12 \, (\text{cm})$$

답) 12 cm

유제 1

다음 그림에서 두 점 M, N은 각각 $\overline{AB}$, $\overline{BC}$의 중점이고 $\overline{AB} : \overline{BC} = 2 : 5$이다. $\overline{NC} = 5$ cm일 때, $\overline{MN}$의 길이를 구하시오. [6점]

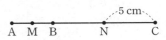

풀이 과정

1단계 $\overline{BC}$의 길이 구하기 · 2점

2단계 $\overline{AB}$의 길이 구하기 · 2점

3단계 $\overline{MN}$의 길이 구하기 · 2점

답)

예제 2

오른쪽 그림에서 ∠AOB의 크기를 구하시오. [6점]

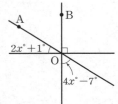

풀이 과정

1단계 x의 값 구하기 · 4점

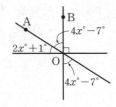

$$(2x+1) + (4x-7) = 90$$

이므로

$$6x = 96 \qquad \therefore x = 16$$

2단계 ∠AOB의 크기 구하기 · 2점

$$\angle AOB = 4x° - 7° = 4 \times 16° - 7° = 57°$$

답) 57°

유제 2

오른쪽 그림에서 ∠AOB의 크기를 구하시오. [6점]

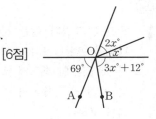

풀이 과정

1단계 x의 값 구하기 · 4점

2단계 ∠AOB의 크기 구하기 · 2점

답)

스스로 서술하기

유제 3 오른쪽 그림과 같이 5개의 점 A, B, C, D, E가 있다. 이 중 두 점을 골라 만들 수 있는 서로 다른 직선의 개수를 a, 반직선의 개수를 b, 선분의 개수를 c라 할 때, $a+b+c$의 값을 구하시오. [7점]

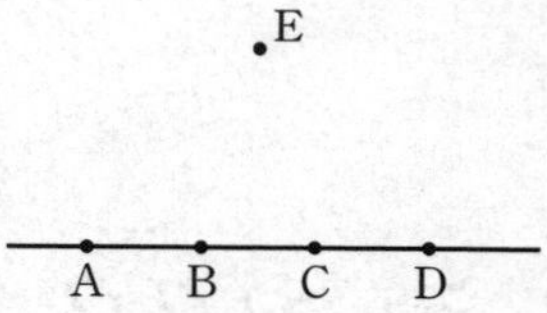

·E

A   B   C   D

풀이과정

답

유제 5 오른쪽 그림에서 $\overrightarrow{AB} \perp \overrightarrow{OD}$, $\overrightarrow{OC} \perp \overrightarrow{OE}$이고 $\angle x + \angle y = 52°$일 때, $\angle y$의 크기를 구하시오. [6점]

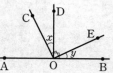

풀이과정

답

유제 4 다음 그림에서 $3\overline{AD} = 2\overline{DB}$, $\overline{BC} = 2\overline{BE}$이다. $\overline{AB} = 10$ cm, $\overline{DE} = 22$ cm일 때, $\overline{EC}$의 길이를 구하시오. [6점]

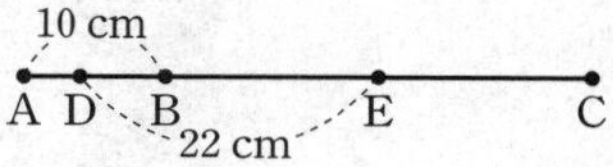

10 cm

A D   B   E   C

22 cm

풀이과정

답

유제 6 다음 그림에서 삼각형 ABC와 직사각형 DEFG의 넓이가 같을 때, 점 D와 직선 EF 사이의 거리를 구하시오. [6점]

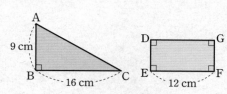

풀이과정

답

공감
한 스푼

"모든 모험은 첫 걸음을
필요로 하지."

🔗 그림 정인(@jeong_iinn_)

I-2

위치 관계

이 단원의 학습 계획을 세우고
하나하나 실천하는 습관을 기르자!!

나는 할 수 있어!

		공부한 날		학습 완료도
01 두 직선의 위치 관계	개념원리 이해 & 개념원리 확인하기	월	일	□□□
	핵심문제 익히기	월	일	○○○
	이런 문제가 시험에 나온다	월	일	○○○
02 직선과 평면의 위치 관계	개념원리 이해 & 개념원리 확인하기	월	일	□□□
	핵심문제 익히기	월	일	○○○
	이런 문제가 시험에 나온다	월	일	○○○
03 평행선의 성질	개념원리 이해 & 개념원리 확인하기	월	일	□□□
	핵심문제 익히기	월	일	○○○
	이런 문제가 시험에 나온다	월	일	○○○
중단원 마무리하기		월	일	○○○
서술형 대비 문제		월	일	○○○

개념 학습 guide

• 개념을 이해했으면 ■■■, 개념을 문제에 적용할 수 있으면 ■■■, 개념을 친구에게 설명할 수 있으면 ■■■
  로 색칠한다.

• 부족한 부분의 개념을 반복 학습하여 ■■■ 3칸 모두 색칠하면 학습을 마친다.

문제 학습 guide

• 맞힌 문제가 전체의 50% 미만이면 ●●●, 맞힌 문제가 50% 이상 90% 미만이면 ●●●, 맞힌 문제가 90% 이
  상이면 ●●● 로 색칠한다. 문제를 찍지 말자!

• 틀린 문제는 왜 틀렸는지 그 이유를 파악한 후 다시 풀어 본다. 며칠 후 틀린 문제를 다시 풀어 보고, 풀이 과정과
  답이 맞으면 학습을 마친다.

01 두 직선의 위치 관계

1 점과 직선은 어떤 위치 관계에 있는가?

◎ 핵심문제 01

점과 직선의 위치 관계

① 점 A는 직선 l 위에 있다.

② 점 B와 점 C는 직선 l 위에 있지 않다.

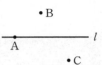

▶ ① 점 A가 직선 l 위에 있다는 것은 '직선 l이 점 A를 지난다.'는 의미이다.

② 점 B가 직선 l 위에 있지 않다는 것은 '직선 l이 점 B를 지나지 않는다.'는 의미이다.

참고 점이 직선 위에 있지 않을 때 '점이 직선 밖에 있다.'라고도 한다.

2 점과 평면은 어떤 위치 관계에 있는가?

◎ 핵심문제 01

점과 평면의 위치 관계

① 점 A는 평면 P 위에 있다.

② 점 B는 평면 P 위에 있지 않다.

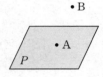

▶ ① 점 A가 평면 P 위에 있다는 것은 '점 A가 평면 P에 포함된다.'는 의미이다.

② 점 B가 평면 P 위에 있지 않다는 것은 '점 B가 평면 P에 포함되지 않는다.'는 의미이다.

참고 평면은 보통 평행사변형 모양으로 그리고 P, Q, R, …와 같이 나타낸다.

3 평면에서 두 직선은 어떤 위치 관계에 있는가?

◎ 핵심문제 02

(1) **두 직선의 평행**: 한 평면 위에 있는 두 직선 l, m이 만나지 않을 때, 두 직선 l, m은 평행하다고 하고, 기호로 $l /\!/ m$과 같이 나타낸다.

(2) **평면에서 두 직선의 위치 관계**

① 한 점에서 만난다.　　② 일치한다.　　③ 평행하다.($l /\!/ m$)

└──── 두 직선이 만나는 경우 ────┘　　　　└── 두 직선이 만나지 않는 경우

▶ 두 직선이 일치하는 경우는 한 직선으로 본다.

예 오른쪽 그림과 같은 평행사변형 ABCD에서

① 변 AD와 한 점에서 만나는 변 ➡ $\overline{AB}$, $\overline{DC}$

② 변 AD와 평행한 변 ➡ $\overline{BC}$

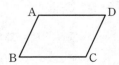

(1) **꼬인 위치**: 공간에서 두 직선이 만나지도 않고 평행하지도 않을 때, 두 직선은 **꼬인 위치**에 있다고 한다.

　▶ 꼬인 위치에 있는 두 직선은 한 평면 위에 있지 않다.

(2) **공간에서 두 직선의 위치 관계**

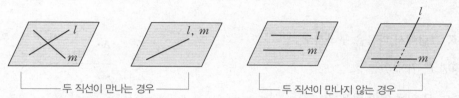

　　　　　　　　　　　　　한 평면 위에 있는 경우　　　　　　　　　　　한 평면 위에 있지 않은 경우
　① 한 점에서 만난다.　② 일치한다.　　　③ 평행하다.($l /\!/ m$)　④ 꼬인 위치에 있다.

　　　　　두 직선이 만나는 경우　　　　　　　　　두 직선이 만나지 않는 경우

참고　① 입체도형에서 꼬인 위치에 있는 모서리를 구하려면 한 점에서 만나는 모서리와 평행한 모서리를 모두 찾은 후 그 모서리를 제외한 나머지 모서리를 찾으면 된다.

　　② 평면이나 공간에서 두 직선의 위치 관계를 구할 때에는 변 또는 모서리를 직선으로 연장하여 생각한다.

예　오른쪽 그림과 같이 밑면이 직각삼각형인 삼각기둥에서

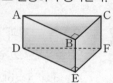

　① 모서리 AC와 한 점에서 만나는 모서리 ➡ $\overline{AB}$, $\overline{AD}$, $\overline{BC}$, $\overline{CF}$

　② 모서리 BC와 평행한 모서리 ➡ $\overline{EF}$

　③ 모서리 AB와 수직으로 만나는 모서리 ➡ $\overline{AD}$, $\overline{BC}$, $\overline{BE}$

　④ 모서리 CF와 꼬인 위치에 있는 모서리 ➡ $\overline{AB}$, $\overline{DE}$

 평면이 하나로 정해질 조건

다음과 같은 경우에 평면은 하나로 정해진다.

> ① 한 직선 위에 있지 않은 서로 다른 세 점
>
> ② 한 직선과 그 직선 위에 있지 않은 한 점
>
> ③ 한 점에서 만나는 두 직선
>
> ④ 평행한 두 직선
>
> ①　　　　　②　　　　　③　　　　　④
>
> 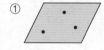　　　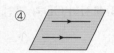

▶ 서로 다른 두 점을 지나는 평면은 무수히 많다. 또 두 점은 한 직선을 정하므로 한 직선을 지나는 평면도 무수히 많다. 즉 오른쪽 그림과 같이 직선 l을 포함하는 평면은 P, Q, R, …와 같이 무수히 많지만 한 직선 l과 그 직선 위에 있지 않은 한 점 C를 지나는 평면은 오직 P 하나뿐이다.

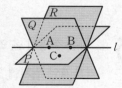

예　오른쪽 그림과 같이 한 직선 위에 있지 않은 세 점 A, B, C는 평면 P 위에 있고, 점 D는 평면 P 위에 있지 않을 때, 네 점 A, B, C, D 중에서 세 점으로 정해지는 서로 다른 평면은

　　　평면 ABC, 평면 ABD, 평면 ACD, 평면 BCD

의 4개이다.

01 오른쪽 그림에서 다음을 구하시오.

(1) 직선 l 위에 있는 점

(2) 직선 m 위에 있는 점

(3) 두 직선 l, m 위에 동시에 있는 점

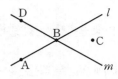

○ 점이 직선 위에 있다.
➡ 직선이 그 점을 지난다.

02 오른쪽 그림에서 다음을 구하시오.

(1) 평면 P 위에 있는 점

(2) 평면 P 위에 있지 않은 점

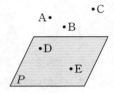

○ 점이 평면 위에 있다.
➡ 평면이 그 점을 포함한다.

03 오른쪽 그림과 같은 사다리꼴 ABCD에 대하여 다음 설명이 옳으면 ◯, 옳지 않으면 ×를 (   ) 안에 써넣으시오.

(1) 직선 AB와 직선 CD는 한 점에서 만난다.   (   )

(2) 직선 AD와 직선 BC는 만나지 않는다.   (   )

(3) 직선 AB와 직선 AD는 평행하다.   (   )

○ 평면에서 두 직선의 위치 관계
① 한 점에서 만난다.
② 일치한다.
③ [   ]하다.

04 오른쪽 그림과 같은 직육면체에서 다음을 구하시오.

(1) 모서리 CD와 만나는 모서리

(2) 모서리 CD와 평행한 모서리

(3) 모서리 CD와 꼬인 위치에 있는 모서리

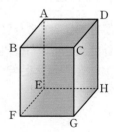

○ 공간에서 두 직선의 위치 관계
① 한 점에서 만난다.
② 일치한다.
③ [   ]하다.
④ [   ]에 있다.

05 다음 설명이 옳으면 ◯, 옳지 않으면 ×를 (   ) 안에 써넣으시오.

(1) 꼬인 위치에 있는 두 직선은 한 평면 위에 있지 않다.   (   )

(2) 한 평면 위에 있는 두 직선은 수직이거나 평행하다.   (   )

(3) 공간에서 두 직선이 만나지 않으면 두 직선은 평행하다.   (   )

01 점과 직선, 점과 평면의 위치 관계

● 더 다양한 문제는 RPM 1-2 28쪽

다음 중 오른쪽 그림에 대한 설명으로 옳지 <u>않은</u> 것은?

① 점 B는 직선 l 위에 있다.

② 점 E는 직선 l 위에 있지 않다.

③ 직선 n은 점 D를 지난다.

④ 점 A는 두 직선 l, n의 교점이다.

⑤ 점 C는 두 직선 m, n의 교점이다.

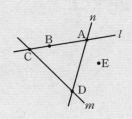

KEY POINT

점과 직선의 위치 관계
① 점이 직선 위에 있다.
② 점이 직선 위에 있지 않다.

풀이 ⑤ 점 C는 두 직선 l, m의 교점이다.
따라서 옳지 않은 것은 ⑤이다.

답 ⑤

확인 1 다음 중 오른쪽 그림에 대한 설명으로 옳은 것은?

① 직선 l은 점 C를 지난다.

② 점 A는 직선 l 위에 있지 않다.

③ 점 D는 직선 l 위에 있다.

④ 점 B는 평면 P 위에 있다.

⑤ 평면 P는 점 C를 포함한다.

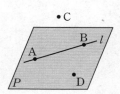

02 평면에서 두 직선의 위치 관계

● 더 다양한 문제는 RPM 1-2 28쪽

오른쪽 그림과 같은 정육각형 ABCDEF에서 각 변을 연장한 직선을
그었을 때, 다음을 구하시오.

(1) $\overleftrightarrow{AB}$와 평행한 직선

(2) $\overleftrightarrow{AB}$와 한 점에서 만나는 직선

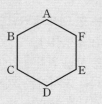

KEY POINT

평면에서 두 직선의 위치 관계
① 한 점에서 만난다.
② 일치한다.
③ 평행하다.

풀이 (1) 오른쪽 그림에서 $\overleftrightarrow{AB}$와 평행한 직선은 $\overleftrightarrow{DE}$이다.
(2) 오른쪽 그림에서 $\overleftrightarrow{AB}$와 한 점에서 만나는 직선은 $\overleftrightarrow{BC}$, $\overleftrightarrow{CD}$,
$\overleftrightarrow{AF}$, $\overleftrightarrow{EF}$이다.

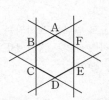

답 (1) $\overleftrightarrow{DE}$ (2) $\overleftrightarrow{BC}$, $\overleftrightarrow{CD}$, $\overleftrightarrow{AF}$, $\overleftrightarrow{EF}$

확인 2 오른쪽 그림과 같은 정팔각형 ABCDEFGH에서 각 변을 연장한
직선을 그었을 때, $\overleftrightarrow{BC}$와 평행한 직선의 개수를 a, $\overleftrightarrow{BC}$와 한 점에
서 만나는 직선의 개수를 b라 하자. 이때 $a+b$의 값을 구하시오.

> 정답 및 풀이 10쪽

03 꼬인 위치

● 더 다양한 문제는 RPM 1–2 29쪽

오른쪽 그림과 같은 삼각뿔에서 다음을 구하시오.

(1) 모서리 AB와 꼬인 위치에 있는 모서리

(2) 모서리 BD와 꼬인 위치에 있는 모서리

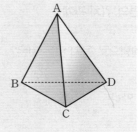

풀이 (1) 모서리 AB와 꼬인 위치에 있는 모서리는 $\overline{CD}$이다.
(2) 모서리 BD와 꼬인 위치에 있는 모서리는 $\overline{AC}$이다.

답 (1) $\overline{CD}$ (2) $\overline{AC}$

확인 3 오른쪽 그림과 같은 직육면체에서 $\overline{AC}$와 꼬인 위치에 있는 모서리를 모두 구하시오.

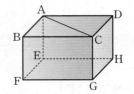

04 공간에서 두 직선의 위치 관계

● 더 다양한 문제는 RPM 1–2 30쪽

다음 중 오른쪽 그림과 같은 삼각기둥에 대한 설명으로 옳지 <u>않은</u> 것은?

① 모서리 AB와 모서리 BC는 한 점에서 만난다.
② 모서리 AC와 모서리 DF는 평행하다.
③ 모서리 BE와 모서리 DF는 꼬인 위치에 있다.
④ 모서리 BC와 수직으로 만나는 모서리는 2개이다.
⑤ 모서리 CF와 평행한 모서리는 2개이다.

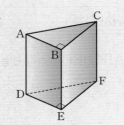

KEY POINT

공간에서 두 직선의 위치 관계
① 한 점에서 만난다.
② 일치한다.
③ 평행하다.
④ 꼬인 위치에 있다.

풀이 ④ 모서리 BC와 수직으로 만나는 모서리는 $\overline{AB}$, $\overline{BE}$, $\overline{CF}$의 3개이다.
⑤ 모서리 CF와 평행한 모서리는 $\overline{AD}$, $\overline{BE}$의 2개이다.
따라서 옳지 않은 것은 ④이다.

답 ④

확인 4 오른쪽 그림과 같이 밑면이 정육각형인 육각기둥에서 모서리 AB와 평행한 모서리의 개수를 a, 모서리 CD와 수직으로 만나는 모서리의 개수를 b라 할 때, $a-b$의 값을 구하시오.

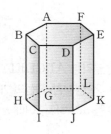

01 다음 중 오른쪽 그림에 대한 설명으로 옳은 것을 모두 고르면? (정답 2개)

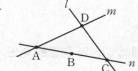

① 점 B는 직선 m 위에 있다.
② 점 D는 직선 l 위에 있다.
③ 직선 n은 점 A를 지나지 않는다.
④ 점 C는 두 직선 l, n의 교점이다.
⑤ 두 직선 m, n의 교점은 점 D이다.

I-2

위치 관계

02 다음 중 오른쪽 그림과 같은 직사각형 ABCD에 대한 설명으로 옳지 않은 것은?

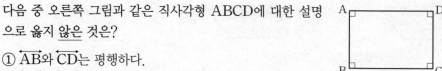

직사각형의 변을 연장하여 직선으로 생각한다.

① $\overleftrightarrow{AB}$와 $\overleftrightarrow{CD}$는 평행하다.
② $\overleftrightarrow{AD}$와 $\overleftrightarrow{CD}$는 수직이다.
③ $\overleftrightarrow{AB}$와 $\overleftrightarrow{BC}$는 한 점에서 만난다.
④ $\overleftrightarrow{AD}$와 $\overleftrightarrow{BC}$는 만나지 않는다.
⑤ $\overleftrightarrow{BC}$와 $\overleftrightarrow{CD}$의 교점은 점 D이다.

03 오른쪽 그림과 같은 사각뿔에서 $\overline{AC}$와 꼬인 위치에 있는 모서리를 모두 구하시오.

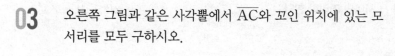

$\overline{AC}$와 만나지도 않고 평행하지도 않은 모서리를 찾는다.

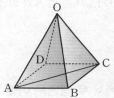

04 오른쪽 그림과 같은 직육면체에서 모서리 AB와 평행한 모서리의 개수를 a, 모서리 AE와 한 점에서 만나는 모서리의 개수를 b, 모서리 BC와 꼬인 위치에 있는 모서리의 개수를 c라 할 때, $a+b-c$의 값을 구하시오.

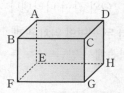

05 다음 중 한 평면이 정해질 조건이 아닌 것은?

평면이 하나로 정해질 조건을 생각해 본다.

① 평행한 두 직선
② 한 점에서 만나는 두 직선
③ 한 직선과 그 직선 위에 있지 않은 한 점
④ 꼬인 위치에 있는 두 직선
⑤ 한 직선 위에 있지 않은 서로 다른 세 점

02 직선과 평면의 위치 관계

개념원리 이해

1 공간에서 직선과 평면은 어떤 위치 관계에 있는가?

◎ 핵심문제 01, 03~05

(1) **직선과 평면의 평행**: 공간에서 직선 l과 평면 P가 만나지 않을 때, 직선 l과 평면 P는 평행하다고 하고, 기호로 $l /\!/ P$와 같이 나타낸다.

(2) **공간에서 직선과 평면의 위치 관계**

① 한 점에서 만난다.　　　　② 포함된다.　　　　　③ 평행하다.($l /\!/ P$)

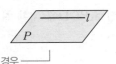
└─ 직선과 평면이 만나는 경우 ─┘

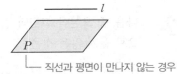
└─ 직선과 평면이 만나지 않는 경우

(3) **직선과 평면의 수직**: 직선 l이 평면 P와 한 점 H에서 만나고 점 H를 지나는 평면 P 위의 모든 직선과 수직일 때, 직선 l과 평면 P는 수직이다 또는 직교한다고 하고, 기호로 $l \perp P$와 같이 나타낸다. 이때 직선 l을 평면 P의 수선, 점 H를 수선의 발이라 한다.

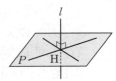

참고 점과 평면 사이의 거리

평면 P 위에 있지 않은 점 A에서 평면 P에 내린 수선의 발 H까지의 거리, 즉 $\overline{AH}$의 길이를 점 A와 평면 P 사이의 거리라 한다.

점 A와 평면 P 사이의 거리
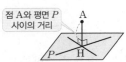

2 공간에서 두 평면은 어떤 위치 관계에 있는가?

◎ 핵심문제 02~05

(1) **두 평면의 평행**: 공간에서 두 평면 P, Q가 만나지 않을 때, 두 평면 P, Q는 평행하다고 하고, 기호로 $P /\!/ Q$와 같이 나타낸다.

(2) **공간에서 두 평면의 위치 관계**

① 한 직선에서 만난다.　　　② 일치한다.　　　　　③ 평행하다.($P /\!/ Q$)

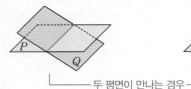
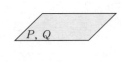
└─── 두 평면이 만나는 경우 ───┘

└─ 두 평면이 만나지 않는 경우

(3) **두 평면의 수직**: 평면 P가 평면 Q에 수직인 직선 l을 포함할 때, 평면 P와 평면 Q는 수직이다 또는 직교한다고 하고, 기호로 $P \perp Q$와 같이 나타낸다.

참고 두 평면 사이의 거리

평행한 두 평면 P, Q에 대하여 평면 P 위의 점 A에서 평면 Q에 내린 수선의 발 H까지의 거리, 즉 $\overline{AH}$의 길이를 두 평면 P, Q 사이의 거리라 한다.

두 평면 P, Q 사이의 거리
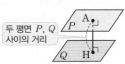

01 오른쪽 그림과 같은 직육면체에서 다음을 구하시오.

(1) 면 AEHD와 한 점에서 만나는 모서리

(2) 모서리 CD를 포함하는 면

(3) 모서리 BF와 수직인 면

(4) 면 ABFE와 평행한 모서리

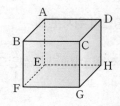

◎ 공간에서 직선과 평면의 위치 관계

① 한 점에서 만난다.

② 포함된다.

③ ☐☐☐하다.

02 오른쪽 그림과 같은 삼각기둥에서 다음을 구하시오.

(1) 점 A와 면 DEF 사이의 거리

(2) 점 D와 면 BEFC 사이의 거리

(3) 점 F와 면 ADEB 사이의 거리

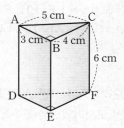

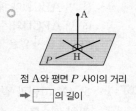

점 A와 평면 P 사이의 거리

➡ ☐☐ 의 길이

03 오른쪽 그림과 같은 직육면체에서 다음을 구하시오.

(1) 면 ABCD와 한 모서리에서 만나는 면

(2) 면 ABFE와 평행한 면

(3) 면 BFGC와 수직인 면

(4) 면 CGHD와 면 EFGH의 교선

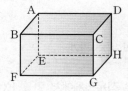

◎ 공간에서 두 평면의 위치 관계

① 한 ☐☐ 에서 만난다.

② 일치한다.

③ 평행하다.

04 오른쪽 그림과 같은 삼각기둥에서 다음을 구하시오.

(1) 면 ABC와 평행한 면

(2) 면 DEF와 수직인 면

(3) 모서리 CF를 교선으로 갖는 두 면

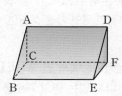

01 공간에서 직선과 평면의 위치 관계

● 더 다양한 문제는 RPM 1–2 31쪽

다음 중 오른쪽 그림과 같은 직육면체에 대한 설명으로 옳지 않은 것은?

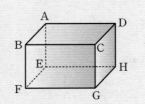

① 모서리 AB는 면 ABCD에 포함된다.
② 면 ABFE와 모서리 CG는 평행하다.
③ 면 BFGC와 모서리 CD는 수직이다.
④ 면 ABCD와 평행한 모서리는 3개이다.
⑤ 면 ABCD와 수직인 모서리는 4개이다.

풀이 ④ 면 ABCD와 평행한 모서리는 $\overline{EF}$, $\overline{EH}$, $\overline{FG}$, $\overline{GH}$의 4개이다.
⑤ 면 ABCD와 수직인 모서리는 $\overline{AE}$, $\overline{BF}$, $\overline{CG}$, $\overline{DH}$의 4개이다.
따라서 옳지 않은 것은 ④이다.

답 ④

확인 1 오른쪽 그림과 같은 오각기둥에서 면 ABCDE와 평행한 모서리의 개수를 a, 수직인 모서리의 개수를 b라 할 때, $b-a$의 값을 구하시오.

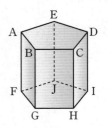

02 공간에서 두 평면의 위치 관계

● 더 다양한 문제는 RPM 1–2 32쪽

다음 중 오른쪽 그림과 같은 정육면체에서 면 AEGC와 수직인 면이 아닌 것을 모두 고르면? (정답 2개)

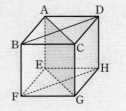

① 면 ABCD   ② 면 BFHD
③ 면 BFGC   ④ 면 EFGH
⑤ 면 CGHD

풀이 면 BFGC와 면 CGHD는 면 AEGC와 수직인 직선을 포함하지 않는다.
따라서 면 AEGC와 수직인 면이 아닌 것은 ③, ⑤이다.

답 ③, ⑤

확인 2 오른쪽 그림과 같은 삼각기둥에서 면 ADEB와 수직인 면의 개수를 a, 면 DEF와 만나지 않는 면의 개수를 b라 할 때, $a+b$의 값을 구하시오.

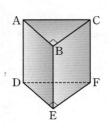

KEY POINT

주어진 입체도형의 모서리와 면을 각각 공간에서의 직선과 평면으로 생각하여 위치 관계를 살펴본다.

03 일부를 잘라 낸 입체도형에서의 위치 관계

● 더 다양한 문제는 **RPM** 1–2 33쪽

오른쪽 그림은 직육면체를 네 점 B, F, G, C를 지나는 평면으로 잘라서 만든 입체도형이다. 다음을 구하시오.

(1) $\overline{BC}$와 평행한 모서리

(2) $\overline{BC}$와 수직인 면

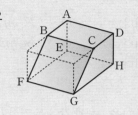

풀이 (1) $\overline{BC}$와 평행한 모서리는 $\overline{AD}$, $\overline{EH}$, $\overline{FG}$이다.

(2) $\overline{BC}$와 수직인 면은 면 ABFE, 면 DCGH이다.

답 (1) $\overline{AD}$, $\overline{EH}$, $\overline{FG}$ (2) 면 ABFE, 면 DCGH

확인 3 오른쪽 그림은 직육면체를 세 꼭짓점 B, C, F를 지나는 평면으로 잘라서 만든 입체도형이다. $\overline{BC}$와 꼬인 위치에 있는 모서리의 개수를 a, 면 ADGC와 수직인 면의 개수를 b라 할 때, $a-b$의 값을 구하시오.

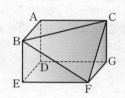

04 전개도가 주어졌을 때의 위치 관계

● 더 다양한 문제는 **RPM** 1–2 34쪽

KEY POINT

전개도로 만들어지는 입체도형을 그린 후 위치 관계를 살펴본다.

오른쪽 그림과 같은 전개도로 만든 정육면체에서 $\overline{AB}$와 평행하면서 $\overline{AN}$과 꼬인 위치에 있는 모서리를 모두 구하시오.

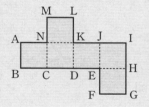

풀이 전개도로 만들어지는 정육면체는 오른쪽 그림과 같다.
따라서 $\overline{AB}$와 평행하면서 $\overline{AN}$과 꼬인 위치에 있는 모서리는 $\overline{JE}$, $\overline{KD}$이다.

답 $\overline{JE}$, $\overline{KD}$

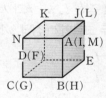

확인 4 오른쪽 그림과 같은 전개도로 정육면체를 만들 때, 다음 중 면 HIJK와 평행한 모서리가 아닌 것은?

① $\overline{CN}$　　② $\overline{FC}$　　③ $\overline{GF}$

④ $\overline{MF}$　　⑤ $\overline{NM}$

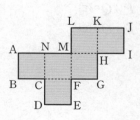

⟩ 정답 및 풀이 11쪽

05 공간에서 여러 가지 위치 관계　　● 더 다양한 문제는 **RPM** 1-2 39쪽

공간에서 서로 다른 두 직선 l, m과 한 평면 P에 대하여 다음 중 옳은 것을 모두 고르면? (정답 2개)

① $l /\!/ P$, $m /\!/ P$이면 $l /\!/ m$이다.　　② $l /\!/ P$, $m /\!/ P$이면 $l \perp m$이다.

③ $l /\!/ m$, $l \perp P$이면 $m \perp P$이다.　　④ $l \perp m$, $m /\!/ P$이면 $l /\!/ P$이다.

⑤ $l \perp P$, $m \perp P$이면 $l /\!/ m$이다.

풀이 ①, ② $l /\!/ P$, $m /\!/ P$이면 다음 그림과 같이 두 직선 l, m은 한 점에서 만나거나 평행하거나 꼬인 위치에 있다.

한 점에서 만난다.　　평행하다.　　꼬인 위치에 있다.

③ $l /\!/ m$, $l \perp P$이면 오른쪽 그림과 같이 직선 m과 평면 P는 수직으로 만난다. 즉 $m \perp P$이다.

수직으로 만난다.

④ $l \perp m$, $m /\!/ P$이면 다음 그림과 같이 직선 l과 평면 P는 한 점에서 만나거나 평행하다.

한 점에서 만난다.　　평행하다.

⑤ $l \perp P$, $m \perp P$이면 오른쪽 그림과 같이 두 직선 l, m은 평행하다. 즉 $l /\!/ m$이다.

평행하다.

따라서 옳은 것은 ③, ⑤이다.　　**답** ③, ⑤

확인 5 공간에서 서로 다른 세 직선 l, m, n과 서로 다른 세 평면 P, Q, R에 대하여 다음 중 옳지 <u>않은</u> 것을 모두 고르면? (정답 2개)

① $l /\!/ m$, $m /\!/ n$이면 $l /\!/ n$이다.

② $l /\!/ m$, $m \perp n$이면 $l \perp n$이다.

③ $P \perp Q$, $P /\!/ R$이면 $Q \perp R$이다.

④ $l /\!/ P$, $l /\!/ Q$이면 $P /\!/ Q$이다.

⑤ $l \perp P$, $l /\!/ Q$이면 $P \perp Q$이다.

01 다음 중 오른쪽 그림에 대한 설명으로 옳지 <u>않은</u> 것은?

① 직선 l과 직선 m은 수직이다.
② 직선 l과 직선 n은 수직이다.
③ 직선 l과 평면 P는 수직이다.
④ 직선 m과 직선 n은 수직이다.
⑤ 직선 m과 평면 P는 수직이다.

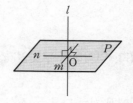

직선과 평면이 수직인 조건을 생각해 본다.

02 오른쪽 그림과 같은 직육면체에서 모서리 BC와 꼬인 위치에 있으면서 면 ABCD와 수직인 모서리를 모두 구하시오.

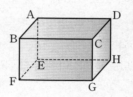

꼬인 위치에 있는 두 직선은 한 평면 위에 있지 않다.

03 오른쪽 그림과 같이 밑면이 정육각형인 육각기둥에서 서로 평행한 두 면은 모두 몇 쌍인지 구하시오.

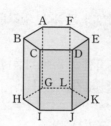

두 평면이 만나지 않을 때, 두 평면은 평행하다.

04 오른쪽 그림은 직육면체에서 삼각기둥을 잘라 낸 입체도형이다. 모서리 DK와 수직으로 만나는 모서리의 개수를 a, 모서리 FG와 평행한 면의 개수를 b라 할 때, $a+b$의 값을 구하시오.

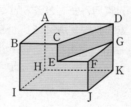

05 오른쪽 그림과 같은 전개도로 만든 삼각뿔에서 $\overline{DF}$와 꼬인 위치에 있는 모서리는?

① $\overline{AB}$ ② $\overline{AF}$ ③ $\overline{BD}$
④ $\overline{BF}$ ⑤ $\overline{DE}$

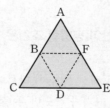

주어진 전개도로 만들어지는 입체도형을 그린 후 위치 관계를 살펴본다.

06 공간에서 서로 다른 세 직선 l, m, n과 서로 다른 세 평면 P, Q, R에 대하여 다음 중 옳은 것은?

① $l /\!/ P$, $m \perp P$이면 $l /\!/ m$이다. ② $P \perp Q$, $P \perp R$이면 $Q \perp R$이다.
③ $l \perp m$, $l \perp n$이면 $m /\!/ n$이다. ④ $l \perp P$, $l \perp Q$이면 $P /\!/ Q$이다.
⑤ $l \perp P$, $l \perp m$, $m \perp Q$이면 $P /\!/ Q$이다.

직육면체를 그려서 각 조건에 따른 위치 관계를 살펴본다.

03 평행선의 성질

개념원리 **이해**

1 동위각, 엇각이란 무엇인가?

핵심문제 01

한 평면 위에서 서로 다른 두 직선 l, m이 다른 한 직선 n과 만날 때 생기는 8개의 교각 중에서

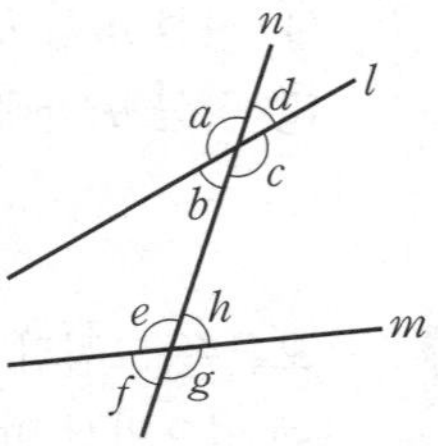

(1) **동위각**: 서로 같은 위치에 있는 두 각

➡ $\angle a$와 $\angle e$, $\angle b$와 $\angle f$, $\angle c$와 $\angle g$, $\angle d$와 $\angle h$

(2) **엇각**: 서로 엇갈린 위치에 있는 두 각

➡ $\angle b$와 $\angle h$, $\angle c$와 $\angle e$

참고 서로 다른 두 직선이 다른 한 직선과 만나면 4쌍의 동위각, 2쌍의 엇각이 생긴다.

2 평행선과 동위각, 엇각은 어떤 관계가 있는가?

핵심문제 02, 04~06

평행한 두 직선 l, m이 다른 한 직선 n과 만날 때

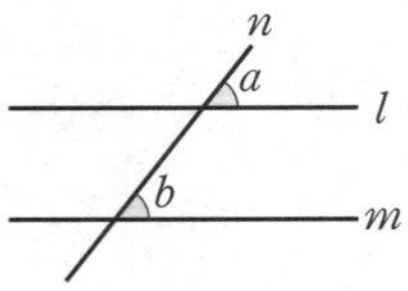

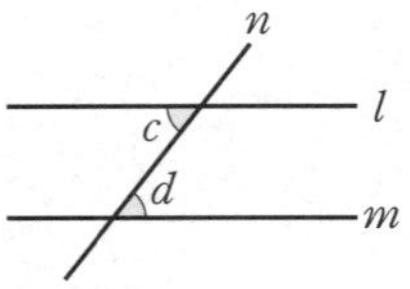

(1) 동위각의 크기는 같다.

➡ $l /\!/ m$이면　　$\angle a=\angle b$

(2) 엇각의 크기는 같다.

➡ $l /\!/ m$이면　　$\angle c=\angle d$

주의 맞꼭지각의 크기는 항상 같지만 동위각, 엇각의 크기는 두 직선이 평행할 때에만 같다.

예 오른쪽 그림에서 $l /\!/ m$일 때, $\angle x$와 $\angle y$의 크기를 구해 보자.

➡ $\angle x=60^\circ$ (동위각), $\angle y=70^\circ$ (엇각)

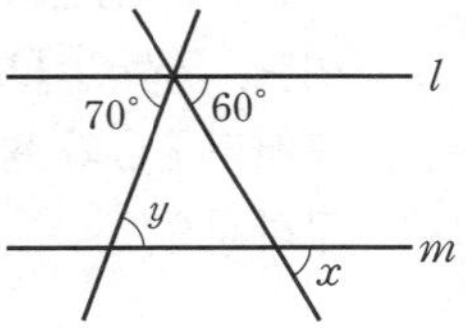

3 두 직선이 평행할 조건은 무엇인가?

핵심문제 03

서로 다른 두 직선 l, m이 다른 한 직선 n과 만날 때

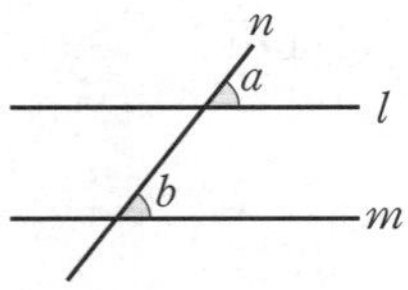

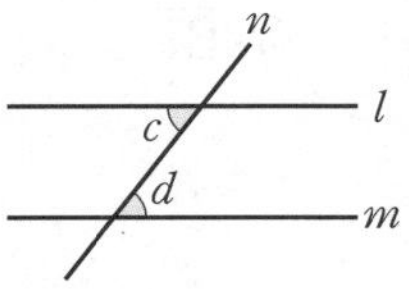

(1) 동위각의 크기가 같으면 두 직선 l, m은 평행하다.

➡ $\angle a=\angle b$이면　　$l /\!/ m$

(2) 엇각의 크기가 같으면 두 직선 l, m은 평행하다.

➡ $\angle c=\angle d$이면　　$l /\!/ m$

예 (1)

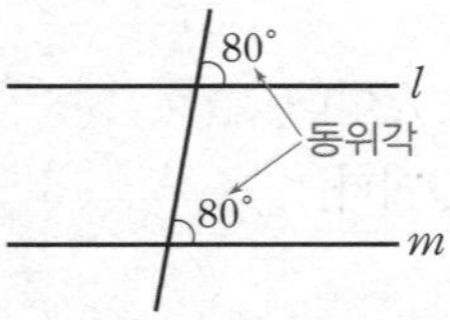

➡ 동위각의 크기가 같으므로　　$l /\!/ m$

(2)

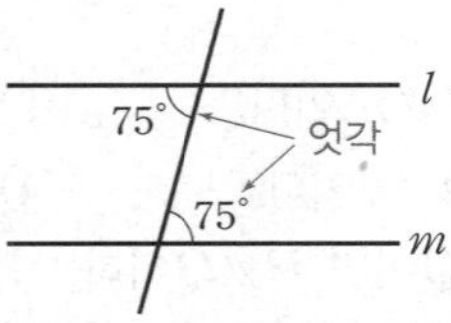

➡ 엇각의 크기가 같으므로　　$l /\!/ m$

01 오른쪽 그림과 같이 세 직선이 만날 때, 다음을 구하시오.

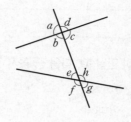

(1) ∠b의 동위각

(2) ∠g의 동위각

(3) ∠c의 엇각

(4) ∠h의 엇각

○ 서로 다른 두 직선이 다른 한
직선과 만날 때 생기는 각 중
에서

① 같은 위치에 있는 두 각
➡ ☐

② 엇갈린 위치에 있는 두 각
➡ ☐

I-2

위치
관계

02 오른쪽 그림과 같이 세 직선이 만날 때, 다음 각의 크기를
구하시오.

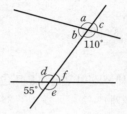

(1) ∠a의 동위각

(2) ∠b의 엇각

03 다음 그림에서 $l /\!/ m$일 때, ∠x, ∠y의 크기를 구하시오.

(1)
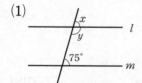

(2)
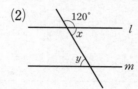

○ 평행한 두 직선이 다른 한 직선
과 만날 때, ☐ 의 크기와
☐ 의 크기는 각각 같다.

04 다음 그림에서 두 직선 l, m이 평행하면 ○, 평행하지 않으면 ✕를 ( ) 안에
써넣으시오.

○ 두 직선이 평행할 조건은?

(1)
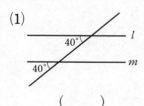

( )

(2)
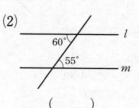

( )

(3)
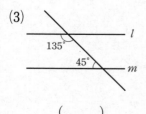

( )

(4)
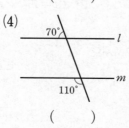

( )

01 동위각과 엇각

● 더 다양한 문제는 RPM 1-2 35쪽

오른쪽 그림과 같이 세 직선이 만날 때, 다음 중 옳지 <u>않은</u> 것은?

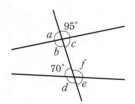

① $\angle d$의 동위각은 $\angle h$, $\angle k$이다.

② $\angle f$의 동위각은 $\angle b$, $\angle j$이다.

③ $\angle b$의 엇각은 $\angle h$이다.

④ $\angle c$의 엇각은 $\angle e$, $\angle l$이다.

⑤ $\angle g$의 엇각은 $\angle l$이다.

KEY POINT

서로 다른 두 직선이 다른 한 직선과 만날 때 생기는 각 중에서

① 동위각

➡ 같은 위치에 있는 두 각

② 엇각

➡ 엇갈린 위치에 있는 두 각

풀이 ⑤ $\angle g$의 엇각은 $\angle i$이다.

따라서 옳지 않은 것은 ⑤이다.

답 ⑤

확인 ① 오른쪽 그림과 같이 세 직선이 만날 때, 다음 중 옳은 것을 모두 고르면? (정답 2개)

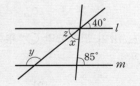

① $\angle a$의 동위각의 크기는 $70°$이다.

② $\angle b$의 동위각의 크기는 $85°$이다.

③ $\angle e$의 동위각의 크기는 $95°$이다.

④ $\angle c$의 엇각의 크기는 $110°$이다.

⑤ $\angle f$의 엇각의 크기는 $95°$이다.

02 평행선에서 동위각, 엇각의 크기 구하기

● 더 다양한 문제는 RPM 1-2 35쪽

오른쪽 그림에서 $l /\!/ m$일 때, $\angle x$, $\angle y$, $\angle z$의 크기를 구하시오.

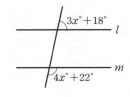

KEY POINT

평행한 두 직선이 다른 한 직선과 만날 때

① 동위각의 크기는 같다.

② 엇각의 크기는 같다.

풀이 맞꼭지각의 크기는 같으므로 $\angle z = 40°$

$l /\!/ m$이므로 $\angle x + \angle z = 85°$ (엇각), $\angle x + 40° = 85°$ ∴ $\angle x = 45°$

또 $180° - \angle y = 40°$ (동위각)이므로 $\angle y = 140°$

답 $\angle x = 45°$, $\angle y = 140°$, $\angle z = 40°$

확인 ② 오른쪽 그림에서 $l /\!/ m$일 때, x의 값을 구하시오.

$3x° + 18°$ ... l

$4x° + 22°$ ... m

03 **두 직선이 평행할 조건**
● 더 다양한 문제는 **RPM** 1–2 36쪽

다음 **보기** 중 오른쪽 그림에서 평행한 두 직선을 모두 고른 것은?

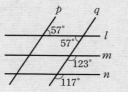

> **보기**
> ㄱ. p와 q ㄴ. l과 m
> ㄷ. l과 n ㄹ. m과 n

① ㄱ, ㄴ   ② ㄱ, ㄷ   ③ ㄴ, ㄹ
④ ㄱ, ㄴ, ㄷ   ⑤ ㄴ, ㄷ, ㄹ

풀이 ㄱ. 두 직선 p, q는 엇각의 크기가 같으므로 $p /\!/ q$이다.
ㄴ. 두 직선 l, m은 엇각의 크기가 같으므로 $l /\!/ m$이다.
ㄷ. 두 직선 l, n은 엇각의 크기가 다르므로 평행하지 않다.
ㄹ. 두 직선 m, n은 동위각의 크기가 다르므로 평행하지 않다.
이상에서 평행한 두 직선을 고른 것은 ㄱ, ㄴ이다.   **답** ①

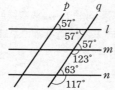

확인 ③ 다음 중 오른쪽 그림에서 두 직선 l, m이 평행할 조건이 <u>아닌</u> 것은?

① $\angle a = 115°$ ② $\angle b = 65°$
③ $\angle c = 115°$ ④ $\angle a + \angle g = 180°$
⑤ $\angle g = 65°$

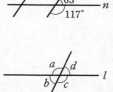

 04 **평행선에서 각의 크기 구하기; 삼각형의 성질 이용**
● 더 다양한 문제는 **RPM** 1–2 36쪽

오른쪽 그림에서 $l /\!/ m$일 때, $\angle x$의 크기를 구하시오.

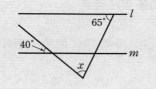

풀이 오른쪽 그림에서 삼각형의 세 각의 크기의 합은 $180°$이므로
$\angle x + 40° + 65° = 180°$
$\therefore \angle x = 75°$ **답** 75°

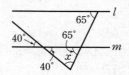

확인 ④ 오른쪽 그림에서 $l /\!/ m$일 때, x의 값을 구하시오.

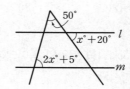

> 정답 및 풀이 13쪽

평행선과 꺾인 직선이 만나는 경우 각의 크기 구하기

❶ 꺾인 점을 지나면서 주어진 평행선에 평행한 직선을 긋는다.
  이때 꺾인 점이 1개이면 직선 1개, 꺾인 점이 2개이면 직선 2개를 긋는다.
❷ 동위각과 엇각의 크기는 각각 같음을 이용한다.

05 평행선에서 각의 크기 구하기; 평행한 보조선을 긋는 경우

● 더 다양한 문제는 RPM 1–2 37쪽

다음 그림에서 $l /\!/ m$일 때, $\angle x$의 크기를 구하시오.

(1)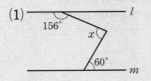

(2)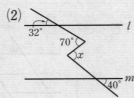

풀이 (1) 오른쪽 그림과 같이 두 직선 l, m에 평행한 직선 p를 그으면 엇각의 크기는 같으므로
$$\angle x = 24° + 60° = 84°$$

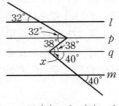

(2) 오른쪽 그림과 같이 두 직선 l, m에 평행한 직선 p, q를 그으면 동위각과 엇각의 크기는 각각 같으므로
$$\angle x = 38° + 40° = 78°$$

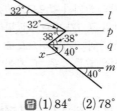

답 (1) 84° (2) 78°

확인 5 다음 그림에서 $l /\!/ m$일 때, $\angle x$의 크기를 구하시오.

(1)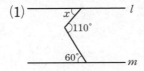

(2)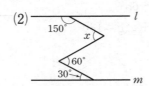

UP 06 직사각형 모양의 종이를 접은 경우

● 더 다양한 문제는 RPM 1–2 38쪽

직사각형 모양의 종이를 접으면
① 접은 각의 크기가 같다.
② 엇각의 크기가 같다.

오른쪽 그림과 같이 직사각형 모양의 종이테이프를 접었을 때, $\angle x$의 크기를 구하시오.

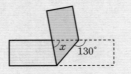

풀이 오른쪽 그림에서 $\angle ABC = 180° - 130° = 50°$
$\overleftrightarrow{CB} /\!/ \overleftrightarrow{AD}$이므로 $\angle BAD = \angle ABC = 50°$ (엇각)
∴ $\angle CAB = \angle BAD = 50°$ (접은 각)
따라서 삼각형 ABC에서
$$\angle x + 50° + 50° = 180° \quad ∴ \angle x = 80°$$

답 80°

확인 6 오른쪽 그림과 같이 직사각형 모양의 종이테이프를 접었을 때, $\angle x$의 크기를 구하시오.

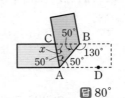

01 다음 중 오른쪽 그림에서 ∠a와 동위각인 것을 모두 고른 것은?

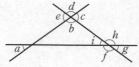

① ∠b, ∠f ② ∠c, ∠g
③ ∠d, ∠i ④ ∠e, ∠f
⑤ ∠e, ∠g

같은 위치에 있는 두 각을 찾는다.

I-2

위치 관계

02 다음 중 두 직선 l, m이 평행하지 **않은** 것은?

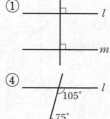

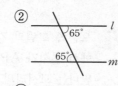

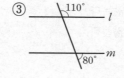

03 오른쪽 그림에서 l // m일 때, ∠x, ∠y의 크기를 구하시오.

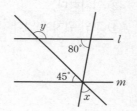

삼각형의 세 각의 크기의 합은 180°임을 이용한다.

04 오른쪽 그림에서 l // m일 때, ∠x의 크기를 구하시오.

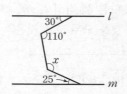

꺾인 점을 지나면서 두 직선 l, m에 평행한 직선을 긋는다.

⑤ 05 오른쪽 그림과 같이 직사각형 모양의 종이테이프를 접었을 때, ∠x의 크기를 구하시오.

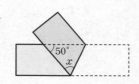

접은 각과 엇각의 크기가 각각 같음을 이용한다.

STEP **1** 기본 문제

01 다음 중 오른쪽 그림에 대한 설명으로 옳지 <u>않은</u> 것을 모두 고르면? (정답 2개)

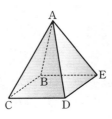

① 점 A는 평면 P 위에 있다.
② 점 B는 직선 l 위에 있지 않다.
③ 점 D는 직선 l 위에 있지 않다.
④ 평면 P는 점 C를 포함하지 않는다.
⑤ 평면 P는 점 E를 포함하지 않는다.

02 다음 중 한 평면 위에 있는 두 직선의 위치 관계가 될 수 <u>없는</u> 것은?

① 수직이다.
② 일치한다.
③ 평행하다.
④ 꼬인 위치에 있다.
⑤ 한 점에서 만난다.

03 한 평면 위에 있는 서로 다른 세 직선 l, m, n에 대하여 다음 **보기** 중 옳은 것을 모두 고른 것은?

> **보기**
> ㄱ. $l /\!/ m$, $l /\!/ n$이면 $m /\!/ n$이다.
> ㄴ. $l /\!/ m$, $l \perp n$이면 $m \perp n$이다.
> ㄷ. $l \perp m$, $l \perp n$이면 $m \perp n$이다.

① ㄱ
② ㄴ
③ ㄱ, ㄴ
④ ㄴ, ㄷ
⑤ ㄱ, ㄴ, ㄷ

 꼭나와

04 오른쪽 그림과 같은 사각뿔에서 모서리 BC와 꼬인 위치에 있는 모서리를 모두 구하시오.

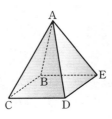

05 오른쪽 그림과 같은 삼각기둥에서 모서리 AB와 한 점에서 만나는 모서리의 개수를 a, 모서리 BE와 평행한 모서리의 개수를 b라 할 때, ab의 값은?

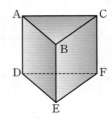

① 3
② 4
③ 6
④ 8
⑤ 9

꼭나와

06 다음 중 오른쪽 그림과 같이 밑면이 사다리꼴인 사각기둥에 대한 설명으로 옳은 것은?

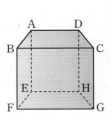

① 면 ABFE와 모서리 CG는 한 점에서 만난다.
② 모서리 EF는 면 BFGC에 포함된다.
③ 면 ABCD와 평행한 모서리는 2개이다.
④ 모서리 BF와 수직인 면은 4개이다.
⑤ 점 C와 면 EFGH 사이의 거리는 $\overline{DH}$의 길이와 같다.

07 오른쪽 그림과 같은 직육면체에서 면 AEHD와 평행한 면의 개수를 a, 수직인 면의 개수를 b라 할 때, $a+b$의 값을 구하시오.

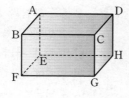

08 오른쪽 그림과 같이 세 직선이 만날 때, 다음 중 옳지 <u>않은</u> 것은?

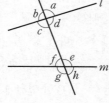

① $\angle c$와 $\angle e$는 엇각이다.
② $\angle b$와 $\angle f$는 동위각이다.
③ $\angle f$와 $\angle h$는 맞꼭지각이다.
④ $l /\!/ m$이면 $\angle a = \angle f$이다.
⑤ $\angle b = \angle h$이면 $l /\!/ m$이다.

09 오른쪽 그림에서 $l /\!/ m$이고 $\angle y = 2\angle x$일 때, $\angle x$의 크기는?

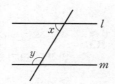

① $45°$ ② $50°$
③ $55°$ ④ $60°$
⑤ $65°$

10 다음 **보기** 중 아래 그림에서 평행한 두 직선을 모두 고른 것은?

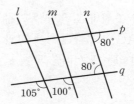

> **보기**
> ㄱ. l과 m ㄴ. l과 n
> ㄷ. m과 n ㄹ. p와 q

① ㄱ, ㄴ   ② ㄱ, ㄷ   ③ ㄷ, ㄹ
④ ㄱ, ㄴ, ㄹ   ⑤ ㄴ, ㄷ, ㄹ

11 오른쪽 그림에서 $l /\!/ m$일 때, $\angle x$의 크기를 구하시오.

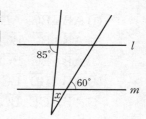

12 오른쪽 그림에서 $l /\!/ m$일 때, $\angle x$의 크기는?

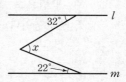

① $52°$ ② $54°$
③ $56°$ ④ $58°$
⑤ $60°$

13 오른쪽 그림과 같은 직육면체에서 $\overline{AG}$, $\overline{BC}$와 동시에 꼬인 위치에 있는 모서리를 모두 구하시오.

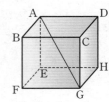

14 아래 그림은 평면 P 위에 직사각형 모양의 종이를 반으로 접어서 올려 놓은 것이다. 다음 중 평면 P와 $\overline{AB}$가 수직임을 설명하기 위해 필요한 조건으로 옳은 것은?

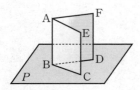

① $\overline{AB} \perp \overline{BC}$, $\overline{AB} \perp \overline{BD}$
② $\overline{AB} \perp \overline{BC}$, $\overline{BC} \perp \overline{BD}$
③ $\overline{AB} \perp \overline{BC}$, $\overline{BC} \perp \overline{CE}$
④ $\overline{AB} \perp \overline{BD}$, $\overline{BC} \perp \overline{BD}$
⑤ $\overline{AB} /\!/ \overline{CE}$, $\overline{BC} \perp \overline{CE}$

(꼭나와)
15 오른쪽 그림은 직육면체를 세 꼭짓점 B, C, F를 지나는 평면으로 잘라서 만든 입체도형이다. 다음 중 옳은 것은?

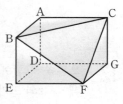

① $\overline{AC}$를 포함하는 면은 3개이다.
② 면 ABC와 수직인 모서리는 2개이다.
③ 면 DEFG와 평행한 모서리는 2개이다.
④ $\overline{CF}$와 꼬인 위치에 있는 모서리는 4개이다.
⑤ $\overline{CG}$와 꼬인 위치에 있는 모서리는 4개이다.

16 오른쪽 그림과 같은 전개도로 만든 정육면체에서 다음 중 모서리 JG와 꼬인 위치에 있는 모서리가 아닌 것은?

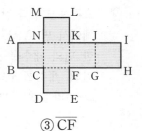

① $\overline{AN}$　　② $\overline{BC}$　　③ $\overline{CF}$
④ $\overline{ML}$　　⑤ $\overline{NK}$

(꼭나와)
17 다음 중 공간에서 직선과 평면의 위치 관계에 대한 설명으로 옳은 것은?

① 한 직선에 수직인 서로 다른 두 직선은 평행하다.
② 한 평면에 평행한 서로 다른 두 직선은 평행하다.
③ 한 평면에 수직인 서로 다른 두 직선은 수직이다.
④ 한 직선에 평행한 서로 다른 두 평면은 평행하다.
⑤ 한 평면에 평행한 서로 다른 두 평면은 평행하다.

18 오른쪽 그림에서 $\angle x$의 모든 동위각의 크기의 합은?

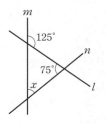

① $220°$　　② $225°$
③ $230°$　　④ $235°$
⑤ $240°$

19 오른쪽 그림에서 $l /\!/ m$ 일 때, $x+y$의 값을 구하시오.

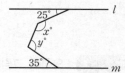

꼭나와

20 다음 그림에서 $l /\!/ m$일 때, $\angle a + \angle b + \angle c + \angle d$의 크기를 구하시오.

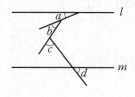

21 오른쪽 그림과 같이 평행한 두 직선 l, m과 정사각형 ABCD가 각각 점 A, C에서 만날 때, x의 값을 구하시오.

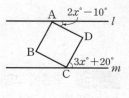

22 다음 그림과 같이 직사각형 모양의 종이테이프를 접었을 때, $\angle x$의 크기를 구하시오.

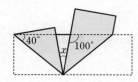

STEP 3 실력 UP

23 오른쪽 그림은 직육면체를 세 점 P, Q, R를 지나는 평면으로 잘라서 만든 입체도형이다. 이 입체도형에서 모서리를 연장한 직선을 그었을 때 $\overleftrightarrow{PQ}$와 꼬인 위치에 있는 직선의 개수를 x, $\overleftrightarrow{BP}$와 평행한 면의 개수를 y, 면 DEFG와 수직인 면의 개수를 z라 하자. 이때 $x-y+z$의 값을 구하시오.

해설 강의

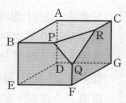

24 다음 그림과 같은 전개도로 만든 정육면체에서 $\overline{CM}$과 $\overline{FH}$의 위치 관계를 말하시오.

해설 강의

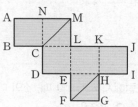

25 오른쪽 그림에서 $l /\!/ m$이고 $\angle PQS = 3\angle SQR$일 때, $\angle x$의 크기를 구하시오.

해설 강의

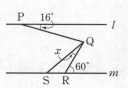

예제 1

오른쪽 그림의 입체도형은 정삼각형 8개로 이루어져 있다. 모서리 AB와 한 점에서 만나는 모서리의 개수를 a, 꼬인 위치에 있는 모서리의 개수를 b라 할 때, $a+b$의 값을 구하시오. [7점]

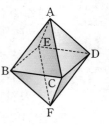

풀이 과정

1단계 a의 값 구하기 · 3점

모서리 AB와 한 점에서 만나는 모서리는
$\overline{AC}, \overline{AD}, \overline{AE}, \overline{BC}, \overline{BE}, \overline{BF}$
의 6개이므로 $a=6$

2단계 b의 값 구하기 · 3점

모서리 AB와 꼬인 위치에 있는 모서리는
$\overline{CD}, \overline{DE}, \overline{CF}, \overline{EF}$
의 4개이므로 $b=4$

3단계 $a+b$의 값 구하기 · 1점

$a+b=6+4=10$

답 10

유제 1

오른쪽 그림과 같이 밑면이 정육각형인 육각기둥에서 각 모서리를 연장한 직선을 그을 때, 직선 AG와 한 점에서 만나는 직선의 개수를 a, 직선 AB와 꼬인 위치에 있는 직선의 개수를 b라 하자. 이때 $b-a$의 값을 구하시오. [7점]

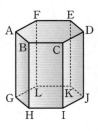

풀이 과정

1단계 a의 값 구하기 · 3점

2단계 b의 값 구하기 · 3점

3단계 $b-a$의 값 구하기 · 1점

답

예제 2

오른쪽 그림에서 $l \parallel m$일 때, x의 값을 구하시오. [6점]

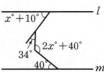

풀이 과정

1단계 보조선 긋기 · 2점

오른쪽 그림과 같이 두 직선 l, m에 평행한 직선 p, q를 긋자.

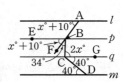

2단계 x의 값 구하기 · 4점

$l \parallel p$이므로 $\angle EBF = x° + 10°$ (동위각)
$q \parallel m$이므로 $\angle GCD = 40°$ (엇각)
$p \parallel q$이므로
$(x+10)+34=2x$ (엇각) $\therefore x=44$

답 44

유제 2

오른쪽 그림에서 $l \parallel m$일 때, $\angle x$의 크기를 구하시오. [6점]

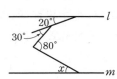

풀이 과정

1단계 보조선 긋기 · 2점

2단계 $\angle x$의 크기 구하기 · 4점

답

스스로 서술하기

유제 3 오른쪽 그림과 같은 직육면체에서 점 A와 면 EFGH 사이의 거리를 x cm, 점 C와 면 AEHD 사이의 거리를 y cm라 할 때, xy의 값을 구하시오. [5점]

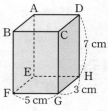

풀이 과정

답

유제 5 오른쪽 그림에서 ∠b의 엇각의 크기를 구하시오. [6점]

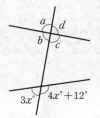

풀이 과정

답

유제 4 오른쪽 그림은 정육면체를 세 꼭짓점 A, B, E를 지나는 평면으로 잘라서 만든 입체도형이다. 모서리 AB와 꼬인 위치에 있는 모서리의 개수를 a, 면 ABC와 수직인 모서리의 개수를 b, 면 ADGC와 평행한 면의 개수를 c라 할 때, $a+b+c$의 값을 구하시오. [7점]

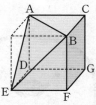

풀이 과정

답

유제 6 오른쪽 그림에서 $l /\!/ m$일 때, ∠x의 크기를 구하시오. [7점]

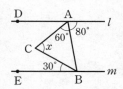

풀이 과정

답

" 충전중 "

『찌그러져도 괜찮아』, 임임(찌오) 지음, 북로망스, 2003

I-3

작도와 합동

이 단원의 학습 계획을 세우고
하나하나 실천하는 습관을 기르자!!

나는 할 수 있어!

		공부한 날		학습 완료도
01 기본 도형의 작도	개념원리 이해 & 개념원리 확인하기	월	일	□□□
	핵심문제 익히기	월	일	○○○
	이런 문제가 시험에 나온다	월	일	○○○
02 삼각형의 작도	개념원리 이해 & 개념원리 확인하기	월	일	□□□
	핵심문제 익히기	월	일	○○○
	이런 문제가 시험에 나온다	월	일	○○○
03 삼각형의 합동	개념원리 이해 & 개념원리 확인하기	월	일	□□□
	핵심문제 익히기	월	일	○○○
	이런 문제가 시험에 나온다	월	일	○○○
중단원 마무리하기		월	일	○○○
서술형 대비 문제		월	일	○○○

개념 학습 **guide**

- 개념을 이해했으면 ■□□, 개념을 문제에 적용할 수 있으면 ■■□, 개념을 친구에게 설명할 수 있으면 ■■■ 로 색칠한다.

- 부족한 부분의 개념을 반복 학습하여 ■■■ 3칸 모두 색칠하면 학습을 마친다.

문제 학습 **guide**

- 맞힌 문제가 전체의 50% 미만이면 ●○○, 맞힌 문제가 50% 이상 90% 미만이면 ●●○, 맞힌 문제가 90% 이상이면 ●●● 로 색칠한다. 문제를 찍지 말자!

- 틀린 문제는 왜 틀렸는지 그 이유를 파악한 후 다시 풀어 본다. 며칠 후 틀린 문제를 다시 풀어 보고, 풀이 과정과 답이 맞으면 학습을 마친다.

01 기본 도형의 작도

1 작도란 무엇인가?

작도: 눈금 없는 자와 컴퍼스만을 사용하여 도형을 그리는 것

(1) **눈금 없는 자**

① 두 점을 연결하는 선분을 그릴 때 사용한다.

② 선분을 연장할 때 사용한다.

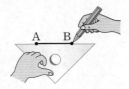 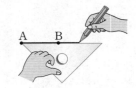

(2) **컴퍼스**

① 원을 그릴 때 사용한다.

② 선분의 길이를 재어서 다른 직선 위에 옮길 때 사용한다.

 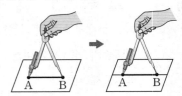

2 길이가 같은 선분의 작도는 어떻게 하는가?

◆ 핵심문제 01

선분 AB와 길이가 같은 선분 PQ는 다음과 같이 작도한다.

❶ 자로 직선을 긋고, 이 직선 위에 점 P를 잡는다.

❷ 컴퍼스로 $\overline{AB}$의 길이를 잰다.

❸ 점 P를 중심으로 하고 반지름의 길이가 $\overline{AB}$인 원을 그려 직선과의 교점을 Q라 하면 선분 AB와 길이가 같은 선분 PQ가 작도된다.

➡ $\overline{AB} = \overline{PQ}$

주의 작도에서는 눈금 없는 자를 사용하므로 길이를 잴 때 컴퍼스를 사용한다.

참고 길이가 같은 선분의 작도를 이용하여 정삼각형을 작도할 수 있다.

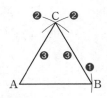

❶ 컴퍼스로 $\overline{AB}$의 길이를 잰다.

❷ 두 점 A, B를 중심으로 하고 반지름의 길이가 $\overline{AB}$인 원을 각각 그려 두 원의 교점을 C라 한다.

❸ $\overline{AC}$, $\overline{BC}$를 그으면 $\overline{AB} = \overline{BC} = \overline{AC}$이므로 삼각형 ABC는 정삼각형이다.

3 크기가 같은 각의 작도는 어떻게 하는가?

● 핵심문제 02

각 AOB와 크기가 같은 각 YPX는 다음과 같이 작도한다.

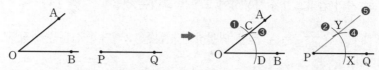

❶ 점 O를 중심으로 하는 원을 그려 $\overrightarrow{OA}$, $\overrightarrow{OB}$와의 교점을 각각 C, D라 한다.

❷ 점 P를 중심으로 하고 반지름의 길이가 $\overline{OC}$인 원을 그려 $\overrightarrow{PQ}$와의 교점을 X라 한다.

❸ 컴퍼스로 $\overline{CD}$의 길이를 잰다.

❹ 점 X를 중심으로 하고 반지름의 길이가 $\overline{CD}$인 원을 그려 ❷에서 그린 원과의 교점을 Y라 한다.

❺ $\overrightarrow{PY}$를 그으면 각 AOB와 크기가 같은 각 YPX가 작도된다.

➡ ∠AOB＝∠YPX

주의 크기가 같은 각을 작도할 때 각도기는 사용하지 않는다.

I-3
작도와 합동

4 평행선의 작도는 어떻게 하는가?

● 핵심문제 03

직선 l 밖의 한 점 P를 지나고 직선 l과 평행한 직선 PD는 다음과 같이 작도한다.

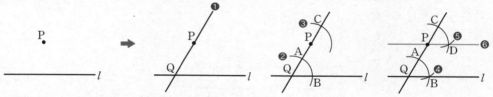

❶ 점 P를 지나는 직선을 그어 직선 l과의 교점을 Q라 한다.

❷ 점 Q를 중심으로 하는 원을 그려 직선 PQ, 직선 l과의 교점을 각각 A, B라 한다.

❸ 점 P를 중심으로 하고 반지름의 길이가 $\overline{QA}$인 원을 그려 직선 PQ와의 교점을 C라 한다.

❹ 컴퍼스로 $\overline{AB}$의 길이를 잰다.

❺ 점 C를 중심으로 하고 반지름의 길이가 $\overline{AB}$인 원을 그려 ❸에서 그린 원과의 교점을 D라 한다.

❻ 직선 PD를 그으면 직선 l과 평행한 직선 PD가 작도된다.

➡ $l \;/\!/\; \overleftrightarrow{PD}$

▶ 위의 평행선의 작도는

　'서로 다른 두 직선이 다른 한 직선과 만날 때, 동위각의 크기가 같으면 두 직선은 평행하다.'

는 성질을 이용한 것이다.

참고 평행선을 다음과 같이 작도할 수도 있다.

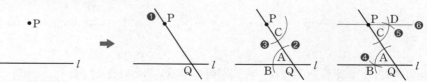

　▶ 위의 평행선의 작도는

　　'서로 다른 두 직선이 다른 한 직선과 만날 때, 엇각의 크기가 같으면 두 직선은 평행하다.'

　는 성질을 이용한 것이다.

01 다음 □ 안에 알맞은 것을 써넣으시오.

○ 작도란?

(1) 눈금 없는 자와 컴퍼스만을 사용하여 도형을 그리는 것을 □라 한다.

(2) 작도할 때 □는 두 점을 연결하는 선분을 그리거나 선분을 연장할 때 사용한다.

(3) 작도할 때 □는 원을 그리거나 주어진 선분의 길이를 재어 다른 직선 위로 옮길 때 사용한다.

02 다음은 선분 AB와 길이가 같은 선분 PQ를 작도하는 과정이다. 작도 순서를 나열하시오.

○ 길이가 같은 선분의 작도는?

03 다음 그림은 ∠XOY와 크기가 같은 ∠X′O′Y′을 작도하는 과정이다. □ 안에 알맞은 것을 써넣으시오.

○ 크기가 같은 각의 작도는?

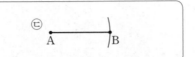

(1) 작도 순서는 ㉠ → □ → □ → □ → ㉤이다.

(2) $\overline{OA}=\overline{OB}=\overline{O'C}=$ □

(3) $\overline{AB}=$ □

04 오른쪽 그림은 직선 l 밖의 한 점 P를 지나고 직선 l과 평행한 직선을 작도하는 과정이다. □ 안에 알맞은 것을 써넣으시오.

○ 평행선의 작도는?

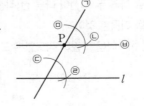

(1) 작도 순서는 ㉠ → ㉢ → □ → □ → □ → ㉂이다.

(2) 위의 작도 과정은 '서로 다른 두 직선이 다른 한 직선과 만날 때, □의 크기가 같으면 두 직선은 평행하다.'는 성질을 이용한 것이다.

> 정답 및 풀이 18쪽

핵심문제 익히기

01 길이가 같은 선분의 작도

● 더 다양한 문제는 RPM 1-2 48쪽

오른쪽 그림과 같은 선분 AB를 점 B의 방향으로 연장하여 그 길이가 선분 AB의 길이의 2배가 되는 선분 BC를 작도하시오.

A ———— B

KEY POINT
선분 AB와 길이가 같은 선분의 작도를 2번 한다.

풀이 ❶ 눈금 없는 자로 선분 AB를 점 B의 방향으로 연장한다.

❷ 컴퍼스로 $\overline{AB}$의 길이를 잰다.

❸ 점 B를 중심으로 하고 반지름의 길이가 $\overline{AB}$인 원을 그려 선분 AB의 연장선과의 교점을 D라 한다.

❹ 다시 점 D를 중심으로 하고 반지름의 길이가 $\overline{AB}$인 원을 그려 선분 AB의 연장선과의 교점을 C라 한다. 이때 선분 AB의 길이의 2배가 되는 선분 BC가 작도된다.

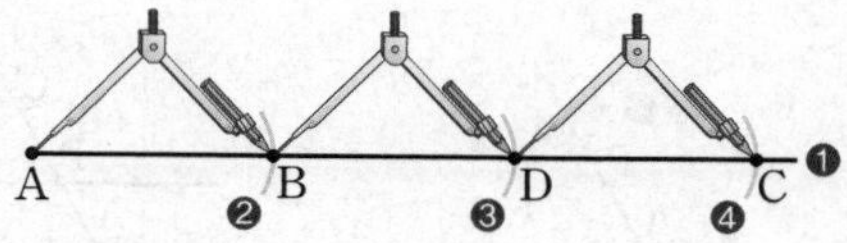

답 풀이 참조

확인 ❶ 오른쪽 그림과 같이 두 점 A, B를 지나는 직선 l 위에 $\overline{AB}=\overline{BC}$인 점 C를 작도할 때 사용하는 도구는?

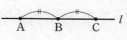

① 각도기 ② 컴퍼스 ③ 삼각자

④ 눈금 없는 자 ⑤ 눈금 있는 자

I-3
작도와 합동

02 크기가 같은 각의 작도

● 더 다양한 문제는 RPM 1-2 49쪽

오른쪽 그림과 같은 ∠XOY와 크기가 같은 각을 반직선 PQ를 한 변으로 하여 작도하시오.

KEY POINT
∠XOY와 크기가 같은 각의 작도
➡ 두 점 O, P를 중심으로 하고 반지름의 길이가 같은 원을 그린다.

풀이 ❶ 점 O를 중심으로 하는 원을 그려 $\overrightarrow{OX}$, $\overrightarrow{OY}$와의 교점을 각각 A, B라 한다.

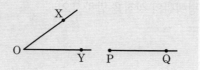

❷ 점 P를 중심으로 하고 반지름의 길이가 $\overline{OA}$인 원을 그려 $\overrightarrow{PQ}$와의 교점을 C라 한다.

❸ 컴퍼스로 $\overline{AB}$의 길이를 잰다.

❹ 점 C를 중심으로 하고 반지름의 길이가 $\overline{AB}$인 원을 그려 ❷에서 그린 원과의 교점을 D라 한다.

❺ $\overrightarrow{PD}$를 그으면 ∠XOY와 크기가 같은 ∠DPC가 작도된다.

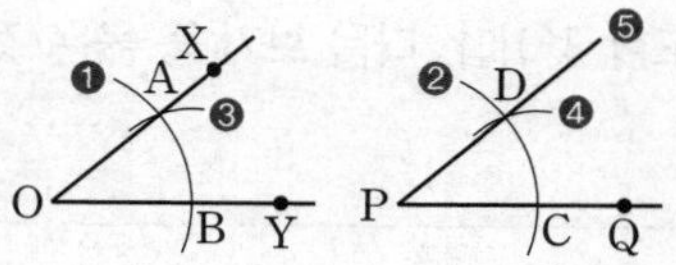

답 풀이 참조

확인 ❷ 오른쪽 그림은 ∠XOY와 크기가 같은 각을 $\overrightarrow{AB}$를 한 변으로 하여 작도하는 과정이다. 작도 순서를 나열하시오.

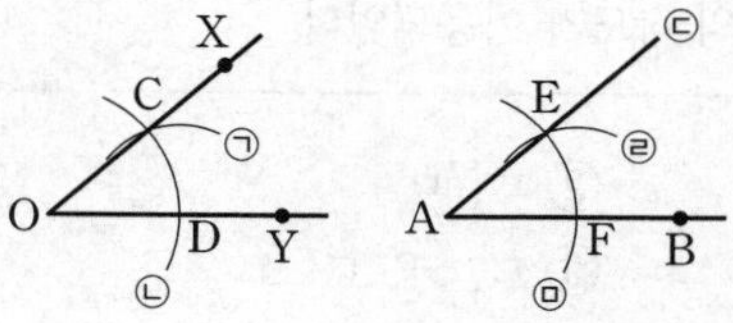

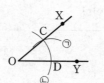

> 정답 및 풀이 18쪽

KEY POINT

03 평행선의 작도   ● 더 다양한 문제는 RPM 1–2 49쪽

오른쪽 그림과 같은 직선 l 밖의 한 점 P를 지나고 직선 l과 평행한 직선을 작도하시오.

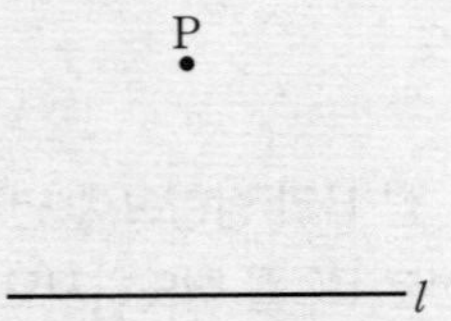

'서로 다른 두 직선이 다른 한 직선과 만날 때, 동위각 또는 엇각의 크기가 같으면 두 직선은 평행하다.'는 성질을 이용한다.

풀이

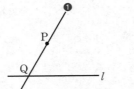 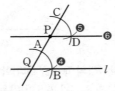

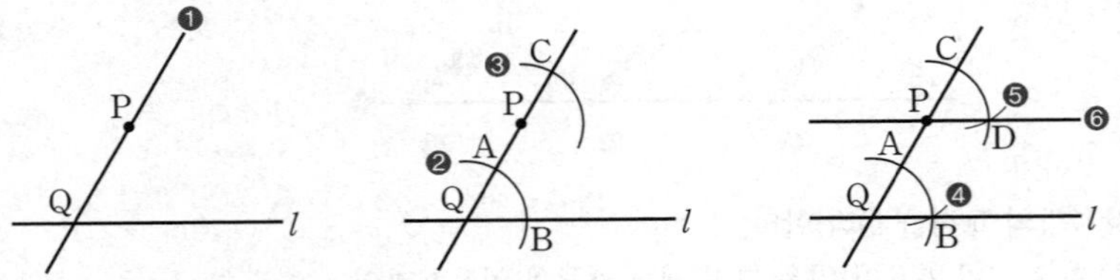

❶ 점 P를 지나는 직선을 그어 직선 l과의 교점을 Q라 한다.
❷ 점 Q를 중심으로 하는 원을 그려 직선 PQ, 직선 l과의 교점을 각각 A, B라 한다.
❸ 점 P를 중심으로 하고 반지름의 길이가 $\overline{QA}$인 원을 그려 직선 PQ와의 교점을 C라 한다.
❹ 컴퍼스로 $\overline{AB}$의 길이를 잰다.
❺ 점 C를 중심으로 하고 반지름의 길이가 $\overline{AB}$인 원을 그려 ❸에서 그린 원과의 교점을 D라 한다.
❻ 직선 PD를 그으면 직선 l과 평행한 직선 PD가 작도된다.

답 풀이 참조

확인 ③ 오른쪽 그림은 직선 l 밖의 한 점 P를 지나고 직선 l과 평행한 직선 m을 작도하는 과정이다. 다음 물음에 답하시오.

(1) 작도 순서를 나열하시오.

(2) 이 작도에 이용된 평행선의 성질을 말하시오.

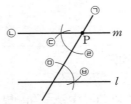

확인 ④ 오른쪽 그림은 직선 l 위에 있지 않은 한 점 P를 지나고 직선 l과 평행한 직선을 작도한 것이다. 다음 **보기** 중 옳은 것을 모두 고른 것은?

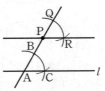

보기
ㄱ. $\overline{AC}=\overline{PR}$
ㄴ. $\overline{AB}=\overline{BC}$
ㄷ. $\angle BAC=\angle QPR$
ㄹ. 엇각의 크기가 같으면 두 직선은 평행하다는 성질이 이용되었다.
ㅁ. 크기가 같은 각의 작도가 이용되었다.

① ㄱ, ㄴ   ② ㄷ, ㅁ   ③ ㄱ, ㄴ, ㄹ
④ ㄱ, ㄷ, ㅁ   ⑤ ㄷ, ㄹ, ㅁ

▶정답 및 풀이 19쪽

01 다음 중 작도에 대한 설명으로 옳지 <u>않은</u> 것은?

① 선분을 연장할 때에는 눈금 없는 자를 사용한다.

② 두 점을 연결하는 선분을 그릴 때에는 눈금 없는 자를 사용한다.

③ 원을 그릴 때에는 컴퍼스를 사용한다.

④ 각의 크기를 잴 때에는 컴퍼스를 사용한다.

⑤ 선분의 길이를 옮길 때에는 컴퍼스를 사용한다.

작도

➡ 눈금 없는 자와 컴퍼스만을 사용하여 도형을 그리는 것

02 다음은 선분 AB를 한 변으로 하는 정삼각형을 작도하는 과정이다. (가), (나), (다)에 알맞은 것을 구하시오.

길이가 같은 선분의 작도를 이용한다.

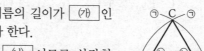

㉠ 두 점 A, B를 중심으로 하고 반지름의 길이가 (가) 인 원을 각각 그려 두 원의 교점을 C라 한다.

㉡ $\overline{AC}$, $\overline{BC}$를 그으면 $\overline{AB}=\overline{BC}=$ (나) 이므로 삼각형 ABC는 (다) 이다.

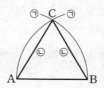

I-3

작도와 합동

03 오른쪽 그림은 ∠XOY와 크기가 같은 각을 반직선 PQ를 한 변으로 하여 작도한 것이다. 다음 **보기** 중 옳은 것을 모두 고른 것은?

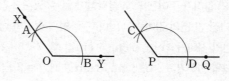

보기

ㄱ. $\overline{OA}=\overline{AB}$ ㄴ. $\overline{OB}=\overline{PC}$

ㄷ. $\overline{AB}=\overline{CD}$ ㄹ. ∠AOB=∠CPD

① ㄱ, ㄷ ② ㄴ, ㄹ ③ ㄱ, ㄴ, ㄷ

④ ㄱ, ㄷ, ㄹ ⑤ ㄴ, ㄷ, ㄹ

04 오른쪽 그림은 직선 l 위에 있지 않은 한 점 P를 지나고 직선 l과 평행한 직선 m을 작도한 것이다. 다음 중 옳지 <u>않은</u> 것은?

① $\overline{AQ}=\overline{BQ}$ ② $\overline{AB}=\overline{CD}$

③ $\overline{BQ}=\overline{CD}$ ④ ∠AQB=∠CPD

⑤ $\overleftrightarrow{QB}\,/\!/\,\overleftrightarrow{DP}$

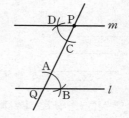

평행선의 작도

➡ 크기가 같은 각의 작도를 이용한다.

02 삼각형의 작도

**개념원리
이해**

1 삼각형에서 대변과 대각이란 무엇인가?

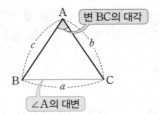
변 BC의 대각

∠A의 대변

(1) **삼각형 ABC**: 세 선분 AB, BC, CA로 이루어진 도형, 즉 세 꼭짓점이 A, B, C인 삼각형을 기호로 △ABC와 같이 나타낸다.

　참고　△ABC에서 세 변 AB, BC, CA와 세 각 ∠A, ∠B, ∠C를 삼각형의 6요소라 한다.

(2) **대변**: 한 각과 마주 보는 변
➡ ∠A의 대변: $\overline{BC}$, ∠B의 대변: $\overline{AC}$, ∠C의 대변: $\overline{AB}$

(3) **대각**: 한 변과 마주 보는 각
➡ $\overline{AB}$의 대각: ∠C, $\overline{BC}$의 대각: ∠A, $\overline{AC}$의 대각: ∠B

2 삼각형의 세 변의 길이 사이에는 어떤 관계가 있는가?

◆ 핵심문제 01

삼각형의 두 변의 길이의 합은 나머지 한 변의 길이보다 크다. 즉 삼각형의 세 변의 길이를 a, b, c라 하면

$$a+b>c, \quad b+c>a, \quad c+a>b$$

　참고　세 변의 길이가 주어졌을 때 삼각형이 될 수 있는 조건
➡ (가장 긴 변의 길이) < (나머지 두 변의 길이의 합)

　예　① 세 변의 길이가 5 cm, 6 cm, 7 cm일 때, $7<5+6$이므로 삼각형을 만들 수 있다.
② 세 변의 길이가 3 cm, 5 cm, 8 cm일 때, $8=3+5$이므로 삼각형을 만들 수 없다.

3 삼각형의 작도는 어떻게 하는가?

◆ 핵심문제 02

다음과 같은 세 가지 경우에 삼각형을 하나로 작도할 수 있다.
① 세 변의 길이가 주어질 때
② 두 변의 길이와 그 끼인각의 크기가 주어질 때
③ 한 변의 길이와 그 양 끝 각의 크기가 주어질 때

　설명　① 세 변의 길이가 주어질 때

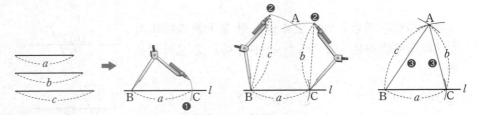

❶ 한 직선 l을 긋고, 그 위에 길이가 a인 선분 BC를 잡는다.
❷ 점 B를 중심으로 하고 반지름의 길이가 c인 원을 그리고, 점 C를 중심으로 하고 반지름의 길이가 b인 원을 그려서 두 원의 교점을 A라 한다.
❸ $\overline{AB}$, $\overline{AC}$를 그으면 △ABC가 작도된다.

② 두 변의 길이와 그 끼인각의 크기가 주어질 때

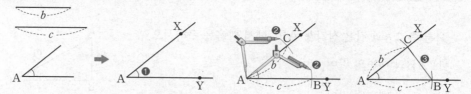

❶ ∠A와 크기가 같은 각인 ∠XAY를 작도한다.

❷ 점 A를 중심으로 하고 반지름의 길이가 b인 원을 그려 반직선 AX와의 교점을 C라 하고, 점 A를 중심으로 하고 반지름의 길이가 c인 원을 그려 반직선 AY와의 교점을 B라 한다.

❸ $\overline{BC}$를 그으면 △ABC가 작도된다.

③ 한 변의 길이와 그 양 끝 각의 크기가 주어질 때

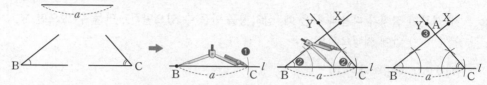

❶ 한 직선 l을 긋고, 그 위에 길이가 a인 선분 BC를 잡는다.

❷ ∠B와 크기가 같은 각인 ∠XBC, ∠C와 크기가 같은 각인 ∠YCB를 각각 작도한다.

❸ 반직선 BX와 반직선 CY의 교점을 A라 하면 △ABC가 작도된다.

---

4 삼각형이 하나로 정해질 조건은 무엇인가?   ◆ 핵심문제 03

다음과 같은 세 가지 경우에 삼각형은 하나로 정해진다.
① 세 변의 길이가 주어질 때
② 두 변의 길이와 그 끼인각의 크기가 주어질 때
③ 한 변의 길이와 그 양 끝 각의 크기가 주어질 때

보충학습 삼각형이 하나로 정해지지 않는 경우

① 가장 긴 변의 길이가 나머지 두 변의 길이의 합보다 크거나 같으면 삼각형을 작도할 수 없다.

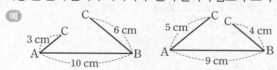

② 두 변의 길이와 그 끼인각이 아닌 다른 한 각의 크기가 주어진 경우 삼각형이 그려지지 않거나 1개 또는 2개로 그려진다.

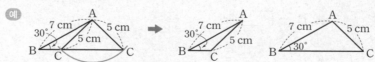

③ 한 변의 길이와 두 각의 크기가 주어진 경우 삼각형은 3개가 그려진다.

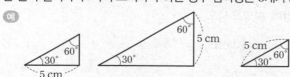

④ 세 각의 크기가 주어진 경우 모양이 같고 크기가 다른 삼각형 이 무수히 많이 그려진다. 예

I-3

작도와 합동

개념원리 확인하기

01 오른쪽 그림과 같은 삼각형 ABC에서 다음을 구하시오.

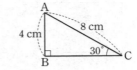

(1) ∠B의 대변의 길이

(2) ∠C의 대변의 길이

(3) $\overline{AB}$의 대각의 크기

(4) $\overline{BC}$의 대각의 크기

○ 대변이란?
　대각이란?

02 세 선분의 길이가 다음과 같을 때, 삼각형을 만들 수 있으면 ○, 만들 수 없으면 ×를 (　　) 안에 써넣으시오.

(1) 6 cm, 6 cm, 12 cm　　　　　　　　　　　(　　)

(2) 3 cm, 4 cm, 5 cm　　　　　　　　　　　(　　)

(3) 2 cm, 8 cm, 11 cm　　　　　　　　　　　(　　)

○ 삼각형의 세 변의 길이 사이의 관계
　➡ (나머지 두 변의 길이의 합)
　　□ (가장 긴 변의 길이)

03 다음은 주어진 조건을 이용하여 △ABC를 작도하는 과정이다. □ 안에 알맞은 것을 써넣으시오.

(1)

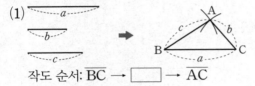

작도 순서: $\overline{BC}$ → □ → $\overline{AC}$

(2)

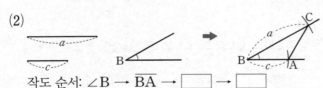

작도 순서: ∠B → $\overline{BA}$ → □ → □

(3)

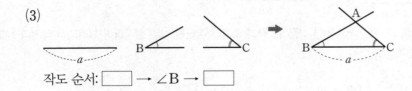

작도 순서: □ → ∠B → □

○ 삼각형의 작도
　① 세 변의 길이가 주어질 때
　② 두 변의 길이와 그 끼인각의 크기가 주어질 때
　③ 한 변의 길이와 그 양 끝 각의 크기가 주어질 때

04 다음과 같은 조건이 주어질 때, △ABC가 하나로 정해지는 것은 ○, 하나로 정해지지 않는 것은 ×를 (　　) 안에 써넣으시오.

(1) $\overline{AB}$=7 cm, $\overline{BC}$=9 cm, $\overline{CA}$=13 cm　　　　(　　)

(2) $\overline{AB}$=5 cm, $\overline{BC}$=8 cm, ∠C=60°　　　　(　　)

(3) $\overline{AC}$=10 cm, ∠A=40°, ∠C=75°　　　　(　　)

○ 삼각형이 하나로 정해질 조건은?

01 삼각형의 세 변의 길이 사이의 관계

● 더 다양한 문제는 **RPM** 1-2 50쪽

다음 중 삼각형의 세 변의 길이가 될 수 <u>없는</u> 것을 모두 고르면? (정답 2개)

① 3 cm, 4 cm, 6 cm
② 4 cm, 5 cm, 9 cm
③ 5 cm, 5 cm, 5 cm
④ 6 cm, 6 cm, 2 cm
⑤ 8 cm, 4 cm, 13 cm

KEY POINT

세 변의 길이가 주어질 때 삼각형이 될
수 있는 조건
➡ (가장 긴 변의 길이)
　 < (나머지 두 변의 길이의 합)

풀이 세 변의 길이가 주어질 때, (가장 긴 변의 길이) < (나머지 두 변의 길이의 합)이어야 한다.
① 6 < 3+4 (○)　② 9 = 4+5 (×)　③ 5 < 5+5 (○)
④ 6 < 6+2 (○)　⑤ 13 > 8+4 (×)
따라서 삼각형의 세 변의 길이가 될 수 없는 것은 ②, ⑤이다.　**답** ②, ⑤

확인 1 삼각형의 세 변의 길이가 4 cm, 9 cm, x cm일 때, 다음 중 x의 값이 될 수 <u>없는</u> 것은?

① 6
② 8
③ 10
④ 12
⑤ 13

I-3

작도와 합동

02 삼각형의 작도

● 더 다양한 문제는 **RPM** 1-2 50쪽

오른쪽 그림은 세 변의 길이가 주어졌을
때, 변 BC가 직선 l 위에 있도록 삼각형
ABC를 작도하는 과정을 나타낸 것이다.
다음 중 작도 순서로 옳은 것은?

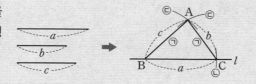

KEY POINT

삼각형의 작도
➡ 길이가 같은 선분의 작도와 크기가
　 같은 각의 작도가 이용된다.

① ㉠ → ㉡ → ㉢
② ㉠ → ㉢ → ㉡
③ ㉡ → ㉠ → ㉢
④ ㉡ → ㉢ → ㉠
⑤ ㉢ → ㉡ → ㉠

풀이 ㉡ 직선 l 위에 한 점 B를 잡고, 점 B를 중심으로 하고 반지름의 길이가 a인 원을 그려 직
선 l과의 교점을 C라 한다.
㉢ 두 점 B, C를 중심으로 하고 반지름의 길이가 c, b인 원을 각각 그려 두 원의 교점을
A라 한다.
㉠ $\overline{AB}$, $\overline{AC}$를 그으면 삼각형 ABC가 작도된다.
따라서 작도 순서로 옳은 것은 ④이다.　**답** ④

확인 2 오른쪽 그림과 같이 변 AB의 길이와 그 양 끝 각 ∠A,
∠B의 크기가 주어질 때, 다음 중 △ABC를 작도하는 순
서로 옳지 <u>않은</u> 것은?

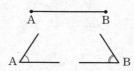

① ∠A → ∠B → $\overline{AB}$
② ∠A → $\overline{AB}$ → ∠B
③ ∠B → $\overline{AB}$ → ∠A
④ $\overline{AB}$ → ∠A → ∠B
⑤ $\overline{AB}$ → ∠B → ∠A

> 정답 및 풀이 20쪽

03 삼각형이 하나로 정해질 조건   ● 더 다양한 문제는 **RPM** 1–2 51쪽

다음 중 △ABC가 하나로 정해지는 것을 모두 고르면? (정답 2개)

① ∠A=35°, ∠B=55°, ∠C=90°
② $\overline{BC}$=5 cm, ∠B=50°, ∠C=60°
③ $\overline{AB}$=7 cm, $\overline{BC}$=5 cm, $\overline{CA}$=13 cm
④ $\overline{AB}$=6 cm, $\overline{AC}$=4 cm, ∠B=40°
⑤ $\overline{AC}$=9 cm, $\overline{BC}$=5 cm, ∠C=80°

풀이 ① 모양은 같고 크기가 다른 삼각형이 무수히 많이 그려진다.
② 한 변의 길이와 그 양 끝 각의 크기가 주어졌으므로 삼각형이 하나로 정해진다.
③ 13>7+5이므로 삼각형을 만들 수 없다.
④ ∠B는 $\overline{AB}$, $\overline{AC}$의 끼인각이 아니므로 삼각형이 하나로 정해지지 않는다.
⑤ 두 변의 길이와 그 끼인각의 크기가 주어졌으므로 삼각형이 하나로 정해진다.
따라서 △ABC가 하나로 정해지는 것은 ②, ⑤이다.   **답** ②, ⑤

확인 ③ 다음 중 △ABC가 하나로 정해지지 <u>않는</u> 것을 모두 고르면? (정답 2개)

① $\overline{AB}$=5 cm, $\overline{BC}$=8 cm, $\overline{CA}$=12 cm
② $\overline{AC}$=6 cm, ∠A=45°, ∠B=50°
③ $\overline{AB}$=9 cm, $\overline{BC}$=3 cm, $\overline{CA}$=6 cm
④ $\overline{AB}$=7 cm, ∠B=80°, $\overline{BC}$=9 cm
⑤ $\overline{BC}$=4 cm, $\overline{CA}$=5 cm, ∠A=45°

확인 ④ $\overline{BC}$의 길이와 ∠B의 크기가 주어졌을 때, 다음 **보기** 중 △ABC가 하나로 정해지기 위해 필요한 나머지 한 조건을 모두 고른 것은?

보기
ㄱ. $\overline{AB}$ ㄴ. $\overline{AC}$
ㄷ. ∠A   ㄹ. ∠C

① ㄱ, ㄴ   ② ㄱ, ㄹ   ③ ㄴ, ㄷ
④ ㄱ, ㄷ, ㄹ   ⑤ ㄴ, ㄷ, ㄹ

▶정답 및 풀이 20쪽

01 다음 중 삼각형의 세 변의 길이가 될 수 있는 것은?

① 2 cm, 4 cm, 6 cm ② 3 cm, 4 cm, 7 cm
③ 4 cm, 6 cm, 11 cm ④ 6 cm, 7 cm, 10 cm
⑤ 8 cm, 8 cm, 17 cm

가장 긴 변의 길이가 나머지 두 변의 길이의 합보다 작은지 확인해 본다.

02 삼각형의 세 변의 길이가 x, $x+2$, $x+6$일 때, 다음 중 x의 값이 될 수 없는 것은?

① 4 ② 5 ③ 6
④ 7 ⑤ 8

x에 주어진 값을 대입한 후 삼각형의 세 변의 길이 사이의 관계를 이용한다.

03 다음은 두 변의 길이와 그 끼인각의 크기가 주어졌을 때, 삼각형을 작도하는 과정이다. ㈎, ㈏, ㈐에 알맞은 것을 구하시오.

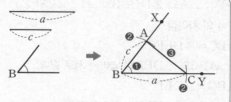

❶ ∠B와 크기가 같은 각인 ∠XBY를 작도한다.
❷ 점 B를 중심으로 하고 반지름의 길이가 c인 원을 그려 $\overrightarrow{\mathrm{BX}}$와의 교점을 ㈎ 라 하고, 점 B를 중심으로 하고 반지름의 길이가 ㈏ 인 원을 그려 $\overrightarrow{\mathrm{BY}}$와의 교점을 C라 한다.
❸ ㈐ 를 그으면 △ABC가 작도된다.

04 다음 중 △ABC가 하나로 정해지는 것을 모두 고르면? (정답 2개)

① $\overline{\mathrm{AB}}=6$ cm, $\overline{\mathrm{BC}}=3$ cm, $\overline{\mathrm{CA}}=2$ cm
② $\overline{\mathrm{AB}}=4$ cm, $\overline{\mathrm{BC}}=3$ cm, ∠B=45°
③ ∠A=40°, ∠B=80°, ∠C=60°
④ $\overline{\mathrm{AB}}=4$ cm, ∠C=30°, $\overline{\mathrm{BC}}=9$ cm
⑤ ∠A=60°, ∠C=30°, $\overline{\mathrm{BC}}=8$ cm

삼각형이 하나로 정해질 조건을 생각해 본다.

05 ∠C의 크기가 주어졌을 때, 두 가지 조건을 추가하여 △ABC가 하나로 정해지도록 하려고 한다. 다음 중 이때 필요한 조건을 모두 고르면? (정답 2개)

① $\overline{\mathrm{AB}}$, $\overline{\mathrm{BC}}$ ② $\overline{\mathrm{AB}}$, $\overline{\mathrm{AC}}$ ③ $\overline{\mathrm{AC}}$, $\overline{\mathrm{BC}}$
④ ∠A, $\overline{\mathrm{AB}}$ ⑤ ∠A, ∠B

I-3
작도와 합동

03 삼각형의 합동

개념원리 이해

1 합동이란 무엇인가?
◆ 핵심문제 01

(1) **합동**: 한 도형을 모양이나 크기를 바꾸지 않고 다른 도형에 완전히 포갤 수 있을 때, 이 두 도형을 서로 합동이라 하고, 기호 ≡로 나타낸다.

➡ △ABC와 △DEF가 서로 합동일 때, 이것을 기호로 △ABC≡△DEF와 같이 나타낸다.

△ABC≡△DEF
└─➡ 대응점의 순서를 맞추어 쓴다.

(2) **대응**: 합동인 두 도형에서 서로 포개어지는 꼭짓점과 꼭짓점, 변과 변, 각과 각은 서로 대응한다고 하고, 서로 대응하는 꼭짓점을 대응점, 대응하는 변을 대응변, 대응하는 각을 대응각이라 한다.

예 위의 그림에서 △ABC와 △DEF가 합동일 때
 ① 대응점: 점 A와 점 D, 점 B와 점 E, 점 C와 점 F
 ② 대응변: $\overline{AB}$와 $\overline{DE}$, $\overline{BC}$와 $\overline{EF}$, $\overline{AC}$와 $\overline{DF}$
 ③ 대응각: ∠A와 ∠D, ∠B와 ∠E, ∠C와 ∠F

참고 '='와 '≡'의 차이점
 ① △ABC=△DEF
 ➡ △ABC와 △DEF의 넓이가 서로 같다.
 ② △ABC≡△DEF
 ➡ △ABC와 △DEF는 서로 합동이다.

주의 합동인 두 도형의 넓이는 항상 같지만 두 도형의 넓이가 같다고 해서 항상 합동인 것은 아니다.

예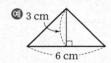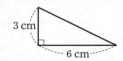
 ➡ 위의 그림에서 두 삼각형의 넓이는 9 cm²로 같지만 합동은 아니다.

2 합동인 도형의 성질은 무엇인가?
◆ 핵심문제 02

두 도형이 서로 합동이면
① 대응변의 길이가 같다.
 ➡ $\overline{AB}=\overline{DE}$, $\overline{BC}=\overline{EF}$, $\overline{AC}=\overline{DF}$
② 대응각의 크기가 같다.
 ➡ ∠A=∠D, ∠B=∠E, ∠C=∠F

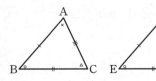

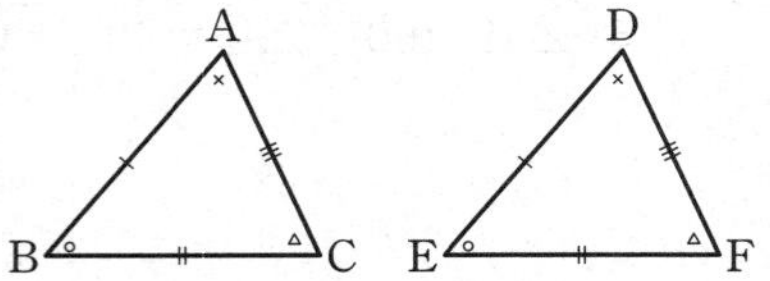

예 오른쪽 그림에서 △ABC≡△DEF일 때
 ① $\overline{AB}$의 대응변이 $\overline{DE}$이므로
  $\overline{AB}=\overline{DE}=6$ (cm)
 ② ∠D의 대응각이 ∠A이므로
  ∠D=∠A=60°

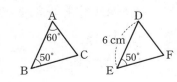

3 삼각형의 합동 조건이란 무엇인가?

핵심문제 03~08

삼각형의 합동 조건: 두 삼각형 ABC와 DEF는 다음의 각 경우에 서로 합동이다.

① 대응하는 세 변의 길이가 각각 같을 때 (SSS 합동)

➡ $\overline{AB}=\overline{DE}$, $\overline{BC}=\overline{EF}$, $\overline{CA}=\overline{FD}$이면
$\triangle ABC \equiv \triangle DEF$

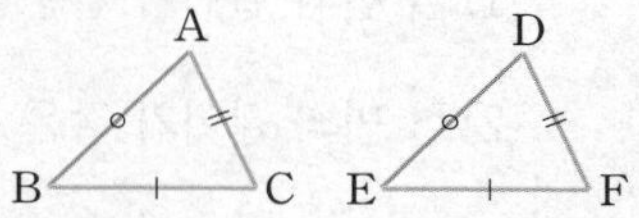

② 대응하는 두 변의 길이가 각각 같고, 그 끼인각의 크기가 같을 때 (SAS 합동)

➡ $\overline{AB}=\overline{DE}$, $\overline{BC}=\overline{EF}$, $\angle B=\angle E$이면
$\triangle ABC \equiv \triangle DEF$

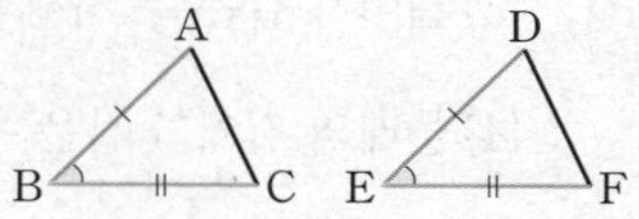

③ 대응하는 한 변의 길이가 같고, 그 양 끝 각의 크기가 각각 같을 때 (ASA 합동)

➡ $\overline{BC}=\overline{EF}$, $\angle B=\angle E$, $\angle C=\angle F$이면
$\triangle ABC \equiv \triangle DEF$

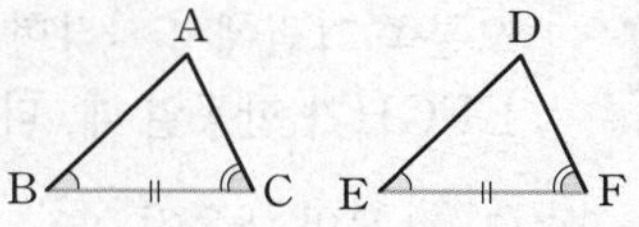

▶ ① S는 side(변), A는 angle(각)의 첫 글자이다.

② S S S — 세 변
S A S — 끼인각, 두 변
A S A — 한 변, 양 끝 각

예 ① 오른쪽 그림에서
$\overline{AB}=\overline{EF}$, $\overline{BC}=\overline{FD}$, $\overline{AC}=\overline{ED}$
$\therefore \triangle ABC \equiv \triangle EFD$ (SSS 합동)

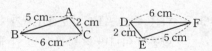

② 오른쪽 그림에서
$\overline{AB}=\overline{DF}$, $\overline{BC}=\overline{FE}$, $\angle B=\angle F$
$\therefore \triangle ABC \equiv \triangle DFE$ (SAS 합동)

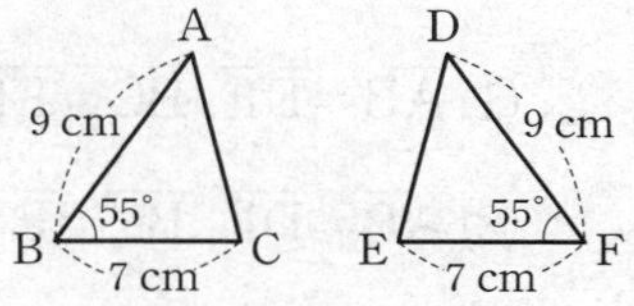

③ 오른쪽 그림에서
$\overline{BC}=\overline{ED}$, $\angle B=\angle E$, $\angle C=\angle D$
$\therefore \triangle ABC \equiv \triangle FED$ (ASA 합동)

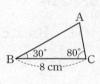

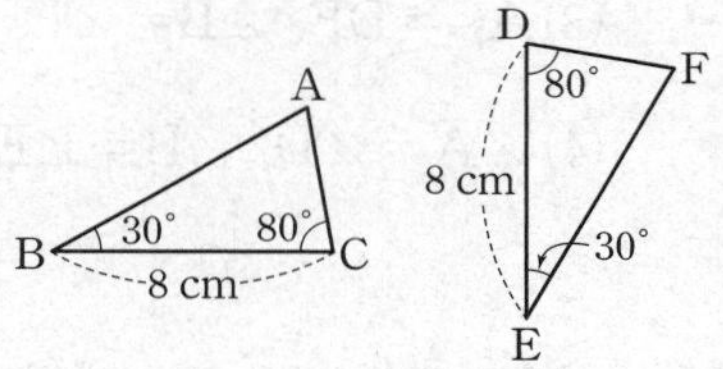

보충 학습 **삼각형의 합동의 활용**

다음과 같은 정삼각형과 정사각형의 성질을 이용하여 합동인 두 삼각형을 찾을 수 있다.

① 정삼각형의 세 변의 길이는 모두 같고, 세 각의 크기는 모두 60°이다.

② 정사각형의 네 변의 길이는 모두 같고, 네 각의 크기는 모두 90°이다.

예 오른쪽 그림과 같은 정사각형 ABCD와 정삼각형 EBC에 대하여
$\overline{AB}=\overline{DC}$, $\overline{EB}=\overline{EC}$,
$\angle ABE=\angle ABC-\angle EBC$
$=\angle DCB-\angle ECB=\angle DCE$
$\therefore \triangle ABE \equiv \triangle DCE$ (SAS 합동)

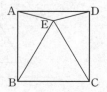

01 다음 두 도형이 합동인 것은 ○, 합동이 아닌 것은 ×를 (　　) 안에 써넣으시오.

(1) 한 변의 길이가 같은 두 삼각형　　　　　　　　　　　　　　(　　)

(2) 한 변의 길이가 같은 두 정사각형　　　　　　　　　　　　　(　　)

(3) 넓이가 같은 두 사각형　　　　　　　　　　　　　　　　　　(　　)

(4) 둘레의 길이가 같은 두 원　　　　　　　　　　　　　　　　　(　　)

◎ 합동이란?

02 오른쪽 그림에서 사각형 ABCD와 사각형 EFGH가 합동일 때, 다음을 구하시오.

(1) 점 B의 대응점

(2) $\overline{AD}$의 길이

(3) ∠G의 크기

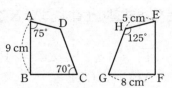

◎ 두 도형이 서로 합동이면
① 대응변의 길이가 같다.
② ☐ 의 크기가 같다.

03 다음 중 △ABC와 △DEF가 합동이면 ○, 합동이 아니면 ×를 (　　) 안에 써넣으시오.

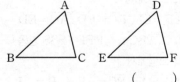

(1) $\overline{AB}=\overline{DE}$, $\overline{BC}=\overline{EF}$, $\overline{AC}=\overline{DF}$　　　　　　(　　)

(2) $\overline{AB}=\overline{DE}$, $\overline{BC}=\overline{EF}$, ∠A=∠D　　　　　(　　)

(3) $\overline{AC}=\overline{DF}$, ∠B=∠E, ∠C=∠F　　　　　(　　)

(4) ∠A=∠D, ∠B=∠E, ∠C=∠F　　　　　　(　　)

◎ 삼각형의 합동 조건
① 대응하는 세 변의 길이가 각각 같을 때
➡ ☐ 합동
② 대응하는 두 변의 길이가 각각 같고, 그 끼인각의 크기가 같을 때
➡ ☐ 합동
③ 대응하는 한 변의 길이가 같고, 그 양 끝 각의 크기가 각각 같을 때
➡ ☐ 합동

04 다음 그림과 같은 두 삼각형의 합동 조건을 말하고, 기호 ≡를 사용하여 나타내시오.

두 삼각형	합동 조건	기호
(1) 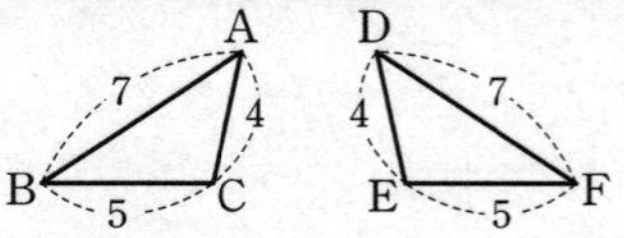		
(2) 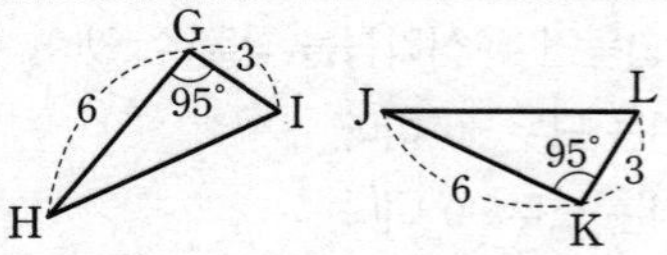		
(3) 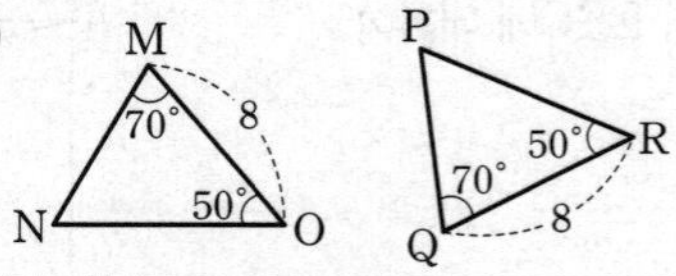		

01 도형의 합동

● 더 다양한 문제는 **RPM** 1-2 47쪽

다음 중 두 도형이 합동이 **아닌** 것을 모두 고르면? (정답 2개)

① 넓이가 같은 두 정사각형　　　② 한 변의 길이가 같은 두 마름모
③ 둘레의 길이가 같은 두 정오각형　　④ 반지름의 길이가 같은 두 원
⑤ 중심각의 크기가 같은 두 부채꼴

풀이　② 오른쪽 그림과 같은 두 마름모는 한 변의 길이는 같지만 합동이 아니다.
⑤ 중심각의 크기가 같은 두 부채꼴은 반지름의 길이에 따라 그 크기가 달라진다.
따라서 두 도형이 합동이 아닌 것은 ②, ⑤이다.

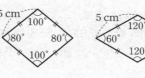

답 ②, ⑤

확인 ① 다음 중 두 도형이 합동인 것을 모두 고르면? (정답 2개)

① 넓이가 같은 두 원　　　　② 세 각의 크기가 같은 두 삼각형
③ 넓이가 같은 두 직사각형　　④ 둘레의 길이가 같은 두 이등변삼각형
⑤ 둘레의 길이가 같은 두 정사각형

02 합동인 도형의 성질

● 더 다양한 문제는 **RPM** 1-2 51쪽

오른쪽 그림에서 사각형 ABCD와 사각형 EFGH가 합동일 때, 다음 중 옳지 **않은** 것은?

① $\overline{EF}=7$ cm　　　② $\overline{CD}=5$ cm
③ $\angle F=70°$　　　④ $\angle D=150°$
⑤ $\angle H=140°$

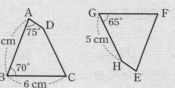

풀이　① $\overline{EF}=\overline{AB}=7$ (cm)
② $\overline{CD}=\overline{GH}=5$ (cm)
③ $\angle F=\angle B=70°$
④ $\angle C=\angle G=65°$이므로　　$\angle D=360°-(75°+70°+65°)=150°$
⑤ $\angle H=\angle D=150°$
따라서 옳지 않은 것은 ⑤이다.

답 ⑤

확인 ② 오른쪽 그림에서 $\triangle ABC \equiv \triangle PRQ$일 때, $x+y$의 값을 구하시오.

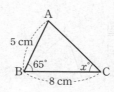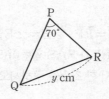

● 더 다양한 문제는 **RPM** 1–2 52쪽

03 합동인 삼각형 찾기

KEY POINT

삼각형의 합동 조건
① 대응하는 세 변의 길이가 각각 같을 때
　➡ SSS 합동
② 대응하는 두 변의 길이가 각각 같고, 그 끼인각의 크기가 같을 때
　➡ SAS 합동
③ 대응하는 한 변의 길이가 같고, 그 양 끝 각의 크기가 각각 같을 때
　➡ ASA 합동

다음 **보기** 중 서로 합동인 삼각형끼리 짝 짓고, 이때 사용된 합동 조건을 말하시오.

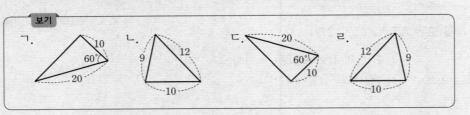

풀이 ㄱ과 ㄷ: 대응하는 두 변의 길이가 각각 같고, 그 끼인각의 크기가 같으므로 SAS 합동이다.
　　　ㄴ과 ㄹ: 대응하는 세 변의 길이가 각각 같으므로 SSS 합동이다.

답 ㄱ과 ㄷ: SAS 합동, ㄴ과 ㄹ: SSS 합동

확인 3 다음 중 오른쪽 그림의 삼각형과 합동인 것은?

①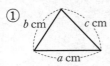

②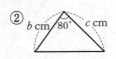

③

④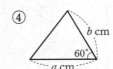

⑤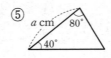

04 두 삼각형이 합동이 되기 위한 조건

● 더 다양한 문제는 **RPM** 1–2 53쪽

KEY POINT

한 변의 길이와 그 양 끝 각 중 한 각의 크기가 같을 때 두 삼각형이 합동이 되기 위한 조건
　➡ 그 각을 끼고 있는 변의 길이 또는 다른 각의 크기가 같아야 한다.

오른쪽 그림에서 $\overline{AB}=\overline{DE}$, $\angle A=\angle D$일 때, $\triangle ABC \equiv \triangle DEF$이기 위해 필요한 나머지 한 조건을 모두 고르면? (정답 2개)

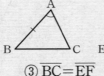

① $\overline{AC}=\overline{DF}$
② $\overline{AC}=\overline{EF}$
③ $\overline{BC}=\overline{EF}$
④ $\angle B=\angle E$
⑤ $\angle C=\angle D$

풀이 ① $\overline{AC}=\overline{DF}$이면 대응하는 두 변의 길이가 각각 같고, 그 끼인각의 크기가 같으므로 SAS 합동이다.
　　　④ $\angle B=\angle E$이면 대응하는 한 변의 길이가 같고, 그 양 끝 각의 크기가 각각 같으므로 ASA 합동이다.
　　　따라서 필요한 나머지 한 조건은 ①, ④이다.

답 ①, ④

확인 4 오른쪽 그림에서 $\overline{BC}=\overline{EF}$, $\angle B=\angle E$일 때, $\triangle ABC$와 $\triangle DEF$가 SAS 합동이 되기 위해 필요한 나머지 한 조건을 구하시오.

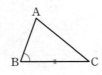

❯정답 및 풀이 21쪽

05 삼각형의 합동 조건; SSS 합동

● 더 다양한 문제는 RPM 1−2 53쪽

SSS 합동
➡ 대응하는 세 변의 길이가 각각 같다.

다음은 오른쪽 그림과 같은 사각형 ABCD에서 $\overline{AB}=\overline{DC}$, $\overline{AC}=\overline{DB}$일 때, △ABC≡△DCB임을 보이는 과정이다. □ 안에 알맞은 것을 써넣으시오.

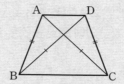

△ABC와 △DCB에서
$\overline{AB}=\boxed{}$, $\boxed{}=\overline{DB}$, $\boxed{}$는 공통
∴ △ABC≡△DCB ($\boxed{}$ 합동)

풀이 △ABC와 △DCB에서
$\overline{AB}=\boxed{\overline{DC}}$, $\boxed{\overline{AC}}=\overline{DB}$, $\boxed{\overline{BC}}$는 공통
∴ △ABC≡△DCB ($\boxed{SSS}$ 합동)

답 풀이 참조

I-3
작도와 합동

확인 5 오른쪽 그림과 같은 사각형 ABCD에서 합동인 두 삼각형을 찾아 기호를 사용하여 나타내고, 이때 사용된 합동 조건을 말하시오.

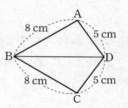

06 삼각형의 합동 조건; SAS 합동

● 더 다양한 문제는 RPM 1−2 54쪽

SAS 합동
➡ 대응하는 두 변의 길이가 각각 같고, 그 끼인각의 크기가 같다.

오른쪽 그림에서 점 P가 $\overline{AB}$, $\overline{CD}$의 중점일 때, 다음 중 △APC≡△BPD임을 보이는 과정에서 필요한 조건이 아닌 것을 모두 고르면? (정답 2개)

① $\overline{AP}=\overline{BP}$　　② $\overline{AC}=\overline{BD}$
③ $\overline{CP}=\overline{DP}$　　④ ∠APC=∠BPD
⑤ ∠ACP=∠BDP

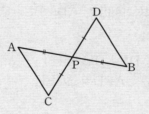

풀이 △APC와 △BPD에서
$\overline{AP}=\overline{BP}$, $\overline{CP}=\overline{DP}$, ∠APC=∠BPD (맞꼭지각)
∴ △APC≡△BPD (SAS 합동)
따라서 필요한 조건이 아닌 것은 ②, ⑤이다.

답 ②, ⑤

확인 6 오른쪽 그림과 같이 점 P가 $\overline{AB}$의 수직이등분선 위의 한 점일 때, 합동인 두 삼각형을 찾아 기호를 사용하여 나타내고, 이때 사용된 합동 조건을 말하시오.

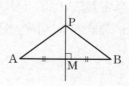

▶ 정답 및 풀이 22쪽
KEY POINT

07 삼각형의 합동 조건; ASA 합동 ● 더 다양한 문제는 RPM 1~2 54쪽

다음은 오른쪽 그림에서 ∠ABE=∠ACD, $\overline{AB}=\overline{AC}$이면 $\overline{BE}=\overline{CD}$임을 보이는 과정이다. □ 안에 알맞은 것을 써넣으시오.

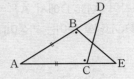

△ABE와 △ACD에서
$\overline{AB}=$ □, □ $=\angle ACD$, □는 공통
∴ △ABE≡△ACD (□ 합동)
∴ $\overline{BE}=\overline{CD}$

ASA 합동
➡ 대응하는 한 변의 길이가 같고, 그 양 끝 각의 크기가 각각 같다.

풀이 ▶ △ABE와 △ACD에서
$\overline{AB}=\boxed{\overline{AC}}$, $\boxed{\angle ABE}=\angle ACD$, $\boxed{\angle A}$는 공통
∴ △ABE≡△ACD ($\boxed{ASA}$ 합동)
∴ $\overline{BE}=\overline{CD}$

🔲 풀이 참조

확인 **7** 오른쪽 그림에서 $\overline{AB}/\!/\overline{DC}$, $\overline{AD}/\!/\overline{BC}$일 때, 합동인 두 삼각형을 찾아 기호를 사용하여 나타내고, 이때 사용된 합동 조건을 말하시오.

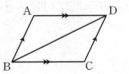

UP

08 삼각형의 합동의 활용 ● 더 다양한 문제는 RPM 1~2 55쪽

KEY POINT
① 정삼각형
➡ 세 변의 길이가 모두 같고, 세 각의 크기는 모두 60°이다.
② 정사각형
➡ 네 변의 길이가 모두 같고, 네 각의 크기는 모두 90°이다.

오른쪽 그림에서 △ABC는 정삼각형이고, $\overline{AD}=\overline{BE}=\overline{CF}$일 때, 다음 중 옳지 않은 것은?

① $\overline{AF}=\overline{CE}$ ② $\overline{DF}=\overline{DE}$
③ ∠DEB=∠FDA ④ ∠AFD=∠CFE
⑤ △DEF는 정삼각형이다.

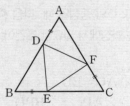

풀이 ▶ △ADF와 △BED와 △CFE에서
$\overline{AD}=\overline{BE}=\overline{CF}$, $\overline{AF}=\overline{BD}=\overline{CE}$, ∠A=∠B=∠C=60°

→ $\overline{AB}=\overline{BC}=\overline{AC}$, $\overline{AD}=\overline{BE}=\overline{CF}$이므로 $\overline{AF}=\overline{BD}=\overline{CE}$

∴ △ADF≡△BED≡△CFE (SAS 합동)
∴ $\overline{DF}=\overline{DE}=\overline{EF}$, ∠DEB=∠FDA, ∠AFD=∠CEF

→ 세 변의 길이가 같으므로 정삼각형이다.

따라서 옳지 않은 것은 ④이다.

🔲 ④

확인 **8** 오른쪽 그림과 같은 정사각형 ABCD에서 $\overline{AF}=\overline{CE}$일 때, △ABF와 합동인 삼각형을 찾고, 이때 사용된 합동 조건을 말하시오.

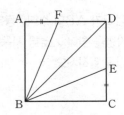

01 오른쪽 그림에서 사각형 ABCD와 사각형 EFGH가 합동일 때, $y-x+z$의 값을 구하시오.

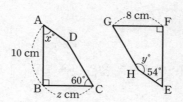

합동인 두 도형의 대응변의 길이와 대응각의 크기는 각각 같다.

02 다음 **보기** 중 서로 합동인 삼각형끼리 짝 짓고, 이때 사용된 합동 조건을 말하시오.

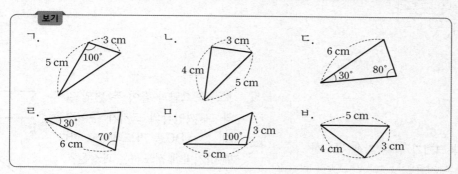

삼각형의 합동 조건
➡ SSS 합동, SAS 합동, ASA 합동

03 오른쪽 그림에서 $\overline{OA}=\overline{OB}$, $\overline{AC}=\overline{BD}$이고 ∠AOD=55°, ∠OCB=25°일 때, ∠x의 크기를 구하시오.

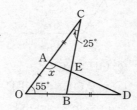

합동인 두 삼각형을 찾는다.

04 오른쪽 그림에서 $\overrightarrow{OP}$는 ∠XOY의 이등분선이다. 다음 중 점 P에서 $\overrightarrow{OX}$, $\overrightarrow{OY}$에 이르는 거리가 같음을 보이는 과정에서 필요하지 <u>않은</u> 것은?

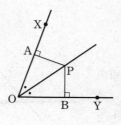

① ∠AOP=∠BOP ② $\overline{OP}$는 공통
③ $\overline{OA}=\overline{OB}$ ④ ∠OPA=∠OPB
⑤ △AOP≡△BOP

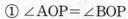

05 오른쪽 그림에서 사각형 ABCD는 정사각형이고, 두 점 E, F는 각각 $\overline{BC}$, $\overline{CD}$의 중점일 때, 다음 물음에 답하시오.

(1) △ABE와 합동인 삼각형을 찾으시오.

(2) ∠x의 크기를 구하시오.

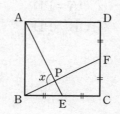

정사각형의 성질을 이용한다.

I-3
작도와 합동

01 다음 중 작도할 때 컴퍼스의 용도로 옳은 것을 모두 고르면? (정답 2개)

① 원을 그린다.
② 선분을 연장한다.
③ 각의 크기를 측정한다.
④ 두 점을 연결하는 선분을 긋는다.
⑤ 선분의 길이를 옮긴다.

꼭나와

02 아래 그림은 ∠XOY와 크기가 같은 각을 작도한 것이다. 다음 중 옳지 <u>않은</u> 것은?

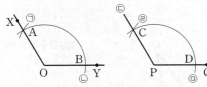

① $\overline{OA}=\overline{PD}$
② $\overline{OB}=\overline{PC}$
③ $\overline{AB}=\overline{CD}$
④ ∠AOB= ∠CPD
⑤ 작도 순서는 ㉠ → ㉣ → ㉡ → ㉤ → ㉢이다.

03 오른쪽 그림은 직선 l 밖의 한 점 P를 지나고 직선 l과 평행한 직선 m을 작도한 것이다. 다음 중 옳지 <u>않은</u> 것은?

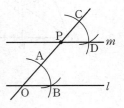

① $\overline{OA}=\overline{OB}$
② $\overline{OA}=\overline{PD}$
③ $\overline{OB}=\overline{CD}$
④ $\overleftrightarrow{OB}$ ∥ $\overleftrightarrow{PD}$
⑤ ∠CPD= ∠AOB

04 다음 중 삼각형의 세 변의 길이가 될 수 있는 것은?

① 3 cm, 3 cm, 6 cm
② 3 cm, 4 cm, 8 cm
③ 4 cm, 4 cm, 5 cm
④ 4 cm, 6 cm, 10 cm
⑤ 5 cm, 6 cm, 12 cm

05 오른쪽 그림과 같이 두 변의 길이와 그 끼인각의 크기가 주어졌을 때, △ABC를 작도하려고 한다. 맨 마지막에 작도하는 과정은?

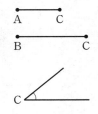

① ∠B를 작도한다.
② ∠C를 작도한다.
③ $\overline{AB}$를 긋는다.
④ $\overline{BC}$를 긋는다.
⑤ $\overline{AC}$를 긋는다.

꼭나와

06 다음 중 △ABC가 하나로 정해지는 것을 모두 고르면? (정답 2개)

① $\overline{AB}=6$ cm, $\overline{BC}=7$ cm, $\overline{CA}=13$ cm
② $\overline{AB}=5$ cm, $\overline{BC}=8$ cm, ∠B=65°
③ $\overline{AC}=8$ cm, $\overline{BC}=7$ cm, ∠A=55°
④ $\overline{AB}=10$ cm, ∠A=50°, ∠B=100°
⑤ ∠A=85°, ∠B=55°, ∠C=40°

07 다음 그림에서 △ABC≡△DEF일 때, △ABC 의 넓이를 구하시오.

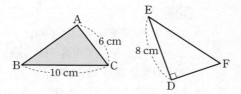

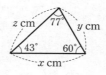

꼭나와

08 다음 **보기** 중 오른쪽 그림의 삼 각형과 합동인 삼각형을 모두 찾고, 이때 사용된 합동 조건을 말하시오.

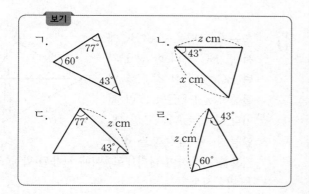

09 아래 그림에서 $\overline{AB}=\overline{DE}$일 때, 다음 중 △ABC≡△DEF이기 위해 더 필요한 조건이 아닌 것은?

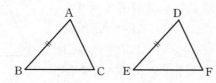

① ∠A=∠D, ∠C=∠F
② $\overline{CA}=\overline{FD}$, ∠A=∠D
③ ∠A=∠D, ∠B=∠E
④ $\overline{BC}=\overline{EF}$, $\overline{CA}=\overline{FD}$
⑤ $\overline{AC}=\overline{DF}$, ∠C=∠F

10 다음은 ∠XOY와 크기가 같은 ∠X′O′Y′을 작도 하였을 때, △AOB≡△A′O′B′임을 보이는 과정 이다. (가), (나), (다)에 알맞은 것을 구하시오.

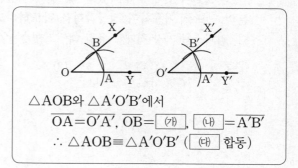

△AOB와 △A′O′B′에서
$\overline{OA}=\overline{O'A'}$, $\overline{OB}=$ (가) , (나) $=\overline{A'B'}$
∴ △AOB≡△A′O′B′ ((다) 합동)

꼭나와

11 오른쪽 그림과 같은 사각 형 ABCD에서 $\overline{AB}=\overline{CD}$, ∠BAC=∠DCA일 때, 다음 중 옳은 것을 모두 고르면? (정답 2개)

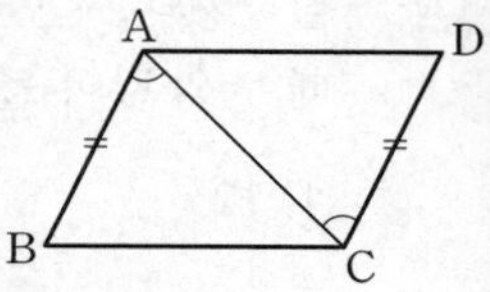

① $\overline{AB}=\overline{AD}$ ② $\overline{AC}=\overline{BC}$
③ $\overline{AD}=\overline{BC}$ ④ ∠ACB=∠ACD
⑤ ∠ABC=∠CDA

12 오른쪽 그림에서 점 M은 $\overline{AD}$ 와 $\overline{BC}$의 교점이고 $\overline{AM}=\overline{DM}$, $\overline{AB}\,/\!/\,\overline{CD}$일 때, △ABM≡△DCM이다. 이 때 사용된 합동 조건을 말하시 오.

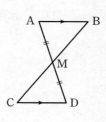

13 한 변 AB의 길이가 주어졌을 때, 길이가 같은 선분의 작도를 이용하여 정삼각형을 작도하려고 한다. 컴퍼스를 가장 적게 사용할 때, 그 횟수는?

① 1   ② 2   ③ 3
④ 4   ⑤ 5

(꼭나와)

14 삼각형의 세 변의 길이가 8 cm, 13 cm, x cm일 때, x의 값이 될 수 있는 자연수의 개수는?

① 12   ② 13   ③ 14
④ 15   ⑤ 16

15 한 변의 길이가 6 cm이고, 두 각의 크기가 45°, 100°인 삼각형은 모두 몇 개인가?

① 1개   ② 2개   ③ 3개
④ 4개   ⑤ 무수히 많다.

16 다음 보기 중 도형의 합동에 대한 설명으로 옳은 것을 모두 고른 것은?

> 보기
> ㄱ. 합동인 두 도형의 넓이는 같다.
> ㄴ. 모양이 같은 두 육각형은 서로 합동이다.
> ㄷ. 정사각형은 모두 합동이다.
> ㄹ. 넓이가 같은 두 이등변삼각형은 서로 합동이다.

① ㄱ   ② ㄱ, ㄷ   ③ ㄴ, ㄹ
④ ㄱ, ㄴ, ㄷ   ⑤ ㄴ, ㄷ, ㄹ

17 오른쪽 그림은 △ABC에서 변 BC 밖의 한 점 D와 변 BC 위의 한 점 E를 연결하여 △BDE를 그린 것이다. $\overline{BC}=\overline{AB}+1$일 때, 합동인 두 삼각형을 찾아 기호를 사용하여 나타내고, 이때 사용된 합동 조건을 말하시오.

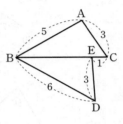

(꼭나와)

18 오른쪽 그림과 같은 △ABC에서 변 AB 위의 점 D, 변 AC 위의 점 E에 대하여 $\overline{AB}=\overline{AC}$, $\overline{AD}=\overline{AE}$일 때, 다음 중 △ABE와 △ACD가 합동임을 보이는 과정에서 필요한 조건이 아닌 것을 모두 고르면? (정답 2개)

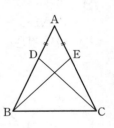

① $\overline{AD}=\overline{AE}$ ② $\overline{AB}=\overline{AC}$
③ $\overline{BE}=\overline{CD}$ ④ ∠ABC=∠ACB
⑤ ∠A는 공통

19 오른쪽 그림과 같이 ∠BAC=90°이고 $\overline{AB}=\overline{AC}$인 직각이 등변삼각형 ABC의 두 꼭짓점 B, C에서 점 A를 지나는 직선 l에 내린 수선의 발을 각각 D, E라 하자. $\overline{BD}=7$ cm, $\overline{CE}=5$ cm일 때, $\overline{DE}$의 길이를 구하시오.

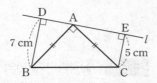

22 길이가 3 cm, 4 cm, 6 cm, 8 cm, 9 cm인 5개의 선분이 있다. 이 중 서로 다른 3개의 선분으로 만들 수 있는 삼각형의 개수를 구하시오.

해설 강의

꼭나와

20 오른쪽 그림과 같이 △ABC의 두 변 AB, AC를 각각 한 변으로 하는 정삼각형 ADB와 ACE 를 그렸다. 다음 중 옳지 않은 것은?

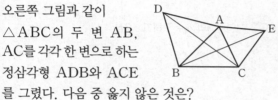

① $\overline{DC}=\overline{BE}$ 　② ∠DAC=∠BAE
③ $\overline{AB}=\overline{AC}$ 　④ ∠ACD=∠AEB
⑤ △ADC≡△ABE

23 오른쪽 그림에서 △ABC와 △ECD 는 정삼각형이다. 선 분 BE와 선분 AD의 교점을 P라 할 때, ∠x의 크기를 구하시오.

해설 강의

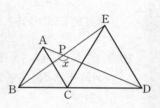

21 다음 그림은 정사각형 ABCD와 정사각형 GCEF 를 붙여 놓은 것이다. 이때 $\overline{DE}$의 길이를 구하시오.

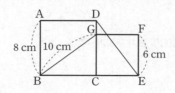

24 오른쪽 그림과 같이 한 변의 길이가 8 cm인 두 정사각형에서 한 정 사각형의 대각선의 교 점 O에 다른 정사각형 의 한 꼭짓점이 놓여 있을 때, 사각형 OHCI의 넓이를 구하시오.

해설 강의

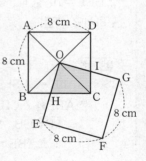

예제 1

삼각형의 세 변의 길이가 4 cm, 8 cm, x cm일 때, x의 값이 될 수 있는 자연수의 개수를 구하시오. [6점]

풀이 과정

1단계 가장 긴 변의 길이가 x cm일 때, x의 값 구하기 · 2점

가장 긴 변의 길이가 x cm일 때,

$x < 4+8$ ∴ $x < 12$

$x > 8$이므로 자연수 x는   9, 10, 11

2단계 가장 긴 변의 길이가 8 cm일 때, x의 값 구하기 · 2점

가장 긴 변의 길이가 8 cm일 때,

$8 < 4+x$

$x \leq 8$이므로 자연수 x는   5, 6, 7, 8

3단계 자연수 x의 개수 구하기 · 2점

따라서 구하는 자연수 x는 5, 6, 7, 8, 9, 10, 11의 7개이다.

답 7

유제 1 삼각형의 세 변의 길이가 x cm, 5 cm, 10 cm일 때, x의 값이 될 수 있는 자연수의 개수를 구하시오. [6점]

풀이 과정

1단계 가장 긴 변의 길이가 x cm일 때, x의 값 구하기 · 2점

2단계 가장 긴 변의 길이가 10 cm일 때, x의 값 구하기 · 2점

3단계 자연수 x의 개수 구하기 · 2점

답

예제 2

오른쪽 그림과 같은 정사각형 ABCD에서 $\overline{AE}=\overline{CF}$이고 ∠BEF=70°일 때, ∠$x$의 크기를 구하시오. [7점]

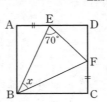

풀이 과정

1단계 △ABE≡△CBF임을 알기 · 3점

△ABE와 △CBF에서

$\overline{AB}=\overline{CB}$, $\overline{AE}=\overline{CF}$, ∠BAE=∠BCF=90°

∴ △ABE≡△CBF (SAS 합동)

2단계 $\overline{BE}=\overline{BF}$임을 알기 · 2점

△ABE≡△CBF이므로 $\overline{BE}=\overline{BF}$

3단계 ∠x의 크기 구하기 · 2점

따라서 △BFE가 $\overline{BE}=\overline{BF}$인 이등변삼각형이므로

∠BFE = ∠BEF = 70°

∴ ∠x = 180° − 2 × 70° = 40°

답 40°

유제 2 오른쪽 그림에서 점 E는 정사각형 ABCD의 대각선 AC 위의 점이다. ∠BEC=63°일 때, ∠x의 크기를 구하시오. [7점]

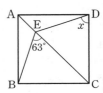

풀이 과정

1단계 △BCE≡△DCE임을 알기 · 3점

2단계 ∠DEC의 크기 구하기 · 2점

3단계 ∠x의 크기 구하기 · 2점

답

▶ 정답 및 풀이 25쪽

스스로 서술하기

유제 3 아래 그림은 ∠XOY와 크기가 같은 각을 반직선 PQ 위에 작도하는 과정이다. 다음 물음에 답하시오. [총 6점]

(1) 작도 순서를 나열하시오. [2점]

(2) $\overline{OB}$와 길이가 같은 선분을 모두 구하시오. [2점]

(3) $\overline{AB}$와 길이가 같은 선분을 구하시오. [2점]

풀이 과정

(1)

(2)

(3)

답 (1)
　 (2)　　　　　　　　 (3)

유제 5 오른쪽 그림과 같이 ∠XOY의 이등분선 위의 점 P에서 $\overrightarrow{OX}$, $\overrightarrow{OY}$에 내린 수선의 발을 각각 A, B라 하자. $\overline{PB}=4$ cm이고 △POB의 넓이가 20 cm²일 때, $\overline{OA}$의 길이를 구하시오. [7점]

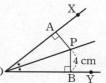

풀이 과정

답

유제 4 다음 그림에서 사각형 ABCD와 사각형 EFGH가 합동일 때, $x+y$의 값을 구하시오. [6점]

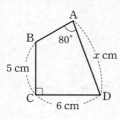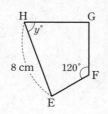

풀이 과정

답

유제 6 오른쪽 그림과 같이 정삼각형 ABC의 변 BC의 연장선 위에 점 D를 잡고 $\overline{AD}$를 한 변으로 하는 정삼각형 ADE를 그렸다. $\overline{AB}=5$ cm, $\overline{CD}=3$ cm일 때, $\overline{CE}$의 길이를 구하시오. [7점]

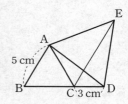

풀이 과정

답

평면도형

다각형의 성질을 이해하고 설명해 보자.
또 부채꼴의 중심각과 호의 관계를 이해하고,
이를 이용하여 부채꼴의 호의 길이와 넓이를 구해 보자.

II-1

다각형

II-2 | 원과 부채꼴

이 단원의 학습 계획을 세우고
하나하나 실천하는 습관을 기르자!!

나는 할 수 있어!

		공부한 날		학습 완료도
01 다각형	개념원리 이해 & 개념원리 확인하기	월	일	□□□
	핵심문제 익히기	월	일	○○○
	이런 문제가 시험에 나온다	월	일	○○○
02 삼각형의 내각과 외각	개념원리 이해 & 개념원리 확인하기	월	일	□□□
	핵심문제 익히기	월	일	○○○
	이런 문제가 시험에 나온다	월	일	○○○
03 다각형의 내각과 외각	개념원리 이해 & 개념원리 확인하기	월	일	□□□
	핵심문제 익히기	월	일	○○○
	이런 문제가 시험에 나온다	월	일	○○○
중단원 마무리하기		월	일	○○○
서술형 대비 문제		월	일	○○○

개념 학습 guide

• 개념을 이해했으면 ■□□, 개념을 문제에 적용할 수 있으면 ■■□, 개념을 친구에게 설명할 수 있으면 ■■■
로 색칠한다.

• 부족한 부분의 개념을 반복 학습하여 ■■■ 3칸 모두 색칠하면 학습을 마친다.

문제 학습 guide

• 맞힌 문제가 전체의 50% 미만이면 ●○○, 맞힌 문제가 50% 이상 90% 미만이면 ●●○, 맞힌 문제가 90% 이
상이면 ●●● 로 색칠한다.   문제를 찍지 말자!

• 틀린 문제는 왜 틀렸는지 그 이유를 파악한 후 다시 풀어 본다. 며칠 후 틀린 문제를 다시 풀어 보고, 풀이 과정과
답이 맞으면 학습을 마친다.

01 다각형

개념원리 이해

1 다각형이란 무엇인가?

○ 핵심문제 01, 02

다각형: 여러 개의 선분으로 둘러싸인 평면도형
① 변: 다각형을 이루는 선분
② 꼭짓점: 다각형의 변과 변이 만나는 점
③ 내각: 다각형에서 이웃하는 두 변으로 이루어진 내부의 각
④ 외각: 다각형의 각 꼭짓점에서 한 변과 그 변에 이웃한 변의 연장선으로 이루어진 각
▶ 변이 3개, 4개, 5개, $\cdots$, n개인 다각형을 각각 삼각형, 사각형, 오각형, $\cdots$, n각형이라 한다.

참고 ① 다각형에서 한 내각에 대한 외각은 2개이지만 서로 맞꼭지각으로 그 크기가 같으므로 둘 중 하나만 생각한다.

② 다각형의 한 꼭짓점에서 내각의 크기와 외각의 크기의 합은 180°이다.

예 ① ② ③ ④

➡ ① 6개의 선분으로 둘러싸여 있으므로 다각형이고, 육각형이다.
② 선분으로 둘러싸여 있지 않으므로 다각형이 아니다.
③ 두 개의 선분과 하나의 곡선으로 둘러싸여 있으므로 다각형이 아니다.
④ 입체도형이므로 다각형이 아니다.

2 정다각형이란 무엇인가?

○ 핵심문제 03

정다각형: 모든 변의 길이가 같고 모든 내각의 크기가 같은 다각형

정삼각형   정사각형   정오각형   정육각형   정팔각형

▶ 변이 3개, 4개, 5개, $\cdots$, n개인 정다각형을 각각 정삼각형, 정사각형, 정오각형, $\cdots$, 정n각형이라 한다.

주의 ① 모든 변의 길이가 같아도 내각의 크기가 다르면 정다각형이 아니다.

예
마름모

② 모든 내각의 크기가 같아도 변의 길이가 다르면 정다각형이 아니다.

예
직사각형

(1) **대각선**: 다각형에서 이웃하지 않는 두 꼭짓점을 이은 선분

(2) **대각선의 개수**

① n각형의 한 꼭짓점에서 그을 수 있는 대각선의 개수 ➡ $n-3$

② n각형의 대각선의 개수 ➡ $\dfrac{n(n-3)}{2}$

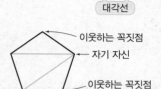

대각선

설명 ① n각형의 한 꼭짓점에서 자기 자신과 이웃하는 2개의 꼭짓점에는 대각선을 그을 수 없다. 따라서 n각형의 한 꼭짓점에서 그을 수 있는 대각선의 개수는 전체 꼭짓점의 개수 n에서 3을 빼면

$n-3$

이웃하는 꼭짓점
자기 자신
이웃하는 꼭짓점

② n개의 꼭짓점에서 그을 수 있는 대각선의 개수를 모두 더하면

$n(n-3)$

그런데 한 대각선은 두 꼭짓점에 연결되어 같은 대각선이 2번씩 세어지므로 n각형의 대각선의 개수는

$\dfrac{n(n-3)}{2}$

예

다각형	꼭짓점의 개수	한 꼭짓점에서 그을 수 있는 대각선의 개수	대각선의 개수
△	3	0	0
◻	4	$4-3=1$	$\dfrac{4\times(4-3)}{2}=2$
⬠	5	$5-3=2$	$\dfrac{5\times(5-3)}{2}=5$
⬡	6	$6-3=3$	$\dfrac{6\times(6-3)}{2}=9$
⋮	⋮	⋮	⋮
n각형	n	$n-3$	$\dfrac{n(n-3)}{2}$

참고 ① n각형의 한 꼭짓점에서 대각선을 모두 그었을 때 생기는 삼각형의 개수 ➡ $n-2$

$4-2=2$　　$5-2=3$　　$6-2=4$　　⋯ n각형
　　　　　　　　　　　　　　　　　　　$n-2$

② n각형의 내부의 한 점에서 각 꼭짓점에 선분을 그었을 때 생기는 삼각형의 개수 ➡ n

4　　　　　5　　　　　6　　　⋯ n각형
　　　　　　　　　　　　　　　　　n

▶정답 및 풀이 26쪽

01 다음 **보기** 중 다각형인 것을 모두 고르시오.

> **보기**
> ㄱ. 사다리꼴　　　ㄴ. 삼각기둥　　　ㄷ. 원　　　ㄹ. 정오각형

○ 다각형이란?

02 다음 다각형에서 ∠B의 외각의 크기를 구하시오.

(1)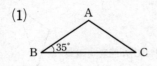

(2)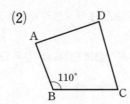

○ 다각형의 한 꼭짓점에서 내각 의 크기와 외각의 크기의 합은 ☐ 이다.

03 다음 설명이 옳으면 ○, 옳지 않으면 ×를 ( ) 안에 써넣으시오.

(1) 세 변의 길이가 같은 삼각형은 정삼각형이다. ( )

(2) 네 내각의 크기가 같은 사각형은 정사각형이다. ( )

(3) 모든 변의 길이가 같은 다각형을 정다각형이라 한다. ( )

○ 정다각형이란?

04 다음 다각형의 한 꼭짓점에서 그을 수 있는 대각선의 개수를 구하시오.

(1) 구각형 　　　　　　　　　(2) 십이각형

○ n각형의 한 꼭짓점에서 그을 수 있는 대각선의 개수
➡

05 다음 다각형의 대각선의 개수를 구하시오.

(1) 칠각형 　　　　　　　　　(2) 십삼각형

○ n각형의 대각선의 개수
➡ ☐

01 다각형

● 더 다양한 문제는 RPM 1-2 66쪽

● 더 다양한 문제는 RPM 1-2 66쪽

| KEY POINT |
다각형
➡ 여러 개의 선분으로 둘러싸인 평면
도형

다음 중 다각형인 것을 모두 고르면? (정답 2개)

① 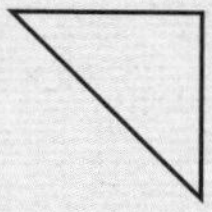 　②  　③

④ 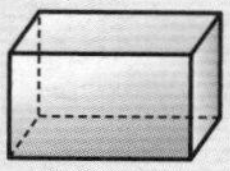 　⑤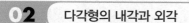

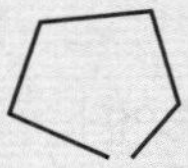

풀이　② 선분이 아닌 곡선으로 둘러싸여 있으므로 다각형이 아니다.
　　　④ 입체도형이므로 다각형이 아니다.
　　　⑤ 선분으로 둘러싸여 있지 않으므로 다각형이 아니다.
　　　따라서 다각형인 것은 ①, ③이다.　　　답 ①, ③

확인 1　다음 중 다각형이 <u>아닌</u> 것을 모두 고르면? (정답 2개)

　① 부채꼴　　　② 사각형　　　③ 정육각형
　④ 평행사변형　　⑤ 직육면체

02 다각형의 내각과 외각

● 더 다양한 문제는 RPM 1-2 66쪽

● 더 다양한 문제는 RPM 1-2 66쪽

| KEY POINT |
다각형의 한 꼭짓점에서
　(내각의 크기)
　　+ (외각의 크기) = 180°

오른쪽 그림과 같은 사각형 ABCD에서 다음을 구하시오.

(1) ∠A의 내각의 크기

(2) ∠D의 외각의 크기

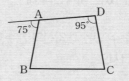

풀이　(1) (∠A의 내각의 크기) = 180° − (∠A의 외각의 크기)
　　　　　　　　　　　　　　 = 180° − 75° = 105°
　　　(2) (∠D의 외각의 크기) = 180° − (∠D의 내각의 크기)
　　　　　　　　　　　　　　 = 180° − 95° = 85°

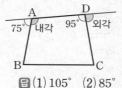

답 (1) 105°　(2) 85°

확인 2　다음 그림에서 ∠x + ∠y의 크기를 구하시오.

(1)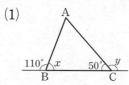

(2)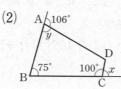

03 정다각형

● 더 다양한 문제는 RPM 1-2 67쪽

다음 조건을 만족시키는 다각형을 구하시오.

> (가) 모든 변의 길이가 같다.
> (나) 모든 내각의 크기가 같다.
> (다) 6개의 선분으로 둘러싸여 있다.

KEY POINT

정다각형
➡ 모든 변의 길이가 같고 모든 내각의 크기가 같은 다각형

풀이 조건 (가), (나)에서 모든 변의 길이가 같고 모든 내각의 크기가 같으므로 정다각형이다.
조건 (다)에서 6개의 선분으로 둘러싸여 있으므로 육각형이다.
따라서 구하는 다각형은 정육각형이다.

답 정육각형

확인 3 다음 중 정팔각형에 대한 설명으로 옳지 않은 것을 모두 고르면? (정답 2개)

① 변의 개수는 8이다.
② 모든 내각의 크기가 같다.
③ 모든 외각의 크기가 같다.
④ 모든 대각선의 길이가 같다.
⑤ 한 꼭짓점에서 내각의 크기와 외각의 크기의 합은 360°이다.

04 한 꼭짓점에서 그을 수 있는 대각선의 개수

● 더 다양한 문제는 RPM 1-2 67쪽

십오각형의 한 꼭짓점에서 그을 수 있는 대각선의 개수를 a, 이때 생기는 삼각형의 개수를 b라 할 때, $b-a$의 값을 구하시오.

KEY POINT

① n각형의 한 꼭짓점에서 그을 수 있는 대각선의 개수
➡ $n-3$
② n각형의 한 꼭짓점에서 대각선을 모두 그었을 때 생기는 삼각형의 개수
➡ $n-2$

풀이 십오각형의 한 꼭짓점에서 그을 수 있는 대각선의 개수는
$15-3=12 \qquad \therefore a=12$
이때 생기는 삼각형의 개수는
$15-2=13 \qquad \therefore b=13$
$\therefore b-a=13-12=1$

답 1

확인 4 다음 물음에 답하시오.

(1) 십각형의 한 꼭짓점에서 그을 수 있는 대각선의 개수를 a, 이때 생기는 삼각형의 개수를 b라 할 때, $a+b$의 값을 구하시오.
(2) 한 꼭짓점에서 그을 수 있는 대각선의 개수가 10인 다각형을 구하시오.

> 정답 및 풀이 27쪽

05 다각형의 대각선의 개수

● 더 다양한 문제는 **RPM** 1-2 68쪽

KEY POINT

n각형의 대각선의 개수
➡ $\dfrac{n(n-3)}{2}$

한 꼭짓점에서 그을 수 있는 대각선의 개수가 9인 다각형의 대각선의 개수를 구하시오.

풀이 주어진 다각형을 n각형이라 하면
$$n-3=9 \qquad \therefore n=12$$
따라서 십이각형의 대각선의 개수는
$$\frac{12\times(12-3)}{2}=54$$

답 54

확인 5 다음 물음에 답하시오.

(1) 구각형의 대각선의 개수를 a, 십사각형의 대각선의 개수를 b라 할 때, $b-a$의 값을 구하시오.

(2) 어떤 다각형의 한 꼭짓점에서 대각선을 모두 그었을 때 생기는 삼각형의 개수가 4일 때, 이 다각형의 대각선의 개수를 구하시오.

06 대각선의 개수가 주어질 때 다각형 구하기

● 더 다양한 문제는 **RPM** 1-2 68쪽

KEY POINT

구하는 다각형을 n각형이라 하고 조건을 만족시키는 n의 값을 구한다.

대각선의 개수가 20인 다각형에 대하여 다음 물음에 답하시오.

(1) 이 다각형을 구하시오.

(2) 이 다각형의 꼭짓점의 개수를 구하시오.

풀이 (1) 구하는 다각형을 n각형이라 하면
$$\frac{n(n-3)}{2}=20, \qquad n(n-3)=40=8\times5$$
$$\therefore n=8$$
따라서 팔각형이다.
(2) 팔각형의 꼭짓점의 개수는 8이다.

답 (1) 팔각형 (2) 8

확인 6 다음 물음에 답하시오.

(1) 대각선의 개수가 44인 다각형을 구하시오.

(2) 대각선의 개수가 90인 다각형의 변의 개수를 구하시오.

▶ 정답 및 풀이 27쪽

01 다음 **보기** 중 다각형인 것은 모두 몇 개인가?

> **보기**
>
> ㄱ. 마름모 ㄴ. 오각기둥 ㄷ. 팔각형 ㄹ. 사다리꼴
> ㅁ. 반원 ㅂ. 정육면체 ㅅ. 정십각형 ㅇ. 원뿔

① 3개 ② 4개 ③ 5개
④ 6개 ⑤ 7개

다각형은 여러 개의 선분으로 둘러싸인 평면도형이다.

02 오른쪽 그림과 같은 오각형 ABCDE에서 ∠C의 내각의 크기와 ∠E의 외각의 크기의 합을 구하시오.

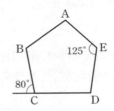

03 다음 조건을 만족시키는 다각형을 구하시오.

> (가) 모든 변의 길이가 같고 모든 외각의 크기가 같다.
> (나) 한 꼭짓점에서 그을 수 있는 대각선의 개수는 13이다.

n각형의 한 꼭짓점에서 그을 수 있는 대각선의 개수
➡ $n-3$

04 어떤 다각형의 내부의 한 점에서 각 꼭짓점에 선분을 그었더니 10개의 삼각형이 생겼다. 이 다각형의 대각선의 개수를 구하시오.

• n각형의 내부의 한 점에서 각 꼭짓점에 선분을 그었을 때 생기는 삼각형의 개수
➡ n
• n각형의 대각선의 개수
➡ $\dfrac{n(n-3)}{2}$

05 대각선의 개수가 65인 다각형의 한 꼭짓점에서 대각선을 모두 그었을 때 생기는 삼각형의 개수를 구하시오.

UP

06 오른쪽 그림과 같은 원탁에 8명의 사람이 앉아 있다. 양옆에 앉은 사람을 제외한 모든 사람과 서로 한 번씩 악수를 할 때, 악수는 모두 몇 번 하게 되는지 구하시오.

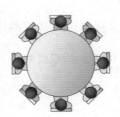

양옆에 앉은 사람을 제외한 모든 사람과 서로 한 번씩 악수를 할 때, 악수를 한 횟수
➡ 다각형의 대각선의 개수

02 삼각형의 내각과 외각

1 삼각형의 내각과 외각 사이에는 어떤 관계가 있는가?   ◆ 핵심문제 01~08

(1) 삼각형의 세 내각의 크기의 합은 $180°$이다.

➡ $\angle A + \angle B + \angle C = 180°$

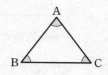

(2) 삼각형의 한 외각의 크기는 그와 이웃하지 않는 두 내각의 크기의 합과 같다.

➡ $\angle ACD = \angle A + \angle B$

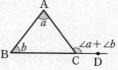

설명 오른쪽 그림과 같이 △ABC의 변 BC의 연장선 위에 점 D를 잡고, $\overline{BA} /\!/ \overrightarrow{CE}$가 되도록 반직선 CE를 그으면

$\angle A = \angle ACE$ (엇각), $\angle B = \angle ECD$ (동위각)

(1) $\angle A + \angle B + \angle C = \angle ACE + \angle ECD + \angle C = 180°$ ← 평각의 크기는 $180°$

(2) $\angle ACD = \angle ACE + \angle ECD = \angle A + \angle B$

예 다음 그림에서 $\angle x$의 크기를 구해 보자.

(1)
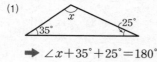

➡ $\angle x + 35° + 25° = 180°$

∴ $\angle x = 120°$

(2)
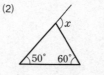

➡ $\angle x = 50° + 60° = 110°$

삼각형의 내각과 외각 사이의 관계의 활용

(1) 모양의 도형에서 각의 크기 구하기

오른쪽 그림에서

$\angle x = \angle a + \angle b + \angle c$

설명 $\overline{BC}$를 그으면 △ABC에서

$\angle DBC + \angle DCB = 180° - (\angle a + \angle b + \angle c)$

△DBC에서

$\angle x = 180° - (\angle DBC + \angle DCB)$

$= 180° - \{180° - (\angle a + \angle b + \angle c)\}$

$= \angle a + \angle b + \angle c$

(2) 별 모양의 도형에서 각의 크기 구하기

오른쪽 그림에서

$\angle a + \angle b + \angle c + \angle d + \angle e = 180°$

설명 △FCE에서 $\angle AFG = \angle c + \angle e$

△GBD에서 $\angle AGF = \angle b + \angle d$

△AFG에서 $\angle a + \angle b + \angle c + \angle d + \angle e = 180°$

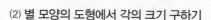

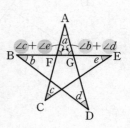

01 다음 □ 안에 알맞은 것을 써넣으시오.

(1)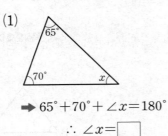

➡ $65° + 70° + \angle x = 180°$

∴ $\angle x =$ □

(2)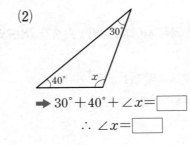

➡ $30° + 40° + \angle x =$ □

∴ $\angle x =$ □

● 삼각형의 세 내각의 크기의 합

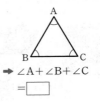

➡ $\angle A + \angle B + \angle C$

= □

02 다음 그림에서 ∠x의 크기를 구하시오.

(1)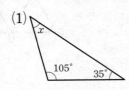

(2)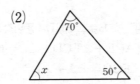

03 다음 □ 안에 알맞은 것을 써넣으시오.

(1)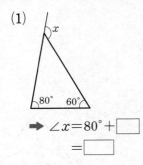

➡ $\angle x = 80° +$ □

= □

(2)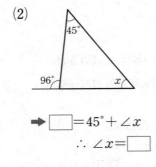

➡ □ $= 45° + \angle x$

∴ $\angle x =$ □

● 삼각형의 내각과 외각 사이의 관계

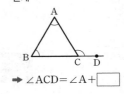

➡ $\angle ACD = \angle A +$ □

04 다음 그림에서 ∠x의 크기를 구하시오.

(1)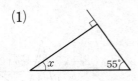

(2)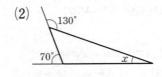

▶ 정답 및 풀이 28쪽

01 삼각형의 세 내각의 크기의 합

● 더 다양한 문제는 RPM 1–2 69쪽

다음 그림에서 x의 값을 구하시오. (단, O는 $\overline{AD}$와 $\overline{BC}$의 교점이다.)

(1)

(2)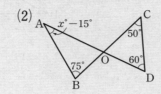

| KEY POINT |
삼각형의 세 내각의 크기의 합은 180°이다.

풀이▶ (1) $x+40+3x=180$이므로 $4x=140$ ∴ $x=35$

(2) △COD에서   ∠COD$=180°-(50°+60°)=70°$
이때 맞꼭지각의 크기는 같으므로   ∠AOB$=$∠COD$=70°$
따라서 △ABO에서
$(x-15)+75+70=180$ ∴ $x=50$

답 (1) 35   (2) 50

확인 **1** 다음 그림에서 x의 값을 구하시오. (단, O는 $\overline{AD}$와 $\overline{BC}$의 교점이다.)

(1)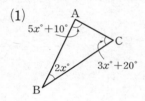

(2)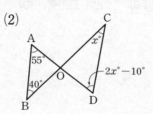

02 삼각형의 내각과 외각 사이의 관계

● 더 다양한 문제는 RPM 1–2 69쪽

다음 그림에서 x의 값을 구하시오.

(1)

(2)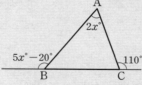

| KEY POINT |
삼각형의 한 외각의 크기는 그와 이웃하지 않는 두 내각의 크기의 합과 같다.

풀이▶ (1) $x+50=3x+10$이므로 $2x=40$ ∴ $x=20$

(2) ∠ACB$=180°-110°=70°$이므로
$2x+70=5x-20$, $3x=90$ ∴ $x=30$

답 (1) 20   (2) 30

확인 **2** 다음 그림에서 x의 값을 구하시오.

(1)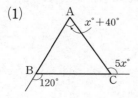

(2)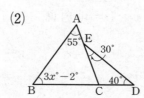

03 삼각형의 두 내각의 이등분선이 이루는 각

● 더 다양한 문제는 **RPM** 1-2 70쪽

오른쪽 그림과 같은 △ABC에서 ∠B와 ∠C의 이등분선의 교점을 D라 하자. ∠A=60°일 때, ∠x의 크기를 구하시오.

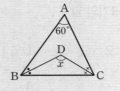

KEY POINT

아래 그림과 같은 △ABC에서 ∠B와 ∠C의 이등분선의 교점을 D라 하면 다음이 성립한다.

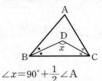

➡ $\angle x = 90° + \dfrac{1}{2}\angle A$

풀이 ▷ △ABC에서 ∠ABC+∠ACB=180°−60°=120°
따라서 △DBC에서
$$\angle x = 180° - (\angle DBC + \angle DCB)$$
$$= 180° - \frac{1}{2}(\angle ABC + \angle ACB)$$
$$= 180° - \frac{1}{2} \times 120° = 120°$$

답 120°

다른 풀이 ▷ $\angle x = 90° + \dfrac{1}{2} \times 60° = 120°$

확인 ③ 오른쪽 그림과 같은 △ABC에서 ∠B와 ∠C의 이등분선의 교점을 D라 하자. ∠BDC=126°일 때, ∠x의 크기를 구하시오.

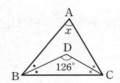

04 삼각형의 한 내각의 이등분선과 한 외각의 이등분선이 이루는 각

● 더 다양한 문제는 **RPM** 1-2 71쪽

오른쪽 그림과 같은 △ABC에서 ∠B의 이등분선과 ∠C의 외각의 이등분선의 교점을 D라 하자. ∠A=50°일 때, ∠x의 크기를 구하시오.

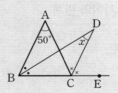

KEY POINT

아래 그림과 같은 △ABC에서 ∠B의 이등분선과 ∠C의 외각의 이등분선의 교점을 D라 하면 다음이 성립한다.

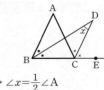

➡ $\angle x = \dfrac{1}{2}\angle A$

풀이 ▷ △ABC에서 ∠ACE=50°+∠ABC이므로
$$\angle DCE = \frac{1}{2}\angle ACE = \frac{1}{2}(50° + 2\angle DBC) = 25° + \angle DBC \quad \cdots\cdots \text{㉠}$$
△DBC에서 ∠DCE=∠x+∠DBC $\quad\cdots\cdots$ ㉡
㉠, ㉡에서 ∠x=25°

답 25°

다른 풀이 ▷ $\angle x = \dfrac{1}{2} \times 50° = 25°$

확인 ④ 오른쪽 그림과 같은 △ABC에서 ∠B의 이등분선과 ∠C의 외각의 이등분선의 교점을 D라 하자. ∠D=40°일 때, ∠x의 크기를 구하시오.

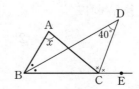

› 정답 및 풀이 28쪽

05 이등변삼각형의 성질을 이용하여 각의 크기 구하기

● 더 다양한 문제는 RPM 1-2 71쪽

오른쪽 그림과 같은 △ABD에서 $\overline{AB}=\overline{AC}=\overline{CD}$ 이고 ∠ADE=160°일 때, ∠x의 크기를 구하시오.

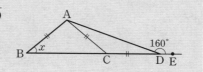

KEY POINT

이등변삼각형의 두 각의 크기는 서로 같다.

➡ $\overline{AB}=\overline{AC}$이면
   ∠B=∠C

풀이 △ACD에서 $\overline{AC}=\overline{CD}$이므로
∠CAD=∠CDA=180°−160°=20°
∴ ∠ACB=∠CAD+∠CDA=20°+20°=40°
△ABC에서 $\overline{AB}=\overline{AC}$이므로
∠x=∠ACB=40°

답 40°

확인 5 오른쪽 그림과 같은 △DBC에서 $\overline{AB}=\overline{AC}=\overline{CD}$이고 ∠B=35°일 때, ∠$x$의 크기를 구하시오.

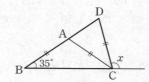

06 △ 모양의 도형에서 각의 크기 구하기

● 더 다양한 문제는 RPM 1-2 72쪽

오른쪽 그림에서 ∠x의 크기를 구하시오.

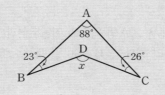

KEY POINT

$\overline{BC}$를 긋고 삼각형의 세 내각의 크기의 합이 180°임을 이용한다.

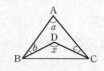

➡ ∠x=∠a+∠b+∠c

풀이 오른쪽 그림과 같이 $\overline{BC}$를 그으면 △ABC에서
∠DBC+∠DCB=180°−(88°+23°+26°)=43°
따라서 △DBC에서
∠x=180°−(∠DBC+∠DCB)
=180°−43°=137°

답 137°

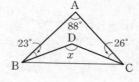

다른 풀이 ∠x=88°+23°+26°=137°

확인 6 오른쪽 그림에서 ∠x의 크기를 구하시오.

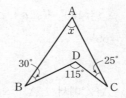

▶ 정답 및 풀이 29쪽

07 별 모양의 도형에서 각의 크기 구하기　　● 더 다양한 문제는 RPM 1–2 72쪽

오른쪽 그림에서 다음을 구하시오.

(1) ∠AFJ의 크기

(2) ∠AJF의 크기

(3) ∠x의 크기

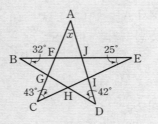

KEY POINT

별 모양의 도형에서 모든 끝 각의 크기의 합은 항상 180°이다.

➡ ∠a+∠b+∠c+∠d+∠e
　　=180°

풀이▶　(1) △CEF에서　　∠AFJ=43°+25°=68°
　　　(2) △BDJ에서　　∠AJF=32°+42°=74°
　　　(3) △AFJ의 세 내각의 크기의 합은 180°이므로
　　　　　　∠x+68°+74°=180°　　∴ ∠x=38°　　　**답** (1) 68°　(2) 74°　(3) 38°

다른 풀이▶　(3) ∠x+32°+43°+42°+25°=180°　　∴ ∠x=38°

확인 ⑦　오른쪽 그림에서 ∠x의 크기를 구하시오.

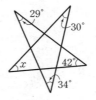

UP

08 삼각형의 두 외각의 이등분선이 이루는 각　　● 더 다양한 문제는 RPM 1–2 77쪽

오른쪽 그림과 같은 △ABC에서 ∠A의 외각의 이등분선과 ∠C
의 외각의 이등분선의 교점을 I라 하자. ∠B=50°일 때, ∠x의 크기를 구하시오.

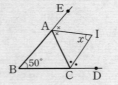

KEY POINT

아래 그림과 같은 △ABC에서 ∠A의 외각의 이등분선과 ∠C의 외각의 이등분선의 교점을 I라 하면 다음이 성립한다.

➡ ∠x=90°−$\dfrac{1}{2}$∠B

풀이▶　△ABC에서　　∠BAC+∠BCA=180°−50°=130°
　　　한편 ∠IAC=∠IAE=∠a, ∠ICA=∠ICD=∠b라 하면
　　　　∠a+∠b=$\dfrac{1}{2}$(180°−∠BAC)+$\dfrac{1}{2}$(180°−∠BCA)
　　　　　　　=180°−$\dfrac{1}{2}$(∠BAC+∠BCA)
　　　　　　　=180°−$\dfrac{1}{2}$×130°=115°
　　　따라서 △ACI에서　　∠x=180°−(∠a+∠b)=180°−115°=65°　　**답** 65°

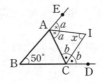

다른 풀이▶　∠x=90°−$\dfrac{1}{2}$×50°=65°

확인 ⑧　오른쪽 그림과 같은 △ABC에서 ∠A의 외각의 이등분선과
　　　∠C의 외각의 이등분선의 교점을 I라 하자. ∠AIC=70°일
　　　때, ∠x의 크기를 구하시오.

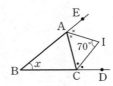

01 삼각형의 세 내각의 크기의 비가 2 : 3 : 4일 때, 가장 큰 내각의 크기와 가장 작은 내각의 크기의 차를 구하시오.

삼각형의 세 내각의 크기의 합은 180°이다.

02 오른쪽 그림과 같은 △ABC에서 $\overline{AD}$는 ∠A의 이등분선이다. ∠B=40°, ∠ACE=100°일 때, ∠x의 크기를 구하시오.

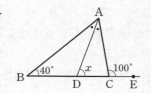

삼각형의 한 외각의 크기는 그와 이웃하지 않는 두 내각의 크기의 합과 같다.

03 오른쪽 그림과 같은 △ABD에서 $\overline{AB}=\overline{AC}=\overline{CD}$이고 ∠ADE=155°일 때, ∠$x$의 크기를 구하시오.

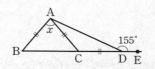

이등변삼각형의 성질을 이용한다.

04 오른쪽 그림에서 ∠x의 크기를 구하시오.

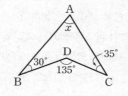

$\overline{BC}$를 긋는다.

05 오른쪽 그림에서 ∠a+∠b의 크기를 구하시오.

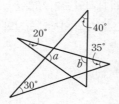

06 오른쪽 그림과 같은 △ABC에서 ∠A의 외각의 이등분선과 ∠C의 외각의 이등분선의 교점을 I라 하자. ∠AIC=64°일 때, ∠x의 크기를 구하시오.

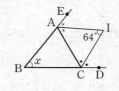

먼저 △ACI에서 ∠IAC와 ∠ICA의 크기의 합을 구한다.

03 다각형의 내각과 외각

**개념원리
이해**

1 다각형의 내각의 크기의 합은 얼마인가?

○ 핵심문제 01, 02, 04

n각형의 내각의 크기의 합 ➡ $\underline{180° \times (n-2)}$

삼각형의 내각의 크기의 합 ┘   └ 삼각형의 개수

설명 n각형의 한 꼭짓점에서 대각선을 그으면 이 대각선에 의하여 n각형은 $(n-2)$개의
삼각형으로 나누어진다.

따라서 n각형의 내각의 크기의 합은 이 삼각형들의 내각의 크기의 합과 같으므로
$180° \times (n-2)$

예 오각형은 한 꼭짓점에서 그은 2개의 대각선에 의하여 3개의 삼각형으로 나누어진다.

따라서 오각형의 내각의 크기의 합은 $180° \times (5-2) = 540°$

2 다각형의 외각의 크기의 합은 얼마인가?

○ 핵심문제 03

n각형의 외각의 크기의 합은 항상 $360°$이다.

▶ 다각형의 내각의 크기의 합은 다각형의 변의 개수에 따라 다르지만 다각형의 외각의 크기의 합은 변의 개수에
상관없이 항상 $360°$로 일정하다.

설명 다각형의 한 꼭짓점에서 내각의 크기와 외각의 크기의 합은 $180°$이므로 n각형에서

(내각의 크기의 합) + (외각의 크기의 합) = $180° \times n$

∴ (n각형의 외각의 크기의 합) = $180° \times n - (n각형의 내각의 크기의 합)$

$= 180° \times n - 180° \times (n-2)$

$= 360°$

예 오각형에서   (내각의 크기의 합) + (외각의 크기의 합) = $180° \times 5 = 900°$

오각형의 내각의 크기의 합은 $180° \times (5-2) = 540°$

따라서 오각형의 외각의 크기의 합은 $900° - 540° = 360°$

외각
내각

3 정다각형의 한 내각과 한 외각의 크기는 어떻게 구하는가?

○ 핵심문제 05, 06

(1) 정n각형의 한 내각의 크기 ➡ $\dfrac{180° \times (n-2)}{n}$ ← 내각의 크기의 합
  ← 꼭짓점의 개수

(2) 정n각형의 한 외각의 크기 ➡ $\dfrac{360°}{n}$ ← 외각의 크기의 합
  ← 꼭짓점의 개수

설명 정n각형의 모든 내각과 외각의 크기는 각각 같으므로 내각과 외각의 크기의 합을 각각 n으로 나눈다.

예 (1) 정오각형의 한 내각의 크기는 $\dfrac{180° \times (5-2)}{5} = 108°$

(2) 정오각형의 한 외각의 크기는 $\dfrac{360°}{5} = 72°$

01 다음 표를 완성하시오.

다각형	한 꼭짓점에서 대각선을 모두 그었을 때 생기는 삼각형의 개수	내각의 크기의 합
육각형		
칠각형		
팔각형		
⋮	⋮	⋮
n각형		

○ n각형의 내각의 크기의 합

➡

02 다음 그림에서 ∠x의 크기를 구하시오.

(1)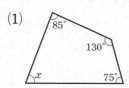

(2)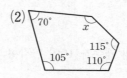

03 다음 그림에서 ∠x의 크기를 구하시오.

(1)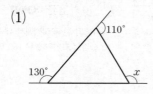

(2)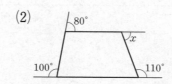

○ n각형의 외각의 크기의 합은 항상 [ ]이다.

04 오른쪽 그림과 같은 정육각형에서 다음을 구하시오.

(1) 내각의 크기의 합   (2) ∠x의 크기

(3) 외각의 크기의 합   (4) ∠y의 크기

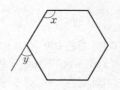

○ ① 정n각형의 한 내각의 크기

➡ [ ]

② 정n각형의 한 외각의 크기

➡ [ ]

05 다음 표를 완성하시오.

정다각형	한 내각의 크기	한 외각의 크기
정팔각형		
정십각형		
정십오각형		

01 다각형의 내각의 크기의 합

● 더 다양한 문제는 RPM 1-2 73쪽

KEY POINT

n각형의 내각의 크기의 합
➡ $180° \times (n-2)$

다음 물음에 답하시오.

(1) 구각형의 내각의 크기의 합을 구하시오.

(2) 내각의 크기의 합이 $1800°$인 다각형의 대각선의 개수를 구하시오.

풀이 (1) 구각형의 내각의 크기의 합은 $180° \times (9-2) = 1260°$

(2) 주어진 다각형을 n각형이라 하면 $180° \times (n-2) = 1800°$

$n-2 = 10$ $\therefore n = 12$

따라서 십이각형의 대각선의 개수는 $\dfrac{12 \times (12-3)}{2} = 54$ **답** (1) $1260°$ (2) 54

확인 ① 다음 물음에 답하시오.

(1) 한 꼭짓점에서 그을 수 있는 대각선의 개수가 10인 다각형의 내각의 크기의 합을 구하시오.

(2) 내각의 크기의 합이 $1080°$인 다각형의 꼭짓점의 개수를 구하시오.

02 다각형의 내각의 크기 구하기

● 더 다양한 문제는 RPM 1-2 73쪽

KEY POINT

다각형의 한 꼭짓점에서 내각의 크기와 외각의 크기의 합은 $180°$이다.

다음 그림에서 $\angle x$의 크기를 구하시오.

(1)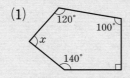

(2)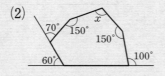

풀이 (1) 오각형의 내각의 크기의 합은 $180° \times (5-2) = 540°$이므로

$\angle x = 540° - (140° + 90° + 100° + 120°) = 90°$

(2) 육각형의 내각의 크기의 합은 $180° \times (6-2) = 720°$이므로

$\angle x = 720° - (150° + 110° + 120° + 80° + 150°) = 110°$

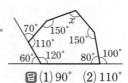

답 (1) $90°$ (2) $110°$

확인 ② 다음 그림에서 $\angle x$의 크기를 구하시오.

(1)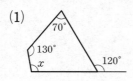

(2)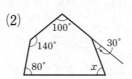

03 다각형의 외각의 크기 구하기

● 더 다양한 문제는 RPM 1-2 74쪽

다음 그림에서 ∠x의 크기를 구하시오.

(1)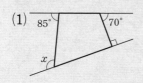

(2)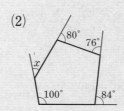

풀이 ▶ (1) ∠$x+90°+70°+85°=360°$이므로   ∠$x=115°$
(2) ∠$x+(180°-100°)+84°+76°+80°=360°$이므로   ∠$x=40°$

답 (1) 115° (2) 40°

확인 ③ 다음 그림에서 ∠x의 크기를 구하시오.

(1)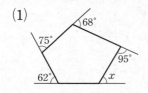

(2)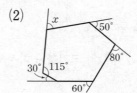

04 다각형의 내각의 크기의 합의 활용

● 더 다양한 문제는 RPM 1-2 74쪽

오른쪽 그림에서 ∠x의 크기를 구하시오.

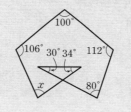

풀이 ▶ 오른쪽 그림과 같이 보조선을 그으면
∠a+∠b=30°+34°=64°
오각형의 내각의 크기의 합은 180°×(5-2)=540°이므로
100°+106°+∠x+∠a+∠b+80°+112°=540°
398°+∠x+∠a+∠b=540°
398°+∠x+64°=540°   ∴ ∠x=78°

답 78°

확인 ④ 오른쪽 그림에서 ∠x+∠y의 크기를 구하시오.

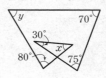

> 정답 및 풀이 31쪽

05 정다각형의 한 내각의 크기와 한 외각의 크기 ● 더 다양한 문제는 RPM 1-2 75쪽

KEY POINT
① 정n각형의 한 내각의 크기
$\Rightarrow \dfrac{180° \times (n-2)}{n}$
② 정n각형의 한 외각의 크기
$\Rightarrow \dfrac{360°}{n}$

다음 물음에 답하시오.

(1) 한 내각의 크기가 140°인 정다각형을 구하시오.

(2) 내각의 크기의 합이 1440°인 정다각형의 한 외각의 크기를 구하시오.

풀이 (1) 구하는 정다각형을 정n각형이라 하면

$$\frac{180° \times (n-2)}{n} = 140°, \qquad 180° \times n - 360° = 140° \times n$$

$$40° \times n = 360° \qquad \therefore n = 9$$

따라서 정구각형이다.

(2) 주어진 정다각형을 정n각형이라 하면

$$180° \times (n-2) = 1440°, \qquad n-2 = 8 \qquad \therefore n = 10$$

따라서 정십각형의 한 외각의 크기는 $\dfrac{360°}{10} = 36°$

답 (1) 정구각형 (2) 36°

확인 **5** 다음 물음에 답하시오.

(1) 한 외각의 크기가 60°인 정다각형을 구하시오.

(2) 대각선의 개수가 90인 정다각형의 한 내각의 크기를 구하시오.

UP

06 정다각형에서 각의 크기 구하기 ● 더 다양한 문제는 RPM 1-2 75쪽

KEY POINT
정다각형은 모든 변의 길이가 같고 모든 내각의 크기가 같다.

오른쪽 그림과 같은 정오각형에서 다음을 구하시오.

(1) 정오각형의 한 내각의 크기

(2) ∠x의 크기

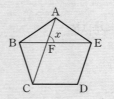

풀이 (1) 정오각형의 한 내각의 크기는 $\dfrac{180° \times (5-2)}{5} = 108°$

(2) △ABC는 $\overline{BA} = \overline{BC}$인 이등변삼각형이므로 $\angle BAC = \dfrac{1}{2} \times (180° - 108°) = 36°$

△ABE는 $\overline{AB} = \overline{AE}$인 이등변삼각형이므로 $\angle ABE = \dfrac{1}{2} \times (180° - 108°) = 36°$

따라서 △ABF에서 $\angle x = 36° + 36° = 72°$

답 (1) 108° (2) 72°

확인 **6** 오른쪽 그림과 같은 정육각형에서 다음을 구하시오.

(1) 정육각형의 한 내각의 크기

(2) ∠x의 크기

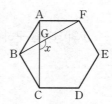

▶ 정답 및 풀이 31쪽

01 오른쪽 그림에서 x의 값은?

① 40   ② 45
③ 50   ④ 55
⑤ 60

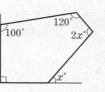

먼저 오각형의 내각의 크기의 합을 구한다.

02 오른쪽 그림에서 $\angle x$의 크기를 구하시오.

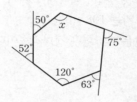

다각형의 외각의 크기의 합은 항상 360°이다.

03 오른쪽 그림에서 $\angle a + \angle b + \angle c + \angle d$의 크기를 구하시오.

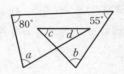

보조선을 긋는다.

04 한 내각의 크기와 한 외각의 크기의 비가 5 : 1인 정다각형은?

① 정팔각형   ② 정구각형   ③ 정십각형
④ 정십이각형   ⑤ 정십오각형

한 꼭짓점에서 내각의 크기와 외각의 크기의 합은 180°이다.

(UP)
05 오른쪽 그림과 같은 정오각형 ABCDE에서 $\angle y - \angle x$의 크기를 구하시오.

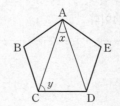

먼저 정오각형의 한 내각의 크기를 구한다.

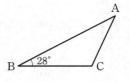
01 다음 중 옳지 <u>않은</u> 것은?

① 다각형은 3개 이상의 선분으로 둘러싸인 평면도형
이다.

② 칠각형의 꼭짓점의 개수는 7이다.

③ 구각형의 변의 개수는 9이다.

④ 어떤 다각형의 한 꼭짓점에서 외각의 크기가
72°일 때, 내각의 크기는 108°이다.

⑤ 변의 길이가 모두 같은 다각형은 정다각형이다.

꼭나와

02 십오각형의 한 꼭짓점에서 그을 수 있는 대각선의
개수를 a, 십오각형의 대각선의 개수를 b라 할 때,
$b-a$의 값은?

① 75   ② 78   ③ 81

④ 84   ⑤ 87

03 다음 조건을 만족시키는 다각형을 구하시오.

> (개) 모든 변의 길이가 같다.
> (내) 모든 내각의 크기가 같다.
> (대) 대각선의 개수는 14이다.

04 오른쪽 그림과 같은
△ABC에서 ∠C의 크기
가 ∠A의 크기의 3배일 때,
∠C의 크기를 구하시오.

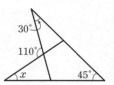

05 오른쪽 그림에서 ∠x의 크기
는?

① 30°   ② 35°

③ 40°   ④ 45°

⑤ 50°

꼭나와

06 오른쪽 그림과 같은
△ABC에서
∠BAD=∠CAD일
때, ∠x의 크기는?

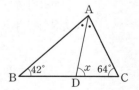

① 70°   ② 73°

③ 76°   ④ 79°

⑤ 82°

❯ 정답 및 풀이 32쪽

07 오른쪽 그림과 같은 △ABC 에서 ∠x의 크기는?

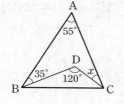

① 20° ② 22°

③ 25° ④ 27°

⑤ 30°

08 내각의 크기의 합이 1620°인 다각형의 한 꼭짓점에 서 대각선을 모두 그었을 때 생기는 삼각형의 개수 는?

① 7 ② 8 ③ 9

④ 10 ⑤ 11

꼭나와

09 오른쪽 그림에서 x의 값을 구하시오.

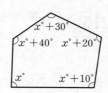

10 다음 그림에서 ∠x의 크기를 구하시오.

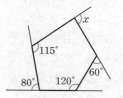

꼭나와

11 다음 중 정팔각형에 대한 설명으로 옳은 것을 모두 고르면? (정답 2개)

① 한 꼭짓점에서 그을 수 있는 대각선의 개수는 4 이다.

② 대각선의 개수는 14이다.

③ 내각의 크기의 합은 900°이다.

④ 한 내각의 크기는 135°이다.

⑤ 한 외각의 크기는 45°이다.

12 정구각형의 한 내각의 크기와 한 외각의 크기의 비 는?

① 4 : 1 ② 5 : 1 ③ 6 : 1

④ 7 : 2 ⑤ 8 : 3

13 오른쪽 그림과 같이 위치한 6개의 도시 A, B, C, D, E, F에 다른 도시를 거치지 않고 직접 왕래할 수 있는 도로를 각각 하나씩 건설하려고 한다. 이때 만들어지는 도로의 개수는?

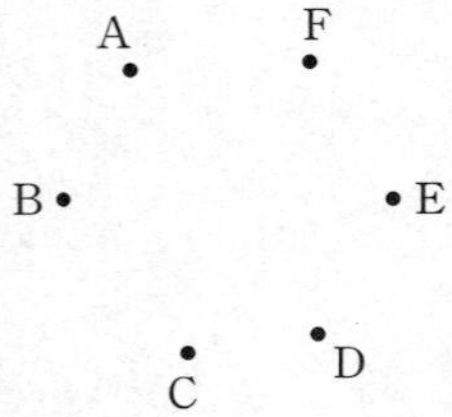

A   F

B •   • E

C   D

① 9 　　　② 10 　　　③ 12
④ 15 　　　⑤ 18

꼭나와

14 오른쪽 그림과 같은 △ABC에서 점 D는 ∠B의 이등분선과 ∠C의 외각의 이등분선의 교점이다. ∠D=35°일 때, ∠x의 크기는?

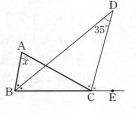

① 60° 　　　② 65° 　　　③ 70°
④ 75° 　　　⑤ 80°

15 오른쪽 그림과 같은 △DBE에서 $\overline{AB}=\overline{AC}=\overline{CD}=\overline{DE}$ 이고 ∠B=26°일 때, ∠x의 크기를 구하시오.

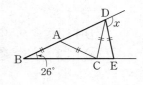

16 오른쪽 그림에서 ∠x+∠y+∠z의 크기는?

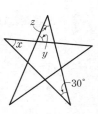

① 110° 　　　② 120°
③ 130° 　　　④ 140°
⑤ 150°

17 오른쪽 그림에서 ∠y−∠x의 크기는?

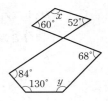

① 5° 　　　② 10°
③ 15° 　　　④ 20°
⑤ 25°

꼭나와

18 오른쪽 그림에서 ∠a+∠b+∠c+∠d +∠e+∠f+∠g+∠h 의 크기를 구하시오.

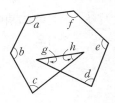

19 오른쪽 그림에서
$\angle a + \angle b + \angle c + \angle d$
$+ \angle e + \angle f$
의 크기를 구하시오.

STEP **3** 실력 UP

22 어떤 다각형의 한 꼭짓점에서 그을 수 있는 대각선의 개수를 a, 이 다각형의 내부의 한 점에서 각 꼭짓점에 선분을 그었을 때 생기는 삼각형의 개수를 b라 하자. $a+b=25$일 때, 이 다각형의 대각선의 개수를 구하시오.

20 한 내각의 크기가 한 외각의 크기보다 108°만큼 큰 정다각형은?

① 정팔각형 ② 정구각형
③ 정십각형 ④ 정십이각형
⑤ 정십오각형

23 다음 그림에서 $\angle ABD = \angle DBE = \angle EBC$, $\angle ACD = \angle DCE = \angle ECP$이고 $\angle D = 50°$일 때, $\angle x + \angle y$의 크기를 구하시오.

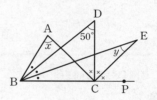

21 아래 그림과 같이 정오각형과 정팔각형의 한 변이 서로 붙어 있을 때, 다음 중 옳은 것은?

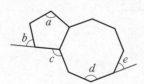

① $\angle a = 120°$ ② $\angle b = 60°$
③ $\angle c = 117°$ ④ $\angle d = 140°$
⑤ $\angle e = 30°$

24 오른쪽 그림에서 $\angle A$의 크기를 구하시오.

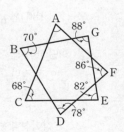

예제 1

오른쪽 그림에서 ∠x의 크기를 구하시오. [6점]

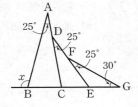

풀이 과정

1단계 ∠DEC의 크기 구하기 • 2점

△FEG에서 ∠DEC$=25°+30°=55°$

2단계 ∠ACB의 크기 구하기 • 2점

△DCE에서 ∠ACB$=25°+55°=80°$

3단계 ∠x의 크기 구하기 • 2점

△ABC에서 ∠$x=25°+80°=105°$

답 $105°$

유제 1 오른쪽 그림에서 ∠x의 크기를 구하시오. [6점]

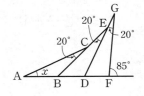

풀이 과정

1단계 ∠GDF의 크기 구하기 • 2점

2단계 ∠EBD의 크기 구하기 • 2점

3단계 ∠x의 크기 구하기 • 2점

답

예제 2

한 내각의 크기와 한 외각의 크기의 비가 9 : 1인 정다각형의 대각선의 개수를 구하시오. [8점]

풀이 과정

1단계 한 외각의 크기 구하기 • 2점

한 외각의 크기는

$$180° \times \frac{1}{9+1} = 18°$$

2단계 어떤 다각형인지 구하기 • 3점

주어진 정다각형을 정n각형이라 하면

$$\frac{360°}{n} = 18° \therefore n = 20$$

즉 정이십각형이다.

3단계 대각선의 개수 구하기 • 3점

정이십각형의 대각선의 개수는

$$\frac{20 \times (20-3)}{2} = 170$$

답 170

유제 2 한 외각의 크기와 한 내각의 크기의 비가 1 : 3인 정다각형의 대각선의 개수를 구하시오. [8점]

풀이 과정

1단계 한 외각의 크기 구하기 • 2점

2단계 어떤 다각형인지 구하기 • 3점

3단계 대각선의 개수 구하기 • 3점

답

> 정답 및 풀이 34쪽

스스로 서술하기

유제 3 오른쪽 그림에서 ∠A=55°, ∠BDC=115°일 때, ∠x+∠y의 크기를 구하시오. [6점]

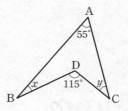

(풀이과정)

(답)

유제 4 오른쪽 그림과 같은 오각형 ABCDE에서 ∠BCD와 ∠CDE의 이등분선의 교점을 F라 할 때, ∠x의 크기를 구하시오. [7점]

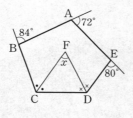

(풀이과정)

(답)

유제 5 대각선의 개수가 135인 정다각형에 대하여 다음 물음에 답하시오. [총 7점]

(1) 정다각형을 구하시오. [3점]

(2) 한 내각의 크기와 한 외각의 크기를 차례대로 구하시오. [4점]

(풀이과정)

(1)

(2)

(답) (1)   (2)

유제 6 오른쪽 그림과 같은 정육각형에서 $\overline{BF}$와 $\overline{AC}$, $\overline{AE}$의 교점을 각각 P, Q라 할 때, ∠x+∠y의 크기를 구하시오. [7점]

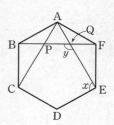

(풀이과정)

(답)

공감
한 스푼

"저는 제 인생의
주인공이 될거예요."

그림 정인(@jeong_iinn_)

II-2

원과 부채꼴

II-1 | 다각형

이 단원의 학습 계획을 세우고
하나하나 실천하는 습관을 기르자!!

나는 할 수 있어!

		공부한 날		학습 완료도
01 원과 부채꼴	개념원리 이해 & 개념원리 확인하기	월	일	□□□
	핵심문제 익히기	월	일	○○○
	이런 문제가 시험에 나온다	월	일	○○○
02 부채꼴의 호의 길이와 넓이	개념원리 이해 & 개념원리 확인하기	월	일	□□□
	핵심문제 익히기	월	일	○○○
	이런 문제가 시험에 나온다	월	일	○○○
중단원 마무리하기		월	일	○○○
서술형 대비 문제		월	일	○○○

개념 학습 guide

- 개념을 이해했으면 ■□□, 개념을 문제에 적용할 수 있으면 ■■□, 개념을 친구에게 설명할 수 있으면 ■■■
  로 색칠한다.

- 부족한 부분의 개념을 반복 학습하여 ■■■ 3칸 모두 색칠하면 학습을 마친다.

문제 학습 guide

- 맞힌 문제가 전체의 50% 미만이면 ●○○, 맞힌 문제가 50% 이상 90% 미만이면 ●●○, 맞힌 문제가 90% 이
  상이면 ●●● 로 색칠한다. 문제를 찍지 말자!

- 틀린 문제는 왜 틀렸는지 그 이유를 파악한 후 다시 풀어 본다. 며칠 후 틀린 문제를 다시 풀어 보고, 풀이 과정과
  답이 맞으면 학습을 마친다.

01 원과 부채꼴

개념원리 이해

1 원과 부채꼴이란 무엇인가?

(1) **원**: 평면 위의 한 점 O로부터 일정한 거리에 있는 모든 점으로 이루어진 도형을 원이라 하고, 이것을 원 O로 나타낸다.

① 원의 중심: 점 O

② 반지름: 원의 중심과 원 위의 임의의 한 점을 이은 선분

(2) **호**: 원 위의 두 점은 원을 두 부분으로 나누는데 이 두 부분을 각각 **호**라 한다. 두 점 A, B를 양 끝 점으로 하는 원의 일부분을 호 AB라 하고 기호로 $\overset{\frown}{AB}$와 같이 나타낸다.

▶ 일반적으로 $\overset{\frown}{AB}$는 짧은 쪽의 호를 나타내며, 긴 쪽의 호를 나타낼 때에는 그 호 위에 임의의 점 P를 잡아 $\overset{\frown}{APB}$와 같이 나타낸다.

(3) **현**: 원 위의 두 점을 이은 선분을 현이라 하고, 두 점 C, D를 양 끝 점으로 하는 현을 현 CD라 한다.

▶ 원의 중심을 지나는 현은 그 원의 지름이고, 지름은 길이가 가장 긴 현이다.

(4) **할선**: 한 직선이 원 O와 두 점에서 만날 때, 이 직선을 원 O의 **할선**이라 한다.

(5) **부채꼴**: 원 O에서 두 반지름 OA, OB와 호 AB로 이루어진 도형을 **부채꼴 AOB**라 한다. 이때 ∠AOB를 호 AB에 대한 **중심각** 또는 부채꼴 AOB의 중심각이라 하고, 호 AB를 ∠AOB에 대한 호라 한다.

(6) **활꼴**: 현 CD와 호 CD로 이루어진 도형을 **활꼴**이라 한다.

▶ 반원은 부채꼴인 동시에 활꼴이다.

2 중심각의 크기와 호의 길이, 부채꼴의 넓이 사이에는 어떤 관계가 있는가? ◎ 핵심문제 01~04, 06

한 원 또는 합동인 두 원에서

① 크기가 같은 중심각에 대한 부채꼴의 호의 길이와 넓이는 각각 같다.

② 부채꼴의 호의 길이와 넓이는 각각 중심각의 크기에 정비례한다.

부채꼴의 중심각의 크기가 2배, 3배, …가 되면 호의 길이와 넓이도 각각 2배, 3배, …가 된다.

3 중심각의 크기와 현의 길이 사이에는 어떤 관계가 있는가? ◎ 핵심문제 05, 06

한 원 또는 합동인 두 원에서

① 크기가 같은 중심각에 대한 현의 길이는 같다.

② 현의 길이는 중심각의 크기에 정비례하지 않는다.

▶ 오른쪽 그림에서 ∠AOC=2∠AOB이지만

$\overline{AC} < \overline{AB} + \overline{BC} = \overline{AB} + \overline{AB} = 2\overline{AB}$

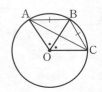

정답 및 풀이 36쪽

01 오른쪽 그림과 같은 원 O 위에 다음을 나타내시오.

(1) 호 AB

(2) 현 AD

(3) $\overline{\text{OB}}$, $\overline{\text{OC}}$, $\widehat{\text{BC}}$로 이루어진 부채꼴

(4) $\overline{\text{CD}}$, $\widehat{\text{CD}}$로 이루어진 활꼴

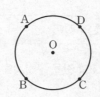

02 오른쪽 그림과 같은 원 O에 대하여 다음을 기호로 나타내시오.

(1) ∠AOB에 대한 호

(2) ∠BOC에 대한 현

(3) $\widehat{\text{AC}}$에 대한 중심각

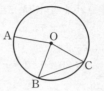

◉ 호, 현, 중심각이란?

03 다음 그림과 같은 원 O에서 x의 값을 구하시오.

(1)

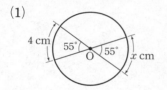

(2)

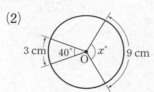

◉ 한 원 또는 합동인 두 원에서
① 크기가 같은 중심각에 대한 부채꼴의 호의 길이는 같다.
② 부채꼴의 호의 길이는 중심각의 크기에 [　　]한다.

04 다음 그림과 같은 원 O에서 x의 값을 구하시오.

(1)

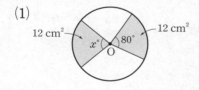

(2)

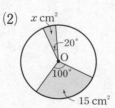

◉ 한 원 또는 합동인 두 원에서
① 크기가 같은 중심각에 대한 부채꼴의 넓이는 [　　].
② 부채꼴의 넓이는 중심각의 크기에 [　　]한다.

05 다음 그림과 같은 원 O에서 x의 값을 구하시오.

(1)

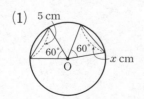

(2)

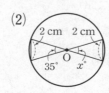

◉ 한 원 또는 합동인 두 원에서 크기가 같은 중심각에 대한 현의 길이는 [　　].

● 더 다양한 문제는 **RPM** 1–2 86쪽

01 중심각의 크기와 호의 길이

다음 그림과 같은 원 O에서 x의 값을 구하시오.

(1)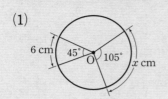

(2)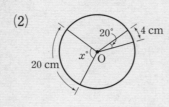

> **풀이** 호의 길이는 중심각의 크기에 정비례하므로
> (1) $45 : 105 = 6 : x$, $3 : 7 = 6 : x$
> $3x = 42$ ∴ $x = 14$
> (2) $x : 20 = 20 : 4$, $x : 20 = 5 : 1$ ∴ $x = 100$

답 (1) 14 (2) 100

KEY POINT
한 원 또는 합동인 두 원에서 부채꼴의 호의 길이는 중심각의 크기에 정비례한다.

➡ $\widehat{AB} : \widehat{CD}$
$= \angle AOB : \angle COD$

확인 ① 다음 그림과 같은 원 O에서 x의 값을 구하시오.

(1)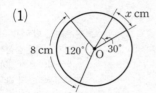

(2)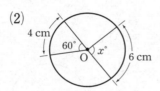

02 호의 길이의 비가 주어질 때 중심각의 크기 구하기

● 더 다양한 문제는 **RPM** 1–2 87쪽

오른쪽 그림과 같은 원 O에서 $\widehat{AB} : \widehat{BC} : \widehat{CA} = 4 : 3 : 5$일 때, $\angle AOB$의 크기를 구하시오.

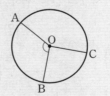

> **풀이** 호의 길이는 중심각의 크기에 정비례하므로
> $\angle AOB : \angle BOC : \angle COA = \widehat{AB} : \widehat{BC} : \widehat{CA} = 4 : 3 : 5$
> 이때 $\angle AOB + \angle BOC + \angle COA = 360°$이므로
> $\angle AOB = 360° \times \dfrac{4}{4+3+5} = 360° \times \dfrac{4}{12} = 120°$

답 120°

KEY POINT
$\widehat{AB} : \widehat{BC} : \widehat{CA} = a : b : c$
➡ $\angle AOB = 360° \times \dfrac{a}{a+b+c}$
   $\angle BOC = 360° \times \dfrac{b}{a+b+c}$
   $\angle COA = 360° \times \dfrac{c}{a+b+c}$

확인 ② 오른쪽 그림과 같은 반원 O에서 $\widehat{AC} = 3\widehat{BC}$일 때, $\angle BOC$의 크기를 구하시오.

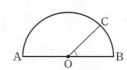

> 정답 및 풀이 36쪽

03 보조선을 그어 호의 길이 구하기

● 더 다양한 문제는 RPM 1-2 87쪽

KEY POINT
보조선을 긋고 평행선의 성질, 이등변삼각형의 성질을 이용한다.

오른쪽 그림과 같은 반원 O에서 $\overline{AD} /\!/ \overline{OC}$이고 $\angle BOC=30°$, $\widehat{BC}=5$ cm일 때, $\widehat{AD}$의 길이를 구하시오.

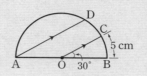

풀이 $\overline{AD} /\!/ \overline{OC}$이므로 $\angle OAD=\angle BOC=30°$ (동위각)
오른쪽 그림과 같이 $\overline{OD}$를 그으면 $\overline{OA}=\overline{OD}$이므로
$\angle ODA=\angle OAD=30°$
△ODA에서 $\angle AOD=180°-(30°+30°)=120°$
이때 호의 길이는 중심각의 크기에 정비례하므로
$120:30=\widehat{AD}:5$, $4:1=\widehat{AD}:5$ $\therefore \widehat{AD}=20$ (cm)

답 20 cm

확인 3 오른쪽 그림과 같은 원 O에서 $\overline{CO} /\!/ \overline{AB}$이고 $\angle AOC=40°$, $\widehat{AC}=6$ cm일 때, $\widehat{AB}$의 길이를 구하시오.

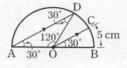

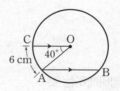

04 중심각의 크기와 부채꼴의 넓이

● 더 다양한 문제는 RPM 1-2 88쪽

KEY POINT
한 원 또는 합동인 두 원에서 부채꼴의 넓이는 중심각의 크기에 정비례한다.
➡ (중심각의 크기의 비)
=(호의 길이의 비)
=(부채꼴의 넓이의 비)

다음 그림과 같은 원 O에서 x의 값을 구하시오.

(1)

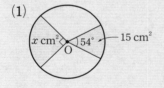

(2)

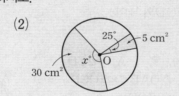

풀이 부채꼴의 넓이는 중심각의 크기에 정비례하므로
(1) $90:54=x:15$, $5:3=x:15$
$3x=75$ $\therefore x=25$
(2) $x:25=30:5$, $x:25=6:1$ $\therefore x=150$

답 (1) 25 (2) 150

확인 4 다음 그림과 같은 원 O에서 x의 값을 구하시오.

(1)

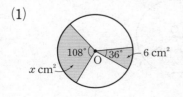

(2)

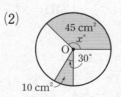

> 정답 및 풀이 36쪽

한 원 또는 합동인 두 원에서 크기가
같은 중심각에 대한 현의 길이는 같다.

05 중심각의 크기와 현의 길이

● 더 다양한 문제는 RPM 1–2 88쪽

오른쪽 그림과 같이 반지름의 길이가 6 cm인 원 O에서
∠AOB=∠COD이고 $\overline{AB}$=9 cm일 때, △OCD의 둘레의
길이를 구하시오.

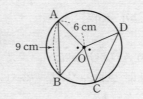

풀이 ∠AOB=∠COD이므로 $\overline{CD}=\overline{AB}=9$ (cm)
∴ (△OCD의 둘레의 길이)$=\overline{OC}+\overline{CD}+\overline{DO}$
$=6+9+6=21$ (cm)

답 21 cm

확인 5 오른쪽 그림에서 $\overline{BE}$는 원 O의 지름이고 $\overline{AB}=\overline{CD}=\overline{DE}$이다.
∠COE=90°일 때, ∠AOB의 크기를 구하시오.

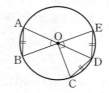

KEY POINT

한 원 또는 합동인 두 원에서 중심각의
크기에
① 정비례하는 것
➡ 호의 길이, 부채꼴의 넓이
② 정비례하지 않는 것
➡ 현의 길이, 삼각형의 넓이

06 중심각의 크기에 정비례하는 것

● 더 다양한 문제는 RPM 1–2 89쪽

오른쪽 그림과 같은 원 O에서 ∠AOB=2∠COD일 때, 다음 중 옳
은 것을 모두 고르면? (정답 2개)

① $\widehat{AB}=2\widehat{CD}$ ② $\overline{AB}>2\overline{CD}$
③ ∠OCD=2∠OAB ④ △OAB=2△OCD
⑤ (부채꼴 AOB의 넓이)=2×(부채꼴 COD의 넓이)

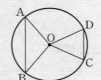

풀이 ① 호의 길이는 중심각의 크기에 정비례하므로 $\widehat{AB}=2\widehat{CD}$
②, ④ 오른쪽 그림에서 $\overline{AB}<2\overline{CD}$, △OAB<2△OCD
③ ∠COD=50°라 하면 ∠AOB=2∠COD=100°

△OCD에서 ∠OCD=$\frac{1}{2}$×(180°−50°)=65°

△OAB에서 ∠OAB=$\frac{1}{2}$×(180°−100°)=40°

∴ ∠OCD≠2∠OAB
⑤ 부채꼴의 넓이는 중심각의 크기에 정비례하므로
(부채꼴 AOB의 넓이)=2×(부채꼴 COD의 넓이)
따라서 옳은 것은 ①, ⑤이다.

답 ①, ⑤

확인 6 오른쪽 그림과 같은 원 O에서 ∠AOB=60°, ∠COD=20°
일 때, 다음 중 옳지 않은 것은?

① $\overline{AB}=\overline{OB}$ ② ∠OAB=3∠COD
③ $\widehat{AB}=3\widehat{CD}$ ④ $\overline{AB}=3\overline{CD}$
⑤ (부채꼴 AOB의 넓이)=3×(부채꼴 COD의 넓이)

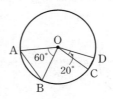

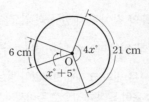
▶정답 및 풀이 37쪽

01 반지름의 길이가 7 cm인 원에서 길이가 가장 긴 현의 길이를 구하시오.

02 오른쪽 그림과 같은 원 O에서 x의 값은?

① 25   ② 30

③ 35   ④ 40

⑤ 45

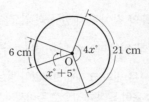

호의 길이는 중심각의 크기에 정비례한다.

03 오른쪽 그림과 같은 원 O에서 $\overline{AO} /\!/ \overline{BC}$이고 $\angle AOB = 30°$, $\widehat{AB} = 4$ cm일 때, $\widehat{BC}$의 길이를 구하시오.

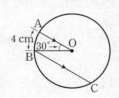

평행한 두 직선이 다른 한 직선과 만날 때 생기는 엇각의 크기는 같다.

04 오른쪽 그림과 같은 원 O에서 $\angle AOB : \angle BOC : \angle COA = 3 : 5 : 4$이고 원 O의 넓이가 72 cm²일 때, 부채꼴 AOB의 넓이를 구하시오.

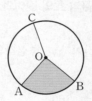

부채꼴의 넓이는 중심각의 크기에 정비례한다.

05 오른쪽 그림과 같은 원 O에서 $\angle AOB = \angle BOC = \angle COD$일 때, 다음 중 옳지 <u>않은</u> 것은?

① $\overline{AC} = \overline{BD}$ ② $\widehat{AB} = \widehat{BC}$

③ $\widehat{AD} = 3\widehat{AB}$ ④ $\overline{AC} = 2\overline{AB}$

⑤ (부채꼴 BOD의 넓이) $= 2 \times$ (부채꼴 AOB의 넓이)

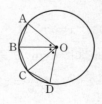

현의 길이는 중심각의 크기에 정비례하지 않는다.

(UP)

06 오른쪽 그림과 같이 원 O의 지름 AB의 연장선과 현 CD의 연장선의 교점을 P라 하자. $\overline{OD} = \overline{DP}$, $\widehat{AC} = 18$ cm, $\angle P = 25°$일 때, $\widehat{BD}$의 길이를 구하시오.

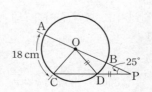

삼각형의 한 외각의 크기는 그와 이웃하지 않는 두 내각의 크기의 합과 같다.

II-2
원과 부채꼴

02 부채꼴의 호의 길이와 넓이

개념원리 이해

1 원주율 (π)이란 무엇인가?

원에서 지름의 길이에 대한 둘레의 길이의 비율을 원주율이라 한다. 원주율은 기호로 π와 같이 나타내며 '파이'라 읽는다. ➡ $(\text{원주율}) = \dfrac{(\text{원의 둘레의 길이})}{(\text{원의 지름의 길이})} = \pi$

▶ 원주율 (π)은 원의 크기에 관계없이 항상 일정하고 그 값은 $3.141592\cdots$로 불규칙하게 한없이 계속되는 소수이다. 원주율이 특정한 값으로 주어지지 않는 한 π를 사용하여 나타낸다.

2 원의 둘레의 길이와 넓이는 어떻게 구하는가?

◐ 핵심문제 01

반지름의 길이가 r인 원의 둘레의 길이를 l, 넓이를 S라 하면

(1) $l = 2\pi r$ (2) $S = \pi r^2$

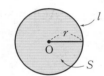

예 반지름의 길이가 4 cm인 원의 둘레의 길이를 l, 넓이를 S라 하면
$$l = 2\pi \times 4 = 8\pi \ (\text{cm}), \quad S = \pi \times 4^2 = 16\pi \ (\text{cm}^2)$$

3 부채꼴의 호의 길이와 넓이는 어떻게 구하는가?

◐ 핵심문제 02~06

반지름의 길이가 r, 중심각의 크기가 $x°$인 부채꼴의 호의 길이를 l, 넓이를 S라 하면

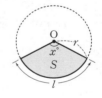

(1) $l = \underset{\substack{\uparrow \\ \text{원의 둘레의 길이}}}{2\pi r} \times \dfrac{x}{360}$ (2) $S = \underset{\substack{\uparrow \\ \text{원의 넓이}}}{\pi r^2} \times \dfrac{x}{360}$

설명 한 원에서 부채꼴의 호의 길이와 넓이는 중심각의 크기에 정비례하므로

$$360 : x = 2\pi r : l \quad \therefore l = 2\pi r \times \frac{x}{360}$$

$$360 : x = \pi r^2 : S \quad \therefore S = \pi r^2 \times \frac{x}{360}$$

예 반지름의 길이가 6 cm이고 중심각의 크기가 30°인 부채꼴의 호의 길이를 l, 넓이를 S라 하면
$$l = 2\pi \times 6 \times \frac{30}{360} = \pi \ (\text{cm}), \quad S = \pi \times 6^2 \times \frac{30}{360} = 3\pi \ (\text{cm}^2)$$

4 부채꼴의 호의 길이와 넓이 사이에는 어떤 관계가 있는가?

◐ 핵심문제 02

반지름의 길이가 r, 호의 길이가 l인 부채꼴의 넓이를 S라 하면

$$S = \frac{1}{2}rl \ \leftarrow \ (\text{부채꼴의 넓이}) = \frac{1}{2} \times (\text{반지름의 길이}) \times (\text{호의 길이})$$

설명 $l = 2\pi r \times \dfrac{x}{360}$에서 $\dfrac{x}{360} = \dfrac{l}{2\pi r}$이므로 $S = \pi r^2 \times \dfrac{l}{2\pi r} = \dfrac{1}{2}rl$

예 반지름의 길이가 8 cm이고 호의 길이가 3π cm인 부채꼴의 넓이를 S라 하면
$$S = \frac{1}{2} \times 8 \times 3\pi = 12\pi \ (\text{cm}^2)$$

01 다음 원의 둘레의 길이와 넓이를 차례대로 구하시오.

(1)

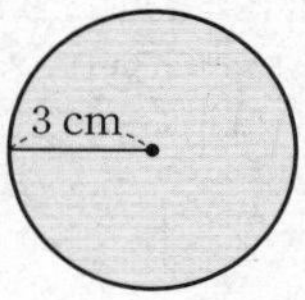

(2)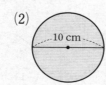

반지름의 길이가 r인 원의 둘레의 길이를 l, 넓이를 S라 하면

① $l=$ ☐

② $S=$ ☐

II-2

원과 부채꼴

02 다음 ☐ 안에 알맞은 수를 써넣으시오.

(1) 둘레의 길이가 30π cm인 원의 반지름의 길이는 ☐ cm이다.

(2) 넓이가 49π cm²인 원의 반지름의 길이는 ☐ cm이다.

03 오른쪽 그림에 대하여 다음을 구하시오.

(1) 색칠한 부분의 둘레의 길이

(2) 색칠한 부분의 넓이

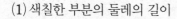

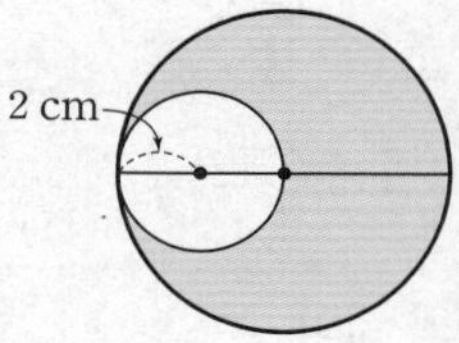

04 다음 그림과 같은 부채꼴의 호의 길이와 넓이를 차례대로 구하시오.

(1)

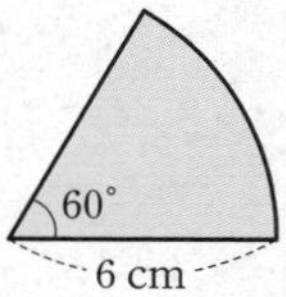

(2)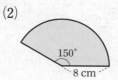

반지름의 길이가 r, 중심각의 크기가 $x°$인 부채꼴의 호의 길이를 l, 넓이를 S라 하면

① $l=$ ☐

② $S=$ ☐

05 다음 그림과 같은 부채꼴의 넓이를 구하시오.

(1)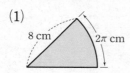

(2)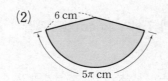

반지름의 길이가 r, 호의 길이가 l인 부채꼴의 넓이를 S라 하면

$S=$ ☐

● 더 다양한 문제는 RPM 1-2 90쪽

01 원의 둘레의 길이와 넓이

오른쪽 그림과 같은 원에 대하여 다음을 구하시오.

(1) 색칠한 부분의 둘레의 길이

(2) 색칠한 부분의 넓이

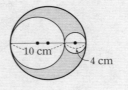

풀이 (1) (색칠한 부분의 둘레의 길이)$=2\pi \times 7 + 2\pi \times 5 + 2\pi \times 2$
$=14\pi + 10\pi + 4\pi = 28\pi$ (cm)

(2) (색칠한 부분의 넓이)$=\pi \times 7^2 - \pi \times 5^2 - \pi \times 2^2$
$=49\pi - 25\pi - 4\pi = 20\pi$ (cm^2)

답 (1) 28π cm (2) 20π cm^2

확인 1 오른쪽 그림에서 색칠한 부분의 둘레의 길이와 넓이를 차례대로 구하시오.

● 더 다양한 문제는 RPM 1-2 90쪽

02 부채꼴의 호의 길이와 넓이

다음 물음에 답하시오.

(1) 반지름의 길이가 5 cm이고 넓이가 10π cm^{2}인 부채꼴의 중심각의 크기를 구하시오.

(2) 반지름의 길이가 9 cm이고 호의 길이가 6π cm인 부채꼴의 넓이를 구하시오.

풀이 (1) 부채꼴의 중심각의 크기를 $x°$라 하면 $\pi \times 5^2 \times \dfrac{x}{360}=10\pi$ ∴ $x=144$

따라서 부채꼴의 중심각의 크기는 $144°$이다.

(2) $\dfrac{1}{2} \times 9 \times 6\pi = 27\pi$ (cm^2)

답 (1) $144°$ (2) 27π cm^2

확인 2 다음 물음에 답하시오.

(1) 반지름의 길이가 3 cm이고 호의 길이가 4π cm인 부채꼴의 중심각의 크기를 구하시오.

(2) 반지름의 길이가 10 cm이고 넓이가 25π cm^{2}인 부채꼴의 호의 길이를 구하시오.

03 부채꼴에서 색칠한 부분의 둘레의 길이와 넓이

● 더 다양한 문제는 RPM 1-2 91쪽

오른쪽 그림과 같은 부채꼴에서 다음을 구하시오.

(1) 색칠한 부분의 둘레의 길이

(2) 색칠한 부분의 넓이

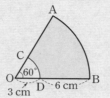

KEY POINT

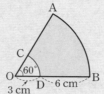

① (색칠한 부분의 둘레의 길이)
  =㉠+㉡+㉢×2
② (색칠한 부분의 넓이)
  =(큰 부채꼴의 넓이)
   −(작은 부채꼴의 넓이)

II-2

원과 부채꼴

풀이 (1) (색칠한 부분의 둘레의 길이)=(호 AB의 길이)+(호 CD의 길이)+$\overline{AC}$+$\overline{BD}$

$$=2\pi \times 9 \times \frac{60}{360} + 2\pi \times 3 \times \frac{60}{360} + 6 + 6$$

$$=3\pi + \pi + 12 = 4\pi + 12 \text{ (cm)}$$

(2) (색칠한 부분의 넓이)=(부채꼴 AOB의 넓이)−(부채꼴 COD의 넓이)

$$=\pi \times 9^2 \times \frac{60}{360} - \pi \times 3^2 \times \frac{60}{360} = \frac{27}{2}\pi - \frac{3}{2}\pi = 12\pi \text{ (cm}^2)$$

답 (1) $(4\pi+12)$ cm (2) 12π cm²

확인 3 오른쪽 그림과 같은 부채꼴에서 색칠한 부분의 둘레의 길이와 넓이를 차례대로 구하시오.

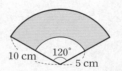

---

04 색칠한 부분의 둘레의 길이

● 더 다양한 문제는 RPM 1-2 91쪽

오른쪽 그림과 같이 한 변의 길이가 6 cm인 정사각형에서 색칠한 부분의 둘레의 길이를 구하시오.

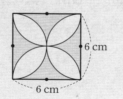

KEY POINT

곡선 부분과 직선 부분으로 나누어 생각한다.
이때 곡선 부분의 길이는 원의 둘레의 길이와 부채꼴의 호의 길이를 이용한다.

풀이 (㉠의 길이)=$2\pi \times 3 \times \frac{1}{4} = \frac{3}{2}\pi$ (cm), (㉡의 길이)=6 cm

∴ (색칠한 부분의 둘레의 길이)

$$=(㉠의 길이) \times 8 + (㉡의 길이) \times 4$$

$$=\frac{3}{2}\pi \times 8 + 6 \times 4$$

$$=12\pi + 24 \text{ (cm)}$$

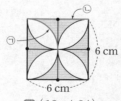

답 $(12\pi+24)$ cm

확인 4 다음 그림에서 색칠한 부분의 둘레의 길이를 구하시오.

(1)

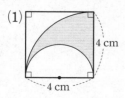

(2)

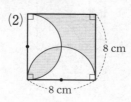

▶ 정답 및 풀이 38쪽

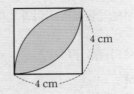

05 색칠한 부분의 넓이 (1)

● 더 다양한 문제는 RPM 1–2 92쪽

오른쪽 그림과 같이 한 변의 길이가 4 cm인 정사각형에서 색칠한
부분의 넓이를 구하시오.

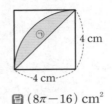

풀이 (색칠한 부분의 넓이) = (㉠의 넓이) × 2

$$= \left(\pi \times 4^2 \times \frac{1}{4} - \frac{1}{2} \times 4 \times 4 \right) \times 2$$
$$= (4\pi - 8) \times 2$$
$$= 8\pi - 16 \ (\text{cm}^2)$$

답 $(8\pi - 16) \ \text{cm}^2$

확인 5 다음 그림에서 색칠한 부분의 넓이를 구하시오.

(1)
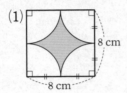

(2)
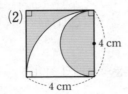

주어진 도형의 일부분을 적당히 이동
하여 색칠한 부분이 간단한 모양이 되
도록 한다.

06 색칠한 부분의 넓이 (2)

● 더 다양한 문제는 RPM 1–2 92쪽

오른쪽 그림과 같이 한 변의 길이가 6 cm인 정사각형에서 색칠한
부분의 넓이를 구하시오.

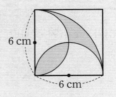

풀이 주어진 도형을 오른쪽 그림과 같이 이동
하면

(색칠한 부분의 넓이)

$$= \pi \times 6^2 \times \frac{1}{4} - \frac{1}{2} \times 6 \times 6$$
$$= 9\pi - 18 \ (\text{cm}^2)$$

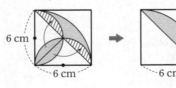

답 $(9\pi - 18) \ \text{cm}^2$

확인 6 다음 그림에서 색칠한 부분의 넓이를 구하시오.

(1)
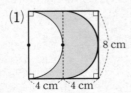

(2)
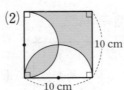

01 오른쪽 그림에서 색칠한 부분의 둘레의 길이와 넓이를 차례대로 구하면?

① 3π cm, 3π cm^2 ② 3π cm, 6π cm^2
③ 6π cm, 3π cm^2 ④ 6π cm, 6π cm^2
⑤ 6π cm, 9π cm^2

02 호의 길이가 5π cm, 넓이가 10π cm^{2}인 부채꼴의 중심각의 크기를 구하시오.

먼저 부채꼴의 반지름의 길이를 구한다.

03 오른쪽 그림과 같이 반지름의 길이가 9 cm인 원 O에서 색칠한 부분의 둘레의 길이와 넓이를 차례대로 구하시오.

04 오른쪽 그림에서 색칠한 부분의 둘레의 길이를 구하시오.

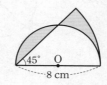

곡선 부분과 직선 부분으로 나누어 생각한다.

05 오른쪽 그림에서 색칠한 부분의 넓이는?

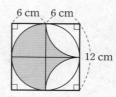

① 64 cm^2 ② 72 cm^2
③ 80 cm^2 ④ 88 cm^2
⑤ 96 cm^2

주어진 도형의 일부분을 적당히 이동해 본다.

UP

06 오른쪽 그림은 세 변의 길이가 각각 6 cm, 8 cm, 10 cm인 직각삼각형 ABC의 각 변을 지름으로 하는 반원을 그린 것이다. 이때 색칠한 부분의 넓이를 구하시오.

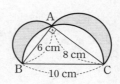

주어진 도형을 몇 개의 도형으로 나누어 본다.

01 다음 중 오른쪽 그림과 같은 원 O에 대한 설명으로 옳지 <u>않은</u> 것은?

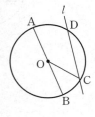

① $\overline{AB}$는 가장 긴 현이다.
② $\overline{CD}$와 $\overarc{CD}$로 둘러싸인 도형은 활꼴이다.
③ $\overline{AB}$, $\overline{CD}$는 현이다.
④ 직선 l은 할선이다.
⑤ ∠AOC는 $\overarc{CD}$에 대한 중심각이다.

02 오른쪽 그림과 같은 원 O에서 $\overarc{AB} : \overarc{BC} : \overarc{CA} = 2 : 3 : 4$ 일 때, ∠AOB의 크기는?

① 78° ② 80°
③ 82° ④ 84°
⑤ 86°

 꼭나와

03 오른쪽 그림과 같이 지름이 $\overline{AB}$인 원 O에서 ∠CAB=15°, $\overarc{BC}$=3 cm일 때, $\overarc{AC}$의 길이를 구하시오.

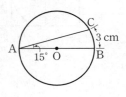

04 오른쪽 그림에서 부채꼴 AOB의 넓이가 부채꼴 COD의 넓이의 2배일 때, x의 값을 구하시오.

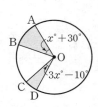

꼭나와

05 오른쪽 그림과 같은 원 O에서 ∠AOB=∠BOC=∠DOE 일 때, 다음 **보기** 중 옳은 것을 모두 고른 것은?

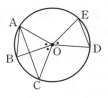

보기

ㄱ. $\overline{AB}=\overline{DE}$
ㄴ. $\overline{AC}=2\overline{DE}$
ㄷ. $\overarc{BC}=\dfrac{1}{2}\overarc{AC}$
ㄹ. (부채꼴 AOC의 넓이)
　 $=2\times$(부채꼴 DOE의 넓이)
ㅁ. (삼각형 AOC의 넓이)
　 $=2\times$(삼각형 DOE의 넓이)

① ㄱ, ㄷ　　② ㄴ, ㄹ　　③ ㄱ, ㄴ, ㅁ
④ ㄱ, ㄷ, ㄹ　⑤ ㄷ, ㄹ, ㅁ

06 오른쪽 그림에서 색칠한 부분의 둘레의 길이와 넓이를 차례로 구하면?

① 9π cm, 6π cm^2
② 9π cm, 12π cm^2
③ 12π cm, 6π cm^2
④ 12π cm, 9π cm^2
⑤ 12π cm, 12π cm^2

▶정답 및 풀이 40쪽

07 오른쪽 그림과 같이 반지름의 길이가 9 cm이고 호의 길이가 3π cm인 부채꼴의 중심각의 크기는?

① 40° ② 45° ③ 60°
④ 72° ⑤ 80°

10 오른쪽 그림에서 색칠한 부분의 둘레의 길이는?

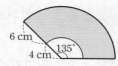

① $\left(\dfrac{17}{2}\pi+8\right)$ cm ② $\left(\dfrac{21}{2}\pi+8\right)$ cm

③ $\left(\dfrac{15}{2}\pi+12\right)$ cm ④ $\left(\dfrac{17}{2}\pi+12\right)$ cm

⑤ $\left(\dfrac{21}{2}\pi+12\right)$ cm

08 호의 길이가 6π cm, 넓이가 45π cm²인 부채꼴의 반지름의 길이를 구하시오.

11 오른쪽 그림과 같이 한 변의 길이가 20 cm인 정사각형에서 색칠한 부분의 넓이를 구하시오.

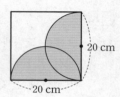

09 오른쪽 그림에서 $\overline{AB}$는 원 O의 지름이고 $\overline{AB}=12$ cm일 때, 색칠한 부채꼴의 넓이의 합은?

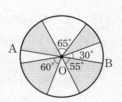

① 15π cm² ② 20π cm²
③ 25π cm² ④ 30π cm²
⑤ 35π cm²

12 오른쪽 그림과 같이 반지름의 길이가 6 cm인 원에서 색칠한 부분의 넓이는?

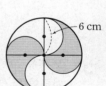

① 12π cm²
② 14π cm²
③ 16π cm²
④ 18π cm²
⑤ 20π cm²

13 오른쪽 그림에서 $\overline{BC}$는 원 O의 지름이고 $\overline{AB} /\!/ \overline{CD}$, $\overset{\frown}{AC}=16$ cm, ∠ABC=40°일 때, $\overset{\frown}{CD}$의 길이는?

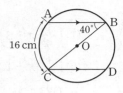

① 16 cm ② 18 cm ③ 20 cm
④ 22 cm ⑤ 24 cm

꼭나와

14 오른쪽 그림과 같은 원 O에서 점 E는 지름 AB의 연장선과 현 CD의 연장선의 교점이다.
$\overline{DO}=\overline{DE}$, $\overset{\frown}{BD}=2$ cm일 때, $\overset{\frown}{AC}$의 길이를 구하시오.

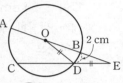

15 오른쪽 그림과 같이 $\overline{AB}$가 지름인 원 O에서 $\overline{CO} /\!/ \overline{DB}$이고 $\overline{CD}=9$ cm 일 때, $\overline{AC}$의 길이는?

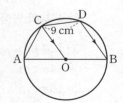

① 6 cm ② 7 cm
③ 8 cm ④ 9 cm
⑤ 10 cm

16 오른쪽 그림과 같이 한 변의 길이가 10 cm인 정사각형 ABCD에서 색칠한 부분의 둘레의 길이는?

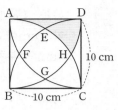

① $(5\pi+5)$ cm ② $(5\pi+10)$ cm
③ $(10\pi+5)$ cm ④ $(10\pi+10)$ cm
⑤ $(15\pi+10)$ cm

17 한 변의 길이가 20 cm인 정오각형의 각 꼭짓점을 중심으로 하고 반지름의 길이가 같은 다섯 개의 원이 오른쪽 그림과 같이 서로 겹치지 않게 붙어 있을 때, 색칠한 부분의 넓이를 구하시오.

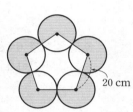

꼭나와

18 오른쪽 그림과 같이 한 변의 길이가 6 cm인 정사각형 ABCD에서 색칠한 부분의 둘레의 길이와 넓이를 차례대로 구하면?

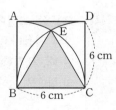

① $(2\pi+12)$ cm, $(36-3\pi)$ cm^2
② $(2\pi+12)$ cm, $(36-6\pi)$ cm^2
③ $(2\pi+24)$ cm, $(36-3\pi)$ cm^2
④ $(2\pi+24)$ cm, $(36-6\pi)$ cm^2
⑤ $(2\pi+24)$ cm, $(36-9\pi)$ cm^2

▶정답 및 풀이 41쪽

19 오른쪽 그림과 같이 한 변의 길이가 10 cm인 정사각형에서 색칠한 부분의 넓이를 구하시오.

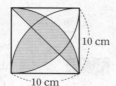

10 cm
10 cm

20 오른쪽 그림은 지름의 길이가 12 cm인 반원을 점 A를 중심으로 30°만큼 회전한 것이다. 색칠한 부분의 둘레의 길이와 넓이를 차례대로 구하면?

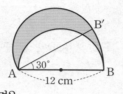

B′
30°
A ⌐ 12 cm ⌐ B

① 10π cm, 12π cm²
② 10π cm, 24π cm²
③ 12π cm, 12π cm²
④ 14π cm, 12π cm²
⑤ 14π cm, 24π cm²

21 오른쪽 그림에서 색칠한 부분의 넓이와 직사각형 EFCD의 넓이가 같을 때, $\overline{FC}$의 길이는?

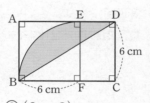

A E D
6 cm
B 6 cm F C

① π cm
② $(3\pi-8)$ cm
③ $(3\pi-6)$ cm
④ $(6\pi-15)$ cm
⑤ $(6\pi-12)$ cm

STEP **3** 실력 **UP**

22 오른쪽 그림과 같이 밑면의 반지름의 길이가 5 cm인 원기둥 모양의 나무 3개를 끈으로 묶으려고 할 때, 필요한 끈의 최소 길이를 구하시오. (단, 끈의 매듭의 길이는 무시한다.)

해설 강의

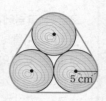

5 cm

23 오른쪽 그림과 같이 반지름의 길이가 2 cm인 원이 한 변의 길이가 25 cm인 정삼각형의 변을 따라 한 바퀴 돌 때, 원이 지나간 자리의 넓이를 구하시오.

해설 강의

 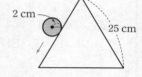

2 cm
25 cm

24 다음 그림과 같이 직사각형 ABCD를 직선 l 위에서 회전시켰다. $\overline{AB}=4$ cm, $\overline{AC}=5$ cm, $\overline{AD}=3$ cm일 때, 꼭짓점 A가 움직인 거리를 구하시오.

해설 강의

 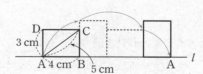

D
3 cm C
A 4 cm B 5 cm A l

예제 1

해설 강의

오른쪽 그림에서 점 P는 원 O의 지름 AB의 연장선과 현 CD의 연장선의 교점이다. $\overline{DO}=\overline{DP}$, $\angle P=17°$이고 $\overset{\frown}{AC}=9$ cm일 때, $\overset{\frown}{BD}$의 길이를 구하시오. [7점]

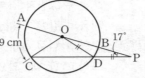

풀이 과정

1단계 ∠ODC의 크기 구하기 · 2점

△ODP에서 $\overline{DO}=\overline{DP}$이므로

$\angle DOP=\angle P=17°$

∴ $\angle ODC=17°+17°=34°$

2단계 ∠AOC의 크기 구하기 · 2점

△OCD에서 $\overline{OC}=\overline{OD}$이므로

$\angle OCD=\angle ODC=34°$

△OCP에서 $\angle AOC=34°+17°=51°$

3단계 $\overset{\frown}{BD}$의 길이 구하기 · 3점

$51:17=9:\overset{\frown}{BD}$ ∴ $\overset{\frown}{BD}=3$ (cm)

답 3 cm

유제 1 오른쪽 그림에서 점 P는 원 O의 지름 AB의 연장선과 현 CD의 연장선의 교점이다. $\overline{CO}=\overline{CP}$, $\angle P=35°$일 때, $\overset{\frown}{AC}:\overset{\frown}{BD}$를 가장 간단한 자연수의 비로 나타내시오. [7점]

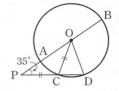

풀이 과정

1단계 ∠OCD의 크기 구하기 · 2점

2단계 ∠BOD의 크기 구하기 · 2점

3단계 $\overset{\frown}{AC}:\overset{\frown}{BD}$를 가장 간단한 자연수의 비로 나타내기 · 3점

답

예제 2

해설 강의

오른쪽 그림과 같이 반지름의 길이가 10 cm인 원 O와 정오각형이 만날 때, 색칠한 부채꼴의 넓이를 구하시오. [6점]

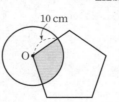

풀이 과정

1단계 정오각형의 한 내각의 크기 구하기 · 3점

정오각형의 한 내각의 크기는

$\dfrac{180°\times(5-2)}{5}=108°$

2단계 색칠한 부채꼴의 넓이 구하기 · 3점

(색칠한 부채꼴의 넓이)$=\pi\times10^2\times\dfrac{108}{360}$

$=30\pi$ (cm²)

답 30π cm²

유제 2 오른쪽 그림과 같이 한 변의 길이가 4 cm인 정팔각형에서 색칠한 부채꼴의 넓이를 구하시오. [6점]

풀이 과정

1단계 정팔각형의 한 내각의 크기 구하기 · 3점

2단계 색칠한 부채꼴의 넓이 구하기 · 3점

답

▶정답 및 풀이 42쪽

스스로 서술하기

유제 3 오른쪽 그림과 같은 원 O에서 $\overline{AB} /\!/ \overline{CD}$, $\angle AOB=100°$이고 원 O의 둘레의 길이가 18 cm일 때, $\overset{\frown}{BD}$의 길이를 구하시오. [7점]

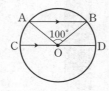

풀이과정

답

유제 5 오른쪽 그림과 같이 한 변의 길이가 4 cm인 정사각형에서 색칠한 부분의 둘레의 길이와 넓이를 차례대로 구하시오. [6점]

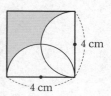

풀이과정

답

유제 4 오른쪽 그림과 같은 부채꼴에서 다음을 구하시오.

[총 7점]

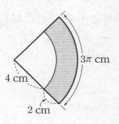

(1) 부채꼴의 중심각의 크기

[3점]

(2) 색칠한 부분의 둘레의 길이 [2점]

(3) 색칠한 부분의 넓이 [2점]

풀이과정

(1)

(2)

(3)

답 (1)　　　 (2)　　　 (3)

유제 6 오른쪽 그림에서 반원 O의 넓이와 부채꼴 ABC의 넓이가 같을 때, 색칠한 부분의 넓이를 구하시오. [8점]

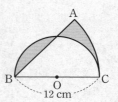

풀이과정

답

입체도형

구체적인 모형이나 공학 도구를 이용하여
다면체와 회전체의 성질을 탐구하고, 이를 설명해 보자.
또 입체도형의 겉넓이와 부피를 구해 보자.

Ⅲ-1

다면체와 회전체

Ⅲ-2 | 입체도형의 겉넓이와 부피

이 단원의 학습 계획을 세우고
하나하나 실천하는 습관을 기르자!!

나는 할 수 있어!

		공부한 날		학습 완료도
01 다면체	개념원리 이해 & 개념원리 확인하기	월	일	□□□
	핵심문제 익히기	월	일	○○○
	이런 문제가 시험에 나온다	월	일	○○○
02 정다면체	개념원리 이해 & 개념원리 확인하기	월	일	□□□
	핵심문제 익히기	월	일	○○○
	이런 문제가 시험에 나온다	월	일	○○○
03 회전체	개념원리 이해 & 개념원리 확인하기	월	일	□□□
	핵심문제 익히기	월	일	○○○
	이런 문제가 시험에 나온다	월	일	○○○
중단원 마무리하기		월	일	○○○
서술형 대비 문제		월	일	○○○

개념 학습 guide

- 개념을 이해했으면 ■■■, 개념을 문제에 적용할 수 있으면 ■■■, 개념을 친구에게 설명할 수 있으면 ■■■ 로 색칠한다.

- 부족한 부분의 개념을 반복 학습하여 ■■■ 3칸 모두 색칠하면 학습을 마친다.

문제 학습 guide

- 맞힌 문제가 전체의 50% 미만이면 ●●●, 맞힌 문제가 50% 이상 90% 미만이면 ●●●, 맞힌 문제가 90% 이상이면 ●●● 로 색칠한다. 문제를 찍지 말자!

- 틀린 문제는 왜 틀렸는지 그 이유를 파악한 후 다시 풀어 본다. 며칠 후 틀린 문제를 다시 풀어 보고, 풀이 과정과 답이 맞으면 학습을 마친다.

01 다면체

1 다면체란 무엇인가?

◎ 핵심문제 01

(1) **다면체**: 다각형인 면으로만 둘러싸인 입체도형
  ① **면**: 다면체를 둘러싸고 있는 다각형
  ② **모서리**: 다면체를 이루는 다각형의 변
  ③ **꼭짓점**: 다면체를 이루는 다각형의 꼭짓점
  [참고] 오른쪽 그림과 같이 원 또는 곡면으로 둘러싸인 입체도형은 다면체가 아니다.

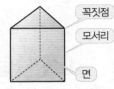

(2) 다면체는 그 면의 개수에 따라 사면체, 오면체, 육면체, …라 한다.
  [예] 오른쪽 그림의 두 다면체는 모양은 다르지만 면의 개수가 6으로 같으므로 모두 육면체이다.

2 다면체의 종류

◎ 핵심문제 02~08

(1) **각기둥**
  ① 두 밑면은 서로 평행하며 그 모양이 합동인 다각형이고, 옆면은 모두 직사각형인 다면체
  ② **높이**: 각기둥에서 두 밑면 사이의 거리
  ③ 밑면인 다각형의 모양에 따라 삼각기둥, 사각기둥, 오각기둥, …이라 한다.

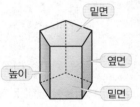

(2) **각뿔**
  ① 밑면은 다각형이고, 옆면은 모두 삼각형인 다면체
  ② **높이**: 각뿔에서 각뿔의 꼭짓점과 밑면 사이의 거리
  ③ 밑면인 다각형의 모양에 따라 삼각뿔, 사각뿔, 오각뿔, …이라 한다.

(3) **각뿔대**
  ① 각뿔을 밑면에 평행한 평면으로 자를 때 생기는 두 입체도형 중에서 각뿔이 아닌 것
  ② **밑면**: 각뿔대에서 평행한 두 면
    옆면: 각뿔대에서 밑면이 아닌 면
    높이: 각뿔대에서 두 밑면 사이의 거리
  ③ 밑면은 다각형이고, 옆면은 모두 사다리꼴이다.
  ④ 밑면인 다각형의 모양에 따라 삼각뿔대, 사각뿔대, 오각뿔대, …라 한다.

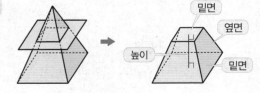

보충학습

1. 다면체의 분류

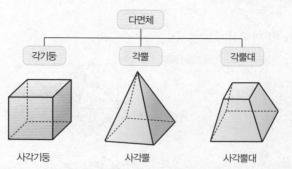

다면체

각기둥 / 각뿔 / 각뿔대

사각기둥 / 사각뿔 / 사각뿔대

▶ 각기둥, 각뿔, 각뿔대는 다면체를 모양에 따라 분류한 것이고, 사면체, 오면체, 육면체, …는 다면체를 면의 개수에 따라 분류한 것이다.

2. 다면체의 성질

	n각기둥	n각뿔	n각뿔대
겨냥도	삼각기둥 사각기둥 오각기둥 ⋮	삼각뿔 사각뿔 오각뿔 ⋮	삼각뿔대 사각뿔대 오각뿔대 ⋮
밑면의 모양	n각형	n각형	n각형
밑면의 개수	2	1	2
면의 개수	$n+2$	$n+1$	$n+2$
다면체의 이름	$(n+2)$면체	$(n+1)$면체	$(n+2)$면체
모서리의 개수	$3n$	$2n$	$3n$
꼭짓점의 개수	$2n$	$n+1$	$2n$
옆면의 모양	직사각형	삼각형	사다리꼴

(면의 개수)
＝(옆면의 개수)
　＋(밑면의 개수)

▶ ① 각기둥의 두 밑면은 합동이지만 각뿔대의 두 밑면은 합동이 아니다.

② n각기둥과 n각뿔대는 면, 모서리, 꼭짓점의 개수가 각각 같다.

③ n각뿔의 면의 개수와 꼭짓점의 개수는 같다.

01 다음 다면체가 몇 면체인지 말하시오.

○ 다면체는 그 ⬚ 의 개수에 따라 사면체, 오면체, 육면체, … 라 한다.

(1)

(2)

(3)

(4)

02 다음 설명이 옳으면 ○, 옳지 않으면 ✕를 (　) 안에 써넣으시오.

(1) 다면체는 모든 면의 모양이 다각형이다.　　　　　(　)

(2) 정육각형은 다면체이다.　　　　　　　　　　　(　)

(3) 각뿔대의 두 밑면은 합동이다.　　　　　　　　(　)

(4) 사각뿔과 사각기둥의 옆면의 모양은 같다.　　　(　)

03 다음 표를 완성하시오.

○
	n각기둥	n각뿔	n각뿔대
면의 개수			
모서리의 개수			
꼭짓점의 개수			

다면체			
이름			육각뿔대
밑면의 모양	오각형		
밑면의 개수			
면의 개수			
모서리의 개수		6	
꼭짓점의 개수			
옆면의 모양		삼각형	

04 다음을 만족시키는 다면체를 **보기**에서 모두 고르시오.

　보기
　ㄱ. 오각뿔　　　　ㄴ. 삼각뿔대　　　　ㄷ. 사각기둥
　ㄹ. 오각뿔대　　　ㅁ. 사각뿔　　　　　ㅂ. 육각기둥

(1) 밑면이 1개인 다면체　　　　(2) 밑면이 오각형인 다면체

(3) 모서리의 개수가 가장 적은 다면체　　(4) 꼭짓점의 개수가 가장 많은 다면체

01 다면체
● 더 다양한 문제는 RPM 1-2 104쪽

다음 중 다면체인 것을 모두 고르면? (정답 2개)

① ② ③

④ ⑤

KEY POINT

다면체
➡ 다각형인 면으로만 둘러싸인 입체
도형

풀이 ①, ③ 다각형인 면으로만 둘러싸인 입체도형이므로 다면체이다.
②, ④ 각각 원기둥, 원뿔로 밑면이 원, 옆면이 곡면이다. 원과 곡면으로 둘러싸인 입체도
형은 다면체가 아니다.
⑤ 평면도형은 입체도형이 아니므로 다면체가 아니다.
따라서 다면체인 것은 ①, ③이다.   답 ①, ③

확인 ① 다음 보기 중 다면체인 것의 개수를 구하시오.

> 보기
> ㄱ. 육각뿔   ㄴ. 사면체   ㄷ. 정육면체
> ㄹ. 구   ㅁ. 원   ㅂ. 오각기둥

02 다면체의 면의 개수
● 더 다양한 문제는 RPM 1-2 104쪽

다음 중 칠면체가 <u>아닌</u> 것을 모두 고르면? (정답 2개)

① 사각기둥   ② 오각기둥   ③ 오각뿔대
④ 육각뿔   ⑤ 칠각기둥

KEY POINT

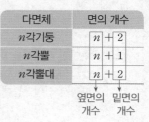

다면체	면의 개수	
n각기둥	n +	2
n각뿔	n +	1
n각뿔대	n +	2
	옆면의 개수	밑면의 개수

풀이 (다면체의 면의 개수)=(옆면의 개수)+(밑면의 개수)이므로 각 다면체의 면의 개수는
① $4+2=6$ ② $5+2=7$ ③ $5+2=7$
④ $6+1=7$ ⑤ $7+2=9$
따라서 칠면체가 아닌 것은 ①, ⑤이다.   답 ①, ⑤

확인 ② 팔각뿔대의 면의 개수를 a, 구각뿔의 면의 개수를 b라 할 때, $a+b$의 값을 구하시오.

03 다면체의 모서리, 꼭짓점의 개수

● 더 다양한 문제는 RPM 1-2 105쪽

육각기둥의 면의 개수를 a, 십이각뿔의 모서리의 개수를 b, 구각뿔대의 꼭짓점의 개수를 c라 할 때, $a+b+c$의 값을 구하시오.

풀이 육각기둥의 면의 개수는 $6+2=8$

$\therefore a=8$

십이각뿔의 모서리의 개수는 $12\times2=24$

$\therefore b=24$

구각뿔대의 꼭짓점의 개수는 $9\times2=18$

$\therefore c=18$

$\therefore a+b+c=8+24+18=50$

답 50

KEY POINT

다면체	모서리의 개수	꼭짓점의 개수
n각기둥	$3n$	$2n$
n각뿔	$2n$	$n+1$
n각뿔대	$3n$	$2n$

확인 3 다음 중 모서리의 개수와 꼭짓점의 개수의 합이 가장 큰 입체도형은?

① 삼각뿔대 ② 오각기둥 ③ 칠각뿔
④ 육각뿔 ⑤ 사각뿔대

04 다면체의 면, 모서리, 꼭짓점의 개수의 활용

● 더 다양한 문제는 RPM 1-2 105쪽

모서리의 개수가 33인 각뿔대의 밑면의 모양은?

① 칠각형 ② 팔각형 ③ 구각형
④ 십각형 ⑤ 십일각형

풀이 주어진 각뿔대를 n각뿔대라 하면

$3n=33$ $\therefore n=11$

따라서 십일각뿔대의 밑면은 십일각형이다.

답 ⑤

KEY POINT

면, 모서리, 꼭짓점 중 어느 하나의 개수가 주어진 각뿔대의 이름은 다음과 같은 순서로 구한다.

❶ 주어진 각뿔대를 n각뿔대라 한다.
❷ 주어진 개수를 이용하여 식을 세운 후 n의 값을 구한다.

확인 4 면의 개수가 6인 각뿔의 모서리의 개수를 a, 꼭짓점의 개수를 b라 할 때, $a-b$의 값을 구하시오.

05 다면체의 옆면의 모양

● 더 다양한 문제는 RPM 1-2 106쪽

KEY POINT

다면체	옆면의 모양
각기둥	직사각형
각뿔	삼각형
각뿔대	사다리꼴

다음 중 다면체와 그 옆면의 모양이 잘못 짝 지어진 것은?

① 오각기둥 ― 직사각형

② 육각뿔 ― 삼각형

③ 사각뿔대 ― 사다리꼴

④ 팔각뿔대 ― 이등변삼각형

⑤ 사각뿔 ― 삼각형

풀이 ④ 각뿔대의 옆면은 항상 사다리꼴이다.

따라서 다면체와 그 옆면의 모양이 잘못 짝 지어진 것은 ④이다.　　　　　　**답** ④

확인 5 다음 보기 중 옆면의 모양이 사각형인 다면체인 것을 모두 고르시오.

> **보기**
> ㄱ. 정육면체　　　ㄴ. 원뿔　　　ㄷ. 삼각뿔
> ㄹ. 팔각뿔　　　ㅁ. 팔각기둥　　　ㅂ. 칠각뿔대

06 다면체의 이해

● 더 다양한 문제는 RPM 1-2 106쪽

KEY POINT

각뿔대의 밑면은 다각형이고 옆면은 모두 사다리꼴이다.

다음 중 오각뿔대에 대한 설명으로 옳은 것을 모두 고르면? (정답 2개)

① 육면체이다.

② 밑면은 오각형이다.

③ 옆면과 밑면은 수직이다.

④ 꼭짓점의 개수는 10이다.

⑤ 밑면에 평행한 평면으로 자를 때 생기는 단면은 사다리꼴이다.

풀이 오각뿔대는 오른쪽 그림과 같다.

① 오각뿔대의 면의 개수는 　　$5+2=7$

따라서 칠면체이다.

③ 각뿔대의 옆면과 밑면은 수직이 아니다.

④ 오각뿔대의 꼭짓점의 개수는 　　$5\times2=10$

⑤ 밑면에 평행한 평면으로 자를 때 생기는 단면은 오각형이다.

따라서 옳은 것은 ②, ④이다.

답 ②, ④

확인 6 다음 중 다면체에 대한 설명으로 옳지 <u>않은</u> 것은?

① 삼각기둥은 오면체이다.

② 오각뿔의 모서리의 개수는 10이다.

③ 각뿔의 옆면의 모양은 밑면의 모양에 따라 다르다.

④ 각기둥의 두 밑면은 서로 평행하고 합동이다.

⑤ 육각뿔대의 옆면은 사다리꼴이다.

> 정답 및 풀이 45쪽

KEY POINT

다면체에 대한 조건 중 옆면의 모양이
① 직사각형이면 각기둥
② 삼각형이면 각뿔
③ 사다리꼴이면 각뿔대
임을 이용한다.

07 주어진 조건을 만족시키는 다면체

● 더 다양한 문제는 RPM 1–2 107쪽

다음 조건을 만족시키는 입체도형을 구하시오.

> (개) 칠면체이다.
> (내) 두 밑면은 서로 평행하고 합동인 다각형이다.
> (대) 옆면의 모양은 직사각형이다.

풀이 조건 (내), (대)에서 주어진 입체도형은 각기둥이다.
이 입체도형을 n각기둥이라 하면 조건 (개)에서
$$n+2=7 \qquad \therefore n=5$$
따라서 구하는 입체도형은 오각기둥이다. **답** 오각기둥

확인 7 다음 조건을 만족시키는 입체도형은?

> (개) 두 밑면이 서로 평행하다.
> (내) 옆면의 모양은 사다리꼴이다.
> (대) 모서리의 개수는 18이다.

① 육각뿔 ② 육각기둥 ③ 육각뿔대
④ 칠각뿔대 ⑤ 구각뿔

KEY POINT

다면체의 꼭짓점(vertex)의 개수를
v, 모서리(edge)의 개수를 e, 면
(face)의 개수를 f라 하면
$$v-e+f=2$$
가 성립한다.

UP 08 다면체의 꼭짓점, 모서리, 면의 개수 사이의 관계

● 더 다양한 문제는 RPM 1–2 114쪽

오른쪽 그림과 같은 입체도형의 꼭짓점의 개수를 v, 모서리의 개수를 e, 면의 개수를 f라 할 때, $v-e+f$의 값을 구하시오.

풀이 주어진 입체도형에서 $v=7$, $e=12$, $f=7$이므로
$$v-e+f=7-12+7=2$$
답 2

확인 8 모서리의 개수가 21인 각뿔대의 꼭짓점의 개수를 v, 면의 개수를 f라 할 때, $v+f$의 값을 구하시오.

▶정답 및 풀이 45쪽

01 사각뿔대의 면의 개수를 x, 모서리의 개수를 y, 꼭짓점의 개수를 z라 할 때, $x+y+z$의 값을 구하시오.

n각뿔대의
① 면의 개수: $n+2$
② 모서리의 개수: $3n$
③ 꼭짓점의 개수: $2n$

02 다음 중 오른쪽 그림과 같은 다면체와 면의 개수가 같은 것은?

① 사각기둥 ② 오각뿔
③ 육각뿔 ④ 육각기둥
⑤ 칠각뿔대

03 꼭짓점의 개수가 14인 각기둥의 면의 개수를 x, 모서리의 개수를 y라 할 때, $x+y$의 값을 구하시오.

n각기둥의 꼭짓점의 개수 ➡ $2n$

04 다음 중 다면체와 그 옆면의 모양이 바르게 짝 지어진 것을 모두 고르면? (정답 2개)

① 사각뿔 — 직사각형 ② 오각뿔대 — 사다리꼴
③ 칠각기둥 — 직사각형 ④ 삼각뿔대 — 삼각형
⑤ 육각기둥 — 육각형

각 다면체의 옆면의 모양은
① 각기둥 ➡ 직사각형
② 각뿔 ➡ 삼각형
③ 각뿔대 ➡ 사다리꼴

05 다음 보기 중 팔각뿔에 대한 설명으로 옳은 것을 모두 고르시오.

> 보기
>
> ㄱ. 옆면의 모양은 사다리꼴이다.
> ㄴ. 밑면은 1개이다.
> ㄷ. 구각뿔보다 꼭짓점이 1개 더 적다.
> ㄹ. 사각기둥과 모서리의 개수가 같다.

06 다음 조건을 만족시키는 입체도형의 면의 개수를 a, 모서리의 개수를 b라 할 때, $a+b$의 값을 구하시오.

> ㈎ 두 밑면은 서로 평행하다.
> ㈏ 옆면의 모양은 사다리꼴이다.
> ㈐ 밑면의 모양은 구각형이다.

02 정다면체

◎ 핵심문제 01

개념원리 이해

1 정다면체란 무엇인가?

정다면체: 각 면이 모두 합동인 정다각형이고 각 꼭짓점에 모인 면의 개수가 같은 다면체

주의 정다면체가 되기 위한 두 조건 중 하나의 조건만을 만족시키는 다면체는 정다면체가 될 수 없다.

예 오른쪽 입체도형은 모든 면이 합동인 정삼각형이지만 꼭짓점 A에 모인 면의 개수가 3, 꼭짓점 B에 모인 면의 개수가 4로 같지 않으므로 정다면체가 아니다.

2 정다면체의 종류

◎ 핵심문제 02~06

정다면체는 정사면체, 정육면체, 정팔면체, 정십이면체, 정이십면체의 5가지뿐이다.

	정사면체	정육면체	정팔면체	정십이면체	정이십면체
겨냥도					
면의 모양	정삼각형	정사각형	정삼각형	정오각형	정삼각형
한 꼭짓점에 모인 면의 개수	3	3	4	3	5
면의 개수	4	6	8	12	20
모서리의 개수	6	12	12	30	30
꼭짓점의 개수	4	8	6	20	12
전개도					

전개도는 이웃한 면의 위치에 따라 여러 가지 모양으로 그릴 수 있다.

보충 학습 **정다면체가 5가지뿐인 이유**

정다면체는 입체도형이므로 한 꼭짓점에 모인 면이 3개 이상이어야 하고, 한 꼭짓점에 모인 각의 크기의 합이 360°보다 작아야 한다. 그런데 정다면체는 각 면이 합동인 정다각형으로 이루어져 있으므로

정다면체를 이루는 <u>정다각형의 한 내각의 크기</u>는 $\dfrac{360°}{3}=120°$보다 작아야 한다. 따라서 정다면체를

이룰 수 있는 정다각형은 정삼각형, 정사각형, 정오각형뿐이다.

한편 면의 모양이 정삼각형인 경우 한 꼭짓점에 6개 이상의 정삼각형이 모이면 그 꼭짓점에 모인 각의 크기의 합이 360° 이상이 되어 다면체가 만들어지지 않으므로 정삼각형으로 이루어진 정다면체는 각 꼭짓점에 모인 면이 3개, 4개, 5개인 경우뿐이다.

마찬가지 방법으로 정사각형, 정오각형으로 이루어진 다면체는 모두 각 꼭짓점에 모인 면이 3개인 경우뿐이다.

따라서 정다면체의 종류는 5가지뿐이다.

정삼각형의 한 내각의 크기: 60°
정사각형의 한 내각의 크기: 90°
정오각형의 한 내각의 크기: 108°
정육각형의 한 내각의 크기: 120°
정칠각형의 한 내각의 크기: 약 128°
⋮

01 다음 정다면체에 대한 설명이 옳으면 ○, 옳지 않으면 ×를 ( ) 안에 써넣으시오.

(1) 한 꼭짓점에 모인 각의 크기의 합이 360°보다 크다.   (   )

(2) 정다면체의 종류는 무수히 많다.   (   )

(3) 각 면이 모두 합동인 정다각형으로 이루어져 있다.   (   )

(4) 정다면체를 이루는 정다각형은 정삼각형, 정사각형, 정오각형 중에 하나이다.
                                     (   )

○ 정다면체란?

02 다음을 만족시키는 정다면체를 **보기**에서 모두 고르시오.

> **보기**
>
> ㄱ. 정사면체   ㄴ. 정육면체   ㄷ. 정팔면체
> ㄹ. 정십이면체   ㅁ. 정이십면체

(1) 면의 모양이 정삼각형인 정다면체

(2) 면의 모양이 정사각형인 정다면체

(3) 면의 모양이 정오각형인 정다면체

(4) 한 꼭짓점에 모인 면의 개수가 3인 정다면체

(5) 한 꼭짓점에 모인 면의 개수가 4인 정다면체

(6) 한 꼭짓점에 모인 면의 개수가 5인 정다면체

○ 정다면체의 종류

03 다음 표를 완성하시오.

○ 정다면체의 이해

	면의 모양	한 꼭짓점에 모인 면의 개수	면의 개수	모서리의 개수	꼭짓점의 개수
정사면체					
정육면체					
정팔면체					
정십이면체					
정이십면체					

01 정다면체

● 더 다양한 문제는 RPM 1-2 107쪽

● 더 다양한 문제는 RPM 1-2 107쪽

다음 보기 중 정다면체에 대한 설명으로 옳은 것을 모두 고르시오.

> **보기**
> ㄱ. 모든 모서리의 길이가 같다.
> ㄴ. 각 꼭짓점에 모인 면의 개수가 같다.
> ㄷ. 각 면이 모두 합동인 정다각형인 다면체를 정다면체라 한다.
> ㄹ. 정다면체의 면의 모양은 정삼각형, 정사각형, 정육각형 중에 하나이다.

풀이
ㄱ. 정다면체는 모든 면이 합동인 정다각형이므로 모든 모서리의 길이가 같다.
ㄴ, ㄷ. 각 면이 모두 합동인 정다각형이고 각 꼭짓점에 모인 면의 개수가 같은 다면체를 정다면체라 한다. 각 면이 모두 합동인 정다각형이어도 각 꼭짓점에 모인 면의 개수가 다른 다면체는 정다면체가 아니다.
ㄹ. 정다면체의 면의 모양은 정삼각형, 정사각형, 정오각형 중에 하나이다. 정육각형은 정다면체의 면의 모양이 될 수 없다.
이상에서 옳은 것은 ㄱ, ㄴ이다. **답** ㄱ, ㄴ

확인 ① 다음 중 정다면체와 그 면의 모양이 잘못 짝 지어진 것은?
① 정사면체 ― 정삼각형　　② 정육면체 ― 정사각형
③ 정팔면체 ― 정사각형　　④ 정십이면체 ― 정오각형
⑤ 정이십면체 ― 정삼각형

KEY POINT
다음 조건을 만족시키는 다면체를 정다면체라 한다.
① 각 면이 모두 합동인 정다각형이다.
② 각 꼭짓점에 모인 면의 개수가 같다.

---

02 정다면체의 면, 모서리, 꼭짓점의 개수

● 더 다양한 문제는 RPM 1-2 108쪽

● 더 다양한 문제는 RPM 1-2 108쪽

정사면체의 꼭짓점의 개수를 x, 정팔면체의 모서리의 개수를 y, 정십이면체의 꼭짓점의 개수를 z라 할 때, $x+y+z$의 값을 구하시오.

풀이
정사면체의 꼭짓점의 개수는 4이므로　　$x=4$
정팔면체의 모서리의 개수는 12이므로　　$y=12$
정십이면체의 꼭짓점의 개수는 20이므로　　$z=20$
　　$\therefore x+y+z=4+12+20=36$ **답** 36

확인 ② 정이십면체의 면의 개수를 a, 꼭짓점의 개수를 b, 모서리의 개수를 c라 할 때, $a+b+c$의 값을 구하시오.

KEY POINT

	꼭짓점의 개수	모서리의 개수
정사면체	4	6
정육면체	8	12
정팔면체	6	12
정십이면체	20	30
정이십면체	12	30

---

03 정다면체의 이해

● 더 다양한 문제는 **RPM** 1–2 108쪽

다음 조건을 만족시키는 정다면체를 구하시오.

> (개) 각 면이 모두 합동인 정삼각형이다.
> (내) 한 꼭짓점에 모인 면의 개수는 5이다.

풀이 조건 (개)에서 주어진 정다면체는 정사면체, 정팔면체, 정이십면체 중 하나이다.
조건 (내)에서 한 꼭짓점에 모인 면의 개수가 5인 정다면체는 정이십면체이다.

답 정이십면체

KEY POINT

• 면의 모양에 따른 정다면체의 분류
① 정삼각형 ➡ 정사면체, 정팔면체, 정이십면체
② 정사각형 ➡ 정육면체
③ 정오각형 ➡ 정십이면체
• 한 꼭짓점에 모인 면의 개수에 따른 정다면체의 분류
① 3개 ➡ 정사면체, 정육면체, 정십이면체
② 4개 ➡ 정팔면체
③ 5개 ➡ 정이십면체

확인 ③ 다음 중 정다면체에 대한 설명으로 옳지 <u>않은</u> 것은?

① 정십이면체와 정이십면체는 모서리의 개수가 같다.
② 정팔면체의 꼭짓점의 개수는 6이다.
③ 한 꼭짓점에 모인 면의 개수가 가장 많은 것은 정이십면체이다.
④ 정사면체, 정팔면체, 정이십면체는 면의 모양이 모두 같다.
⑤ 한 꼭짓점에 모인 면의 개수가 3인 정다면체는 4가지이다.

04 정다면체의 전개도

● 더 다양한 문제는 **RPM** 1–2 109쪽

오른쪽 그림과 같은 전개도로 만든 정다면체에 대하여 다음을 구하시오.

(1) 정다면체의 이름

(2) 꼭짓점 D와 겹치는 꼭짓점

(3) 모서리 AB와 겹치는 모서리

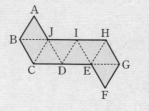

KEY POINT

• 전개도에서 면의 개수를 확인하면 어떤 정다면체가 만들어지는지 알 수 있다.
• 전개도에 서로 겹쳐지는 꼭짓점을 표시해 본다.

풀이 주어진 전개도로 정다면체를 만들면 오른쪽 그림과 같다.
(1) 면의 개수가 8이므로 정팔면체이다.
(2) 꼭짓점 D와 겹치는 꼭짓점은 점 F이다.
(3) 모서리 AB와 겹치는 모서리는 $\overline{IH}$이다.

답 (1) 정팔면체 (2) 점 F (3) $\overline{IH}$

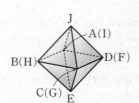

확인 ④ 오른쪽 그림과 같은 전개도로 만든 정다면체에서 모서리 AB와 꼬인 위치에 있는 모서리를 구하시오.

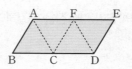

> 정답 및 풀이 46쪽

정육면체를 한 평면으로 자를 때 생기는 단면의 모양은 삼각형, 사각형, 오각형, 육각형의 4가지이다.

삼각형　　　　사각형

오각형　　　　육각형

05 정다면체의 단면

● 더 다양한 문제는 RPM 1–2 110쪽

오른쪽 그림과 같은 정육면체를 세 꼭짓점 B, D, G를 지나는 평면으로 자를 때 생기는 단면의 모양은?

① 정삼각형　　　② 직각삼각형　　　③ 정사각형
④ 직사각형　　　⑤ 오각형

풀이 　오른쪽 그림과 같이 단면은 삼각형 BGD이고, $\overline{BG}=\overline{GD}=\overline{DB}$이므로 삼각형 BGD는 정삼각형이다.　답 ①

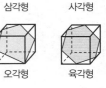

확인 ⑤ 　오른쪽 그림과 같은 정육면체를 세 꼭짓점 A, C, G를 지나는 평면으로 자를 때 생기는 단면의 모양은?

① 직각삼각형　　　② 이등변삼각형　　　③ 정사각형
④ 직사각형　　　⑤ 마름모

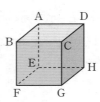

정다면체의 각 면의 한가운데 점을 연결하면 또 하나의 정다면체가 만들어진다. 이때
　(바깥쪽 정다면체의 면의 개수)
　＝(안쪽 정다면체의 꼭짓점의 개수)
이다.
① 정사면체 ➡ 정사면체
② 정육면체 ➡ 정팔면체
③ 정팔면체 ➡ 정육면체
④ 정십이면체 ➡ 정이십면체
⑤ 정이십면체 ➡ 정십이면체

UP 06 정다면체의 각 면의 한가운데 점을 연결하여 만든 입체도형

● 더 다양한 문제는 RPM 1–2 114쪽

다음 중 정육면체의 각 면의 한가운데 점을 연결하여 만든 입체도형에 대한 설명으로 옳지 않은 것은?

① 모든 면이 합동인 정삼각형으로 이루어져 있다.
② 꼭짓점의 개수는 6이다.
③ 육각뿔대와 면의 개수가 같다.
④ 정육면체와 모서리의 개수가 같다.
⑤ 한 꼭짓점에 모인 면의 개수가 3이다.

풀이 　정육면체의 면의 개수가 6이므로 정육면체의 각 면의 한가운데 점을 연결하여 만든 입체도형은 꼭짓점의 개수가 6인 정다면체, 즉 오른쪽 그림과 같은 정팔면체이다.
⑤ 정팔면체의 한 꼭짓점에 모인 면의 개수는 4이다.
따라서 옳지 않은 것은 ⑤이다.　답 ⑤

확인 ⑥ 　정십이면체의 각 면의 한가운데 점을 연결하여 만든 입체도형의 모서리의 개수를 구하시오.

01 다음 중 정다면체에 대한 설명으로 옳지 <u>않은</u> 것은?

① 각 면이 모두 합동인 정다각형으로 이루어져 있다.
② 정십이면체는 한 꼭짓점에 모인 면의 개수가 3이다.
③ 면의 모양이 정삼각형인 것은 정사면체, 정팔면체, 정십이면체이다.
④ 정육면체와 정팔면체의 모서리의 개수는 같다.
⑤ 정다면체의 종류는 5가지뿐이다.

정다면체
➡ 각 면이 모두 합동인 정다각형
이고 각 꼭짓점에 모인 면의
개수가 같은 다면체

02 꼭짓점의 개수가 가장 많은 정다면체의 면의 개수를 a, 모서리의 개수가 가장 적은 정다면체의 꼭짓점의 개수를 b라 할 때, $a-b$의 값을 구하시오.

03 다음 조건을 만족시키는 정다면체를 구하시오.

㈎ 한 꼭짓점에 모인 면의 개수는 3이다.
㈏ 모서리의 개수는 12이다.

04 다음 중 오른쪽 그림과 같은 전개도로 만든 정다면체에 대한 설명으로 옳지 <u>않은</u> 것은?

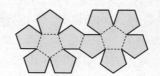

① 정십이면체이다.
② 꼭짓점의 개수는 20이다.
③ 평행한 면이 존재한다.
④ 한 꼭짓점에 모인 면의 개수는 4이다.
⑤ 모서리의 개수는 30이다.

전개도에서 면의 개수로부터 어떤 정다면체가 만들어지는지 알 수 있다.

05 오른쪽 그림과 같은 정육면체를 세 꼭짓점 A, B, G를 지나는 평면으로 자를 때 생기는 단면의 모양은?

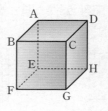

① 정삼각형　　　② 이등변삼각형
③ 직사각형　　　④ 마름모
⑤ 정사각형

 06 정이십면체의 각 면의 한가운데 점을 연결하여 만든 입체도형은?

① 정사면체　　　② 정육면체　　　③ 정팔면체
④ 정십이면체　　⑤ 정이십면체

꼭짓점의 개수가 정이십면체의 면의 개수와 같은 정다면체가 만들어진다.

03 회전체

1 회전체란 무엇인가?

◇ 핵심문제 01

회전체: 평면도형을 한 직선을 축으로 하여 1회전 시킬 때 생기는 입체도형
① 회전축: 회전시킬 때 축이 되는 직선
② 모선: 회전시킬 때 옆면을 만드는 선분

2 회전체의 종류

◇ 핵심문제 02

(1) **원기둥**: 두 밑면이 서로 평행하며 그 모양이 합동인 원인 입체도형
  ➡ 직사각형을 한 변을 회전축으로 하여 1회전 시킬 때 생기는 입체도형이다.

(2) **원뿔**: 밑면의 모양이 원이고 옆면이 곡면인 뿔 모양의 입체도형
  ➡ 직각삼각형을 직각을 낀 변을 회전축으로 하여 1회전 시킬 때 생기는 입체도형이다.

(3) **원뿔대**: 원뿔을 밑면에 평행한 평면으로 자를 때 생기는 두 입체도형 중에서 원뿔이 아닌 것
  ➡ 이웃한 두 각이 직각인 사다리꼴을 양 끝 각이 모두 직각인 변을 회전축으로 하여 1회전 시킬 때 생기는 입체도형이다.

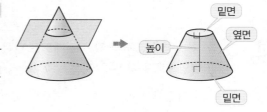

  ① **밑면**: 원뿔대에서 평행한 두 면
  ② **옆면**: 원뿔대에서 밑면이 아닌 면
  ③ **높이**: 원뿔대에서 두 밑면 사이의 거리

(4) **구**: 공 모양의 입체도형
  ➡ 반원을 지름을 회전축으로 하여 1회전 시킬 때 생기는 입체도형이다.

  참고 ① 구의 회전축은 무수히 많다.
    ② 구의 옆면을 만드는 것은 곡선이므로 구에서는 모선을 생각하지 않는다.

설명 (1)

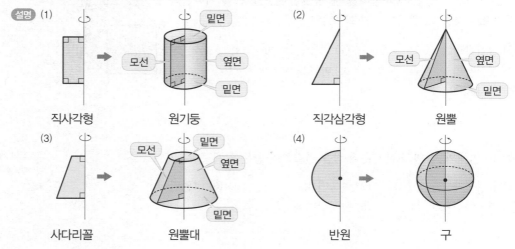

직사각형   원기둥   직각삼각형   원뿔

사다리꼴   원뿔대   반원   구

3 회전체의 성질

◎ 핵심문제 03, 04, 06

(1) 회전체를 회전축에 수직인 평면으로 자를 때 생기는 단면은 항상 원이다.

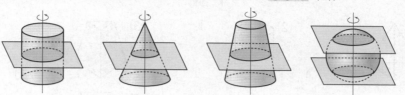

(2) 회전체를 회전축을 포함하는 평면으로 자를 때 생기는 단면은 모두 합동이며, 회전축을 대칭축으로 하는 선대칭도형이다.

원기둥의 단면	원뿔의 단면	원뿔대의 단면	구의 단면
➡ 직사각형	➡ 이등변삼각형	➡ 사다리꼴	➡ 원

▶ ① 회전축을 포함하는 평면으로 자를 때 생기는 단면의 모양은 회전체를 정면으로 본 모양과 같다.

② 선대칭도형: 어떤 직선을 접는 선으로 하여 접었을 때 완전히 겹쳐지는 도형을 선대칭도형이라 하고, 그 직선을 대칭축이라 한다.

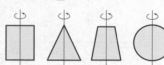

참고 **구의 단면**

① 구는 어느 방향으로 자르더라도 그 단면이 항상 원이다.

② 단면이 가장 큰 경우는 구의 중심을 지나는 평면으로 잘랐을 때이다.

4 회전체의 전개도

◎ 핵심문제 05, 06

	원기둥	원뿔	원뿔대
겨냥도	A 밑면 모선 → ←옆면 B 밑면	A 모선 → ←옆면 B 밑면	A 밑면 모선 → ←옆면 B 밑면
전개도	밑면 A_____A 모선 옆면(직사각형) B_____B 밑면	모선 A 옆면 B (부채꼴) B 밑면	모선 A 밑면 A 옆면 B B 밑면

참고 구의 전개도는 그릴 수 없다.

▶ ① 원기둥의 전개도에서

(직사각형의 세로의 길이)＝(원기둥의 높이)

(직사각형의 가로의 길이)＝(원기둥의 밑면인 원의 둘레의 길이)

② 원뿔의 전개도에서

(부채꼴의 반지름의 길이)＝(원뿔의 모선의 길이)

(부채꼴의 호의 길이)＝(원뿔의 밑면인 원의 둘레의 길이)

개념원리 확인하기

01 다음 입체도형이 회전체인 것은 ○, 회전체가 <u>아닌</u> 것은 ×를 ( ) 안에 써넣으시오.

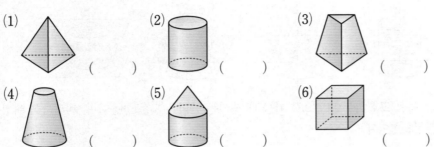

(1) ( ) (2) ( ) (3) ( )

(4) ( ) (5) ( ) (6) ( )

○ 회전체란?

02 다음 그림과 같은 회전체에 대하여 회전시키기 전의 평면도형을 **보기**에서 고르시오.

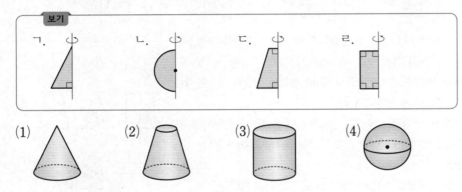

(1) (2) (3) (4)

03 다음 표를 완성하시오.

회전체					
회전축에 수직인 평면으로 자른 단면의 모양	평면도형	○			
	이름	원			
회전축을 포함하는 평면으로 자른 단면의 모양	평면도형	□			
	이름	직사각형			

○ 회전체를 회전축에 수직인 평면으로 자른 단면의 모양은
➡ 항상 □

04 다음 설명이 옳으면 ○, 옳지 않으면 ×를 ( ) 안에 써넣으시오.

(1) 원뿔대를 회전축을 포함하는 평면으로 자른 단면은 직사각형이다. ( )

(2) 구의 회전축은 무수히 많다. ( )

(3) 직각삼각형의 한 변을 회전축으로 하여 1회전 시킬 때 생기는 입체도형은 항상 원뿔이다. ( )

01 회전체

● 더 다양한 문제는 **RPM** 1−2 110쪽

● 더 다양한 문제는 **RPM** 1−2 110쪽

다음 **보기** 중 회전체인 것을 모두 고르시오.

> **보기**
> ㄱ. 구　　　　　ㄴ. 원기둥　　　　　ㄷ. 사각뿔
> ㄹ. 정육면체　　ㅁ. 오각뿔대　　　　ㅂ. 원뿔대

풀이 ㄷ, ㄹ, ㅁ. 다면체이다.
이상에서 회전체인 것은 ㄱ, ㄴ, ㅂ이다.

답 ㄱ, ㄴ, ㅂ

확인 1 다음 중 회전체가 <u>아닌</u> 것은?

① 　② 　③ 　④ 　⑤

02 평면도형을 회전시킬 때 생기는 회전체

● 더 다양한 문제는 **RPM** 1−2 111쪽

● 더 다양한 문제는 **RPM** 1−2 111쪽

다음 그림과 같은 평면도형을 직선 l을 회전축으로 하여 1회전 시킬 때 생기는 회전체를 그리시오.

(1) 　　　　　(2)

풀이 (1) 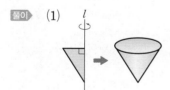　　(2)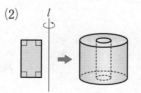

답 풀이 참조

확인 2 오른쪽 그림과 같은 평면도형을 직선 l을 회전축으로 하여 1회전 시킬 때 생기는 회전체를 그리시오.

● 더 다양한 문제는 RPM 1-2 112쪽

03 회전체의 단면의 모양

┤ **KEY** POINT ├

① 회전축을 포함하는 평면으로 자른 단면은 회전체를 정면으로 본 모양과 같다.
　　원기둥: 직사각형
➡　원뿔: 이등변삼각형
　　원뿔대: 사다리꼴
　　구: 원
② 회전체를 회전축에 수직인 평면으로 자른 단면은 항상 원이다.

다음 중 회전체와 그 회전체를 회전축을 포함하는 평면으로 자를 때 생기는 단면의 모양이 잘못 짝 지어진 것은?

① 구 － 원　　　　② 반구 － 반원　　　　③ 원뿔 － 직각삼각형
④ 원기둥 － 직사각형　　　⑤ 원뿔대 － 사다리꼴

풀이　① 구 － 원　　② 반구 － 반원　　③ 원뿔 － 이등변삼각형

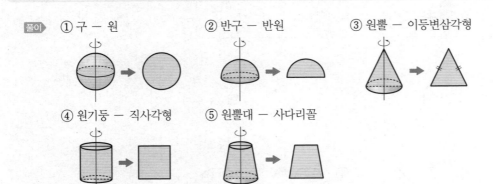

④ 원기둥 － 직사각형　　⑤ 원뿔대 － 사다리꼴

따라서 잘못 짝 지어진 것은 ③이다.　　　답 ③

확인 ③　다음 중 회전축에 수직인 평면으로 자를 때 생기는 단면이 모두 합동인 회전체는?

① 원기둥　　② 원뿔　　③ 원뿔대　　④ 구　　⑤ 반구

---

04 회전체의 단면의 넓이

● 더 다양한 문제는 RPM 1-2 112쪽

┤ **KEY** POINT ├

회전축을 포함하는 평면으로 자른 단면의 넓이
➡ 회전시키기 전의 평면도형을 이용하여 구한다.

오른쪽 그림과 같은 사다리꼴을 직선 l을 회전축으로 하여 1회전 시킬 때 생기는 회전체를 회전축을 포함하는 평면으로 잘랐다. 이때 생기는 단면의 넓이를 구하시오.

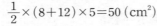

풀이　회전체는 오른쪽 그림과 같은 원뿔대이고, 이 원뿔대를 회전축을 포함하는 평면으로 자를 때 생기는 단면은 사다리꼴이므로 단면의 넓이는

$$\frac{1}{2} \times (8+12) \times 5 = 50 \ (\text{cm}^2)$$

답 50 cm^2

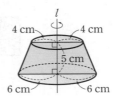

확인 ④　오른쪽 그림과 같은 직사각형을 직선 l을 회전축으로 하여 1회전 시킬 때 생기는 회전체를 회전축에 수직인 평면으로 잘랐다. 이때 생기는 단면의 넓이를 구하시오.

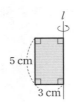

05 회전체의 전개도

● 더 다양한 문제는 RPM 1–2 113쪽

다음 중 원뿔대의 전개도는?

①

②

③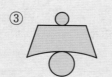

④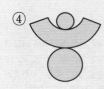

⑤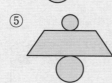

KEY POINT

• 원기둥
→ 전개도에서 직사각형의 가로의 길이는 원기둥의 밑면인 원의 둘레의 길이와 같다.
• 원뿔
→ 전개도에서 부채꼴의 호의 길이는 원뿔의 밑면인 원의 둘레의 길이와 같다.
• 구
→ 구의 전개도는 그릴 수 없다.

풀이 원뿔대의 전개도는 ④와 같다.

답 ④

확인 ⑤ 오른쪽 그림은 원뿔과 그 전개도일 때, 다음을 구하시오.

(1) a, b의 값

(2) 부채꼴의 호의 길이

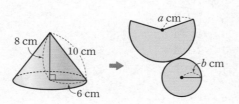

06 회전체의 이해

● 더 다양한 문제는 RPM 1–2 113쪽

다음 중 회전체에 대한 설명으로 옳지 <u>않은</u> 것은?

① 원기둥, 원뿔, 원뿔대, 구는 모두 회전체이다.
② 구는 전개도를 그릴 수 없다.
③ 회전축에 수직인 평면으로 자를 때 생기는 단면은 모두 합동이다.
④ 회전축을 포함하는 평면으로 자를 때 생기는 단면은 선대칭도형이다.
⑤ 회전축을 포함하는 평면으로 자를 때 생기는 단면은 모두 합동이다.

KEY POINT

회전체의 성질
① 회전체를 회전축에 수직인 평면으로 자를 때 생기는 단면 ➡ 항상 원
② 회전체를 회전축을 포함하는 평면으로 자를 때 생기는 단면 ➡ 회전축에 대하여 선대칭도형, 합동

풀이 ③ 회전축에 수직인 평면으로 자를 때 생기는 단면은 항상 원이지만 그 크기는 다를 수 있다.
따라서 옳지 않은 것은 ③이다.

답 ③

확인 ⑥ 다음 중 옳은 것을 모두 고르면? (정답 2개)

① 회전체에서 회전축은 단 1개뿐이다.
② 모든 회전체는 전개도를 그릴 수 있다.
③ 원뿔을 회전축에 수직인 평면으로 자르면 원뿔대가 생긴다.
④ 반원을 지름을 회전축으로 하여 1회전 시키면 구가 생긴다.
⑤ 회전체를 회전축과 평행한 평면으로 자를 때 생기는 단면은 모두 합동이다.

01 다음 **보기** 중 회전체인 것을 모두 고르시오.

보기

ㄱ. 삼각기둥   ㄴ. 정사면체   ㄷ. 원뿔
ㄹ. 오각뿔   ㅁ. 반구   ㅂ. 육각뿔대

02 오른쪽 그림과 같은 회전체는 다음 중 어떤 도형을 회전시킨 것인가?

① ② ③

④ ⑤

주어진 회전체를 회전축을 포함하는 평면으로 잘랐을 때 생기는 단면의 모양을 그린 다음, 회전축을 중심으로 오른쪽의 도형을 그려 본다.

03 다음 그림과 같은 평면도형 (가)~(마)에 대하여 직선 l을 회전축으로 하여 1회전 시킬 때 생기는 회전체를 **보기**에서 골라 **잘못** 짝 지은 것은?

먼저 주어진 평면도형을 회전축에 대하여 선대칭도형이 되도록 그려 본다.

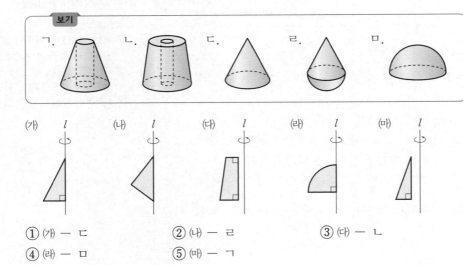

보기

ㄱ.   ㄴ.   ㄷ.   ㄹ.   ㅁ.

(가) l (나) l (다) l (라) l (마) l

① (가) ― ㄷ   ② (나) ― ㄹ   ③ (다) ― ㄴ
④ (라) ― ㅁ   ⑤ (마) ― ㄱ

04 다음 중 회전축에 수직인 평면으로 자를 때 생기는 단면의 모양과 회전축을 포함하는 평면으로 자를 때 생기는 단면의 모양이 같은 회전체는?

① 원기둥   ② 원뿔   ③ 원뿔대
④ 구   ⑤ 반구

05 오른쪽 그림과 같은 원뿔대를 한 평면으로 자를 때, 다음 중 그 단면의 모양이 될 수 없는 것은?

①   ②   ③

④ ⑤

각 단면의 모양이 나올 수 있도록 원뿔대를 다양한 평면으로 잘라 본다.

06 오른쪽 그림과 같은 직사각형을 직선 l을 회전축으로 하여 1회전시킬 때 생기는 회전체를 회전축을 포함하는 평면으로 자를 때, 그 단면의 넓이를 구하시오.

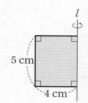

5 cm
4 cm

먼저 직사각형을 회전시켰을 때 생기는 회전체를 그려 본다.

07 오른쪽 그림과 같은 전개도로 만들어지는 원뿔의 밑면인 원의 반지름의 길이를 구하시오.

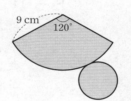

9 cm
120°

원뿔의 전개도에서 부채꼴의 호의 길이는 밑면인 원의 둘레의 길이와 같다.

08 다음 중 회전체에 대한 설명으로 옳지 <u>않은</u> 것은?

① 원뿔대는 이웃한 두 각이 직각인 사다리꼴을 양 끝 각이 모두 직각인 변을 회전축으로 하여 1회전 시킬 때 생기는 입체도형이다.

② 원뿔을 회전축에 수직인 평면으로 자른 단면은 원이다.

③ 원뿔대의 두 밑면은 평행하고 합동이다.

④ 반구를 회전축에 수직인 평면으로 자른 단면은 원이다.

⑤ 원기둥의 회전축과 모선은 항상 평행하다.

중단원 마무리하기

STEP 1 기본 문제

01 다음 중 삼각뿔대에 대한 설명으로 옳지 않은 것은?

① 오면체이다.
② 두 밑면은 합동이다.
③ 옆면 3개가 모두 사다리꼴이다.
④ 두 밑면은 서로 평행하다.
⑤ 꼭짓점의 개수는 6, 모서리의 개수는 9이다.

꼭나와

02 다음 중 다면체와 그 꼭짓점의 개수가 잘못 짝 지어진 것은?

① 삼각뿔 — 4　② 사각기둥 — 8
③ 오각뿔대 — 10　④ 칠각기둥 — 14
⑤ 육각뿔 — 12

03 칠면체인 각기둥의 모서리의 개수를 a, 팔면체인 각뿔의 꼭짓점의 개수를 b라 할 때 $a-b$의 값을 구하시오.

04 모서리의 개수가 21인 각뿔대는 몇 면체인지 구하시오.

꼭나와

05 다음 중 정다면체에 대한 설명으로 옳지 않은 것을 모두 고르면? (정답 2개)

① 한 꼭짓점에 모인 면의 개수가 5인 정다면체는 정이십면체뿐이다.
② 모든 정다면체는 평행한 면이 있다.
③ 정육각형인 면으로 이루어진 정다면체는 1가지이다.
④ 면의 개수가 가장 많은 정다면체의 꼭짓점의 개수는 12이다.
⑤ 정다면체의 면의 모양은 정삼각형, 정사각형, 정오각형 중 하나이다.

06 다음 조건을 만족시키는 정다면체의 면의 개수를 구하시오.

> (가) 각 면이 모두 합동인 정삼각형이다.
> (나) 한 꼭짓점에 모인 면의 개수는 4이다.

▶정답 및 풀이 49쪽

07 다음 중 정육면체의 전개도가 될 수 <u>없는</u> 것은?

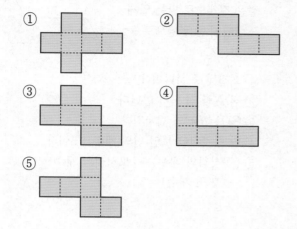

① ② ③ ④ ⑤

08 다음 중 **보기**의 입체도형에 대한 설명으로 옳은 것을 모두 고르면? (정답 2개)

> **보기**
>
> ㄱ. 직육면체   ㄴ. 정사면체
> ㄷ. 구   ㄹ. 원기둥
> ㅁ. 사각뿔   ㅂ. 원뿔대
> ㅅ. 원뿔   ㅇ. 정팔면체

① 다면체는 ㄱ, ㄴ, ㅇ이다.
② 정다면체는 ㄴ, ㅇ이다.
③ 회전체는 ㄹ, ㅂ, ㅅ이다.
④ 면의 모양이 모두 정삼각형인 것은 ㄴ, ㅇ이다.
⑤ 서로 평행한 면이 있는 것은 ㄱ, ㄴ, ㄹ, ㅂ, ㅇ이다.

09 꼭나와 다음 그림과 같은 평면도형에 대하여 직선 l을 회전축으로 하여 1회전 시킬 때 생기는 회전체를 **보기**에서 고르시오.

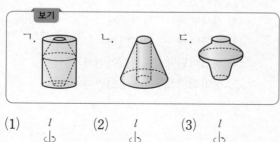

> **보기**
>
> ㄱ.   ㄴ.   ㄷ.

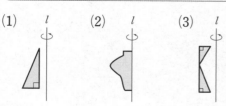

(1) l (2) l (3) l

10 다음 중 오른쪽 그림과 같은 평면도형을 직선 l을 회전축으로 하여 1회전 시킬 때 생기는 입체도형의 이름과 모선이 되는 선분을 차례대로 나열한 것은?

① 원뿔, $\overline{AB}$ ② 원뿔, $\overline{AD}$
③ 원뿔대, $\overline{AB}$ ④ 원뿔대, $\overline{AD}$
⑤ 구, $\overline{CD}$

11 꼭나와 다음 중 회전체와 그 회전체를 회전축을 포함하는 평면으로 자른 단면의 모양, 회전축에 수직인 평면으로 자른 단면의 모양이 바르게 짝 지어진 것은?

① 구 − 원 − 타원
② 원뿔 − 이등변삼각형 − 원
③ 원기둥 − 사각형 − 사각형
④ 원뿔대 − 직사각형 − 원
⑤ 반구 − 원 − 원

12 다음 그림은 원뿔대와 그 전개도를 나타낸 것이다. 이때 색칠한 밑면의 둘레의 길이와 길이가 같은 것은?

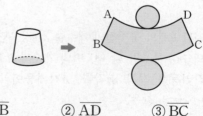

① $\overline{AB}$ ② $\overline{AD}$ ③ $\overline{BC}$
④ $\overset{\frown}{AD}$ ⑤ $\overset{\frown}{BC}$

꼭나와

13 다음 중 다면체에 대한 설명으로 옳지 <u>않은</u> 것은?

① n각뿔은 $(n+1)$면체이다.
② n각뿔대는 $(n+2)$면체이다.
③ n각기둥의 꼭짓점의 개수는 $2n$이다.
④ n각뿔대의 모서리의 개수는 $2n$이다.
⑤ n각뿔의 꼭짓점의 개수는 $n+1$이다.

14 면의 개수가 n인 각뿔대의 꼭짓점의 개수가 a, 모서리의 개수가 b일 때, $3a-2b$의 값을 구하시오.

15 다음 조건을 만족시키는 입체도형의 모서리의 개수를 구하시오.

> ㈎ 옆면의 모양이 직사각형이다.
> ㈏ 두 밑면은 서로 평행하고 합동인 다각형이다.
> ㈐ 꼭짓점의 개수와 면의 개수의 차가 7이다.

16 정팔면체의 꼭짓점의 개수를 a, 정육면체의 모서리의 개수를 b라 할 때, 면의 개수가 $a+b$인 각뿔과 각기둥을 각각 m각뿔, n각기둥이라 하자. 이때 $m+n$의 값은?

① 29　　② 31　　③ 33
④ 35　　⑤ 37

꼭나와

17 다음 중 오른쪽 그림과 같은 전개도로 만든 입체도형에 대한 설명으로 옳은 것은?

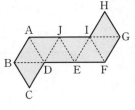

① 회전체 중 하나이다.
② 점 A와 점 H가 만난다.
③ $\overline{CD}$는 $\overline{FE}$와 겹쳐진다.
④ 한 꼭짓점에 모인 면의 개수는 5이다.
⑤ (꼭짓점의 개수)－(모서리의 개수)
　＋(면의 개수)＝2

18 다음 중 정사면체를 한 평면으로 잘랐을 때 생길 수 있는 단면의 모양이 <u>아닌</u> 것은?

① 정삼각형　　　　② 이등변삼각형
③ 직각삼각형　　　④ 사다리꼴
⑤ 직사각형

19 다음 중 정다면체와 그 정다면체의 각 면의 한가운데 점을 연결하여 만든 입체도형이 <u>잘못</u> 짝 지어진 것은?

① 정육면체 － 정팔면체
② 정사면체 － 정사면체
③ 정팔면체 － 정육면체
④ 정십이면체 － 정십이면체
⑤ 정이십면체 － 정십이면체

20 오른쪽 그림과 같은 직사각형을 직선 l을 회전축으로 하여 1회전 시킬 때 생기는 회전체는?

①   ②   ④

③   ④   ⑤

꼭나와

21 오른쪽 그림과 같은 평면도형을 직선 l을 회전축으로 하여 1회전 시킬 때 생기는 회전체를 회전축을 포함하는 평면으로 자를 때 생기는 단면의 넓이는?

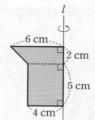

① 45 cm^2 ② 48 cm^2
③ 55 cm^2 ④ 58 cm^2
⑤ 60 cm^2

22 다음 중 옳은 것은?

① 삼각뿔대의 옆면은 모두 삼각형이다.
② 사각뿔대와 오각뿔의 면의 개수는 같다.
③ 원기둥을 회전축을 포함하는 평면으로 자른 단면은 원이다.
④ 원뿔을 회전축에 수직인 평면으로 자른 단면은 모두 합동인 원이다.
⑤ 정사면체는 모든 면이 합동인 정삼각형이고, 각 꼭짓점에 모인 면의 개수는 3이다.

STEP 3 실력 UP

23 대각선의 개수가 14인 다각형을 밑면으로 하는 각기둥의 꼭짓점의 개수, 모서리의 개수, 면의 개수를 각각 a, b, c라 할 때, $a+b+c$의 값을 구하시오.

해설 강의

24 오른쪽 그림과 같은 정육면체에서 점 M은 모서리 AB의 중점이다. 세 점 D, M, F를 지나는 평면으로 정육면체를 자를 때 생기는 두 입체도형의 모서리의 개수의 합을 구하시오.

해설 강의

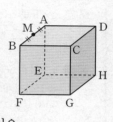

25 개미가 오른쪽 그림과 같이 원기둥의 밑면 위의 한 점 A에서 원기둥의 겉면을 따라 한 바퀴 감아돌아 다른 밑면 위의 점 B까지 최단 거리로 움직일 때, 다음 중 개미가 지나간 경로를 전개도 위에 바르게 나타낸 것은?

해설 강의

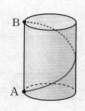

(단, $\overline{AB}$는 원기둥의 모선이다.)

① 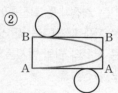   ②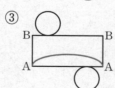

③ 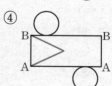   ④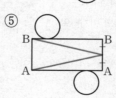

⑤

서술형 대비 문제

예제 1

오른쪽 그림과 같은 전개도로 만든 입체도형의 모서리의 개수를 a, 꼭짓점의 개수를 b라 할 때, $a-b$의 값을 구하시오. [6점]

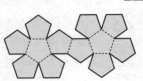

풀이 과정

1단계 전개도로 만든 입체도형 구하기 · 2점

주어진 전개도로 만든 입체도형은 정십이면체이다.

2단계 a, b의 값 구하기 · 2점

정십이면체의 모서리의 개수는 30, 꼭짓점의 개수는 20이므로

$$a=30, \ b=20$$

3단계 $a-b$의 값 구하기 · 2점

$$a-b=30-20=10$$

답 10

유제 1

오른쪽 그림과 같은 전개도로 만든 입체도형의 모서리의 개수를 a, 꼭짓점의 개수를 b라 할 때, $a+b$의 값을 구하시오. [6점]

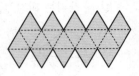

풀이 과정

1단계 전개도로 만든 입체도형 구하기 · 2점

2단계 a, b의 값 구하기 · 2점

3단계 $a+b$의 값 구하기 · 2점

답

예제 2

오른쪽 그림과 같은 직각삼각형을 직선 l을 회전축으로 하여 1회전 시킬 때 생기는 회전체를 회전축에 수직인 평면으로 자를 때 생기는 단면 중 넓이가 가장 큰 경우의 원의 반지름의 길이를 구하시오. [7점]

풀이 과정

1단계 회전체 그리기 · 3점

주어진 직각삼각형을 직선 l을 회전축으로 하여 1회전 시킬 때 생기는 회전체는 오른쪽 그림과 같다.

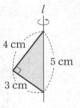

2단계 단면의 넓이가 가장 큰 원의 반지름의 길이 구하기 · 4점

단면의 넓이가 가장 큰 원의 반지름의 길이를 r cm라 하면 $\dfrac{1}{2}\times 5\times r=\dfrac{1}{2}\times 4\times 3$ $\quad\therefore r=\dfrac{12}{5}$

따라서 반지름의 길이는 $\dfrac{12}{5}$ cm이다.

답 $\dfrac{12}{5}$ cm

유제 2

오른쪽 그림과 같은 직각삼각형을 직선 l을 회전축으로 하여 1회전 시킬 때 생기는 회전체를 회전축에 수직인 평면으로 자를 때 생기는 단면 중 넓이가 가장 큰 경우의 원의 반지름의 길이를 구하시오. [7점]

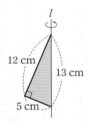

풀이 과정

1단계 회전체 그리기 · 3점

2단계 단면의 넓이가 가장 큰 원의 반지름의 길이 구하기 · 4점

답

스스로 서술하기

유제 3 모서리의 개수가 24인 각뿔대의 꼭짓점의 개수를 a, 면의 개수를 b라 할 때, $a+b$의 값을 구하시오. [5점]

풀이 과정

답

유제 5 오른쪽 그림과 같은 평면도형을 직선 l을 회전축으로 하여 1회전 시킬 때 생기는 회전체를 회전축을 포함하는 평면으로 잘랐을 때 생기는 단면을 그리고, 그 단면의 넓이를 구하시오. [7점]

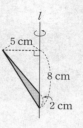

풀이 과정

답

유제 4 정이십면체의 각 면의 한가운데 점을 연결하여 만든 입체도형의 모서리의 개수를 a, 면의 개수를 b, 꼭짓점의 개수를 c라 할 때, $a+b-c$의 값을 구하시오. [6점]

풀이 과정

답

유제 6 오른쪽 그림과 같은 원뿔대가 있다. 이 원뿔대의 전개도에서 옆면에 해당하는 도형의 둘레의 길이를 구하시오. [7점]

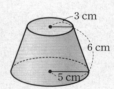

풀이 과정

답

"사막이 아름다운 것은
어딘가에
오아시스를 감추고 있기 때문일거야."

그림 정인(@jeong_iinn_)

Ⅲ-2

입체도형의 겉넓이와 부피

Ⅲ-1 | 다면체와 회전체

이 단원의 학습 계획을 세우고
하나하나 실천하는 습관을 기르자!!

나는 할 수 있어!

		공부한 날		학습 완료도
01 기둥의 겉넓이와 부피	개념원리 이해 & 개념원리 확인하기	월	일	□□□
	핵심문제 익히기	월	일	○○○
	이런 문제가 시험에 나온다	월	일	○○○
02 뿔의 겉넓이와 부피	개념원리 이해 & 개념원리 확인하기	월	일	□□□
	핵심문제 익히기	월	일	○○○
	이런 문제가 시험에 나온다	월	일	○○○
03 구의 겉넓이와 부피	개념원리 이해 & 개념원리 확인하기	월	일	□□□
	핵심문제 익히기	월	일	○○○
	이런 문제가 시험에 나온다	월	일	○○○
중단원 마무리하기		월	일	○○○
서술형 대비 문제		월	일	○○○

개념 학습 guide

- 개념을 이해했으면 ■■■, 개념을 문제에 적용할 수 있으면 ■■■, 개념을 친구에게 설명할 수 있으면 ■■■ 로 색칠한다.

- 부족한 부분의 개념을 반복 학습하여 ■■■ 3칸 모두 색칠하면 학습을 마친다.

문제 학습 guide

- 맞힌 문제가 전체의 50% 미만이면 ●●●, 맞힌 문제가 50% 이상 90% 미만이면 ●●●, 맞힌 문제가 90% 이상이면 ●●● 로 색칠한다. 문제를 찍지 말자!

- 틀린 문제는 왜 틀렸는지 그 이유를 파악한 후 다시 풀어 본다. 며칠 후 틀린 문제를 다시 풀어 보고, 풀이 과정과 답이 맞으면 학습을 마친다.

01 기둥의 겉넓이와 부피

◆ 핵심문제 01, 02, 05~08

개념원리 이해

1 기둥의 겉넓이는 어떻게 구하는가?

기둥의 겉넓이는 다음과 같이 구한다.

(기둥의 겉넓이)＝(밑넓이)×2＋(옆넓이)

참고 입체도형에서 한 밑면의 넓이를 밑넓이, 옆면 전체의 넓이를 옆넓이라 한다.

설명 기둥의 전개도는 서로 합동인 두 개의 밑면과 직사각형 모양의 옆면으로 이루어져 있으므로 기둥의 겉넓이는 두 밑넓이와 옆넓이의 합으로 구할 수 있다. 이때 옆면을 이루는 직사각형에서 다음을 이용한다.

(직사각형의 가로의 길이)＝(밑면의 둘레의 길이),

(직사각형의 세로의 길이)＝(기둥의 높이)

(1) 각기둥의 겉넓이

각기둥의 겉넓이를 구할 때 전개도를 이용하여 다음과 같이 구한다.

➡ (각기둥의 겉넓이)

＝(밑넓이)×2＋(옆넓이)

＝(밑넓이)×2＋(밑면의 둘레의 길이)×(높이)

(2) 원기둥의 겉넓이

밑면인 원의 반지름의 길이가 r이고 높이가 h인 원기둥에 대하여 원기둥의 겉넓이를 구할 때 전개도를 이용하여 다음과 같이 구한다.

➡ (원기둥의 겉넓이)

＝(밑넓이)×2＋(옆넓이)

＝$\pi r^2 \times 2 + 2\pi r \times h = 2\pi r^2 + 2\pi rh$

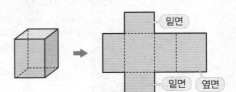

예 다음 그림과 같은 기둥의 겉넓이를 구해 보자.

(1)

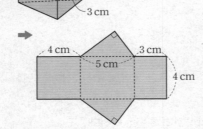

(밑넓이)＝$\frac{1}{2} \times 3 \times 4 = 6 \,(\text{cm}^2)$

(옆넓이)＝$(4+5+3) \times 4 = 48 \,(\text{cm}^2)$

∴ (겉넓이)＝$6 \times 2 + 48$

＝$60 \,(\text{cm}^2)$

(2)

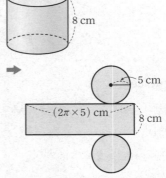

(밑넓이)＝$\pi \times 5^2 = 25\pi \,(\text{cm}^2)$

(옆넓이)＝$(2\pi \times 5) \times 8 = 80\pi \,(\text{cm}^2)$

∴ (겉넓이)＝$25\pi \times 2 + 80\pi$

＝$130\pi \,(\text{cm}^2)$

기둥의 부피는 다음과 같이 구한다.

(기둥의 부피)＝(밑넓이)×(높이)

설명 삼각기둥은 직육면체를 반으로 자른 것이므로 그 부피는 다음과 같이 구할 수 있다.

$$(삼각기둥의\ 부피)=\frac{1}{2}\times(직육면체의\ 부피)$$

$$=\frac{1}{2}\times(직육면체의\ 밑넓이)\times(높이)$$

$$=(삼각기둥의\ 밑넓이)\times(높이)$$

이때 사각기둥, 오각기둥, …과 같은 각기둥은 오른쪽 그림과 같이 몇 개의 삼각기둥으로 나눌 수 있으므로 각기둥의 부피는 나누어진 삼각기둥의 부피의 합으로 구할 수 있다. 이때 각기둥의 밑넓이는 나누어진 삼각기둥의 밑넓이의 합과 같으므로

(각기둥의 부피)＝(밑넓이)×(높이)

마찬가지 방법으로 원기둥의 부피도 구할 수 있다.

(1) 각기둥의 부피

밑넓이가 S이고, 높이가 h인 각기둥의 부피를 V라 하면

(각기둥의 부피)＝(밑넓이)×(높이)

이므로　　$V=Sh$

(2) 원기둥의 부피

밑면인 원의 반지름의 길이가 r이고 높이가 h인 원기둥의 밑넓이를 S, 부피를 V라 하면

(원기둥의 부피)＝(밑넓이)×(높이)

이므로　　$V=Sh=\pi r^2 h$

예 다음 그림과 같은 기둥의 부피를 구해 보자.

(1)
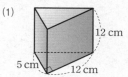

➡ $(밑넓이)=\dfrac{1}{2}\times5\times12=30\ (cm^2)$

∴ $(부피)=30\times12=360\ (cm^3)$

(2)

➡ $(밑넓이)=\pi\times3^2=9\pi\ (cm^2)$

∴ $(부피)=9\pi\times7=63\pi\ (cm^3)$

주의 겉넓이나 부피를 구할 때, 단위를 잘못 써서 틀리지 않도록 주의한다.

보충학습 **여러 가지 다각형의 넓이**

삼각형	직사각형	평행사변형	사다리꼴	마름모
$(넓이)=\dfrac{1}{2}ah$	$(넓이)=ab$	$(넓이)=ab$	$(넓이)=\dfrac{1}{2}(a+b)h$	$(넓이)=\dfrac{1}{2}ab$

01 다음은 전개도를 이용하여 삼각기둥의 겉넓이를 구하는 과정이다. ☐ 안에 알맞은 수를 써넣으시오.

○ (기둥의 겉넓이)
= (☐) × 2 + (☐)

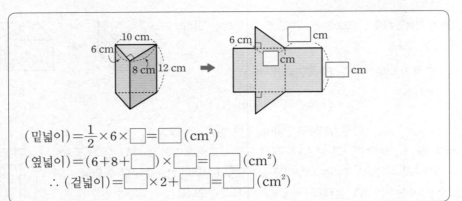

(밑넓이) = $\frac{1}{2}$ × 6 × ☐ = ☐ (cm²)

(옆넓이) = (6 + 8 + ☐) × ☐ = ☐ (cm²)

∴ (겉넓이) = ☐ × 2 + ☐ = ☐ (cm²)

02 다음 그림과 같은 각기둥의 겉넓이를 구하시오.

(1)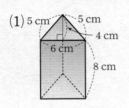

(2)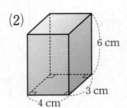

03 다음은 전개도를 이용하여 원기둥의 겉넓이를 구하는 과정이다. ☐ 안에 알맞은 것을 써넣으시오.

○ 원기둥의 전개도에서
(직사각형의 가로의 길이)
= (☐)

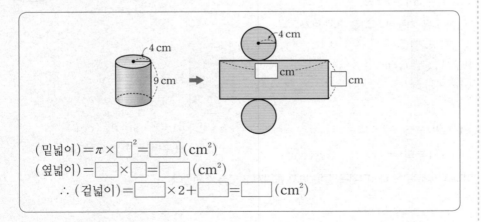

(밑넓이) = π × ☐² = ☐ (cm²)

(옆넓이) = ☐ × ☐ = ☐ (cm²)

∴ (겉넓이) = ☐ × 2 + ☐ = ☐ (cm²)

04 다음 그림과 같은 원기둥의 겉넓이를 구하시오.

(1)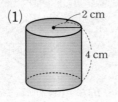

(2)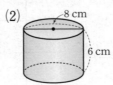

05 다음은 기둥의 부피를 구하는 과정이다. □ 안에 알맞은 것을 써넣으시오.

○ (기둥의 부피)
= (□) × (□)

(1)
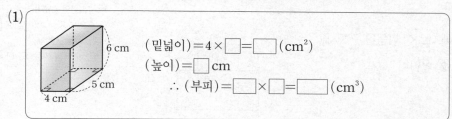

(밑넓이) $= 4 \times \boxed{} = \boxed{}$ (cm²)

(높이) $= \boxed{}$ cm

∴ (부피) $= \boxed{} \times \boxed{} = \boxed{}$ (cm³)

(2)
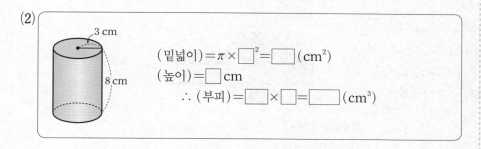

(밑넓이) $= \pi \times \boxed{}^2 = \boxed{}$ (cm²)

(높이) $= \boxed{}$ cm

∴ (부피) $= \boxed{} \times \boxed{} = \boxed{}$ (cm³)

06 다음 그림과 같은 기둥의 부피를 구하시오.

(1)
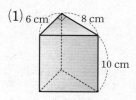

(2)
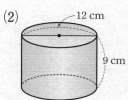

07 다음 그림과 같은 전개도로 만들어지는 기둥의 부피를 구하시오.

○ 기둥의 전개도에서
(직사각형의 세로의 길이)
= (기둥의 □)

(1)
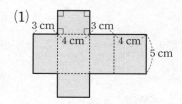

(2)
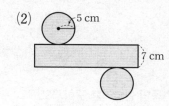

01 각기둥의 겉넓이

● 더 다양한 문제는 RPM 1-2 124쪽

오른쪽 그림과 같은 사각기둥에 대하여 다음을 구하시오.

(1) 밑넓이　　　　　(2) 옆넓이

(3) 겉넓이

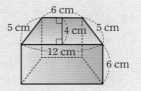

풀이 전개도를 그리면 오른쪽 그림과 같다.

(1) (밑넓이)$=\dfrac{1}{2}\times(6+12)\times4=36\,(\text{cm}^2)$

(2) (옆넓이)$=(5+12+5+6)\times6=168\,(\text{cm}^2)$

(3) (겉넓이)$=$(밑넓이)$\times2+$(옆넓이)
　　　　　$=36\times2+168=240\,(\text{cm}^2)$

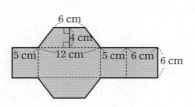

답 (1) $36\,\text{cm}^2$　(2) $168\,\text{cm}^2$　(3) $240\,\text{cm}^2$

확인 ① 오른쪽 그림과 같은 사각기둥의 겉넓이를 구하시오.

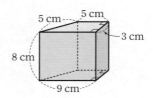

02 원기둥의 겉넓이

● 더 다양한 문제는 RPM 1-2 124쪽

오른쪽 그림과 같이 밑면인 원의 반지름의 길이가 2 cm인 원기둥의 겉넓이가 28π cm²일 때, 이 원기둥의 높이를 구하시오.

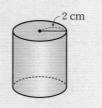

풀이 원기둥의 높이를 h cm라 하면
　　(겉넓이)$=(\pi\times2^2)\times2+(2\pi\times2)\times h=8\pi+4h\pi\,(\text{cm}^2)$
겉넓이가 28π cm²이므로
　　$8\pi+4h\pi=28\pi$
　　$4h\pi=20\pi$　　∴ $h=5$
따라서 원기둥의 높이는 5 cm이다.

답 5 cm

확인 ② 오른쪽 그림과 같이 밑면이 반원인 기둥의 겉넓이를 구하시오.

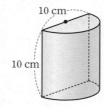

03 각기둥의 부피

● 더 다양한 문제는 **RPM** 1-2 125쪽

밑면이 오른쪽 그림과 같은 사각형이고 높이가 10 cm인 사각기둥에 대하여 다음을 구하시오.

(1) 밑넓이   (2) 부피

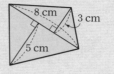

KEY POINT
(각기둥의 부피)
=(밑넓이)×(높이)

풀이 (1) (밑넓이)$=\frac{1}{2}×8×3+\frac{1}{2}×8×5=12+20=32\ (\mathrm{cm}^2)$

(2) 사각기둥의 높이가 10 cm이므로
     (부피)$=32×10=320\ (\mathrm{cm}^3)$

답 (1) 32 cm² (2) 320 cm³

확인 ③ 다음 그림과 같은 각기둥의 부피를 구하시오.

(1)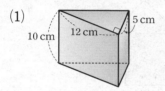

(2)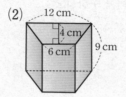

04 원기둥의 부피

● 더 다양한 문제는 **RPM** 1-2 125쪽

KEY POINT

➡ (원기둥의 부피)
 =(밑넓이)×(높이)
 $=\pi r^2×h$
 $=\pi r^2 h$

부피가 200π cm³인 원기둥의 높이가 8 cm일 때, 밑면인 원의 반지름의 길이를 구하시오.

풀이 밑면인 원의 반지름의 길이를 r cm라 하면 부피가 200π cm³이므로
     $\pi r^2×8=200\pi,\qquad r^2=25\qquad\therefore r=5$
따라서 밑면인 원의 반지름의 길이는 5 cm이다.   **답** 5 cm

확인 ④ 오른쪽 그림과 같은 원기둥의 부피가 108π cm³일 때, r의 값을 구하시오.

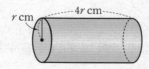

05 밑면이 부채꼴인 기둥의 겉넓이와 부피

● 더 다양한 문제는 **RPM** 1–2 126쪽

● 더 다양한 문제는 **RPM** 1–2 126쪽

오른쪽 그림과 같은 입체도형에 대하여 다음을 구하시오.

(1) 겉넓이   (2) 부피

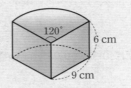

KEY POINT

① (밑면이 부채꼴인 기둥의 겉넓이)
 ＝(밑넓이)×2＋(옆넓이)
 ＝(부채꼴의 넓이)×2
  ＋(부채꼴의 둘레의 길이)
   ×(높이)
② (밑면이 부채꼴인 기둥의 부피)
 ＝(밑넓이)×(높이)
 ＝(부채꼴의 넓이)×(높이)

풀이

(1) (밑넓이)＝$\pi \times 9^2 \times \dfrac{120}{360}=27\pi$ (cm^2)

(옆넓이)＝$\left(9+9+2\pi \times 9 \times \dfrac{120}{360}\right) \times 6=(6\pi+18)\times 6=36\pi+108$ (cm^2)

$\underline{\qquad\qquad\qquad\qquad\qquad}$ 부채꼴의 호의 길이

∴ (겉넓이)＝(밑넓이)×2＋(옆넓이)

＝$27\pi \times 2+(36\pi+108)=90\pi+108$ (cm^2)

(2) (부피)＝(밑넓이)×(높이)＝$27\pi \times 6=162\pi$ (cm^3)

답 (1) $(90\pi+108)$ cm^2 (2) 162π cm^3

확인 5 오른쪽 그림과 같은 입체도형에 대하여 다음을 구하시오.

(1) 겉넓이   (2) 부피

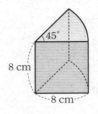

06 구멍이 뚫린 기둥의 겉넓이와 부피

● 더 다양한 문제는 **RPM** 1–2 127쪽

● 더 다양한 문제는 **RPM** 1–2 127쪽

오른쪽 그림과 같은 입체도형에 대하여 다음을 구하시오.

(1) 겉넓이   (2) 부피

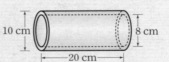

KEY POINT

① (구멍이 뚫린 기둥의 겉넓이)
 ＝(밑넓이)×2＋(옆넓이)
 ＝{(큰 기둥의 밑넓이)
   －(작은 기둥의 밑넓이)}×2
  ＋(큰 기둥의 옆넓이)
  ＋(작은 기둥의 옆넓이)
② (구멍이 뚫린 기둥의 부피)
 ＝(큰 기둥의 부피)
  －(작은 기둥의 부피)

풀이

(1) (밑넓이)＝(큰 원의 넓이)－(작은 원의 넓이)＝$\pi \times 5^2-\pi \times 4^2=9\pi$ (cm^2)

(옆넓이)＝(큰 원기둥의 옆넓이)＋(작은 원기둥의 옆넓이)

바깥쪽의 옆넓이   안쪽의 옆넓이

＝$2\pi \times 5 \times 20+2\pi \times 4 \times 20=200\pi+160\pi=360\pi$ (cm^2)

∴ (겉넓이)＝(밑넓이)×2＋(옆넓이)＝$9\pi \times 2+360\pi=378\pi$ (cm^2)

(2) (부피)＝(큰 원기둥의 부피)－(작은 원기둥의 부피)

＝$\pi \times 5^2 \times 20-\pi \times 4^2 \times 20=500\pi-320\pi=180\pi$ (cm^3)

답 (1) 378π cm^2 (2) 180π cm^3

확인 6 오른쪽 그림과 같은 입체도형에 대하여 다음을 구하시오.

(1) 겉넓이   (2) 부피

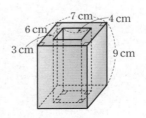

> 정답 및 풀이 54쪽

07 일부분을 잘라 낸 입체도형의 겉넓이와 부피

● 더 다양한 문제는 RPM 1-2 127쪽

오른쪽 그림은 직육면체에서 작은 직육면체를 잘라 내고 남은 입체도형이다. 이 입체도형에 대하여 다음을 구하시오.

(1) 겉넓이 　　　　　　(2) 부피

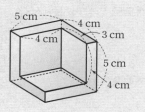

일부분을 잘라 내고 남은 직육면체에서
① 잘라 낸 부분의 면의 이동을 생각하면
　(겉넓이)
　 =(잘라 내기 전 직육면체의 겉넓이)
② (부피)
　 =(잘라 내기 전 직육면체의 부피)
　 　 -(잘라 낸 직육면체의 부피)

풀이 (1) 잘라 낸 부분의 면의 이동을 생각하면 구하는 입체도형의 겉넓이는 오른쪽 그림과 같은 직육면체의 겉넓이와 같으므로

$$(겉넓이)=(밑넓이)\times 2+(옆넓이)$$
$$=(5\times 4)\times 2+(5+4+5+4)\times 5$$
$$=40+90=130\,(cm^2)$$

(2) $(부피)=(직육면체의 부피)-(잘라 낸 직육면체의 부피)$
$$=5\times 4\times 5-4\times 3\times 4$$
$$=100-48=52\,(cm^3)$$

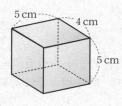

답 (1) $130\,cm^2$ (2) $52\,cm^3$

확인 7 오른쪽 그림은 한 모서리의 길이가 6 cm인 정육면체에서 작은 직육면체를 잘라 내고 남은 입체도형이다. 이 입체도형의 겉넓이를 구하시오.

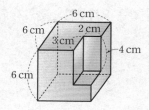

UP 08 회전체의 겉넓이와 부피; 원기둥

● 더 다양한 문제는 RPM 1-2 128쪽

오른쪽 그림과 같은 평면도형을 직선 l을 회전축으로 하여 1회전 시킬 때 생기는 회전체의 겉넓이를 구하시오.

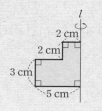

풀이 주어진 평면도형을 직선 l을 회전축으로 하여 1회전 시킬 때 생기는 회전체는 오른쪽 그림과 같으므로

$$(회전체의 겉넓이)$$
$$=(큰 원기둥의 겉넓이)+(작은 원기둥의 옆넓이)$$
$$=\{(\pi\times 5^2)\times 2+2\pi\times 5\times 3\}+2\pi\times 2\times 2$$
$$=80\pi+8\pi=88\pi\,(cm^2)$$

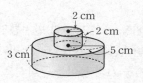

답 $88\pi\,cm^2$

확인 8 오른쪽 그림과 같은 평면도형을 직선 l을 회전축으로 하여 1회전 시킬 때 생기는 회전체의 부피를 구하시오.

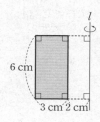

01 오른쪽 그림과 같은 전개도로 만들어지는 사각
기둥의 겉넓이는?

① 86 cm² ② 88 cm²

③ 90 cm² ④ 92 cm²

⑤ 94 cm²

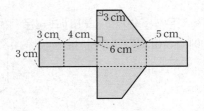

02 어떤 원기둥을 회전축을 포함하는 평면으로 잘랐더니 그 단면이 한 변의 길이가
6 cm인 정사각형이었다. 이때 원기둥의 겉넓이를 구하시오.

주어진 원기둥을 그려 본다.

03 밑면이 오른쪽 그림과 같은 오각형이고 높이가 7 cm인
오각기둥의 부피는?

① 378 cm³ ② 392 cm³

③ 406 cm³ ④ 420 cm³

⑤ 434 cm³

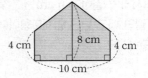

오각형을 두 개의 평면도형으로
나누어 넓이를 구한다.

04 밑면이 정사각형이고 높이가 8 cm인 사각기둥의 부피가 128 cm³일 때, 이 사각
기둥의 겉넓이를 구하시오.

05 다음 그림과 같이 원기둥 A의 밑면의 반지름의 길이는 3 cm, 높이는 6 cm이고,
원기둥 B의 밑면의 반지름의 길이는 6 cm이다. 원기둥 B의 부피는 원기둥 A의
부피의 3배일 때, 원기둥 B의 높이를 구하시오.

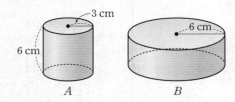

III-2 겉넓이와 부피
입체도형의

06 오른쪽 그림과 같은 입체도형의 부피는?

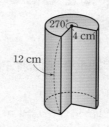

① 120π cm^3
② 132π cm^3
③ 144π cm^3
④ 156π cm^3
⑤ 168π cm^3

07 오른쪽 그림과 같이 구멍이 뚫린 입체도형의 겉넓이를 구하시오.

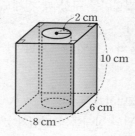

구멍이 뚫린 기둥의 겉넓이에서 옆넓이는
➡ (큰 기둥의 옆넓이)
　+(작은 기둥의 옆넓이)

08 오른쪽 그림은 직육면체에서 작은 직육면체를 잘라 내고 남은 입체도형이다. 이 입체도형에 대하여 다음을 구하시오.

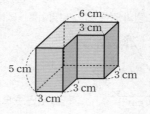

(1) 겉넓이

(2) 부피

겉넓이를 구할 때 잘린 부분의 면의 이동을 생각하여 구한다.

09 오른쪽 그림과 같은 평면도형을 직선 l을 회전축으로 하여 1회전 시킬 때 생기는 회전체의 부피는?

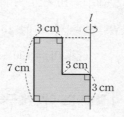

① 216π cm^3
② 220π cm^3
③ 224π cm^3
④ 228π cm^3
⑤ 232π cm^3

(회전체의 부피)
=(큰 원기둥의 부피)
　-(작은 원기둥의 부피)

02 뿔의 겉넓이와 부피

개념원리 이해

1 뿔의 겉넓이는 어떻게 구하는가?

◎ 핵심문제 01, 02, 09, 10

뿔의 겉넓이는 다음과 같이 구한다.

(뿔의 겉넓이)＝(밑넓이)＋(옆넓이)

설명 뿔의 전개도는 한 개의 밑면과 옆면으로 이루어져 있으므로 뿔의 겉넓이는 밑넓이와 옆넓이의 합으로 구할 수 있다.

(1) 각뿔의 겉넓이

각뿔의 겉넓이를 구할 때 전개도를 이용하여 다음과 같이 구한다.
└─ 각뿔의 옆면은 모두 삼각형이다.

➡ (각뿔의 겉넓이)＝(밑넓이)＋(옆넓이)

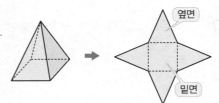

(2) 원뿔의 겉넓이

밑면인 원의 반지름의 길이가 r이고 모선의 길이가 l인 원뿔에 대하여 원뿔의 겉넓이를 구할 때 전개도를 이용하여 다음과 같이 구한다.

➡ (원뿔의 겉넓이)＝(밑넓이)＋(옆넓이)

$$=\pi r^2+\frac{1}{2}\times l\times 2\pi r=\pi r^2+\pi rl$$

└─ (부채꼴의 넓이)＝$\frac{1}{2}\times$(반지름의 길이)×(호의 길이)

예 다음 그림과 같은 뿔의 겉넓이를 구해 보자.

(1)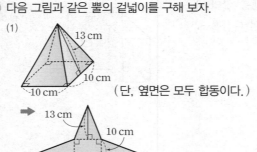

(단, 옆면은 모두 합동이다.)

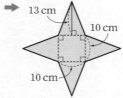

(밑넓이)＝$10\times 10=100$ (cm^2)

(옆넓이)＝$\left(\frac{1}{2}\times 10\times 13\right)\times 4=260$ (cm^2)

∴ (겉넓이)＝$100+260=360$ (cm^2)

(2)

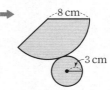

(밑넓이)＝$\pi\times 3^2=9\pi$ (cm^2)

(옆넓이)＝$\pi\times 3\times 8=24\pi$ (cm^2)

∴ (겉넓이)＝$9\pi+24\pi=33\pi$ (cm^2)

2 뿔대의 겉넓이는 어떻게 구하는가?

◎ 핵심문제 03

뿔대의 겉넓이는 다음과 같이 구한다.

(뿔대의 겉넓이)＝(두 밑넓이의 합)＋(옆넓이)

뿔의 부피는 다음과 같이 구한다.

$$（뿔의 부피）=\frac{1}{3}×（기둥의 부피）=\frac{1}{3}×（밑넓이）×（높이）$$

설명 오른쪽 그림과 같이 각기둥 모양의 그릇에 밑면이 각기둥의 밑면과 합동이고 높이가 각기둥의 높이와 같은 각뿔 모양의 그릇으로 물을 가득 채워 각기둥 모양의 그릇에 부으면 3번 만에 물이 가득 채워지게 된다.

즉 （각뿔의 부피）$=\frac{1}{3}×$（각기둥의 부피）임을 알 수 있다.

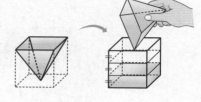

(1) **각뿔의 부피**

밑넓이가 S이고, 높이가 h인 각뿔의 부피를 V라 하면

$$（각뿔의 부피）=\frac{1}{3}×（밑넓이）×（높이）$$

이므로 $V=\frac{1}{3}Sh$

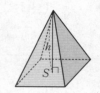

(2) **원뿔의 부피**

밑면인 원의 반지름의 길이가 r이고 높이가 h인 원뿔의 밑넓이를 S, 부피를 V라 하면

$$（원뿔의 부피）=\frac{1}{3}×（밑넓이）×（높이）$$

이므로 $V=\frac{1}{3}Sh=\frac{1}{3}πr^2h$

예 다음 그림과 같은 뿔의 부피를 구해 보자.

(1)
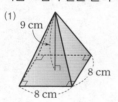
9 cm
8 cm
8 cm

➡ （부피）$=\frac{1}{3}×（밑넓이）×（높이）$

$=\frac{1}{3}×(8×8)×9$

$=192 (cm^3)$

(2)
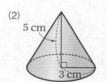
5 cm
3 cm

➡ （부피）$=\frac{1}{3}×（밑넓이）×（높이）$

$=\frac{1}{3}×(π×3^2)×5$

$=15π (cm^3)$

뿔대의 부피는 다음과 같이 구한다.

$$（뿔대의 부피）=（큰 뿔의 부피）-（작은 뿔의 부피）$$

 = -   = -

개념원리 **확인하기**

01 다음은 전개도를 이용하여 원뿔의 겉넓이를 구하는 과정이다. □ 안에 알맞은 것을 써넣으시오.

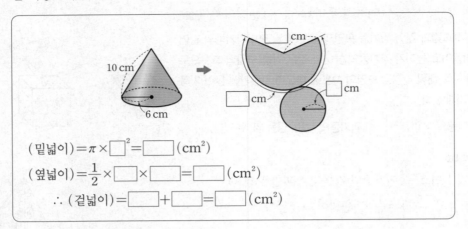

$$(밑넓이) = \pi \times \boxed{}^2 = \boxed{} \, (cm^2)$$

$$(옆넓이) = \frac{1}{2} \times \boxed{} \times \boxed{} = \boxed{} \, (cm^2)$$

$$\therefore \, (겉넓이) = \boxed{} + \boxed{} = \boxed{} \, (cm^2)$$

$$\Rightarrow S = \frac{1}{2} \times \boxed{} \times 2\pi r$$
$$= \pi r l$$

02 다음 그림과 같은 뿔의 겉넓이를 구하시오.

(1)

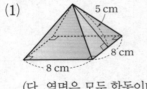

(단, 옆면은 모두 합동이다.)

(2)

○ (뿔의 겉넓이)
= ($\boxed{}$) + ($\boxed{}$)

03 다음 그림과 같은 뿔의 부피를 구하시오.

(1)

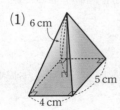

(2)

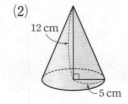

○ (뿔의 부피)
= $\frac{1}{3} \times (\boxed{}) \times (\boxed{})$

01 각뿔의 겉넓이

● 더 다양한 문제는 RPM 1–2 128쪽

● 더 다양한 문제는 RPM 1–2 128쪽

오른쪽 그림과 같이 밑면은 한 변의 길이가 5 cm인 정사각형이고, 옆면은 높이가 6 cm인 이등변삼각형으로 이루어진 사각뿔의 겉넓이를 구하시오.

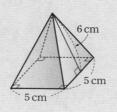

KEY POINT

• (각뿔의 겉넓이)
= (밑넓이)+(옆넓이)
• 사각뿔의 전개도에서
(밑넓이)
= (사각형의 넓이)
(옆넓이)
= (삼각형의 넓이)×4

풀이 (밑넓이)$=5×5=25$ (cm^2)

(옆넓이)$=\left(\dfrac{1}{2}×5×6\right)×4=60$ (cm^2)

∴ (겉넓이)$=25+60=85$ (cm^2)

답 $85 cm^2$

확인 **1** 오른쪽 그림과 같은 전개도로 만들어지는 입체도형의 겉넓이를 구하시오.

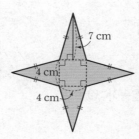

02 원뿔의 겉넓이

● 더 다양한 문제는 RPM 1–2 129쪽

● 더 다양한 문제는 RPM 1–2 129쪽

오른쪽 그림과 같은 원뿔의 겉넓이를 구하시오.

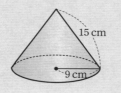

KEY POINT

밑면인 원의 반지름의 길이가 r이고 모선의 길이가 l일 때,
(원뿔의 겉넓이)
= (밑넓이)+(옆넓이)
$=πr^2+πrl$

풀이 (밑넓이)$=π×9^2=81π$ (cm^2)

(옆넓이)$=π×9×15=135π$ (cm^2)

∴ (겉넓이)$=81π+135π=216π$ (cm^2)

답 $216π cm^2$

확인 **2** 오른쪽 그림과 같은 원뿔의 옆넓이가 $12π$ cm^2일 때, 다음을 구하시오.

(1) 밑면인 원의 반지름의 길이

(2) 원뿔의 겉넓이

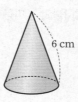

● 더 다양한 문제는 RPM 1–2 129쪽

┤ KEY POINT ├

(각뿔대의 겉넓이)
=(두 밑넓이의 합)
  +(옆면인 사다리꼴의 넓이의 합)

03 뿔대의 겉넓이

오른쪽 그림과 같은 사각뿔대의 겉넓이를 구하시오.
(단, 옆면은 모두 합동이다.)

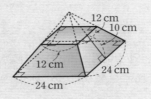

풀이 ▷ (두 밑넓이의 합)$=12\times12+24\times24$
$=144+576=720\,(\text{cm}^2)$

(옆넓이)$=\left\{\dfrac{1}{2}\times(12+24)\times10\right\}\times4=720\,(\text{cm}^2)$

∴ (겉넓이)$=720+720=1440\,(\text{cm}^2)$

답 $1440\,\text{cm}^2$

확인 ③ 다음 그림과 같은 입체도형의 겉넓이를 구하시오.

(1)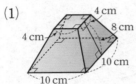

(2)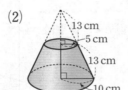

(단, 옆면은 모두 합동이다.)

---

04 각뿔의 부피

● 더 다양한 문제는 RPM 1–2 130쪽

┤ KEY POINT ├

(뿔의 부피)
$=\dfrac{1}{3}\times$(밑넓이)$\times$(높이)

오른쪽 그림과 같은 사각뿔의 부피가 $168\,\text{cm}^3$일 때, 이 사각뿔의 높이를 구하시오.

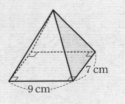

풀이 ▷ 사각뿔의 높이를 $h\,\text{cm}$라 하면 부피가 $168\,\text{cm}^3$이므로
$\dfrac{1}{3}\times(9\times7)\times h=168$ ∴ $h=8$
따라서 사각뿔의 높이는 $8\,\text{cm}$이다.

답 $8\,\text{cm}$

확인 ④ 오른쪽 그림과 같은 삼각뿔의 부피를 구하시오.

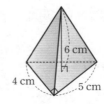

▶ 정답 및 풀이 55쪽

05 원뿔의 부피

● 더 다양한 문제는 RPM 1-2 130쪽

오른쪽 그림과 같은 입체도형의 부피를 구하시오.

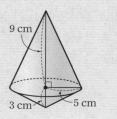

KEY POINT

밑면인 원의 반지름의 길이가 r이고 높이가 h일 때,
(원뿔의 부피)
$=\frac{1}{3} \times ($밑넓이$) \times ($높이$)$
$=\frac{1}{3}\pi r^2 h$

풀이 (부피)$=($큰 원뿔의 부피$)+($작은 원뿔의 부피$)$
$=\frac{1}{3} \times (\pi \times 5^2) \times 9 + \frac{1}{3} \times (\pi \times 5^2) \times 3$
$=75\pi + 25\pi = 100\pi \ (\mathrm{cm}^3)$

답 $100\pi \ \mathrm{cm}^3$

확인 5 오른쪽 그림과 같은 원뿔의 부피가 $12\pi \ \mathrm{cm}^3$일 때, h의 값을 구하시오.

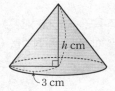

06 뿔대의 부피

● 더 다양한 문제는 RPM 1-2 131쪽

오른쪽 그림과 같은 원뿔대의 부피를 구하시오.

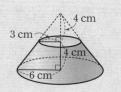

KEY POINT

(원뿔대의 부피)
$=($큰 원뿔의 부피$)$
　$-($작은 원뿔의 부피$)$

풀이 (부피)$=($큰 원뿔의 부피$)-($작은 원뿔의 부피$)$
$=\frac{1}{3} \times (\pi \times 6^2) \times 8 - \frac{1}{3} \times (\pi \times 3^2) \times 4$
$=96\pi - 12\pi = 84\pi(\mathrm{cm}^3)$

답 $84\pi \ \mathrm{cm}^3$

확인 6 다음 그림과 같은 입체도형의 부피를 구하시오.

(1)

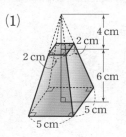

(2)

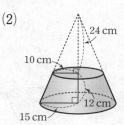

● 더 다양한 문제는 RPM 1-2 131쪽

KEY POINT

(삼각뿔 C-BGD의 부피)
$=\dfrac{1}{3}\times(\triangle BCD$의 넓이$)\times\overline{CG}$

07 잘라 낸 삼각뿔의 부피

오른쪽 그림과 같이 한 모서리의 길이가 6 cm인 정육면체를 세 꼭짓점 B, G, D를 지나는 평면으로 자를 때 생기는 삼각뿔 C-BGD의 부피를 구하시오.

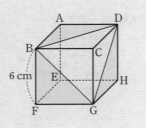

풀이 ▶ 잘라 낸 삼각뿔의 밑면을 △BCD라 하면 높이가 $\overline{CG}$이므로

$$(부피)=\dfrac{1}{3}\times\left(\dfrac{1}{2}\times6\times6\right)\times6$$
$$=\dfrac{1}{3}\times18\times6=36\,(\text{cm}^3)$$

답 $36\,\text{cm}^3$

확인 **7** 오른쪽 그림과 같은 직육면체를 세 꼭짓점 B, G, D를 지나는 평면으로 자를 때 생기는 삼각뿔 C-BGD의 부피를 구하시오.

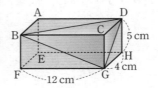

● 더 다양한 문제는 RPM 1-2 132쪽

KEY POINT

그릇을 기울였을 때 물의 모양이 어떤 입체도형인지 생각한다.
➡ (남아 있는 물의 부피)
    =(삼각뿔의 부피)

08 그릇에 담긴 물의 부피

직육면체 모양의 그릇에 물을 가득 채운 후 오른쪽 그림과 같이 그릇을 기울여 물을 흘려보냈다. 다음을 구하시오.
(단, 그릇의 두께는 생각하지 않는다.)

(1) 남아 있는 물의 부피

(2) 흘려보낸 물의 부피

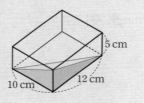

풀이 ▶ (1) 남아 있는 물의 부피는 삼각뿔의 부피와 같으므로
$$\dfrac{1}{3}\times\left(\dfrac{1}{2}\times10\times12\right)\times5=100\,(\text{cm}^3)$$

(2) (흘려보낸 물의 부피)=(직육면체의 부피)-(삼각뿔의 부피)
$$=10\times12\times5-100$$
$$=600-100=500\,(\text{cm}^3)$$

답 (1) $100\,\text{cm}^3$ (2) $500\,\text{cm}^3$

확인 **8** 오른쪽 그림과 같은 원뿔 모양의 그릇에 물을 가득 채운 다음 원기둥 모양의 그릇에 옮겨 담았을 때, 물의 높이를 구하시오.
(단, 그릇의 두께는 생각하지 않는다.)

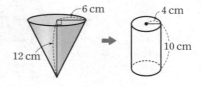

▶ 정답 및 풀이 56쪽

원뿔의 전개도에서
(부채꼴의 호의 길이)
= (밑면인 원의 둘레의 길이)

09 전개도가 주어진 원뿔의 겉넓이와 부피 ● 더 다양한 문제는 **RPM** 1-2 133쪽

오른쪽 그림과 같은 부채꼴을 옆면으로 하는 원뿔의 부피가 96π cm³ 일 때, 다음을 구하시오.

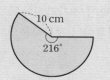

(1) 밑면인 원의 반지름의 길이

(2) 원뿔의 높이

풀이 (1) (부채꼴의 호의 길이) $= 2\pi \times 10 \times \dfrac{216}{360} = 12\pi$ (cm)

밑면인 원의 반지름의 길이를 r cm라 하면
$$2\pi r = 12\pi \qquad \therefore r = 6$$
즉 밑면인 원의 반지름의 길이는 6 cm이다.

(2) 원뿔의 높이를 h cm라 하면 부피가 96π cm³이므로
$$\frac{1}{3} \times (\pi \times 6^2) \times h = 96\pi \qquad \therefore h = 8$$
따라서 원뿔의 높이는 8 cm이다. **답** (1) 6 cm (2) 8 cm

확인 9 오른쪽 그림과 같은 전개도로 만들어지는 원뿔에 대하여 다음을 구하시오.

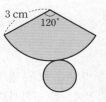

(1) 밑면인 원의 반지름의 길이

(2) 원뿔의 겉넓이

UP

10 회전체의 겉넓이와 부피; 원뿔 ● 더 다양한 문제는 **RPM** 1-2 133쪽

(회전체의 겉넓이)
= (밑넓이) + (원기둥의 옆넓이)
  + (원뿔의 옆넓이)

오른쪽 그림과 같은 평면도형을 직선 l을 회전축으로 하여 1회전 시킬 때 생기는 회전체의 겉넓이를 구하시오.

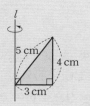

풀이 주어진 평면도형을 직선 l을 회전축으로 하여 1회전 시킬 때 생기는 회전체는 오른쪽 그림과 같으므로

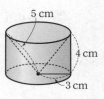

(회전체의 겉넓이)
= (밑넓이) + (원기둥의 옆넓이) + (원뿔의 옆넓이)
$= \pi \times 3^2 + 2\pi \times 3 \times 4 + \pi \times 3 \times 5$
$= 9\pi + 24\pi + 15\pi = 48\pi$ (cm²)

답 48π cm²

확인 10 오른쪽 그림과 같은 삼각형 ABC를 변 AB를 회전축으로 하여 1회전 시킬 때 생기는 회전체의 부피를 구하시오.

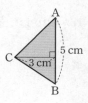

III-2
입체도형의
겉넓이와 부피

01 오른쪽 그림과 같이 밑면이 정사각형이고, 옆면이 모두 합동인 이등변삼각형으로 이루어진 정사각뿔의 겉넓이는?

① 35 cm²   ② 36 cm²

③ 37 cm²   ④ 38 cm²

⑤ 39 cm²

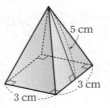

(뿔의 겉넓이)
＝(밑넓이)＋(옆넓이)

02 오른쪽 그림과 같은 원뿔의 겉넓이가 36π cm²일 때, 이 원뿔의 모선의 길이를 구하시오.

03 오른쪽 그림과 같이 두 밑면은 모두 정사각형이고 옆면은 모두 합동인 사각뿔대의 겉넓이를 구하시오.

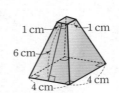

(뿔대의 겉넓이)
＝(두 밑넓이의 합)
　＋(옆넓이)

04 오른쪽 그림에서 사각형 ABCD는 한 변의 길이가 18 cm인 정사각형이다. $\overline{BC}$, $\overline{CD}$의 중점 E, F에 대하여 $\overline{AE}$, $\overline{EF}$, $\overline{AF}$를 접는 선으로 하여 접었을 때 생기는 입체도형의 부피는?

① 198 cm³   ② 216 cm³

③ 243 cm³   ④ 284 cm³

⑤ 324 cm³

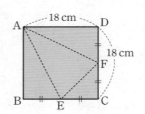

주어진 정사각형으로 만들어지는 입체도형을 생각해 본다.

05 밑면의 둘레의 길이가 12π cm이고, 높이가 8 cm인 원뿔의 부피를 구하시오.

06 부피가 216 cm³인 정육면체 모양의 나무토막이 있다. 이 나무토막을 오른쪽 그림과 같이 세 모서리의 중점을 지나는 평면으로 자를 때 생기는 두 나무토막 중 작은 것의 부피를 구하시오.

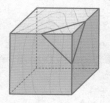

07 오른쪽 그림과 같이 직육면체 모양의 두 그릇 ㈎, ㈏에 담긴 물의 부피가 같을 때, x의 값은?

　(단, 그릇의 두께는 생각하지 않는다.)

① 1 　　② 1.5
③ 2 　　④ 2.5
⑤ 3

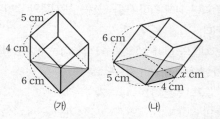

직육면체 모양의 그릇에 담긴 물의 부피는 그릇을 기울였을 때 생기는 삼각뿔 또는 삼각기둥의 부피와 같다.

08 오른쪽 그림과 같은 원뿔 모양의 빈 그릇에 1분에 2π cm³씩 물을 넣으면 그릇을 가득 채우는 데 16분이 걸린다고 한다. 이때 h의 값을 구하시오. (단, 그릇의 두께는 생각하지 않는다.)

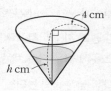

원뿔 모양의 빈 그릇에 물을 가득 채우는 데 걸린 시간
➡ (그릇의 부피)
　÷(시간당 채우는 물의 부피)

09 오른쪽 그림과 같은 원뿔의 전개도에서 옆면인 부채꼴의 넓이가 126π cm²일 때, 이 원뿔의 밑면인 원의 반지름의 길이는?

① 6 cm 　　② 7 cm 　　③ 8 cm
④ 9 cm 　　⑤ 10 cm

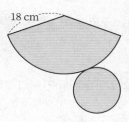

10 오른쪽 그림과 같은 사다리꼴을 직선 l을 회전축으로 하여 1회전시킬 때 생기는 회전체의 겉넓이를 구하시오.

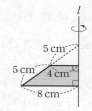

(원뿔대의 겉넓이)
＝(두 밑넓이의 합)＋(옆넓이)

03 구의 겉넓이와 부피

개념원리 이해

1 구의 겉넓이는 어떻게 구하는가?

◉ 핵심문제 01, 03, 04

반지름의 길이가 r인 구의 겉넓이를 S라 하면 $\quad S=4\pi r^2$

설명 구는 전개도를 그릴 수 없으므로 구의 겉넓이는 다음과 같은 방법으로 구할 수 있다.

반지름의 길이가 r인 구의 겉면을 끈으로 감은 후 그 끈을 평면 위에 감아 원을 만들면 반지름의 길이가 $2r$가 된다.

즉 반지름의 길이가 r인 구의 겉넓이는 반지름의 길이가 $2r$인 원의 넓이와 같으므로

$$(구의 겉넓이)=\pi\times(2r)^2=4\pi r^2$$

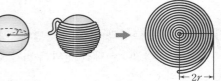

예 반지름의 길이가 2 cm인 구의 겉넓이는 $\quad 4\pi\times2^2=16\pi\;(cm^2)$

2 구의 부피는 어떻게 구하는가?

◉ 핵심문제 02~06

반지름의 길이가 r인 구의 부피를 V라 하면 $\quad V=\dfrac{4}{3}\pi r^3$

설명 밑면인 원의 지름의 길이와 높이가 구의 지름의 길이와 같은 원기둥 모양의 그릇에 물을 가득 채운 다음 구를 물속에 완전히 잠기도록 넣었다가 꺼내면 남은 물의 높이는 원기둥의 높이의 $\dfrac{1}{3}$이 된다고 한다.

즉 반지름의 길이가 r인 구의 부피는 넘쳐 흐른 물의 부피와 같으므로 원기둥의 부피의 $\dfrac{2}{3}$임을 알 수 있다.

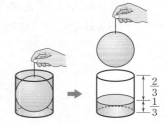

$$\therefore\;(구의 부피)=\dfrac{2}{3}\times(원기둥의 부피)=\dfrac{2}{3}\times(밑넓이)\times(높이)$$
$$=\dfrac{2}{3}\times\pi r^2\times2r=\dfrac{4}{3}\pi r^3$$

예 반지름의 길이가 3 cm인 구의 부피는 $\quad \dfrac{4}{3}\pi\times3^3=36\pi\;(cm^3)$

보충 학습 **원기둥에 꼭 맞게 들어가는 구, 원뿔과 원기둥의 부피의 비**

원기둥에 꼭 맞게 들어가는 구, 원뿔이 있을 때, 지름의 길이에 관계없이 원뿔의 부피는 원기둥의 부피의 $\dfrac{1}{3}$이고, 구의 부피는 원기둥의 부피의 $\dfrac{2}{3}$이다.

즉 오른쪽 그림과 같이 원기둥에 꼭 맞게 들어가는 구, 원뿔에 대하여

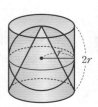

$$(원뿔의 부피)=\dfrac{1}{3}\times\pi r^2\times2r=\dfrac{2}{3}\pi r^3$$

$$(구의 부피)=\dfrac{4}{3}\pi r^3$$

$$(원기둥의 부피)=\pi r^2\times2r=2\pi r^3$$

$$\therefore\;(원뿔의 부피):(구의 부피):(원기둥의 부피)=1:2:3$$

01 다음 그림과 같은 구의 겉넓이를 구하시오.

(1)
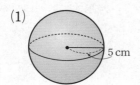
5 cm

(2)
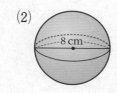
8 cm

○ 반지름의 길이가 r인 구의 겉넓이는
□

02 다음 그림과 같은 구의 부피를 구하시오.

(1)
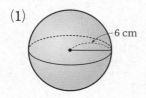
6 cm

(2)
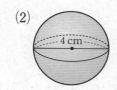
4 cm

○ 반지름의 길이가 r인 구의 부피는
□

03 오른쪽 그림과 같이 반지름의 길이가 9 cm인 반구에 대하여 다음을 구하시오.

(1) 겉넓이

(2) 부피

9 cm

○ 반구
➡ 구를 구의 중심을 지나는 평면으로 잘랐을 때, 그 한 쪽에 해당하는 입체도형

04 아래 그림과 같이 밑면인 원의 반지름의 길이가 4 cm인 원기둥 안에 원뿔과 구가 꼭 맞게 들어 있을 때, □ 안에 알맞은 것을 써넣고, 다음을 구하시오.

4 cm

➡

□ cm

4 cm

4 cm

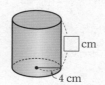
□ cm
4 cm

(1) 원뿔의 부피

(2) 구의 부피

(3) 원기둥의 부피

(4) 원뿔과 구와 원기둥의 부피의 비 (단, 가장 간단한 자연수의 비로 나타내시오.)

○ 원기둥에 원뿔과 구가 꼭 맞게 들어 있을 때,
　(원뿔의 부피) : (구의 부피)
　　: (원기둥의 부피)
　＝□ : □ : □

01 구의 겉넓이 ● 더 다양한 문제는 RPM 1-2 134쪽

● 더 다양한 문제는 RPM 1-2 134쪽

오른쪽 그림과 같은 입체도형의 겉넓이를 구하시오.

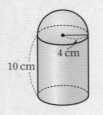

KEY POINT

반지름의 길이가 r인 구의 겉넓이 S
➡ $S=4\pi r^2$

풀이 (반구의 구면의 넓이)=(구의 겉넓이)$\times\dfrac{1}{2}=(4\pi\times4^2)\times\dfrac{1}{2}=32\pi$ (cm²)

(원기둥의 옆넓이)=$(2\pi\times4)\times10=80\pi$ (cm²)

(원기둥의 밑넓이)=$\pi\times4^2=16\pi$ (cm²)

∴ (겉넓이)=$32\pi+80\pi+16\pi=128\pi$ (cm²)

답 128π cm²

확인 ① 구를 구의 중심을 지나는 평면으로 자른 단면의 넓이가 49π cm²일 때, 이 구의 겉넓이를 구하시오.

02 구의 부피 ● 더 다양한 문제는 RPM 1-2 134쪽

● 더 다양한 문제는 RPM 1-2 134쪽

오른쪽 그림과 같은 입체도형의 부피를 구하시오.

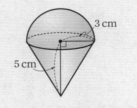

KEY POINT

• 반지름의 길이가 r인 구의 부피 V
➡ $V=\dfrac{4}{3}\pi r^3$

• 반지름의 길이가 r인 반구의 부피
➡ $\dfrac{2}{3}\pi r^3$

풀이 (반구의 부피)=(구의 부피)$\times\dfrac{1}{2}=\left(\dfrac{4}{3}\pi\times3^3\right)\times\dfrac{1}{2}=18\pi$ (cm³)

(원뿔의 부피)=$\dfrac{1}{3}\times(\pi\times3^2)\times5=15\pi$ (cm³)

∴ (부피)=$18\pi+15\pi=33\pi$ (cm³)

답 33π cm³

확인 ② 오른쪽 그림과 같은 입체도형의 부피를 구하시오.

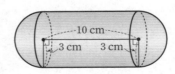

03 구의 일부분을 잘라 낸 입체도형의 겉넓이와 부피　●더 다양한 문제는 **RPM** 1–2 135쪽

오른쪽 그림은 반지름의 길이가 8 cm인 구의 $\frac{1}{4}$을 잘라 낸 것이다.
이 입체도형에 대하여 다음을 구하시오.

(1) 겉넓이　　　　　　(2) 부피

KEY POINT

구의 $\frac{1}{4}$을 잘라 낸 입체도형의 겉넓이
S와 부피 V

➡ ① $S=($구의 겉넓이$)\times\dfrac{3}{4}$
　　　$+($잘라 낸 단면의 넓이의
　　　　합$)$

　② $V=($구의 부피$)\times\dfrac{3}{4}$

풀이 (1) 잘라 낸 단면의 넓이의 합은 반지름의 길이가 8 cm인 원의 넓이와 같으므로

$$(겉넓이)=(구의 겉넓이)\times\frac{3}{4}+(원의 넓이)$$
$$=(4\pi\times8^2)\times\frac{3}{4}+\pi\times8^2=192\pi+64\pi=256\pi\ (\text{cm}^2)$$

(2) $(부피)=\left(\dfrac{4}{3}\pi\times8^3\right)\times\dfrac{3}{4}=512\pi\ (\text{cm}^3)$　　**답** (1) 256π cm^2　(2) 512π cm^3

확인 ③ 오른쪽 그림은 반지름의 길이가 3 cm인 구를 8등분한 입체도형이
다. 이 입체도형의 겉넓이를 구하시오.

3 cm

---

04 회전체의 겉넓이와 부피; 구　●더 다양한 문제는 **RPM** 1–2 135쪽

오른쪽 그림과 같은 평면도형을 직선 l을 회전축으로 하여 1회전 시
킬 때 생기는 회전체의 겉넓이를 구하시오.

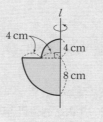

4 cm
4 cm
8 cm

KEY POINT

① 반원을 지름을 회전축으로 하여 1
회전 시키면 구가 된다.
② 사분원을 반지름을 회전축으로 하
여 1회전 시키면 반구가 된다.

풀이 주어진 평면도형을 직선 l을 회전축으로 하여 1회전 시킬 때 생
기는 회전체는 오른쪽 그림과 같다.

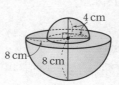

4 cm
8 cm　8 cm

$(작은 반구의 구면의 넓이)=(4\pi\times4^2)\times\dfrac{1}{2}=32\pi\ (\text{cm}^2)$

$(큰 반구의 구면의 넓이)=(4\pi\times8^2)\times\dfrac{1}{2}=128\pi\ (\text{cm}^2)$

$(구멍이 뚫린 원의 넓이)=\pi\times8^2-\pi\times4^2=48\pi\ (\text{cm}^2)$

$\therefore(겉넓이)=32\pi+128\pi+48\pi=208\pi\ (\text{cm}^2)$

답 208π cm^2

확인 ④ 오른쪽 그림과 같은 평면도형을 직선 l을 회전축으로 하여 1회전 시킬
때 생기는 회전체의 부피를 구하시오.

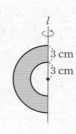

l

3 cm
3 cm

III-2

입체도형의
겉넓이와 부피

▶ 정답 및 풀이 58쪽

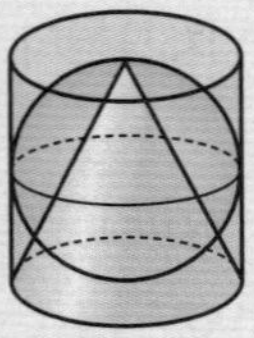

KEY POINT

(원뿔의 부피) : (구의 부피)
: (원기둥의 부피)
$=1:2:3$

05 원뿔, 구, 원기둥의 부피의 비

● 더 다양한 문제는 RPM 1–2 136쪽

오른쪽 그림과 같이 원기둥에 꼭 맞게 들어가는 원뿔과 구가 있다. 구의 부피가 36π cm³일 때, 원뿔과 원기둥의 부피를 차례대로 구하시오.

풀이 구의 반지름의 길이를 r cm라 하면　$\frac{4}{3}\pi r^3=36\pi$　∴ $r^3=27$

∴ (원뿔의 부피)$=\frac{1}{3}\times\pi r^2\times 2r=\frac{2}{3}\pi r^3=\frac{2}{3}\pi\times 27=18\pi$ (cm³)

(원기둥의 부피)$=\pi r^2\times 2r=2\pi r^3=2\pi\times 27=54\pi$ (cm³)

답 18π cm³, 54π cm³

다른 풀이 (원뿔의 부피) : (구의 부피)$=1:2$이므로

(원뿔의 부피) : $36\pi=1:2$　∴ (원뿔의 부피)$=18\pi$ (cm³)

(구의 부피) : (원기둥의 부피)$=2:3$이므로

36π : (원기둥의 부피)$=2:3$　∴ (원기둥의 부피)$=54\pi$ (cm³)

확인 5 반지름의 길이가 5 cm인 구를 이 구가 꼭 맞게 들어가는 원기둥에 넣고 물을 가득 채운 다음 다시 구를 꺼냈을 때, 남아 있는 물의 부피를 구하시오.

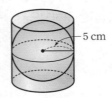

5 cm

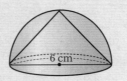

UP 06 입체도형에 꼭 맞게 들어가는 입체도형

● 더 다양한 문제는 RPM 1–2 136쪽

KEY POINT

지름의 길이가 $2r$ cm인 반구에 꼭 맞게 들어가는 원뿔의 높이
➡ r cm

지름의 길이가 6 cm인 구를 반으로 자른 반구에 오른쪽 그림과 같이 원뿔이 꼭 맞게 들어 있다. 반구와 원뿔의 부피의 비를 가장 간단한 자연수의 비로 나타내시오.

풀이 (반구의 부피)$=\left(\frac{4}{3}\pi\times 3^3\right)\times\frac{1}{2}=18\pi$ (cm³)

(원뿔의 부피)$=\frac{1}{3}\times(\pi\times 3^2)\times 3=9\pi$ (cm³)

∴ (반구의 부피) : (원뿔의 부피)$=18\pi:9\pi=2:1$

답 $2:1$

확인 6 오른쪽 그림과 같이 구 안에 정팔면체가 꼭 맞게 들어 있다. 구의 부피가 28π cm³일 때, 정팔면체의 부피를 구하시오.

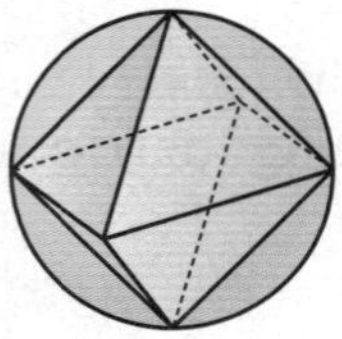

▶정답 및 풀이 58쪽

01 오른쪽 그림과 같은 입체도형의 겉넓이는?

① 110π cm^2 ② 115π cm^2

③ 120π cm^2 ④ 125π cm^2

⑤ 130π cm^2

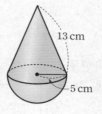

13 cm

5 cm

반지름의 길이가 r인 구의 겉넓이
➡ $4\pi r^2$

02 오른쪽 그림과 같은 반구의 겉넓이가 27π cm^{2}일 때, 이 반구의 부피를 구하시오.

(반구의 겉넓이)
= (구의 겉넓이)$\times\frac{1}{2}$
  + (원의 넓이)

03 오른쪽 그림과 같은 입체도형의 부피를 구하시오.

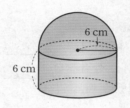

6 cm

6 cm

04 구의 반지름의 길이가 3배가 되면 겉넓이는 a배가 되고, 부피는 b배가 된다고 한다. 이때 $a+b$의 값은?

① 12   ② 18   ③ 24

④ 30   ⑤ 36

05 오른쪽 그림과 같이 반지름의 길이가 5 cm인 구 모양의 쇠구슬 1개를 녹여서 반지름의 길이가 1 cm인 구 모양의 쇠구슬을 여러 개 만들려고 한다. 만들 수 있는 쇠구슬의 최대 개수를 구하시오.

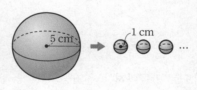

5 cm   ➡   1 cm

(녹이기 전 쇠구슬의 부피)
= (새로 만든 쇠구슬의 부피의 합)

(UP)

06 오른쪽 그림과 같은 평면도형을 직선 l을 회전축으로 하여 1회전 시킬 때 생기는 회전체의 겉넓이를 구하시오.

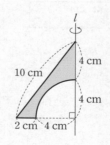

l

4 cm

10 cm

4 cm

2 cm   4 cm

STEP ① 기본 문제

01 오른쪽 그림과 같은 정육면체의 겉넓이가 150 cm²일 때, 한 모서리의 길이를 구하시오.

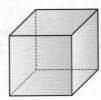

02 오른쪽 그림과 같은 원기둥 모양의 페인트 롤러를 사용하여 페인트를 칠하려고 한다. 롤러를 한 바퀴 돌려 색칠했을 때, 칠해진 넓이는?

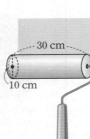

① 260π cm²
② 270π cm²
③ 280π cm²
④ 290π cm²
⑤ 300π cm²

꼭나와

03 다음 그림과 같은 전개도로 만들어지는 원기둥의 부피를 구하시오.

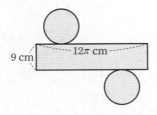

04 오른쪽 그림과 같이 구멍이 뚫린 입체도형의 겉넓이는?

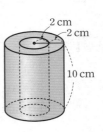

① 144π cm²
② 150π cm²
③ 156π cm²
④ 162π cm²
⑤ 168π cm²

05 오른쪽 그림과 같은 원뿔의 전개도에서 옆면인 부채꼴의 넓이를 구하시오.

꼭나와

06 오른쪽 그림과 같이 두 밑면이 모두 정사각형인 사각뿔대의 겉넓이는? (단, 옆면은 모두 합동이다.)

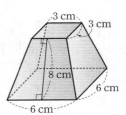

① 186 cm²
② 189 cm²
③ 192 cm²
④ 195 cm²
⑤ 198 cm²

▷ 정답 및 풀이 59쪽

07 오른쪽 그림은 직육면체의 일
부를 잘라 내고 남은 입체도
형이다. 이 입체도형의 부피
는?

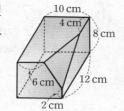

① 832 cm³
② 864 cm³
③ 896 cm³
④ 928 cm³
⑤ 960 cm³

10 지름의 길이가 8 cm인 야구공의 겉면은 다음 그림
과 같이 똑같이 생긴 두 조각으로 이루어져 있다.
이때 한 조각의 넓이를 구하시오.

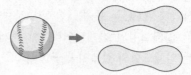

08 유찬이와 지원이가 오른쪽 그
림과 같은 원뿔 모양의 그릇에
가득 담겨 있는 주스를 마시려
고 한다. 먼저 지원이가 전체
높이의 반을 마시고 유찬이가
남은 주스를 마셨을 때, 지원
이가 마신 주스의 양은 유찬이
가 마신 주스의 양의 몇 배인지 구하시오.

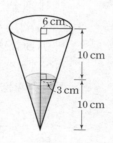

11 오른쪽 그림과 같이 넓이가 18π cm²인
반원을 직선 l을 회전축으로 하여 1회전
시킬 때 생기는 회전체의 겉넓이와 부피
를 차례대로 구하면?

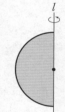

① 72π cm², 144π cm³
② 72π cm², 288π cm³
③ 108π cm², 144π cm³
④ 144π cm², 216π cm³
⑤ 144π cm², 288π cm³

09 오른쪽 그림과 같은 평면도형을 직선
l을 회전축으로 하여 1회전 시킬 때 생
기는 회전체의 부피는?

① 10π cm³   ② 11π cm³
③ 12π cm³   ④ 13π cm³
⑤ 14π cm³

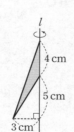

12 오른쪽 그림과 같이 밑면인 원의 지
름의 길이와 높이가 같은 원기둥에
꼭 맞게 들어가는 구가 있다. 원기
둥의 부피가 48π cm³일 때, 이 구
의 부피를 구하시오.

13 다음 그림은 지름의 길이가 10 cm인 반원과 직각삼각형 ABC를 붙여 놓은 평면도형을 밑면으로 하는 입체도형의 전개도이다. 이 전개도로 만들어지는 입체도형의 겉넓이를 구하시오.

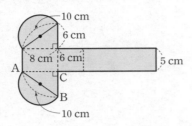

14 오른쪽 그림은 밑면인 원의 반지름의 길이가 2 cm인 원기둥을 비스듬히 자른 것이다. 이 입체도형의 부피를 구하시오.

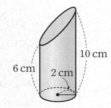

15 오른쪽 그림과 같은 입체도형의 겉넓이와 부피를 차례대로 구하면?

① $(69\pi+30)$ cm², 30π cm³
② $(69\pi+60)$ cm², 90π cm³
③ $(78\pi+60)$ cm², 90π cm³
④ $(78\pi+60)$ cm², 120π cm³
⑤ $(96\pi+90)$ cm², 120π cm³

16 오른쪽 그림과 같이 한 변의 길이가 8 cm인 정사각형을 오려서 밑면이 정사각형이고 옆면이 모두 합동인 이등변삼각형으로 이루어진 사각뿔의 전개도를 만들었다. 오려 낸 사각뿔의 겉넓이가 처음 정사각형의 넓이의 $\frac{1}{4}$일 때, 사각뿔의 밑면의 한 변의 길이를 구하시오.

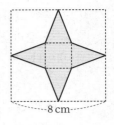

17 오른쪽 그림과 같이 좌표평면 위에 네 점 A(1, 1), B(2, 1), C(2, 4), D(1, 5)가 있다. 사각형 ABCD를 y축을 회전축으로 하여 1회전 시킬 때 생기는 회전체의 부피는?

① 9π ② $\frac{29}{3}\pi$ ③ $\frac{31}{3}\pi$
④ 11π ⑤ $\frac{35}{3}\pi$

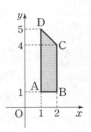

18 오른쪽 그림과 같은 직각삼각형을 직선 l을 회전축으로 하여 1회전 시킬 때 생기는 회전체의 겉넓이는?

① 60π cm² ② $\frac{316}{5}\pi$ cm²
③ 65π cm² ④ $\frac{336}{5}\pi$ cm²
⑤ 70π cm²

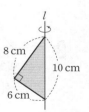

19 오른쪽 그림과 같이 물이 가득 들어 있는 원기둥 모양의 그릇에 반지름의 길이가 3 cm인 공이 3개 들어 있다. 공 3개를 모두 뺐을 때, 그릇에 남아 있는 물의 높이는? (단, 그릇의 두께는 생각하지 않는다.)

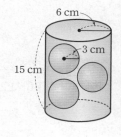

① 8 cm   ② 9 cm   ③ 10 cm
④ 11 cm   ⑤ 12 cm

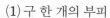

20 부피가 48π cm³인 원기둥 모양의 통 안에 오른쪽 그림과 같이 구 3개가 꼭 맞게 들어 있을 때, 다음을 구하시오.
(단, 통의 두께는 생각하지 않는다.)

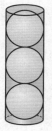

(1) 구 한 개의 부피

(2) 빈 공간의 부피

21 오른쪽 그림과 같이 원기둥 안에 반구와 원뿔이 꼭 맞게 들어 있다. 원뿔, 반구, 원기둥의 부피를 각각 V_1, V_2, V_3이라 할 때, $\dfrac{V_1+V_2}{V_3}$의 값은?

① $\dfrac{1}{5}$ ② $\dfrac{1}{2}$ ③ 1
④ 2   ⑤ 5

STEP ③ 실력 UP

22 오른쪽 그림과 같이 아랫부분이 원기둥 모양인 병이 있다. 이 병에 높이가 10 cm가 되도록 물을 넣은 후, 이 병을 거꾸로 하여 수면이 병의 밑면과 평행하게 하였더니 물이 없는 부분의 높이가 8 cm가 되었다. 이때 이 병의 부피를 구하시오. (단, 병의 두께는 생각하지 않는다.)

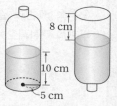

23 오른쪽 그림과 같이 밑면의 반지름의 길이가 4 cm인 원뿔을 꼭짓점 O를 중심으로 하여 3바퀴를 굴렸더니 처음의 위치로 되돌아왔다. 이 원뿔의 겉넓이를 구하시오.

24 오른쪽 그림과 같이 정육면체의 각 면의 대각선의 교점을 꼭짓점으로 하는 정팔면체의 부피가 $\dfrac{9}{2}$ cm³일 때, 정육면체의 한 모서리의 길이를 구하시오.

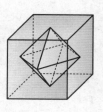

예제 1

해설 강의

오른쪽 그림과 같은 원뿔대의
부피를 구하시오. [6점]

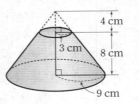

풀이 과정

1단계 큰 원뿔의 부피 구하기 · 2점

$$(\text{큰 원뿔의 부피}) = \frac{1}{3} \times (\pi \times 9^2) \times 12$$
$$= 324\pi \ (\text{cm}^3)$$

2단계 작은 원뿔의 부피 구하기 · 2점

$$(\text{작은 원뿔의 부피}) = \frac{1}{3} \times (\pi \times 3^2) \times 4$$
$$= 12\pi \ (\text{cm}^3)$$

3단계 원뿔대의 부피 구하기 · 2점

$$(\text{부피}) = 324\pi - 12\pi = 312\pi \ (\text{cm}^3)$$

답 $312\pi \ \text{cm}^3$

유제 1 오른쪽 그림과 같은 원뿔
대의 부피를 구하시오. [6점]

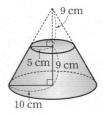

풀이 과정

1단계 큰 원뿔의 부피 구하기 · 2점

2단계 작은 원뿔의 부피 구하기 · 2점

3단계 원뿔대의 부피 구하기 · 2점

답

예제 2

해설 강의

오른쪽 그림과 같은 평면도형을 직
선 l을 회전축으로 하여 1회전 시
킬 때 생기는 회전체의 겉넓이와
부피를 구하시오. [6점]

풀이 과정

1단계 겉넓이 구하기 · 3점

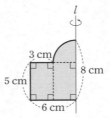

(겉넓이)

$$= (4\pi \times 3^2) \times \frac{1}{2}$$
$$+ (\pi \times 6^2 - \pi \times 3^2)$$
$$+ 2\pi \times 6 \times 5 + \pi \times 6^2$$
$$= 18\pi + 27\pi + 60\pi + 36\pi = 141\pi \ (\text{cm}^2)$$

2단계 부피 구하기 · 3점

$$(\text{부피}) = \left(\frac{4}{3}\pi \times 3^3\right) \times \frac{1}{2} + \pi \times 6^2 \times 5 = 198\pi \ (\text{cm}^3)$$

답 겉넓이: $141\pi \ \text{cm}^2$, 부피: $198\pi \ \text{cm}^3$

유제 2 오른쪽 그림과 같은 평면도형
을 직선 l을 회전축으로 하여 1회전 시킬
때 생기는 회전체의 겉넓이와 부피를 구하
시오. [6점]

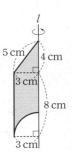

풀이 과정

1단계 겉넓이 구하기 · 3점

2단계 부피 구하기 · 3점

답

▶정답 및 풀이 62쪽

스스로 서술하기

유제 3 오른쪽 그림과 같이 밑면인 원의 지름의 길이가 6 cm인 원기둥 2개가 움직이지 않도록 들어 있는 직육면체 모양의 상자가 있다. 상자의 부피가 360 cm³일 때, 상자의 겉넓이를 구하시오. [6점]

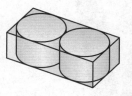

풀이과정

답

유제 5 오른쪽 그림과 같은 직각삼각형 ABC를 $\overline{AC}$, $\overline{BC}$를 각각 회전축으로 하여 1회전 시킬 때 생기는 회전체의 부피의 비를 가장 간단한 자연수의 비로 나타내시오. [7점]

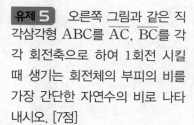

풀이과정

답

유제 4 오른쪽 그림과 같이 높이가 18 cm인 원뿔 모양의 빈 그릇에 일정한 속력으로 물을 받을 때, 물의 높이가 6 cm가 될 때까지 5분이 걸렸다고 한다. 그릇에 물을 가득 채우려면 물을 몇 분 동안 더 받아야 하는지 구하시오.

　　　(단, 그릇의 두께는 생각하지 않는다.) [7점]

풀이과정

답

유제 6 오른쪽 그림의 입체도형은 반지름의 길이가 3 cm인 구의 일부분을 잘라 낸 것이다. 이 입체도형의 겉넓이를 a cm², 부피를 b cm³라 할 때, $a+b$의 값을 구하시오. [7점]

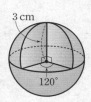

풀이과정

답

통계

중앙값, 최빈값의 뜻을 알고, 자료의 특성에 따라
적절한 대푯값을 선택하여 구해 보자.
또 자료를 줄기와 잎 그림, 도수분포표, 히스토그램, 도수분포다각형으로 나타내어
해석해 보고, 상대도수를 구한 후
상대도수의 분포를 표나 그래프로 나타내어 해석해 보자.

IV-1

대푯값

IV-2 | 도수분포표와 상대도수

이 단원의 학습 계획을 세우고
하나하나 실천하는 습관을 기르자!!

나는 할 수 있어!

		공부한 날		학습 완료도
01 대푯값	개념원리 이해 & 개념원리 확인하기	월	일	□□□
	핵심문제 익히기	월	일	○○○
	이런 문제가 시험에 나온다	월	일	○○○
중단원 마무리하기		월	일	○○○
서술형 대비 문제		월	일	○○○

개념 학습 guide

• 개념을 이해했으면 ■■■, 개념을 문제에 적용할 수 있으면 ■■■, 개념을 친구에게 설명할 수 있으면 ■■■ 로 색칠한다.

• 부족한 부분의 개념을 반복 학습하여 ■■■ 3칸 모두 색칠하면 학습을 마친다.

문제 학습 guide

• 맞힌 문제가 전체의 50% 미만이면 ●●●, 맞힌 문제가 50% 이상 90% 미만이면 ●●●, 맞힌 문제가 90% 이상이면 ●●● 로 색칠한다. 문제를 찍지 말자!

• 틀린 문제는 왜 틀렸는지 그 이유를 파악한 후 다시 풀어 본다. 며칠 후 틀린 문제를 다시 풀어 보고, 풀이 과정과 답이 맞으면 학습을 마친다.

01 대푯값

개념원리
이해

1 대푯값이란 무엇인가?

◇ 핵심문제 01~06

(1) **변량**: 자료를 수량으로 나타낸 것

(2) **대푯값**: 자료 전체의 중심 경향이나 특징을 대표적으로 나타내는 값

> **설명** 자료를 정리하여 표나 그래프로 나타내면 자료의 분포 상태를 한눈에 알아볼 수 있다. 그런데 자료의 분포 상태를 요약하거나 두 개 이상의 자료를 비교할 때에는 자료 전체의 특징을 나타내는 하나의 값이 필요한데 이때 대푯값을 이용한다.

▶ 대푯값에는 평균, 중앙값, 최빈값 등이 있고, 대푯값으로 가장 많이 쓰이는 것은 평균이다.

2 평균, 중앙값, 최빈값이란 무엇인가?

◇ 핵심문제 01~06

(1) **평균**: 변량의 총합을 변량의 개수로 나눈 값 ➡ $(\text{평균}) = \dfrac{(\text{변량의 총합})}{(\text{변량의 개수})}$

> **예**   4, 9, 10, 15, 7   ➡ $(\text{평균}) = \dfrac{4+9+10+15+7}{5} = \dfrac{45}{5} = 9$

(2) **중앙값**: 자료의 변량을 작은 값부터 크기순으로 나열하였을 때, 한가운데에 있는 값

➡ 변량의 개수가 ⎡ 홀수이면 한가운데에 있는 값이 중앙값이다.
　　　　　　　 ⎣ 짝수이면 한가운데에 있는 두 값의 평균이 중앙값이다.

> **예** ①   6, 3, 4, 9, 7
>
> ➡ 작은 값부터 크기순으로 나열하면 3, 4, 6, 7, 9이므로   (중앙값)=6
>
> ②   10, 5, 2, 8, 4, 9
>
> ➡ 작은 값부터 크기순으로 나열하면 2, 4, 5, 8, 9, 10이므로 $(\text{중앙값}) = \dfrac{5+8}{2} = 6.5$

> **참고** 자료의 변량 중에서 매우 크거나 매우 작은 값, 즉 극단적인 값이 있는 경우에는 평균보다 중앙값이 그 자료의 중심 경향을 더 잘 나타낸다.

(3) **최빈값**: 자료의 변량 중에서 가장 많이 나타나는 값

> **예** ①   4, 8, 1, 3, 8, 8, 5, 6
>
> ➡ 8이 가장 많이 나타나므로 최빈값은   8
>
> ②   5, 2, 7, 5, 1, 3, 7, 9
>
> ➡ 5, 7이 가장 많이 나타나므로 최빈값은   5, 7

> **참고** ① 최빈값은 자료에 따라 2개 이상일 수도 있다.
>
> ② 최빈값은 자료가 수치로 주어지지 않은 경우에도 사용할 수 있다.

▷정답 및 풀이 64쪽

01 다음 자료의 평균을 구하시오.

(1)
> 11, 17, 12, 24, 15, 14, 12

(2)
> 3, 5, 7, 6, 7, 12, 4, 8, 3, 7

◎ 평균
➡ $\dfrac{(\text{변량의 }\boxed{})}{(\text{변량의 개수})}$

02 다음은 자료의 중앙값을 구하는 과정이다. □ 안에 알맞은 수를 써넣으시오.

(1)
> 8, 5, 3, 10, 6, 5, 9

❶ 작은 값부터 크기순으로 나열하면

□, □, □, □, □, □, □

❷ 변량의 개수가 □이므로 중앙값은 □번째 변량이다.

∴ (중앙값)=□

(2)
> 2, 9, 10, 13, 7, 8, 7, 5

❶ 작은 값부터 크기순으로 나열하면

□, □, □, □, □, □, □, □

❷ 변량의 개수가 □이므로 중앙값은 □번째와 □번째 변량의 평균이다.

∴ (중앙값)=$\dfrac{\boxed{}+\boxed{}}{2}$=□

◎ 중앙값
➡ 자료의 변량을 □ 값부터 크기순으로 나열하였을 때
① 변량의 개수가 홀수인 경우에는 한가운데에 있는 값
② 변량의 개수가 짝수인 경우에는 한가운데에 있는 두 값의 평균

03 다음 자료의 최빈값을 구하시오.

(1)
> 17, 18, 21, 18, 18, 53

(2)
> 10, 9, 14, 6, 12, 9, 12, 9, 12

◎ 최빈값
➡ 자료의 변량 중에서 가장 □ 나타나는 값

04 다음 설명이 옳으면 ○, 옳지 않으면 ×를 ( ) 안에 써넣으시오.

(1) 평균, 중앙값, 최빈값은 모두 대푯값이다. ( )

(2) 중앙값은 항상 주어진 자료의 변량 중에 존재한다. ( )

(3) 최빈값은 항상 1개만 존재한다. ( )

01 평균

● 더 다양한 문제는 RPM 1-2 144쪽

● 더 다양한 문제는 RPM 1-2 144쪽

KEY POINT

$$\text{평균} \Rightarrow \frac{(\text{변량의 총합})}{(\text{변량의 개수})}$$

다음은 진우가 일주일 동안 감상한 노래의 수를 조사하여 나타낸 표이다. 진우가 일주일 동안 감상한 노래의 수의 평균을 구하시오.

요일	월	화	수	목	금	토	일
노래의 수(곡)	5	7	3	1	8	12	6

풀이 $(\text{평균}) = \dfrac{5+7+3+1+8+12+6}{7} = \dfrac{42}{7} = 6 \ (\text{곡})$

답 6곡

확인 ① 다음은 어느 도시의 5년 동안의 3월 강수량을 조사하여 나타낸 것이다. 3월 강수량의 평균이 45 mm일 때, x의 값을 구하시오.

(단위: mm)

> 41, 56, 29, x, 60

02 중앙값

● 더 다양한 문제는 RPM 1-2 144쪽

● 더 다양한 문제는 RPM 1-2 144쪽

KEY POINT

중앙값
➡ 자료의 변량을 작은 값부터 크기순으로 나열하였을 때, 변량의 개수가
① 홀수이면 한가운데에 있는 값
② 짝수이면 한가운데에 있는 두 값의 평균

다음은 하늘이네 반 학생 12명의 음악 실기 평가 점수를 조사하여 나타낸 것이다. 음악 실기 평가 점수의 중앙값을 구하시오.

(단위: 점)

> 50, 32, 28, 15, 50, 49, 43, 18, 28, 40, 17, 45

풀이 자료의 변량을 작은 값부터 크기순으로 나열하면

15, 17, 18, 28, 28, 32, 40, 43, 45, 49, 50, 50

이므로

$$(\text{중앙값}) = \frac{32+40}{2} = 36 \ (\text{점})$$

└→ 6번째와 7번째 변량의 평균

답 36점

확인 ② 다음은 민준이와 아인이가 각각 10번씩 볼링공을 굴려 쓰러뜨린 핀의 개수를 조사하여 나타낸 것이다. 민준이의 기록의 중앙값을 a개, 아인이 기록의 중앙값을 b개라 할 때, $a+b$의 값을 구하시오.

(단위: 개)

> [민준] 5, 7, 6, 2, 8, 10, 9, 3, 5, 4
> [아인] 9, 10, 10, 7, 8, 9, 5, 3, 7, 9

03 최빈값

● 더 다양한 문제는 RPM 1-2 145쪽

● 더 다양한 문제는 RPM 1-2 145쪽

다음은 어느 동호회 회원 30명이 좋아하는 과일을 조사하여 나타낸 표이다. 좋아하는 과일의 최빈값을 구하시오.

과일	사과	바나나	포도	복숭아	귤	합계
회원 수(명)	6	a	7	5	8	30

풀이 $6+a+7+5+8=30$이므로 $a+26=30$ $\therefore a=4$
따라서 주어진 표에서 회원 수가 가장 많은 과일은 귤이므로 최빈값은 귤이다.   **답** 귤

확인 3 다음은 학생 18명의 태어난 달을 조사하여 나타낸 것이다. 태어난 달의 최빈값을 구하시오.

(단위: 월)

12, 11, 8, 4, 6, 6, 8, 9, 10, 7, 8, 11, 12, 6, 1, 2, 7, 8

04 적절한 대푯값 찾기

● 더 다양한 문제는 RPM 1-2 145쪽

● 더 다양한 문제는 RPM 1-2 145쪽

오른쪽은 어느 제과점의 6개월 동안의 월 매출액을 조사하여 나타낸 것이다. 평균, 중앙값 중에서 이 자료의 대푯값으로 더 적절한 것을 말하고, 그 값을 구하시오.

(단위: 만 원)

240, 250, 225, 285, 990, 230

풀이 자료에 극단적인 값이 있으므로 대푯값으로 더 적절한 것은 중앙값이다.
자료의 변량을 작은 값부터 크기순으로 나열하면
     225, 230, 240, 250, 285, 990
이므로   (중앙값)$=\dfrac{240+250}{2}=245$ (만 원)   **답** 중앙값, 245만 원

확인 4 오른쪽은 어느 구두 가게에서 한 달 동안 판매한 구두의 치수를 조사하여 나타낸 막대그래프이다. 이 가게에서 가장 많이 준비해야 할 구두의 치수를 정하려고 할 때, 평균, 중앙값, 최빈값 중에서 가장 적절한 대푯값을 말하고, 그 값을 구하시오.

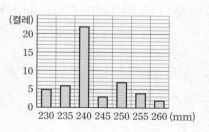

▶ 정답 및 풀이 64쪽

05 중앙값이 주어질 때 변량 구하기

● 더 다양한 문제는 RPM 1-2 146쪽

KEY POINT

변량의 개수가 짝수일 때 중앙값을 구하는 방법을 이용하여 식을 세운다.

다음은 8개의 변량을 작은 값부터 크기순으로 나열한 것이다. 이 자료의 중앙값이 223일 때, x의 값을 구하시오.

> 214, 218, 219, 221, x, 225, 227, 229

풀이 중앙값은 4번째와 5번째 변량의 평균이므로

$$\frac{221+x}{2}=223, \qquad 221+x=446$$
$$\therefore x=225$$

답 225

확인 5 다음 자료의 중앙값이 11일 때, x의 값을 구하시오.

> 15, 8, x, 12

06 최빈값이 주어질 때 변량 구하기

● 더 다양한 문제는 RPM 1-2 146쪽

KEY POINT

주어진 최빈값을 이용하여 미지수인 변량이 최빈값이 되는 경우를 확인한다.

다음 자료의 최빈값이 6일 때, 중앙값을 구하시오.

> 2, 3, 6, 8, a, 4, 5

풀이 주어진 자료의 최빈값이 6이므로 $a=6$
주어진 자료의 변량을 작은 값부터 크기순으로 나열하면
2, 3, 4, 5, 6, 6, 8
$\therefore$ (중앙값)=5

답 5

참고 a를 제외한 변량이 모두 1개씩이므로 최빈값이 6이려면 $a=6$이어야 한다.

확인 6 다음 자료의 최빈값이 13뿐일 때, 이 자료의 평균을 b라 하자. 이때 $a+b$의 값을 구하시오.

> 7, 14, 13, 5, 8, a, 7, 13

01 다음은 우주네 반 학생 19명의 지난 한 달 동안의 휴대 전화 통화 시간을 조사하여 나타낸 표이다. 이 자료의 평균, 중앙값, 최빈값의 대소를 비교하면?

통화 시간(분)	10	30	50	70	90
학생 수(명)	1	4	5	7	2

① (평균)<(중앙값)<(최빈값)   ② (평균)<(최빈값)<(중앙값)
③ (중앙값)<(평균)<(최빈값)   ④ (중앙값)<(최빈값)<(평균)
⑤ (최빈값)<(중앙값)<(평균)

02 다음은 수민이네 모둠 학생 8명이 휴일에 취한 휴식 시간을 조사하여 나타낸 것이다. 이 자료에 대한 설명으로 옳지 <u>않은</u> 것을 모두 고르면? (정답 2개)

(단위: 시간)

> 3, 5, 3, 4, 3, 4, 20, 6

① 평균은 6시간이다.
② 중앙값은 4.5시간이다.
③ 최빈값은 3시간이다.
④ 수민이네 모둠에 추가된 1명의 학생이 취한 휴식 시간이 7시간일 때, 중앙값은 변하지 않는다.
⑤ 평균과 중앙값 중 대푯값으로 더 적절한 것은 평균이다.

극단적인 값이 있는 경우 대푯값으로 적절한 것을 생각한다.

03 다음은 어느 반 학생 5명의 턱걸이 횟수를 조사하여 나타낸 표이다. 평균이 4회일 때, 학생 C의 턱걸이 횟수를 구하시오.

학생	A	B	C	D	E
턱걸이 횟수(회)	2	4		6	1

04 아래 자료의 중앙값이 5일 때, 다음 중 a의 값이 될 수 <u>없는</u> 것은?

> 3, 5, 7, 1, 5, 3, a

① 4   ② 6   ③ 7   ④ 8   ⑤ 9

a를 제외한 자료의 변량을 작은 값부터 크기순으로 나열한 후 a의 위치를 생각해 본다.

STEP ① 기본 문제

01 다음은 혜진이네 반 학생 20명의 체육 수행 평가 점수를 조사하여 나타낸 표이다. 체육 수행 평가 점수의 평균은?

점수(점)	10	20	30	40	50
학생 수(명)	3	4	8	4	1

① 28점 ② 29점 ③ 30점
④ 31점 ⑤ 32점

(꼭나와)

02 지수가 4회에 걸쳐 본 수학 시험 성적의 평균은 83점이었다. 한 번 더 시험을 본 후 5회까지의 평균이 85점이 되려면 지수는 5회의 시험에서 몇 점을 받아야 하는지 구하시오.

03 다음 **보기** 중 중앙값에 대한 설명으로 옳은 것을 모두 고른 것은?

> **보기**
> ㄱ. 중앙값은 자료의 변량을 작은 값부터 크기 순으로 나열하였을 때, 한가운데에 있는 값이다.
> ㄴ. 변량의 개수가 n일 때, $\frac{n}{2}$번째 변량이 중앙값이다.
> ㄷ. 중앙값은 자료의 변량 중에서 매우 작거나 매우 큰 값의 영향을 받지 않는다.

① ㄱ ② ㄷ ③ ㄱ, ㄴ
④ ㄱ, ㄷ ⑤ ㄱ, ㄴ, ㄷ

(꼭나와)

04 다음은 몸무게가 60 kg인 사람이 30분 동안 운동하였을 때, 운동 종목별로 소모되는 열량을 조사하여 나타낸 표이다. 이 자료의 중앙값을 a kcal, 최빈값을 b kcal라 할 때, $a+b$의 값을 구하시오.

종목	수영	자전거	줄넘기	농구	조깅
열량(kcal)	189	252	315	252	221

05 다음은 새로 개봉한 영화를 관람한 15명이 평가한 영화의 평점을 조사하여 나타낸 막대그래프이다. 이 자료의 평균을 a점, 중앙값을 b점, 최빈값을 c점이라 할 때, $a+b-c$의 값은?

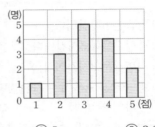

① 2.8 ② 3 ③ 3.2
④ 3.4 ⑤ 3.6

06 다음 중 평균을 대푯값으로 하기에 가장 적절하지 않은 자료는?

① 1, 2, 3, 4, 5 ② 1, 3, 5, 7, 9
③ 3, 3, 3, 3, 3 ④ 10, 20, 30, 40, 50
⑤ 10, 11, 12, 13, 100

꼭나와

07 다음은 어느 버스 정류장을 지나는 8개의 버스 노선에 대하여 각 버스의 배차 간격을 조사하여 나타낸 것이다. 이 자료의 평균이 5분일 때, 중앙값을 구하시오.

(단위: 분)

> 4, x, 6, 7, 4, 7, 6, 2

08 광연이가 A, B, C, D, E의 5개의 지역에 있는 특산물의 수를 조사하였더니 그 평균이 4였다. A, B, C의 3개의 지역에 있는 특산물의 수의 평균이 6일 때, D, E의 2개의 지역에 있는 특산물의 수의 평균은?

① 1   ② 2   ③ 3
④ 4   ⑤ 5

09 5개의 변량 8, 17, 7, 14, a의 중앙값은 a이고, 5개의 변량 a, 6, 9, 13, 12의 중앙값은 9일 때, 자연수 a의 값을 모두 구하시오.

10 다음은 야구 선수 6명이 1년 동안 친 홈런의 개수를 조사하여 나타낸 것이다. 이 자료의 중앙값이 7개일 때, x의 값이 될 수 있는 가장 작은 값과 가장 큰 값의 합을 구하시오.

(단위: 개)

> 9, 5, 7, 10, 7, x

STEP 2 발전 문제

11 3개의 변량 a, b, c의 평균이 7일 때, 5개의 변량 2, $3a$, $3b$, $3c$, 10의 평균을 구하시오.

12 승훈이네 반 학생들의 영어 성적에서 2명을 누락하여 계산한 평균이 75점이고 중앙값은 85점이었다. 누락된 2명의 성적이 각각 90점, 95점일 때, 다음 중 다시 계산한 결과에 대한 설명으로 옳은 것을 모두 고르면? (정답 2개)

① 평균은 작아진다.
② 평균은 변하지 않는다.
③ 평균은 커진다.
④ 중앙값은 작아진다.
⑤ 중앙값은 변하지 않거나 커진다.

꼭나와

13 아래는 윤아와 효주가 5회에 걸쳐 실시한 윗몸일으키기 기록을 나타낸 표이다. 다음 중 옳은 것을 모두 고르면? (정답 2개)

(단위: 회)

	1회	2회	3회	4회	5회
윤아	22	26	21	26	30
효주	29	16	29	30	26

① 윤아의 기록의 중앙값은 평균보다 낮다.
② 효주의 기록의 중앙값은 최빈값보다 높다.
③ 윤아의 기록의 평균과 효주의 기록의 평균은 같다.
④ 윤아의 기록의 중앙값과 효주의 기록의 평균은 같다.
⑤ 효주의 기록의 최빈값은 윤아의 기록의 최빈값보다 높다.

▶ 정답 및 풀이 67쪽

14 다음은 어느 낚시 동호회 회원 6명이 잡은 물고기의 수를 조사하여 만든 자료에 대한 설명이다. 이때 가장 많이 잡은 회원의 물고기는 몇 마리인지 구하시오.

> (개) 한 회원은 4마리를 잡았다.
> (내) 최빈값은 5마리이고 그때 회원은 3명이다.
> (대) 가장 적게 잡은 회원의 물고기의 수는 2마리이다.
> (래) 회원들이 잡은 물고기의 수의 평균은 5마리이다.

15 꼭나와

다음은 도연이네 반 학생 9명이 1년 동안 읽은 책의 수를 조사하여 나타낸 것이다. 평균이 7권, 최빈값이 8권일 때, 중앙값을 구하시오. (단, $a < b$)

(단위: 권)

> 7, 6, 8, 10, 5, 8, 7, a, b

16 어느 중학교 1학년 5명의 학생 A, B, C, D, E의 50 m 달리기 기록의 평균이 8.4초이고 중앙값은 9.1초이다. A 대신 기록이 6.5초인 F를 포함한 5명의 기록의 평균이 7.9초일 때, F, B, C, D, E의 기록의 중앙값은?

① 8.7초　　② 8.8초　　③ 8.9초
④ 9초　　⑤ 9.1초

STEP 3 실력 UP

17 해설 강의

오른쪽은 어느 중학교 남학생과 여학생의 영어 성적을 조사하여 나타낸 꺾은선그래프이다. 다음 보기 중 옳은 것을 모두 고르시오.

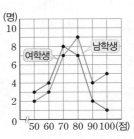

> **보기**
> ㄱ. 남학생의 최빈값은 80점이다.
> ㄴ. 남학생의 중앙값과 최빈값은 같다.
> ㄷ. 여학생의 중앙값과 최빈값은 같다.
> ㄹ. 남학생과 여학생의 평균은 같다.

18 해설 강의

다음 두 자료 A, B에 대하여 자료 A의 중앙값이 22이고, 두 자료 A, B를 섞은 전체 자료의 중앙값이 23일 때, a, b의 값을 구하시오. (단, $a < b$)

> [자료 A]　17, b, 25, a, 15
> [자료 B]　26, 20, a, 25, $b-1$

19 해설 강의

다음은 학생 8명의 과학 수행 평가 점수를 조사하여 나타낸 것이다. 이 자료의 중앙값이 11점, 최빈값이 12점일 때, $a+b+c$의 값을 구하시오.

(단위: 점)

> 8, 9, 14, 12, 9, a, b, c

예제 1

해설 강의

다음은 남학생 9명의 윗몸일으키기 횟수를 조사하여 나타낸 것이다. 이 자료의 평균과 최빈값이 같을 때, 중앙값을 구하시오. [7점]

(단위: 회)

$$12, \ 15, \ 29, \ 15, \ 11, \ 14, \ 15, \ 13, \ x$$

풀이 과정

1단계 최빈값 구하기 ·2점

15회가 가장 많이 나타나므로 (최빈값)=15회

2단계 x의 값 구하기 ·3점

평균이 15회이므로

$$\frac{12+15+29+15+11+14+15+13+x}{9}=15$$

$124+x=135$ ∴ $x=11$

3단계 중앙값 구하기 ·2점

변량을 작은 값부터 크기순으로 나열하면 11, 11, 12, 13, 14, 15, 15, 15, 29이므로 (중앙값)=14회

답 14회

유제 1

다음은 A, B, C, D, E, F 6명의 학생의 미술 성적을 조사하여 나타낸 표이다. 이 자료의 평균과 최빈값이 같을 때, 중앙값을 구하시오. [7점]

학생	A	B	C	D	E	F
점수(점)	82	80	x	83	79	81

풀이 과정

1단계 최빈값 구하기 ·2점

2단계 x의 값 구하기 ·3점

3단계 중앙값 구하기 ·2점

답

유제 2

다음은 어느 해 5월 7가구의 전기 사용량을 조사한 것이다. 이 자료의 평균, 중앙값을 각각 구하고, 평균과 중앙값 중에서 자료의 대푯값으로 더 적절한 것은 어느 것인지 말하시오. [6점]

(단위: kWh)

$$135, \ 162, \ 183, \ 960, \ 174, \ 154, \ 143$$

풀이 과정

답

유제 3

어느 조의 학생 12명의 등교 시간을 작은 값부터 크기순으로 나열할 때, 7번째에 있는 값은 34분이고 중앙값은 31분이다. 이 조에서 등교 시간이 25분인 학생이 추가되어 13명이 되었을 때, 등교 시간의 중앙값을 구하시오. [6점]

풀이 과정

답

"매일 행복하진 않지만
행복한 일은 매일 있어!"

그림 정인(@jeong_iinn_)

IV-2

도수분포표와 상대도수

IV-1 | 대푯값

이 단원의 학습 계획을 세우고
하나하나 실천하는 습관을 기르자!!

나는 할 수 있어!

		공부한 날		학습 완료도
01 줄기와 잎 그림, 도수분포표	개념원리 이해 & 개념원리 확인하기	월	일	□□□
	핵심문제 익히기	월	일	○○○
	이런 문제가 시험에 나온다	월	일	○○○
02 히스토그램과 도수분포다각형	개념원리 이해 & 개념원리 확인하기	월	일	□□□
	핵심문제 익히기	월	일	○○○
	이런 문제가 시험에 나온다	월	일	○○○
03 상대도수와 그 그래프	개념원리 이해 & 개념원리 확인하기	월	일	□□□
	핵심문제 익히기	월	일	○○○
	이런 문제가 시험에 나온다	월	일	○○○
중단원 마무리하기		월	일	○○○
서술형 대비 문제		월	일	○○○

개념 학습 guide

- 개념을 이해했으면 ■□□, 개념을 문제에 적용할 수 있으면 ■■□, 개념을 친구에게 설명할 수 있으면 ■■■ 로 색칠한다.

- 부족한 부분의 개념을 반복 학습하여 ■■■ 3칸 모두 색칠하면 학습을 마친다.

문제 학습 guide

- 맞힌 문제가 전체의 50% 미만이면 ◒○○, 맞힌 문제가 50% 이상 90% 미만이면 ◒◒○, 맞힌 문제가 90% 이상이면 ●●● 로 색칠한다. 문제를 찍지 말자!

- 틀린 문제는 왜 틀렸는지 그 이유를 파악한 후 다시 풀어 본다. 며칠 후 틀린 문제를 다시 풀어 보고, 풀이 과정과 답이 맞으면 학습을 마친다.

01 줄기와 잎 그림, 도수분포표

개념원리 이해

1 줄기와 잎 그림이란 무엇인가?

◉ 핵심문제 01, 02

(1) **줄기와 잎 그림**: 줄기와 잎을 이용하여 자료를 나타낸 그림

▶ 줄기는 세로선의 왼쪽에 있는 숫자이고, 잎은 세로선의 오른 쪽에 있는 숫자이다. 잎은 마지막 한 자리 숫자로 정하고 줄 기는 잎을 제외한 나머지 숫자로 정한다. 예를 들어 자료가 두 자리 자연수일 때, 줄기는 십의 자리의 숫자, 잎은 일의 자리의 숫자를 나타낸다.

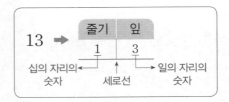

(2) **줄기와 잎 그림을 그리는 방법**

❶ 자료의 각 변량을 줄기와 잎으로 나눈다.

❷ 세로선을 긋고 세로선의 왼쪽에 줄기를 작은 수부터 세로로 쓴다.

❸ 세로선의 오른쪽에 각 줄기에 해당되는 잎을 작은 수부터 가로로 쓴다. 이때 중복되는 잎이 있 으면 중복된 횟수만큼 쓴다.

❹ 그림의 오른쪽 위에 줄기 □, 잎 △에 대하여 □│△를 설명한다.

주의 줄기는 중복되는 수를 한 번만 써야 하고, 잎은 중복되는 수를 모두 써야 한다.

참고 잎의 총개수는 변량의 개수와 같아야 하고, 잎은 크기순으로 쓰면 자료를 분석할 때 편리하다.

예 다음은 어느 중학교 컴퓨터 활용반 학생 14명의 하루 동안의 인터넷 사용 시간을 조사하여 나타낸 자료 를 줄기와 잎 그림으로 나타낸 것이다.

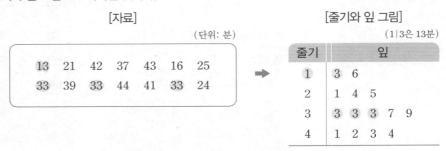

보충 학습 줄기와 잎 그림의 특징

(1) 잎의 길이를 통해 자료의 분포 상태를 편리하게 파악할 수 있다.

(2) 자료의 정보를 잃지 않으므로 원래 자료의 값을 알 수 있다.

(3) 자료의 값을 크기순으로 나열할 수 있으므로 어떤 특정한 위치에 있는 값을 쉽게 구할 수 있다.

(4) 줄기와 잎 그림은 변량이 많으면 잎을 일일이 나열하기가 어려우므로 변량이 적은 자료를 정리할 때 유용하다.

⑴ **계급**: 변량을 일정한 간격으로 나눈 구간

⑵ **계급의 크기**: 구간의 너비(폭), 즉 계급의 양 끝 값의 차

⑶ **도수**: 각 계급에 속하는 자료의 개수

⑷ **도수분포표**: 주어진 자료를 몇 개의 계급으로 나누고, 각 계급의 도수를 조사하여 나타낸 표

참고 **계급값**: 계급을 대표하는 값으로 각 계급의 양 끝 값의 중앙의 값 → $(계급값)=\dfrac{(계급의 \ 양 \ 끝 \ 값의 \ 합)}{2}$

주의 계급, 계급의 크기, 계급값, 도수는 항상 단위를 포함하여 쓴다.

⑸ **도수분포표를 만드는 방법**

❶ 주어진 자료에서 가장 큰 변량과 가장 작은 변량을 찾는다.

❷ ❶의 두 변량이 포함되는 구간을 일정한 간격으로 나누어 계급을 정한다.

❸ 각 계급에 속하는 변량의 개수를 세어 계급의 도수를 구한다. ┈┈→ 계급의 크기는 모두 같게 한다.

  ▶ 각 계급에 속하는 변량의 개수를 셀 때, 기호 正이나 ✕를 사용하면 편리하다.

참고 도수분포표를 만들 때 계급의 개수는 보통 5~15개 정도로 하는 것이 적당하다.

예 다음은 수학 동아리 학생 15명의 수학 성적을 조사하여 나타낸 자료를 도수분포표로 나타낸 것이다.

[자료]

(단위: 점)

62	87	97	73	59
85	80	89	65	85
71	64	77	73	89

➡

[도수분포표]

점수(점)		도수(명)
50^{이상} ~ 60^{미만}	/	1
60 ~ 70	///	3
70 ~ 80	////	4
80 ~ 90	✕ /	6
90 ~ 100	/	1
합계		15

계급

→ 계급의 크기: $100-90=10$ (점)

보충학습 **도수분포표의 특징**

⑴ 자료의 분포 상태를 편리하게 파악할 수 있다.

⑵ 자료의 개수가 너무 많거나 자료가 분포하는 범위가 넓을 때 자료를 정리하기에 유용하다.

⑶ 각 계급에 속하는 변량은 알 수 없다.

⑷ 각 계급의 도수를 한눈에 알아보기 쉽다.

⑸ 같은 자료에 대하여 계급의 개수에 따라 여러 가지로 만들 수 있다.

⑹ 계급의 개수가 너무 적으면 자료의 분포 상태를 잘 알 수 없고, 너무 많으면 변량을 계급으로 나눈 의미가 없어져 자료의 특성을 파악하기 어렵다.

01 아래는 어느 반 학생들의 1학기 동안 도서관 이용 횟수를 조사하여 나타낸 것이다. □ 안에 알맞은 것을 써넣고, 다음 물음에 답하시오.

(단위: 회)

15	6	23	25	32	33	19	21	9
16	21	32	10	18	26	21	31	20

(1) 줄기와 잎 그림으로 나타낼 때, 줄기는 학생들의 도서관 이용 횟수의 □의 자리의 숫자이고, 잎은 학생들의 도서관 이용 횟수의 □의 자리의 숫자이다.

(2) 위의 자료를 이용하여 오른쪽 줄기와 잎 그림을 완성하시오.

(0|6은 6회)

줄기	잎
0	6

(3) 2|6은 □회를 나타낸다.

(4) 줄기는 0, □, □, □이고, 잎의 개수는 모두 □이다.

(5) 줄기가 3인 잎은 1, □, □, □이다.

(6) 도서관 이용 횟수가 가장 많은 학생의 이용 횟수는 □회이다.

○ 줄기와 잎 그림에서
줄기란?
잎이란?
줄기 □, 잎 △에 대하여
□|△는?

02 아래는 채원이네 반 학생 20명의 지난 한 달 동안 SNS 사용 시간을 조사하여 나타낸 것이다. 다음 물음에 답하시오.

(단위: 시간)

27	33	30	35	58	24	40	46	62	44
31	40	39	37	52	35	23	65	51	25

(1) 위의 자료를 이용하여 오른쪽 줄기와 잎 그림을 완성하시오.

(2|3은 23시간)

줄기	잎
2	3
3	
4	
5	
6	

(2) 줄기가 4인 잎을 모두 구하시오.

(3) 잎이 가장 많은 줄기를 구하시오.

(4) SNS 사용 시간이 40시간 미만인 학생 수를 구하시오.

(5) SNS 사용 시간이 가장 짧은 학생의 SNS 사용 시간을 구하시오.

○ 줄기는 중복되는 수를 한 번만 쓰고, 잎은 중복되는 수를 모두 쓴다.

03 아래는 지성이네 반 학생들의 키를 조사하여 나타낸 것이다. 다음 물음에 답하시오.

○ 계급이란?
계급의 크기란?
도수란?
도수분포표란?

(단위: cm)

147	169	153	155	163	158	164	150	168	163
162	167	145	157	160	164	158	154	162	150

(1) 위의 자료를 이용하여 오른쪽 도수분포표를 완성하시오.

(2) 계급의 크기를 구하시오.

(3) 계급의 개수를 구하시오.

(4) 도수가 가장 큰 계급을 구하시오.

(5) 키가 167 cm인 학생이 속하는 계급을 구하시오.

(6) 키가 155 cm 이상인 학생 수를 구하시오.

키(cm)		도수(명)
$145^{이상} \sim 150^{미만}$	//	2
합계		20

04 다음은 유신이네 반 학생들의 멀리뛰기 기록을 조사하여 나타낸 것이다. 계급의 크기를 10 cm로 하여 도수분포표를 완성하시오.

(단위: cm)

200	190	195	195	195
198	190	200	208	190
210	205	210	198	215
205	190	190	195	225
200	200	215	210	215

→

기록(cm)	도수(명)
$190^{이상} \sim 200^{미만}$	
합계	

05 오른쪽은 수현이네 반 학생들의 턱걸이 횟수를 조사하여 나타낸 도수분포표이다. 다음 물음에 답하시오.

(1) A의 값을 구하시오.

(2) 계급의 크기를 구하시오.

(3) (가), (나)에 알맞은 계급을 구하시오.

(4) 턱걸이 횟수가 9회인 학생이 속하는 계급을 구하시오.

○ a 이상 b 미만인 계급에 a는 속하고 b는 속하지 않는다.

횟수(회)	도수(명)
$1^{이상} \sim 5^{미만}$	6
(가)	7
(나)	4
13 ~ 17	2
17 ~ 21	1
합계	A

IV-2
상대도수
도수분포표와

01 줄기와 잎 그림의 이해

● 더 다양한 문제는 RPM 1−2 154쪽

● 더 다양한 문제는 RPM 1−2 154쪽

오른쪽은 지혜네 반 학생들의 키를 조사하여 나타낸 줄기와 잎 그림이다. 다음 물음에 답하시오.

(1) 15|7은 몇 cm인지 구하시오.

(2) 줄기가 15인 잎을 모두 구하시오.

(3) 전체 학생 수를 구하시오.

(4) 키가 5번째로 큰 학생의 키는 몇 cm인지 구하시오.

(5) 지혜의 키는 169 cm일 때, 지혜보다 키가 큰 학생 수를 구하시오.

(6) 키가 152 cm인 학생은 지혜네 반에서 키가 큰 편인지 작은 편인지 말하시오.

(14|4는 144 cm)

줄기	잎
14	4 6 8 9
15	0 2 3 7 8
16	1 2 2 4 4 5 6 9
17	0 2 3

KEY POINT

변량이 세 자리 수일 때 줄기와 잎 그림에서 줄기와 잎은 다음과 같이 구분한다.
① 줄기: 백의 자리의 숫자와 십의 자리의 숫자를 나란히 쓴 것
② 잎: 일의 자리의 숫자

풀이

(1) 15|7은 157 cm이다.

(2) 줄기가 15인 잎은 0, 2, 3, 7, 8이다.

(3) 전체 학생 수는 잎의 수와 같으므로 20이다.

(4) 줄기와 잎 그림에서 5번째로 큰 수를 찾으면 166이다. 따라서 키가 5번째로 큰 학생의 키는 166 cm이다.

(5) 지혜보다 키가 큰 학생은 170 cm, 172 cm, 173 cm의 3명이다.

(6) 잎이 모두 20개이고 키가 152 cm인 학생은 작은 쪽에서 6번째이므로 키가 작은 편이다.

답 (1) 157 cm (2) 0, 2, 3, 7, 8
(3) 20   (4) 166 cm
(5) 3   (6) 작은 편

확인 1 오른쪽은 어느 자전거 동호회 회원들의 나이를 조사하여 나타낸 줄기와 잎 그림이다. 다음 물음에 답하시오.

(1) 전체 회원 수를 구하시오.

(2) 나이가 3번째로 많은 회원의 나이를 구하시오.

(3) 나이가 30세 이상 50세 미만인 회원 수를 구하시오.

(1|3은 13세)

줄기	잎
1	3 4 4 7
2	1 2 5 7 8 8 9 9
3	0 2 3 3 6 7 8
4	1 3 4 4 5 7 9
5	5 6 8

02 서로 다른 두 집단의 자료를 나타낸 줄기와 잎 그림   ● 더 다양한 문제는 **RPM** 1–2 154쪽

아래는 어느 반 학생들의 줄넘기 기록을 조사하여 나타낸 줄기와 잎 그림이다. 다음 물음에 답하시오.

(16 | 0은 160회)

잎(남학생)	줄기	잎(여학생)
2	16	0 5
8 5 4	17	0 7
9 6 3 3 1	18	0 2 4 8
7 4 1 0	19	2 3 6
9 5	20	1 7

(1) 남학생 수와 여학생 수를 구하시오.

(2) 줄넘기 기록이 가장 좋은 학생과 가장 좋지 않은 학생의 횟수의 차를 구하시오.

(3) 줄넘기 기록이 10번째로 좋은 학생의 횟수를 구하시오.

풀이 (1) 남학생 수: $1+3+5+4+2=15$, 여학생 수: $2+2+4+3+2=13$

(2) 줄넘기 기록이 가장 좋은 학생의 줄넘기 횟수는 209회이고, 기록이 가장 좋지 않은 학생의 줄넘기 횟수는 160회이므로
$209-160=49$ (회)

(3) 줄기와 잎 그림에서 10번째로 큰 수를 찾으면 191이다. 따라서 줄넘기 기록이 10번째로 좋은 학생의 횟수는 191회이다.

답 (1) 남학생: 15, 여학생: 13 (2) 49회 (3) 191회

확인 ② 아래는 도연이네 반 학생들의 몸무게를 조사하여 나타낸 줄기와 잎 그림이다. 다음 물음에 답하시오.

(4 | 3은 43 kg)

잎(남학생)	줄기	잎(여학생)
8	4	3 7 9
9 7 6 2 1	5	0 2 5 8
3 1 0	6	1

(1) 줄기가 5인 잎의 수를 구하시오.

(2) 남학생보다 여학생의 잎이 더 많은 줄기를 구하시오.

(3) 몸무게가 45 kg 이상 55 kg 이하인 학생 수를 구하시오.

(4) 남학생과 여학생 중 어느 쪽의 몸무게가 더 무거운 편인지 말하시오.

03　도수분포표의 이해

● 더 다양한 문제는 **RPM** 1–2 155쪽

오른쪽은 어느 반 학생 40명의 하루 동안의 컴퓨터 사용 시간을 조사하여 나타낸 도수분포표이다. 다음 물음에 답하시오.

(1) A에 알맞은 계급을 구하시오.

(2) 25분 이상 30분 미만인 계급의 도수를 구하시오.

(3) 컴퓨터 사용 시간이 29분인 학생이 속하는 계급을 구하시오.

(4) 컴퓨터 사용 시간이 5번째로 긴 학생이 속하는 계급을 구하시오.

(5) 컴퓨터 사용 시간이 20분 미만인 학생 수를 구하시오.

(6) 컴퓨터 사용 시간이 25분 이상인 학생은 전체의 몇 %인지 구하시오.

사용 시간(분)	도수(명)
$5^{이상} \sim 10^{미만}$	4
10　～15	5
15　～20	10
A	13
25　～30	
30　～35	2
합계	40

풀이 (1) 계급의 크기가 5분이므로 20분 이상 25분 미만이다.
(2) $40-(4+5+10+13+2)=6$ (명)
(3) 컴퓨터 사용 시간이 29분인 학생이 속하는 계급은 25분 이상 30분 미만이다.
(4) 컴퓨터 사용 시간이 30분 이상인 학생이 2명, 25분 이상인 학생이 $6+2=8$ (명)이므로 컴퓨터 사용 시간이 5번째로 긴 학생이 속하는 계급은 25분 이상 30분 미만이다.
(5) 컴퓨터 사용 시간이 20분 미만인 학생 수는
$$4+5+10=19$$
(6) 컴퓨터 사용 시간이 25분 이상인 학생 수는
$$6+2=8$$
이므로　$\dfrac{8}{40} \times 100 = 20$ (%)

답 (1) 20분 이상 25분 미만　(2) 6명　(3) 25분 이상 30분 미만
(4) 25분 이상 30분 미만　(5) 19　(6) 20 %

확인 3 오른쪽은 어느 공항에서 기상 악화로 인해 연착된 50대의 비행기의 연착 시간을 조사하여 나타낸 도수분포표이다. 다음 물음에 답하시오.

(1) A의 값을 구하시오.

(2) 계급의 크기를 구하시오.

(3) 도수가 가장 큰 계급을 구하시오.

(4) 연착 시간이 16번째로 짧은 비행기가 속하는 계급을 구하시오.

(5) 연착 시간이 90분 이상 150분 미만인 비행기는 전체의 몇 %인지 구하시오.

연착 시간(분)	도수(대)
$0^{이상} \sim 30^{미만}$	6
30　～60	8
60　～90	14
90　～120	A
120　～150	2
150　～180	11
합계	50

UP
04 도수분포표에서 특정 계급의 백분율

● 더 다양한 문제는 RPM 1–2 156쪽

① 각 계급의 백분율
  ➡ $\dfrac{(\text{그 계급의 도수})}{(\text{도수의 총합})} \times 100\,(\%)$

② 각 계급의 도수
  ➡ (도수의 총합)
   $\times \dfrac{(\text{그 계급의 백분율})}{100}$

오른쪽은 지영이네 학교 1학년 학생들의 통학 시간을 조사하여 나타낸 도수분포표이다. 통학 시간이 5분 이상 10분 미만인 학생이 1학년 학생 전체의 20 %일 때, 다음 물음에 답하시오.

(1) 전체 학생 수를 구하시오.

(2) A의 값을 구하시오.

(3) 통학 시간이 20분 이상인 학생은 1학년 학생 전체의 몇 %인지 구하시오.

통학 시간(분)	도수(명)
$0^{이상} \sim 5^{미만}$	4
5 ~ 10	10
10 ~ 15	A
15 ~ 20	13
20 ~ 25	6
25 ~ 30	2
합계	

IV-2
도수분포표와 상대도수

풀이 (1) 통학 시간이 5분 이상 10분 미만인 학생은 10명이므로 전체 학생 수를 x라 하면

$$10 = x \times \dfrac{20}{100} \qquad \therefore x = 50$$

따라서 전체 학생 수는 50이다.

(2) $A = 50 - (4 + 10 + 13 + 6 + 2) = 15$

(3) 통학 시간이 20분 이상인 학생은

$$6 + 2 = 8 \, (\text{명})$$

이므로 $\dfrac{8}{50} \times 100 = 16 \, (\%)$

답 (1) 50 (2) 15 (3) 16 %

확인 4 오른쪽은 선우네 반 학생들의 일주일 동안의 운동 시간을 조사하여 나타낸 도수분포표이다. 운동 시간이 4시간 미만인 학생이 전체의 30 %일 때, 다음 물음에 답하시오.

(1) A, B의 값을 구하시오.

(2) 운동 시간이 6시간 이상 10시간 미만인 학생은 전체의 몇 %인지 구하시오.

운동 시간(시간)	도수(명)
$0^{이상} \sim 2^{미만}$	2
2 ~ 4	A
4 ~ 6	3
6 ~ 8	4
8 ~ 10	B
10 ~ 12	2
합계	20

확인 5 오른쪽은 윤정이네 동네의 가구별 한 달 전력 소비량을 조사하여 나타낸 도수분포표이다. 전력 소비량이 250 kWh 이상인 가구가 전체의 32 %일 때, 전력 소비량이 150 kWh 미만인 가구는 전력 소비량이 200 kWh 미만인 가구의 몇 %인지 구하시오.

전력 소비량(kWh)	도수(가구)
$100^{이상} \sim 150^{미만}$	3
150 ~ 200	
200 ~ 250	5
250 ~ 300	5
300 ~ 350	3
합계	

01 오른쪽은 현주네 모둠 학생들의 윗몸일으키기 기록을 조사하여 나타낸 줄기와 잎 그림이다. 기록이 15회 이상 33회 미만인 학생 수는?

① 4　　　　　② 5
③ 6　　　　　④ 7
⑤ 8

(1|3은 13회)

줄기	잎
1	3　5　8
2	2　4　6　7
3	0　3　7
4	5　6

줄기와 잎 그림에서 십의 자리의 숫자를 줄기, 일의 자리의 숫자를 잎으로 할 때, 줄기가 a, 잎이 b인 변량
➡ $10a+b$

02 오른쪽은 세계 여러 도시들의 어느 날 낮 최고 기온을 조사하여 나타낸 줄기와 잎 그림이다. 줄기가 3인 잎의 합이 21일 때, 낮 최고 기온이 6번째로 높은 기온을 구하시오.

(1|2는 12 ℃)

줄기	잎
1	2　4　8
2	0　1　2　6　7　9
3	0　1　x　6　9
4	1　2　4

03 오른쪽은 로희가 감귤 따기 체험에서 딴 감귤의 무게를 측정하여 나타낸 줄기와 잎 그림이다. 무게가 273 g 이상 287 g 미만인 감귤은 전체의 몇 %인지 구하시오.

(25|1은 251 g)

줄기	잎
25	1　3　3　5　9
26	2　3　4　4　7　7　8　9
27	1　2　2　3　4　5　6　7　9
28	1　5　7

먼저 로희가 딴 전체 감귤의 수를 구한다.

04 아래는 어느 도서관에 회원으로 등록한 회원들의 나이를 조사하여 나타낸 줄기와 잎 그림이다. 다음 중 옳은 것은?

(1|7은 17세)

잎 (남자)	줄기	잎 (여자)
9	1	7　9
5　1	2	0　1　5　8
6　6　2　1	3	0　2　5
8　7　4	4	1　2
5　2	5	1

① 전체 회원 수는 25이다.
② 잎이 가장 많은 줄기는 2이다.
③ 40세 이상인 남자 회원은 2명이다.
④ 20세 미만인 회원은 남자보다 여자가 더 많다.
⑤ 여자 회원이 남자 회원보다 더 많다.

05 다음 중 도수분포표에 대한 설명으로 옳지 <u>않은</u> 것은?

① 각 계급에 속하는 자료의 개수를 도수라 한다.
② 각 계급의 양 끝 값의 차를 계급의 크기라 한다.
③ 계급의 크기의 단위는 변량의 단위와 같다.
④ 도수의 총합은 변량의 총개수와 같다.
⑤ 계급의 개수를 적게 할수록 도수분포표에서 자료의 분포 상태를 알기 쉽다.

06 오른쪽은 어느 반 학생들이 1년 동안 본 영화 수를 조사하여 나타낸 도수분포표이다. $A+B$의 값은?

① 16　　② 17　　③ 18
④ 19　　⑤ 20

영화 수(편)	도수(명)
$0^{이상} \sim 2^{미만}$	2
2　～　4	B
4　～　6	10
6　～　8	4
8　～　A	3
합계	25

07 오른쪽은 한 상자에 들어 있는 토마토 25개의 무게를 측정하여 나타낸 도수분포표이다. 다음 중 옳지 <u>않은</u> 것은?

① 계급의 개수는 6이다.
② 계급의 크기는 10 g이다.
③ 무게가 264 g인 토마토가 속하는 계급의 도수는 2개이다.
④ A의 값은 4이다.
⑤ 무게가 240 g 이상 260 g 미만인 토마토는 전체의 24 %이다.

무게(g)	도수(개)
$220^{이상} \sim 230^{미만}$	10
230　～240	5
240　～250	A
250　～260	3
260　～270	2
270　～280	1
합계	25

어느 한 계급의 도수가 주어지지 않은 경우
➡ 도수의 총합에서 나머지 도수의 합을 빼서 그 계급의 도수를 구한다.

(UP)

08 오른쪽은 은지네 반 학생 30명이 여름 방학 동안 봉사 활동을 한 시간을 조사하여 나타낸 도수분포표이다. 봉사 활동 시간이 9시간 미만인 학생은 전체의 40 %일 때, $A-B$의 값을 구하시오.

시간(시간)	도수(명)
$0^{이상} \sim 3^{미만}$	2
3　～　6	3
6　～　9	A
9　～12	B
12　～15	5
15　～18	9
합계	30

주어진 조건을 이용하여 먼저 A의 값을 구한다.

02 히스토그램과 도수분포다각형

개념원리
이해

1 히스토그램이란 무엇인가?

◎ 핵심문제 01, 03

(1) **히스토그램**: 오른쪽 그림과 같이 가로축에 각 계급의 양 끝 값을, 세로축에 도수를 표시하고, 각 계급의 크기를 가로로, 그 계급의 도수를 세로로 하는 직사각형을 그려 놓은 그래프

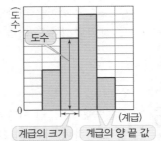

(2) **히스토그램을 그리는 방법**

❶ 가로축에 각 계급의 양 끝 값을 적는다.

❷ 세로축에 도수를 적는다.

❸ 계급의 크기를 가로로, 그 계급에 속하는 도수를 세로로 하는 직사각형을 그린다.

> 참고 히스토그램에서 { 계급의 크기 ➡ 직사각형의 가로의 길이
> 도수 ➡ 직사각형의 세로의 길이

예 다음은 이서네 반 학생 30명의 몸무게를 조사하여 나타낸 도수분포표를 히스토그램으로 나타낸 것이다.

[도수분포표]

몸무게(kg)	도수(명)
$30^{이상} \sim 40^{미만}$	2
40 ～ 50	11
50 ～ 60	13
60 ～ 70	4
합계	30

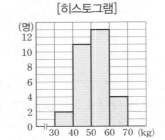

2 히스토그램의 특징

◎ 핵심문제 02

(1) 자료의 전체적인 분포 상태를 한눈에 알아볼 수 있다.

(2) 히스토그램의 각 직사각형에서 가로의 길이는 계급의 크기로 일정하므로 각 직사각형의 넓이는 세로의 길이인 각 계급의 도수에 정비례한다.

(3) (직사각형의 넓이) = (계급의 크기) × (그 계급의 도수)

(직사각형의 넓이의 합) = {(계급의 크기) × (그 계급의 도수)}의 합

= (계급의 크기) × (도수의 총합)

예 ❶의 예 의 히스토그램에서 직사각형의 넓이의 합을 구해 보면

(직사각형의 넓이의 합) = (계급의 크기) × (도수의 총합)

이므로

$10 \times 30 = 300$

(1) **도수분포다각형**: 히스토그램에서 각 계급의 직사각형의 윗변의 중
　점을 차례로 선분으로 연결하고 양 끝에 도수가 0인 계급을 하나
　씩 추가하여 그 중점을 선분으로 연결하여 그린 그래프

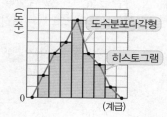

(2) **도수분포다각형을 그리는 방법**
　❶ 히스토그램에서 각 직사각형의 윗변의 중앙에 점을 찍는다.
　❷ 그래프의 양 끝에 도수가 0인 계급이 하나씩 있는 것으로 생각
　　하여 그 중앙에 점을 찍는다.
　❸ ❶, ❷에서 찍은 점을 선분으로 연결한다.

참고 ① 도수분포다각형에서 계급의 개수를 셀 때 양 끝에 있는 도수가 0인 계급은 세지 않는다.
　　 ② 도수분포다각형을 그릴 때 히스토그램을 그리지 않고 도수분포표를 보고 직접 그릴 수도 있다.

(1) 자료의 분포 상태를 연속적으로 관찰할 수 있다.

(2) (도수분포다각형과 가로축으로 둘러싸인 부분의 넓이) = (히스토그램의 직사각형의 넓이의 합)

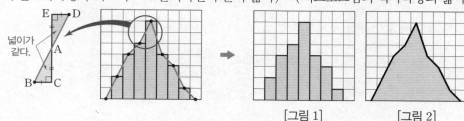

[그림 1]　　　　[그림 2]

▶ 위의 그림의 두 직각삼각형 ABC와 ADE에서 밑변 BC, DE의 길이와 높이 AC, AE의 길이가 각각 같
　으므로 두 직각삼각형의 넓이는 같다.
　따라서 [그림 1]과 [그림 2]에서 색칠한 부분의 넓이가 같다.

(3) 2개 이상의 자료의 분포 상태를 한눈에 비교할 때에는 도수분포다각형이 히스토그램보다 편리하다.

참고 오른쪽은 A 반과 B 반 학생들을 대상으로 과학 성적을 조사하여 나타
　낸 도수분포다각형이다. A 반과 B 반 중 B 반 학생들의 성적을 나타
　낸 그래프가 A 반 학생들의 성적을 나타낸 그래프보다 오른쪽으로 치
　우쳐 있으므로 B 반 학생들의 성적이 A 반 학생들의 성적보다 더 좋
　은 편임을 알 수 있다.

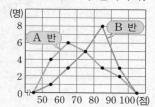

　이와 같이 2개 이상의 자료의 분포 상태를 한눈에 비교할 때에는 도수
　분포다각형이 편리하다.

01 다음은 규리네 반 학생들의 국어 성적을 조사하여 나타낸 도수분포표이다. 이 표를 히스토그램으로 나타내시오.

점수(점)	도수(명)
40^{이상} ~ 50^{미만}	2
50 ~ 60	5
60 ~ 70	7
70 ~ 80	10
80 ~ 90	4
90 ~ 100	2
합계	30

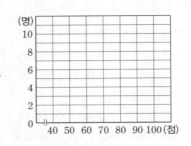

○ 히스토그램에서
　(직사각형의 가로의 길이)
　= (　　　　　)
　(직사각형의 세로의 길이)
　= (　　)

02 오른쪽은 현진이네 학교 1학년 학생들의 100 m 달리기 기록을 조사하여 나타낸 히스토그램이다. 다음 물음에 답하시오.

(1) 계급의 크기를 구하시오.

(2) 계급의 개수를 구하시오.

(3) 18초 이상 19초 미만인 계급의 도수를 구하시오.

(4) 도수가 가장 큰 계급을 구하시오.

(5) 1학년 전체 학생 수를 구하시오.

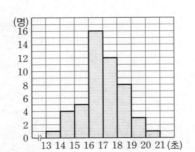

03 오른쪽은 태하네 반 학생들의 음악 실기 점수를 조사하여 나타낸 히스토그램이다. □ 안에 알맞은 수를 써넣으시오.

계급의 크기는 □점이고, 전체 학생 수가
□이므로 직사각형의 넓이의 합은
□×□=□

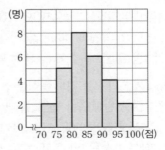

○ 히스토그램에서
　(직사각형의 넓이의 합)
　=(계급의 크기)
　　×(　　　　)

▶정답 및 풀이 71쪽

04 다음 히스토그램을 도수분포다각형으로 나타내시오.

(1)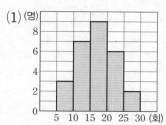

(2)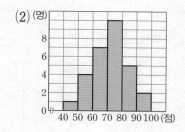

◆ 도수분포다각형
➡ 히스토그램에서 각 계급의 직사각형의 윗변의 [　　] 을 선분으로 연결하여 그린 그래프

05 다음은 유나네 반 학생들의 식사 시간을 조사하여 나타낸 도수분포표이다. 이 표를 도수분포다각형으로 나타내시오.

시간(분)	도수(명)
$10^{이상} \sim 15^{미만}$	3
15　～20	7
20　～25	8
25　～30	5
30　～35	3
35　～40	1
합계	27

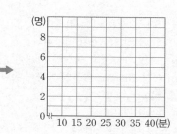

06 오른쪽은 윤우네 반 학생들의 과학 성적을 조사하여 나타낸 도수분포다각형이다. 다음 물음에 답하시오.

(1) 계급의 크기를 구하시오.

(2) 계급의 개수를 구하시오.

(3) 과학 성적이 60점 이상 70점 미만인 학생 수를 구하시오.

(4) 도수가 가장 작은 계급을 구하시오.

(5) 전체 학생 수를 구하시오.

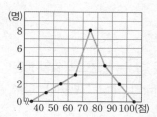

◆ 계급의 개수를 셀 때, 양 끝에 있는 도수가 0인 계급은 세지 않는다.

07 오른쪽은 영훈이네 반 학생들의 공 던지기 기록을 조사하여 나타낸 도수분포다각형이다. 도수분포다각형과 가로축으로 둘러싸인 부분의 넓이를 구하시오.

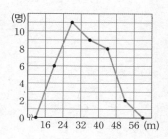

◆ (도수분포다각형과 가로축으로 둘러싸인 부분의 넓이)
= (히스토그램의 직사각형의 넓이의 합)
= (계급의 크기)
　　×(　　　　)

● 더 다양한 문제는 **RPM** 1-2 156쪽

01 히스토그램의 이해

━━━| **KEY** POINT |━━━
① (계급의 크기)
　 = (직사각형의 가로의 길이)
② (도수)
　 = (직사각형의 세로의 길이)

오른쪽은 유리네 반 학생들의 키를 조사하여 나타낸 히스토그램이다. 다음 물음에 답하시오.

(1) 전체 학생 수를 구하시오.

(2) 도수가 가장 큰 계급을 구하시오.

(3) 키가 8번째로 큰 학생이 속하는 계급을 구하시오.

(4) 키가 145 cm 이상 160 cm 미만인 학생 수를 구하시오.

(5) 키가 155 cm 이상인 학생은 전체의 몇 %인지 구하시오.

풀이 (1) 전체 학생 수는　4+6+10+12+7+1=40
(2) 도수가 가장 큰 계급은 150 cm 이상 155 cm 미만이다.
(3) 키가 160 cm 이상인 학생이 1명, 155 cm 이상인 학생이 7+1=8 (명)이므로 키가
　 8번째로 큰 학생은 155 cm 이상 160 cm 미만인 계급에 속한다.
(4) 키가 145 cm 이상 160 cm 미만인 학생 수는
　　10+12+7=29
(5) 키가 155 cm 이상인 학생 수는 7+1=8이므로

$$\frac{8}{40} \times 100 = 20 \, (\%)$$

답 (1) 40　(2) 150 cm 이상 155 cm 미만
(3) 155 cm 이상 160 cm 미만
(4) 29　(5) 20 %

확인 ① 오른쪽은 승준이가 운영하는 블로그의 일일 방문자 수를 조사하여 나타낸 히스토그램이다. 다음 물음에 답하시오.

(1) 방문자 수가 5번째로 많은 날이 속하는 계급을 구하시오.

(2) 방문자가 70명 이상인 날은 전체의 몇 %인지 구하시오.

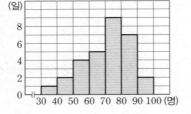

02 히스토그램에서 직사각형의 넓이

● 더 다양한 문제는 RPM 1–2 157쪽

오른쪽은 지혜네 반 학생들의 윗몸일으키기 기록을 조사하여 나타낸 히스토그램이다. 직사각형의 넓이의 합을 구하시오.

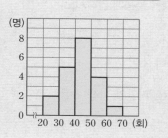

• 히스토그램에서 직사각형의 넓이
➡ (계급의 크기)
× (그 계급의 도수)

• 직사각형의 넓이는 각 계급의 도수에 정비례한다.
• (직사각형의 넓이의 합)
= (계급의 크기) × (도수의 총합)

풀이 (직사각형의 넓이의 합) = (계급의 크기) × (도수의 총합)
$= 10 \times (2+5+8+4+1) = 10 \times 20 = 200$

답 200

확인 ② 오른쪽은 어느 반 학생들의 하루 동안의 컴퓨터 사용 시간을 조사하여 나타낸 히스토그램이다. 도수가 가장 큰 계급의 직사각형의 넓이를 a, 직사각형의 넓이의 합을 b라 할 때, $a+b$의 값을 구하시오.

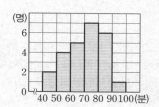

03 일부가 보이지 않는 히스토그램

● 더 다양한 문제는 RPM 1–2 157쪽

오른쪽은 어느 반 학생 50명이 수학 시간에 실제로 집중하는 시간을 조사하여 나타낸 히스토그램인데 일부가 찢어져 보이지 않는다. 집중하는 시간이 20분 이상 40분 미만인 학생이 전체의 32 %일 때, 집중하는 시간이 30분 이상 40분 미만인 학생 수를 구하시오.

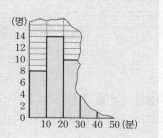

• ▲의 32 % ➡ ▲ × $\frac{32}{100}$

• (보이지 않는 계급의 도수)
= (도수의 총합)
− (나머지 계급의 도수의 합)

풀이 집중하는 시간이 20분 이상 40분 미만인 학생이 전체의 32 %이므로 학생 수는

$50 \times \frac{32}{100} = 16$

이때 집중하는 시간이 20분 이상 30분 미만인 학생 수가 10이므로 집중하는 시간이 30분 이상 40분 미만인 학생 수는　$16 - 10 = 6$

답 6

확인 ③ 오른쪽은 수영이네 반 학생 40명의 수학 성적을 조사하여 나타낸 히스토그램인데 일부가 찢어져 보이지 않는다. 수학 성적이 80점 미만인 학생이 전체의 70 %일 때, 수학 성적이 70점 이상 80점 미만인 학생 수를 구하시오.

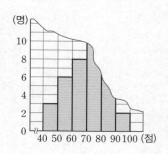

04 **도수분포다각형의 이해**　　　● 더 다양한 문제는 **RPM** 1–2 158쪽

오른쪽은 효원이네 반 학생들의 몸무게를 조사하여 나타낸 도수분포다각형이다. 다음 물음에 답하시오.

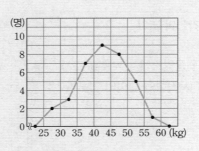

(1) 전체 학생 수를 구하시오.

(2) 도수가 가장 큰 계급을 구하시오.

(3) 몸무게가 35 kg 이상 40 kg 미만인 학생 수를 구하시오.

(4) 몸무게가 가장 가벼운 학생이 속하는 계급을 구하시오.

(5) 몸무게가 45 kg 이상인 학생은 전체의 몇 %인지 구하시오.

(6) 도수분포다각형과 가로축으로 둘러싸인 부분의 넓이를 구하시오.

풀이 (1) 전체 학생 수는　　$2+3+7+9+8+5+1=35$

(2) 도수가 가장 큰 계급은 40 kg 이상 45 kg 미만이다.

(3) 몸무게가 35 kg 이상 40 kg 미만인 학생 수는 7이다.

(4) 몸무게가 가장 가벼운 학생이 속하는 계급은 25 kg 이상 30 kg 미만이다.

(5) 몸무게가 45 kg 이상인 학생 수는 $8+5+1=14$이므로

$$\frac{14}{35}\times100=40\,(\%)$$

(6) (도수분포다각형과 가로축으로 둘러싸인 부분의 넓이)

　　=(히스토그램의 직사각형의 넓이의 합)

　　=(계급의 크기)×(도수의 총합)$=5\times35=175$

　답 (1) 35　(2) 40 kg 이상 45 kg 미만　(3) 7
　(4) 25 kg 이상 30 kg 미만　(5) 40 %　(6) 175

확인 ④ 오른쪽은 소라네 반 학생들의 키를 조사하여 나타낸 도수분포다각형이다. 다음 물음에 답하시오.

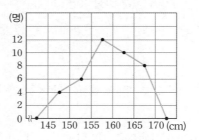

(1) 전체 학생 수를 구하시오.

(2) 키가 4번째로 큰 학생이 속하는 계급의 도수를 구하시오.

(3) 키가 155 cm 이상 160 cm 미만인 학생은 전체의 몇 %인지 구하시오.

▶ 정답 및 풀이 72쪽

05 일부가 보이지 않는 도수분포다각형

● 더 다양한 문제는 RPM 1-2 159쪽

KEY POINT

일부가 보이지 않는 도수분포다각형에서 보이지 않는 계급의 도수를 구할 때
➡ 도수의 총합이 주어지지 않은 경우에는 도수의 총합을 먼저 구한다.

오른쪽은 선민이네 학교 학생들의 여름 방학 동안의 취미 활동 시간을 조사하여 나타낸 도수분포다각형인데 일부가 찢어져 보이지 않는다. 취미 활동 시간이 6시간 미만인 학생이 전체의 20 %일 때, 다음 물음에 답하시오.

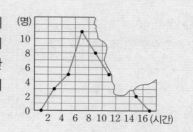

(1) 전체 학생 수를 구하시오.

(2) 취미 활동 시간이 12시간 이상 14시간 미만인 학생 수를 구하시오.

풀이 (1) 취미 활동 시간이 6시간 미만인 학생 수는 $3+5=8$이므로 전체 학생 수를 x라 하면

$$8=x\times\frac{20}{100} \qquad \therefore x=40$$

따라서 전체 학생 수는 40이다.

(2) 취미 활동 시간이 12시간 이상 14시간 미만인 학생 수는

$$40-(3+5+11+8+5+2)=6$$

답 (1) 40 (2) 6

확인 5 오른쪽은 어느 중학교 1학년 학생들의 수학 성적을 조사하여 나타낸 도수분포다각형인데 일부가 찢어져 보이지 않는다. 수학 성적이 70점 이상인 학생이 전체의 30 %일 때, 다음 물음에 답하시오.

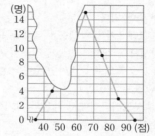

(1) 전체 학생 수를 구하시오.

(2) 수학 성적이 50점 이상 60점 미만인 학생 수를 구하시오.

확인 6 오른쪽은 지석이네 반 학생 35명이 하루 동안 휴대폰으로 보낸 메시지의 건수를 조사하여 나타낸 도수분포다각형인데 일부가 얼룩져 보이지 않는다. 하루 동안 휴대폰으로 보낸 메시지가 25건 이상 30건 미만인 학생 수가 30건 이상 35건 미만인 학생 수의 2배일 때, 메시지가 25건 이상 30건 미만인 학생 수를 구하시오.

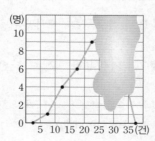

▶ 정답 및 풀이 72쪽

UP
06 두 도수분포다각형의 비교

● 더 다양한 문제는 RPM 1-2 159쪽

오른쪽은 주안이네 반 남학생과 여학생이 가지고 있는 필기구의 개수를 조사하여 나타낸 도수분포다각형이다. 다음 보기 중 옳은 것을 모두 고르시오.

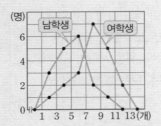

보기

ㄱ. 남학생 수와 여학생 수가 같다.
ㄴ. 필기구의 개수가 가장 많은 학생은 여학생 중에 있다.
ㄷ. 여학생이 남학생보다 가지고 있는 필기구의 개수가 더 많은 편이다.
ㄹ. 각각의 도수분포다각형과 가로축으로 둘러싸인 부분의 넓이가 같다.

 ㄱ. (남학생 수)$=3+5+6+2+1+0=17$
(여학생 수)$=1+2+3+7+5+2=20$
따라서 남학생 수와 여학생 수가 다르다.

ㄴ. 필기구가 11개 이상 13개 미만인 학생이 여학생만 2명이므로 필기구의 개수가 가장 많은 학생은 여학생 중에 있다.

ㄷ. 여학생을 나타내는 그래프가 남학생을 나타내는 그래프보다 오른쪽으로 치우쳐 있으므로 여학생이 남학생보다 가지고 있는 필기구의 개수가 더 많은 편이다.

ㄹ. (도수분포다각형과 가로축으로 둘러싸인 부분의 넓이)
$=$ (계급의 크기)$\times$(도수의 총합)
이고 주어진 두 도수분포다각형에서 계급의 크기는 같지만 도수의 총합인 남학생 수와 여학생 수가 다르다.
따라서 각각의 도수분포다각형과 가로축으로 둘러싸인 부분의 넓이는 다르다.

이상에서 옳은 것은 ㄴ, ㄷ이다. **답** ㄴ, ㄷ

확인 7 오른쪽은 어느 중학교 A 반과 B 반 학생들의 한 달 동안 도서관 이용 횟수를 조사하여 나타낸 도수분포다각형이다. 다음 보기 중 옳은 것을 모두 고르시오.

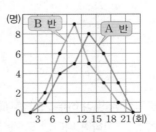

보기

ㄱ. A 반 학생들이 B 반 학생들보다 도서관 이용 횟수가 많은 편이다.
ㄴ. 도서관 이용 횟수가 가장 많은 학생은 A 반에 있다.
ㄷ. 도서관 이용 횟수가 9회 이상 15회 미만인 학생은 A 반보다 B 반이 1명 더 많다.

01 오른쪽은 어느 농구반 학생들의 일주일 동안의 운동 시간을 조사하여 나타낸 히스토그램이다. 다음 중 옳은 것은?

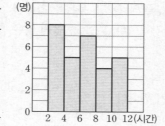

① 농구반 전체 학생 수는 30이다.
② 계급의 개수는 5이고, 계급의 크기는 2시간이다.
③ 도수가 가장 작은 계급은 2시간 이상 4시간 미만 이다.
④ 운동 시간이 6시간 미만인 학생 수는 12이다.
⑤ 운동 시간이 7번째로 긴 학생이 속하는 계급의 도수는 5명이다.

· 계급의 크기
➡ 직사각형의 가로의 길이
· 도수
➡ 직사각형의 세로의 길이

IV-2

도수분포표와 상대도수

02 오른쪽은 어느 줄넘기 동아리 학생들의 양팔을 벌린 길이를 조사하여 나타낸 히스토그램이다. 160 cm 이상 170 cm 미만인 계급의 직사각형의 넓이는 170 cm 이상 180 cm 미만인 계급의 직사각형의 넓이의 몇 배인지 구하시오.

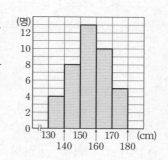

03 오른쪽은 어느 아파트 50가구의 한 달 동안의 도시가스 사용량을 조사하여 나타낸 히스토그램인데 일부가 찢어져 보이지 않는다. $7 \, m^3$ 이상 $9 \, m^3$ 미만인 계급의 도수가 $9 \, m^3$ 이상 $11 \, m^3$ 미만인 계급의 도수보다 1가구 작을 때, $7 \, m^3$ 이상 $9 \, m^3$ 미만인 계급의 도수는?

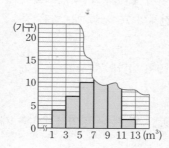

① 12가구   ② 13가구
③ 14가구   ④ 15가구
⑤ 16가구

구하는 계급의 도수를 x가구로 놓고 전체 가구 수를 이용하여 식을 세운다.

04 오른쪽은 지민이네 반 학생들의 1년 동안의 여행 횟수를 조사하여 나타낸 히스토그램인데 일부가 찢어져 보이지 않는다. 여행 횟수가 14회 이상 16회 미만인 학생이 전체의 20 %일 때, 여행 횟수가 10회 이상 12회 미만인 학생 수를 구하시오.

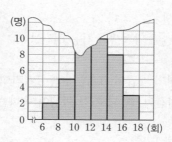

▶ 정답 및 풀이 73쪽

05 오른쪽은 어느 반 학생들의 한 달 용돈을 조사하여 나타낸 도수분포다각형이다. 다음 중 옳지 않은 것은?

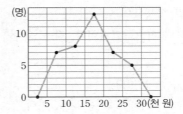

① 계급의 개수는 5이다.
② 계급의 크기는 오천 원이다.
③ 전체 학생 수는 40이다.
④ 한 달 용돈이 만 오천 원 미만인 학생은 8명이다.
⑤ 한 달 용돈이 만 오천 원 이상 이만 원 미만인 학생이 가장 많다.

06 오른쪽은 어느 농구부 학생들이 50개씩 자유투를 했을 때 성공한 개수를 조사하여 나타낸 도수분포다각형이다. 자유투 성공률이 60 % 이상인 농구부 학생 수를 구하시오.

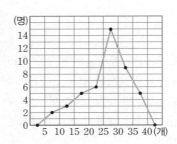

자유투 성공률이 60 %인 학생이 성공한 자유투 개수
➡ (전체 자유투 수) × $\dfrac{60}{100}$

07 오른쪽은 수영이네 학교 1학년 학생 50명의 100 m 달리기 기록을 조사하여 나타낸 도수분포다각형인데 일부가 찢어져 보이지 않는다. 기록이 19초 미만인 학생이 전체의 76 %일 때, 다음 물음에 답하시오.

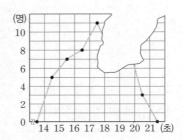

기록이 18초 이상 19초 미만인 학생 수를 x로 놓고 식을 세운다.

(1) 기록이 18초 이상 19초 미만인 학생 수를 구하시오.

(2) 수영이의 기록이 19.3초일 때, 수영이가 속하는 계급의 도수를 구하시오.

UP

08 오른쪽은 어느 중학교 1학년 남학생과 여학생의 일주일 동안의 컴퓨터 사용 시간을 조사하여 나타낸 도수분포다각형이다. 다음 중 옳지 않은 것을 모두 고르면? (정답 2개)

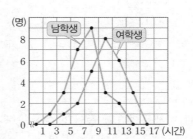

① 남학생 수와 여학생 수는 같다.
② 여학생의 사용 시간이 남학생의 사용 시간보다 긴 편이다.
③ 두 도수분포다각형의 계급의 크기는 모두 1시간이다.
④ 여학생 중 사용 시간이 6번째로 긴 학생이 속하는 계급은 11시간 이상 13시간 미만이다.
⑤ 남학생의 도수분포다각형에서 도수가 가장 큰 계급의 도수는 8명이다.

03 상대도수와 그 그래프

2. 도수분포표와 상대도수

개념원리
이해

1 상대도수란 무엇인가?

○ 핵심문제 01~03

(1) **상대도수**: 도수분포표에서 전체 도수에 대한 각 계급의 도수의 비율

→ $(계급의 상대도수) = \dfrac{(계급의 도수)}{(도수의 총합)}$ ← 일반적으로 각 계급에 해당되는 도수의 비율을 쉽게 비교하기 위해 소수로 나타낸다.

(2) **상대도수의 분포표**: 각 계급의 상대도수를 나타낸 표

2 상대도수의 특징

○ 핵심문제 01~03

(1) 각 계급의 상대도수는 0 이상 1 이하이고, 상대도수의 총합은 항상 1이다.

(2) 각 계급의 상대도수는 그 계급의 도수에 정비례한다.

(3) 도수의 총합이 다른 두 집단의 자료의 분포 상태를 비교할 때, 상대도수를 이용하면 편리하다.

설명 오른쪽은 A, B 두 학교 학생들의 하루 평균 독서 시간을 조사하여 나타낸 도수분포표이다. 하루 평균 독서 시간이 3시간 이상 3.5시간 미만인 학생의 비율은 어느 학교가 더 높은지 알아볼 때, 두 학교의 전체 학생 수가 다르므로 단순히 12와 18을 비교하는 것은 의미가 없다. 이때 3시간 이상 3.5시간 미만인 계급에서 A, B 두 학교의 상대도수는 각각

독서 시간(시간)	도수(명)	
	A 학교	B 학교
⋮	⋮	⋮
$3^{이상}$ ~ $3.5^{미만}$	12	18
⋮	⋮	⋮
합계	30	60

$$A \text{ 학교}: \frac{12}{30} = 0.4, \quad B \text{ 학교}: \frac{18}{60} = 0.3$$

이므로 하루 평균 독서 시간이 3시간 이상 3.5시간 미만인 학생의 비율이 더 높은 학교는 A 학교임을 알 수 있다.

이와 같이 도수의 총합이 다른 두 집단의 자료의 분포 상태는 각 계급의 상대도수를 구하여 비교할 수 있다.

3 상대도수의 분포를 나타낸 그래프

○ 핵심문제 04~06

(1) **상대도수의 분포를 나타낸 그래프**: 상대도수의 분포표를 히스토그램이나 도수분포다각형 모양으로 나타낸 그래프

(2) **상대도수의 분포를 나타낸 그래프를 그리는 방법**

❶ 가로축에 각 계급의 양 끝 값을 적는다.

❷ 세로축에 상대도수를 적는다.

❸ 히스토그램이나 도수분포다각형을 그리는 방법과 같은 방법으로 그린다.

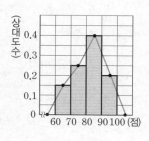

참고 상대도수의 총합은 항상 1이므로 상대도수의 분포를 나타낸 그래프와 가로축으로 둘러싸인 부분의 넓이는 계급의 크기와 같다.

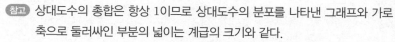

→ (넓이) = (계급의 크기) × (상대도수의 총합) = (계급의 크기) × 1 = (계급의 크기)

개념원리 확인하기

01 오른쪽은 어느 중학교 학생 50명이 1년 동안 자란 키를 조사하여 나타낸 상대도수의 분포표이다. 다음 물음에 답하시오.

(1) 상대도수의 분포표를 완성하시오.

(2) 상대도수가 가장 큰 계급을 구하시오.

자란 키(mm)	도수(명)	상대도수
0^{이상} ~ 10^{미만}	5	$\frac{5}{50}=0.1$
10 ~ 20	9	
20 ~ 30	13	
30 ~ 40	10	
40 ~ 50	7	
50 ~ 60	6	
합계	50	1

◉ (계급의 상대도수)
$$= \frac{(\quad\quad)}{(\quad\quad)}$$

02 오른쪽은 어느 중학교 학생들의 하루 평균 수면 시간을 조사하여 나타낸 상대도수의 분포표이다. 다음 물음에 답하시오.

(1) 전체 학생 수를 구하시오.

(2) A, B, C, D의 값을 구하시오.

(3) 상대도수의 분포표를 도수분포다각형 모양의 그래프로 나타내시오.

수면 시간(시간)	도수(명)	상대도수
4^{이상} ~ 5^{미만}	5	0.1
5 ~ 6	15	A
6 ~ 7	B	0.4
7 ~ 8		C
합계		D

◉ (도수의 총합)
$$= \frac{(\quad\quad)}{(\quad\quad)}$$
(계급의 도수)
$$= (\quad\quad)$$
$$\times (\quad\quad)$$

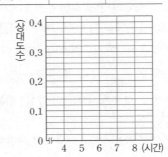

03 다음 ☐ 안에 알맞은 것을 써넣으시오.

(1) 상대도수의 총합은 항상 ☐이다.

(2) 도수의 총합이 다른 두 집단의 분포 상태를 비교할 때 [   ]를 이용하면 편리하다.

(3) 각 계급의 상대도수는 그 계급의 도수에 ☐비례한다.

(4) 상대도수의 분포를 나타낸 그래프와 가로축으로 둘러싸인 부분의 넓이는 [   ]와 같다.

01 상대도수의 분포표의 이해

● 더 다양한 문제는 **RPM** 1-2 161쪽

오른쪽은 나연이네 학교 학생들의 몸무게를 조사하여 나타낸 상대도수의 분포표이다. 다음 물음에 답하시오.

(1) 전체 학생 수를 구하시오.

(2) A, B, C의 값을 구하시오.

(3) 몸무게가 50 kg 미만인 학생은 전체의 몇 %인지 구하시오.

몸무게(kg)	도수(명)	상대도수
$35^{이상} \sim 40^{미만}$	4	0.08
40 ~ 45	10	0.2
45 ~ 50	14	A
50 ~ 55	B	0.22
55 ~ 60	8	0.16
60 ~ 65	3	0.06
합계		C

KEY POINT

① (계급의 상대도수)
$$= \frac{(계급의 도수)}{(도수의 총합)}$$

② (계급의 도수)
$= (도수의 총합)$
$\times (계급의 상대도수)$

③ (도수의 총합)
$$= \frac{(계급의 도수)}{(계급의 상대도수)}$$

④ 상대도수의 총합은 항상 1이다.

⑤ 백분율(%) 구하기
➡ (상대도수)×100 (%)

IV-2

상
대
도
수

도
수
분
포
표
와

풀이 (1) 35 kg 이상 40 kg 미만인 계급의 도수가 4명, 상대도수가 0.08이므로

$$(전체 학생 수) = \frac{4}{0.08} = 50$$

(2) $A = \frac{14}{50} = 0.28$, $B = 50 \times 0.22 = 11$

상대도수의 총합은 항상 1이므로 $C = 1$

(3) 몸무게가 50 kg 미만인 계급의 상대도수의 합은

$0.08 + 0.2 + 0.28 = 0.56$

이므로 $0.56 \times 100 = 56$ (%)

답 (1) 50 (2) $A = 0.28$, $B = 11$, $C = 1$ (3) 56 %

확인 ❶ 오른쪽은 준호네 반 학생들의 키를 조사하여 나타낸 상대도수의 분포표이다. 다음 물음에 답하시오.

(1) A, B, C, D의 값을 구하시오.

(2) 키가 160 cm 이상인 학생은 전체의 몇 %인지 구하시오.

키(cm)	도수(명)	상대도수
$140^{이상} \sim 150^{미만}$	4	0.1
150 ~ 160	18	0.45
160 ~ 170	A	0.3
170 ~ 180	6	B
합계	D	C

확인 ❷ 오른쪽은 윤하네 중학교 학생 60명이 3개월 동안 본 영화 수를 조사하여 나타낸 상대도수의 분포표이다. 3개월 동안 본 영화 수가 6편 이상인 학생 수를 구하시오.

영화 수(편)	상대도수
$0^{이상} \sim 2^{미만}$	0.1
2 ~ 4	0.15
4 ~ 6	0.2
6 ~ 8	
8 ~ 10	0.5
합계	

● 더 다양한 문제는 RPM 1–2 161쪽

02 일부가 보이지 않는 상대도수의 분포표

KEY POINT

일부가 보이지 않는 상대도수의 분포
표에서는 도수의 총합을 먼저 구한다.

➡ (도수의 총합)

$= \dfrac{(계급의 도수)}{(계급의 상대도수)}$

오른쪽은 어느 백화점에서 판매하는 식품
의 100 g당 열량을 조사하여 나타낸 상대
도수의 분포표인데 일부가 찢어져 보이지
않는다. 100 kcal 이상 150 kcal 미만인
계급의 도수를 구하시오.

열량(kcal)	도수(개)	상대도수
50이상 ~ 100미만	4	0.05
100 ~ 150		0.15
150 ~ 200		

풀이 (전체 식품의 개수)$= \dfrac{4}{0.05} = 80$

따라서 100 kcal 이상 150 kcal 미만인 계급의 도수는 $80 \times 0.15 = 12$ (개)

답 12개

확인 ③ 오른쪽은 준현이네 학교 학생들의 평균
식사 시간을 조사하여 나타낸 상대도수
의 분포표인데 일부가 찢어져 보이지 않
는다. 15분 이상 20분 미만인 계급의
상대도수를 구하시오.

식사 시간(분)	도수(명)	상대도수
10이상 ~ 15미만	9	0.18
15 ~ 20	17	
20 ~ 25		

03 도수의 총합이 다른 두 집단의 상대도수

● 더 다양한 문제는 RPM 1–2 162쪽

KEY POINT

학교별 전체 학생 수가 다르므로 상대
도수를 구하여 자료를 비교한다.

오른쪽은 3개의 학교 A, B, C의 1학년 전체
학생 수와 혈액형이 O형인 학생 수를 조사하
여 나타낸 표이다. 혈액형이 O형인 학생의 비
율이 가장 높은 학교를 구하시오.

	A	B	C
전체 학생 수(명)	200	250	300
O형인 학생 수(명)	50	60	70

풀이 각 학교의 혈액형이 O형인 학생의 상대도수를 구하면

A: $\dfrac{50}{200} = 0.25$,   B: $\dfrac{60}{250} = 0.24$,   C: $\dfrac{70}{300} = 0.23\cdots$

따라서 혈액형이 O형인 학생의 비율이 가장 높은 학교는 A 학교이다.

답 A 학교

확인 ④ 오른쪽은 두 도시 A, B의 병원 수를 조사하여
나타낸 표이다. 병원 중 도시 B의 비율이 더 높
은 병원을 구하시오.

병원	도수(개)	
	A	B
내과	20	12
이비인후과	11	6
안과	6	5
치과	13	7
합계	50	30

▷ 정답 및 풀이 74쪽

04 상대도수의 분포를 나타낸 그래프

● 더 다양한 문제는 RPM 1-2 163쪽

오른쪽은 은정이네 중학교 학생 100명의 영어 성적에 대한 상대도수의 분포를 나타낸 그래프이다. 다음 물음에 답하시오.

(1) 상대도수가 가장 작은 계급의 도수를 구하시오.

(2) 영어 성적이 80점 이상인 학생은 전체의 몇 %인 지 구하시오.

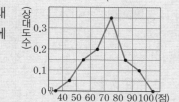

풀이 (1) 상대도수가 가장 작은 계급의 상대도수가 0.05이므로 도수는 $100 \times 0.05 = 5$ (명)
(2) 영어 성적이 80점 이상인 계급의 상대도수의 합은 $0.15 + 0.1 = 0.25$이므로
$0.25 \times 100 = 25$ (%)

답 (1) 5명 (2) 25 %

확인 5 오른쪽은 지우네 학교 학생 50명의 하루 명상 시간에 대한 상대도수의 분포를 나타낸 그래프이다. 명상 시간 이 45분 이상 55분 미만인 학생 수를 구하시오.

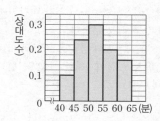

05 일부가 보이지 않는 상대도수의 분포를 나타낸 그래프

● 더 다양한 문제는 RPM 1-2 163쪽

오른쪽은 이안이네 중학교 학생들의 휴대 전화에 저장되어 있는 친구 수에 대한 상대도수의 분포를 나타낸 그래 프인데 일부가 찢어져 보이지 않는다. 저장된 친구가 50명 이상 60명 미만인 학생 수가 5일 때, 저장된 친구가 60명 이상 70명 미만인 학생 수를 구하시오.

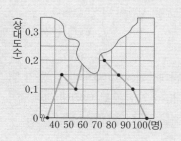

풀이 저장된 친구가 50명 이상 60명 미만인 학생 수가 5, 이 계급의 상대도수가 0.1이므로
$(전체 학생 수) = \dfrac{5}{0.1} = 50$
60명 이상 70명 미만인 계급의 상대도수는 $1 - (0.15 + 0.1 + 0.2 + 0.15 + 0.1) = 0.3$
따라서 구하는 학생 수는 $50 \times 0.3 = 15$

답 15

확인 6 오른쪽은 진구네 중학교 학생 250명의 중간고사 성적의 평균에 대한 상대도수의 분포를 나타낸 그래프인데 일부가 찢어져 보이지 않는다. 평균이 80점 미만인 학생이 전체의 52 %일 때, 평균이 80점 이상 90점 미만인 학생 수를 구하시오.

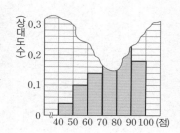

UP
06 도수의 총합이 다른 두 집단의 비교

● 더 다양한 문제는 **RPM 1~2** 164쪽

• 상대도수는 도수의 총합에 대한 비율이므로 도수의 총합을 모르는 경우 상대도수만으로는 두 자료의 도수를 비교할 수 없다.

• (상대도수의 분포를 나타낸 그래프와 가로축으로 둘러싸인 부분의 넓이)
= (계급의 크기) × (상대도수의 총합)
= (계급의 크기)

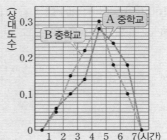

오른쪽은 A 중학교 학생 50명과 B 중학교 학생 100명의 일주일 평균 운동 시간에 대한 상대도수의 분포를 나타낸 그래프이다. 다음 물음에 답하시오.

(1) 일주일 평균 운동 시간이 5시간 이상 6시간 미만인 학생 수는 A 중학교와 B 중학교 중 어느 학교가 몇 명 더 많은지 구하시오.

(2) B 중학교 학생 중 일주일 평균 운동 시간이 4시간 이상인 학생은 전체의 몇 %인지 구하시오.

(3) A 중학교와 B 중학교 중 어느 중학교 학생들의 평균 운동 시간이 더 긴 편인지 구하시오.

풀이 (1) A 중학교와 B 중학교의 5시간 이상 6시간 미만인 계급의 상대도수가 각각 0.24, 0.18
이므로 이 계급의 도수를 각각 구하면
A 중학교: $50 \times 0.24 = 12$ (명), B 중학교: $100 \times 0.18 = 18$ (명)
따라서 일주일 평균 운동 시간이 5시간 이상 6시간 미만인 학생은 B 중학교가
$18 - 12 = 6$ (명)
더 많다.

(2) B 중학교 학생 중 일주일 평균 운동 시간이 4시간 이상인 계급의 상대도수의 합은
$0.3 + 0.18 + 0.1 = 0.58$
이므로 $0.58 \times 100 = 58$ (%)

(3) A 중학교의 그래프가 B 중학교의 그래프보다 오른쪽으로 치우쳐 있으므로 A 중학교 학생들의 일주일 평균 운동 시간이 더 긴 편이다.

답 (1) B 중학교, 6명 (2) 58 % (3) A 중학교

확인 7 오른쪽은 어느 중학교 남학생과 여학생이 한 달 동안 읽은 책의 수에 대한 상대도수의 분포를 나타낸 그래프이다. 다음 중 옳지 않은 것을 모두 고르면? (정답 2개)

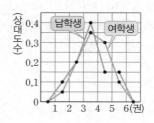

① 남학생 수와 여학생 수는 같다.
② 상대도수의 분포를 나타낸 그래프와 가로축으로 둘러싸인 부분의 넓이는 남학생과 여학생이 서로 같다.
③ 남학생보다 여학생이 읽은 책의 수가 더 많은 편이다.
④ 3권 이상 읽은 학생은 여학생이 남학생보다 더 많다.
⑤ 2권 이상 4권 미만 읽은 남학생은 남학생 전체의 60 %, 여학생은 여학생 전체의 55 %이다.

01 오른쪽은 어느 중학교 1학년 학생들을 대상으로 직업 체험 학습 희망 장소를 조사하여 나타낸 상대도수의 분포표이다. $A \sim E$의 값으로 옳지 <u>않은</u> 것은?

희망 장소	도수(명)	상대도수
방송국	105	0.35
요리 학원	A	0.15
IT 기술 교육 센터	60	B
애견 카페	C	
경찰 학교	D	0.05
합계	E	

① $A=45$ ② $B=0.2$
③ $C=65$ ④ $D=15$
⑤ $E=300$

02 상대도수가 0.4인 계급의 도수가 16일 때, 상대도수가 0.05인 계급의 도수를 구하시오.

03 오른쪽은 지환이네 반 학생들의 사회 수행 평가 점수를 조사하여 나타낸 상대도수의 분포표인데 일부가 찢어져 보이지 않는다. 수행 평가 점수가 70점 이상인 학생은 전체의 몇 %인가?

점수(점)	도수(명)	상대도수
$50^{이상} \sim 60^{미만}$	6	0.2
60 ~ 70	9	

전체 학생 수를 먼저 구한 후 수행 평가 점수가 70점 이상인 학생 수를 구한다.

① 35 %   ② 40 %   ③ 45 %
④ 50 %   ⑤ 55 %

04 오른쪽은 남학생 30명과 여학생 20명을 대상으로 좋아하는 가수를 조사하여 나타낸 상대도수의 분포표의 일부분이다. 전체 학생 중 A를 좋아하는 학생의 상대도수를 구하시오.

좋아하는 가수	상대도수	
	남학생	여학생
A	0.2	0.6

05 오른쪽은 어느 반 학생들의 과학 성적에 대한 상대도수의 분포를 나타낸 그래프인데 일부가 찢어져 보이지 않는다. 과학 성적이 40점 이상 50점 미만인 학생 수가 4일 때, 60점 이상 70점 미만인 학생 수를 구하시오.

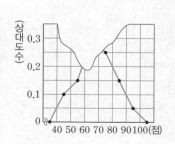

상대도수의 총합은 1임을 이용한다.

01 다음은 성은이네 반 학생들의 키를 조사하여 나타낸 줄기와 잎 그림이다. 성은이의 키가 잎이 가장 많은 줄기에 속할 때, 성은이보다 키가 작은 학생은 적어도 몇 명인지 구하시오.

(13|3은 133 cm)

줄기	잎
13	3 4 9
14	0 1 2 6 7
15	3 4 5 7 8 8 9
16	2 6 9
17	0 4

02 다음은 피아노 학원 학생들의 하루 동안의 연습 시간을 조사하여 나타낸 줄기와 잎 그림이다. 연습 시간이 45분 이상인 학생은 전체의 몇 %인지 구하시오.

(2|0은 20분)

잎(남학생)	줄기	잎(여학생)
3 0	2	7 7 9
9 6 5	3	0 3 4 7 9
3 3 2 0	4	1 2 2 3 8
7 6 5 5 1	5	2 6 9
5 0 0	6	1 9

꼭나와

03 오른쪽은 노벨상 수상자 45명의 수상 당시의 나이를 조사하여 나타낸 도수분포표이다. 다음 중 옳지 않은 것은?

나이(세)	도수(명)
30^{이상} ~ 40^{미만}	7
40 ~ 50	11
50 ~ 60	15
60 ~ 70	A
70 ~ 80	4
합계	45

① A의 값은 8이다.
② 계급의 크기는 10세이다.
③ 계급의 개수는 5이다.
④ 수상 당시의 나이가 50세 미만인 수상자는 전체의 35 %이다.
⑤ 5번째로 나이가 많은 수상자가 속하는 계급은 60세 이상 70세 미만이다.

04 오른쪽은 어느 반 학생 30명의 하루 평균 수면 시간을 조사하여 나타낸 히스토그램이다. 하루 평균 수면 시간이 8번째로 짧은 학생이 속하는 계급의 도수는?

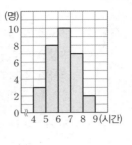

① 2명　　　② 3명　　　③ 7명
④ 8명　　　⑤ 10명

05 오른쪽은 어느 반 학생들의 리코더 연습 시간을 조사하여 나타낸 도수분포다각형이다. 리코더 연습 시간이 1시간 이상인 학생은 전체의 몇 %인지 구하시오.

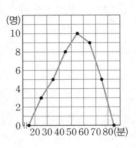

꼭나와

06 아래는 어느 중학교 1학년 남학생과 여학생의 몸무게를 조사하여 나타낸 도수분포다각형이다. 다음 **보기** 중 옳은 것을 모두 고른 것은?

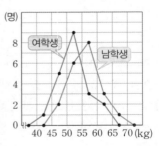

보기

ㄱ. 각각의 도수분포다각형과 가로축으로 둘러싸인 부분의 넓이는 같다.
ㄴ. 45 kg 미만인 학생은 여학생이 더 많다.
ㄷ. 남학생의 몸무게에서 도수가 가장 큰 계급은 55 kg 이상 60 kg 미만이다.
ㄹ. 여학생 수가 남학생 수보다 더 많다.

① ㄱ, ㄴ　　② ㄱ, ㄷ　　③ ㄷ, ㄹ
④ ㄱ, ㄴ, ㄷ　⑤ ㄴ, ㄷ, ㄹ

07 도수분포표에서 도수가 12인 계급의 상대도수가 0.15일 때, 도수가 30인 계급의 상대도수는?

① 0.25   ② 0.275   ③ 0.3
④ 0.35   ⑤ 0.375

(꼭나와)

08 다음은 재훈이네 반 학생들이 갖고 있는 사회 참고서의 수를 조사하여 나타낸 상대도수의 분포표이다. 사회 참고서를 3권 이상 갖고 있는 학생은 전체의 몇 %인지 구하시오.

책의 수(권)	0	1	2	3	4	합계
상대도수	0.2	0.38	0.27		0.02	

09 다음은 G 중학교 1학년 1반과 2반의 수학 성적을 조사하여 나타낸 도수분포표이다. 1반과 2반 중 어느 반이 60점 이상 80점 미만인 학생의 비율이 더 높은지 말하시오.

수학 성적(점)	도수(명)	
	1반	2반
0^{이상} ~ 20^{미만}	5	8
20 ~ 40	7	6
40 ~ 60	14	9
60 ~ 80	17	16
80 ~ 100	7	6
합계	50	45

10 다음 중 옳지 않은 것을 모두 고르면? (정답 2개)

① 줄기와 잎 그림에서 줄기와 잎에는 중복되는 수를 한 번씩만 써야 한다.
② 히스토그램에서 직사각형의 넓이는 각 계급의 도수에 정비례한다.
③ 히스토그램의 직사각형의 넓이의 합은 도수분포다각형과 가로축으로 둘러싸인 부분의 넓이보다 크다.
④ 상대도수의 총합은 항상 1이다.
⑤ 도수의 총합이 다른 두 자료의 분포 상태를 비교하는 데 가장 편리한 것은 상대도수이다.

(꼭나와)

11 오른쪽은 어느 중학교 야구단 선수 40명의 홈런 개수에 대한 상대도수의 분포를 나타낸 그래프이다. 도수가 가장 큰 계급의 도수와 도수가 가장 작은 계급의 도수의 차를 구하시오.

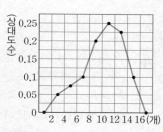

12 다음은 어느 중학교 1학년 학생들의 영어 성적에 대한 상대도수의 분포를 나타낸 그래프인데 일부가 찢어져 보이지 않는다. 영어 성적이 80점 이상인 학생은 전체의 몇 %인지 구하시오.

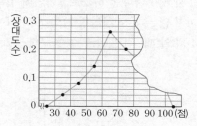

IV-2
도수분포표와 상대도수

13 다음은 준희네 반 학생들의 공 던지기 기록을 조사하여 나타낸 줄기와 잎 그림이다. 기록이 좋은 순으로 전체 학생의 $\frac{1}{5}$을 교내 체육대회 대표로 뽑을 때, 준희가 대표로 뽑혔다면 준희의 기록은 최소 몇 m인지 구하시오.

(1|3은 13 m)

줄기			잎			
1	3	7				
2	4	4	7	8		
3	1	2	3	5	6	9
4	0	6	8			

14 오른쪽은 어느 지역들의 미세 먼지 농도를 조사하여 나타낸 도수분포표이다. 미세 먼지 농도가 40 μg/m³ 미만인 지역이 전체의 20 %일 때, $A+B$의 값은?

농도(μg/m³)	도수(곳)
30^{이상} ~ 35^{미만}	2
35 ~ 40	A
40 ~ 45	7
45 ~ 50	11
50 ~ 55	5
55 ~ 60	1
합계	B

① 32 ② 33 ③ 34
④ 35 ⑤ 36

꼭나와

15 다음은 혜리네 반 학생들의 하루 평균 수면 시간을 조사하여 나타낸 히스토그램인데 일부가 찢어져 보이지 않는다. 직사각형 A와 B의 넓이의 비가 4 : 3일 때, 전체 학생 수를 구하시오.

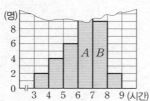

16 다음은 어느 마을에 사는 80가구를 대상으로 한 달 동안 생활 폐기물 발생량을 조사하여 나타낸 히스토그램인데 일부가 찢어져 세로축이 보이지 않는다. 생활 폐기물 발생량이 120 L 미만인 가구 수는?

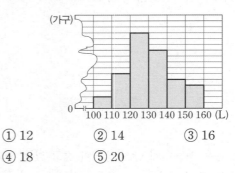

① 12 ② 14 ③ 16
④ 18 ⑤ 20

17 다음은 어느 중학교 남학생들의 키를 조사하여 나타낸 도수분포다각형인데 일부가 지워져 세로축이 보이지 않는다. 삼각형 S_1과 S_2에 대하여 $S_1+S_2=15$일 때, 키가 150 cm 이상 155 cm 미만인 학생 수를 구하시오.

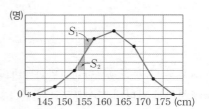

꼭나와

18 오른쪽은 하루 동안 지우의 SNS에 댓글을 작성한 사람의 나이를 조사하여 나타낸 도수분포다각형인데 일부가 찢어져 보이지 않는다. 40세 미만인 사람 수가 40세 이상인 사람 수의 4배일 때, 20세 이상 30세 미만인 계급의 도수를 구하시오.

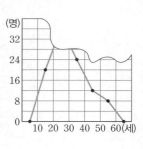

19 도수의 총합의 비가 2 : 1이고, 어떤 계급의 도수의 비가 4 : 5일 때, 이 계급의 상대도수의 비를 가장 간단한 자연수의 비로 나타내시오.

22

해설 강의

오른쪽은 유정이네 반 학생들의 하루 동안의 게임 시간을 조사하여 나타낸 줄기와 잎 그림이다. 게임 시간이 긴 쪽에서 상위 20 %의 학생들

(1|0은 10분)

줄기	잎
1	0 1 3 7 9
2	1 3 4 5 7 8 9
3	2 4 6 7 8
4	1 3 6 7 8 9
5	0 2 5 6 6
6	0 5

을 대상으로 게임 중독 여부 검사를 한다고 할 때, 검사 대상이 되는 학생들 중 게임 시간이 가장 긴 학생의 게임 시간과 가장 짧은 학생의 게임 시간의 차를 구하시오.

꼭나와

20 오른쪽은 어느 중학교 1학년 학생들이 제기차기를 하였을 때, 성공한 횟수에 대한 상대도수의

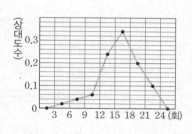

분포를 나타낸 그래프이다. 성공한 횟수가 15회 이상 18회 미만인 학생 수가 18회 이상 21회 미만인 학생 수보다 7명 더 많을 때, 1학년 전체 학생 수는?

① 40 ② 50 ③ 100
④ 120 ⑤ 150

23

해설 강의

오른쪽은 현우네 반 학생 50명의 수학 성적을 조사하여 나타낸 히스토그램인데 일부가 찢어져 보이지 않는다. 수학 성적이 70점 이상 80점

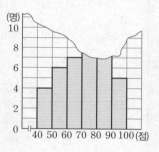

미만인 학생이 전체의 32 %일 때, 수학 성적이 상위 34 % 이내에 들기 위해 최소한 몇 점을 받아야 하는지 구하시오.

21 오른쪽은 희수네 중학교 1학년 A, B 두 반의 사회 성적에 대한 상대도수의 분포를 나타낸 그래프이다. 다음 물음에 답하시오.

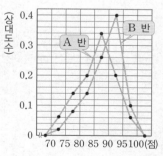

(1) A, B 두 반 중 어느 반의 성적이 더 좋은 편인지 말하시오.

(2) B 반에서 상위 10 % 이내에 드는 학생의 성적은 A 반에서 상위 몇 % 이내에 드는지 구하시오.

24

해설 강의

오른쪽은 A, B 두 중학교 학생들의 영어 성적에 대한 상대도수의 분포를 나타낸 그래프이다. 80점 이상 90점 미만인 계급의 도수가 A 중

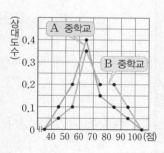

학교는 10명, B 중학교는 40명일 때, A 중학교에서 15등인 학생의 점수는 B 중학교에서 대략 몇 등인 학생의 점수와 같은지 구하시오.

예제 1

해설 강의

아래는 수민이네 반 학생 40명이 가지고 있는 필기구의 개수에 대한 상대도수의 분포를 나타낸 그래프인데 일부가 얼룩져 보이지 않는다. 필기구가 12개 이상인 학생 수가 16일 때, 다음 물음에 답하시오. [총 7점]

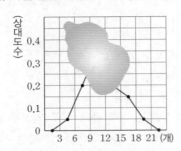

(1) 필기구가 12개 이상인 계급의 상대도수의 합을 구하시오. [2점]

(2) 필기구가 9개 이상 12개 미만인 계급의 상대도수를 구하시오. [3점]

(3) 필기구가 9개 이상 12개 미만인 학생 수를 구하시오. [2점]

풀이 과정

1단계 (1) 필기구가 12개 이상인 계급의 상대도수의 합 구하기 •2점
필기구가 12개 이상인 학생 수가 16이므로 필기구가 12개 이상인 계급의 상대도수의 합은

$$\frac{16}{40}=0.4$$

2단계 (2) 필기구가 9개 이상 12개 미만인 계급의 상대도수 구하기 •3점

필기구가 12개 이상인 계급의 상대도수의 합이 0.4이므로 9개 이상 12개 미만인 계급의 상대도수는
$$1-(0.05+0.2+0.4)=0.35$$

3단계 (3) 필기구가 9개 이상 12개 미만인 학생 수 구하기 •2점
필기구가 9개 이상 12개 미만인 학생 수는
$$40\times0.35=14$$

답 (1) 0.4　　　(2) 0.35　　　(3) 14

유제 1 아래는 어느 중학교 학생 50명의 SNS에 등록된 친구 수에 대한 상대도수의 분포를 나타낸 그래프인데 일부가 찢어져 보이지 않는다. SNS에 등록된 친구가 100명 미만인 학생 수가 41일 때, 다음 물음에 답하시오. [총 7점]

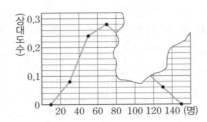

(1) 등록된 친구가 100명 미만인 계급의 상대도수의 합을 구하시오. [2점]

(2) 등록된 친구가 100명 이상 120명 미만인 계급의 상대도수를 구하시오. [3점]

(3) 등록된 친구가 100명 이상 120명 미만인 학생 수를 구하시오. [2점]

풀이 과정

1단계 (1) 등록된 친구가 100명 미만인 계급의 상대도수의 합 구하기 •2점

2단계 (2) 등록된 친구가 100명 이상 120명 미만인 계급의 상대도수 구하기 •3점

3단계 (3) 등록된 친구가 100명 이상 120명 미만인 학생 수 구하기 •2점

답 (1)　　　(2)　　　(3)

스스로 서술하기

유제 2 오른쪽은 지은이네 반 학생들의 체육 실기 점수를 조사하여 나타낸 줄기와 잎 그림이다. 다음 물음에 답하시오. [총 5점]

(7|0은 70점)

줄기	잎
7	0 2 3 5 7
8	1 2 6 8
9	1 3 8

(1) 점수가 75점 이상 86점 이하인 학생 수를 구하시오. [2점]

(2) 점수가 높은 쪽에서 5번째인 학생의 점수를 구하시오. [3점]

풀이과정

(1)

(2)

답 (1)　　　　　(2)

유제 4 다음은 전국의 몇 개 도시에 9월 한 달 동안 비가 온 날수를 조사하여 나타낸 히스토그램이다. 직사각형 A와 B의 넓이의 비가 7 : 5일 때, 직사각형 전체의 넓이의 합을 구하시오. [5점]

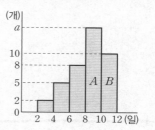

풀이과정

답

유제 3 다음은 오케스트라반 학생들의 하루 동안의 연습 시간을 조사하여 나타낸 도수분포표이다. 연습 시간이 60분 미만인 학생이 전체의 40 %일 때, $A+B$의 값을 구하시오. [6점]

시간(분)	도수(명)
0 이상 ~ 20 미만	2
20 ~ 40	A
40 ~ 60	14
60 ~ 80	22
80 ~ 100	10
100 ~ 120	4
합계	B

풀이과정

답

유제 5 다음은 근처에 있는 어느 학교 초등학생 200명과 중학생 100명이 8시 10분 이후부터 8시 40분 전에 등교하는 시각을 조사하여 상대도수의 분포를 나타낸 그래프이다. 초등학생과 중학생의 등교 시각에 대한 도수의 차가 가장 큰 계급의 도수의 차를 구하시오. [7점]

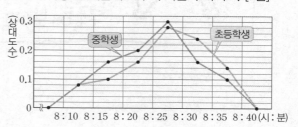

풀이과정

답

공감 한 스푼

" 한정판 "

@ 『찌그러져도 괜찮아』 임임(찌오) 지음, 북로망스, 2003

MEMO

함께 만드는 개념원리

개념원리는  **선생님이 가르치기 쉽고** **학생이 배우기 쉬운** **교육 콘텐츠를 만듭니다.**

전국 **360명** 선생님이 교재 개발 참여

총 **2,540명** 학생의 실사용 의견 청취

(2017년도~2023년도 교재 VOC 누적)

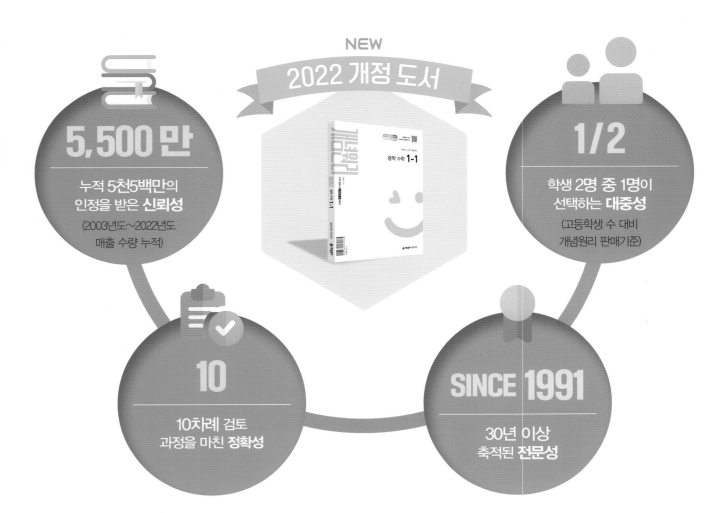

NEW
2022 개정 도서

5,500 만
누적 5천5백만의
인정을 받은 **신뢰성**
(2003년도~2022년도
매출 수량 누적)

1/2
학생 2명 중 1명이
선택하는 **대중성**
(고등학생 수 대비
개념원리 판매기준)

10
10차례 검토
과정을 마친 **정확성**

SINCE 1991
30년 이상
축적된 **전문성**

2022 개정 교재는 학습자의 학습 편의성을 강화했습니다.
학습 과정에서 필요한 각종 학습자료를 추가해 더욱더 완전한 학습을 지원합니다.

A

2022 개정 ▶ **교재 + 교재 연계 서비스 (APP)**

개념원리&RPM + 교재 연계 서비스 제공

• 서비스를 통해 교재의 완전 학습 및 지속적인 학습 성장 지원

2015 개정
• 교재 학습으로
  학습종료

B

2022 개정 ▶ **무료 해설 강의 확대**

RPM
영상 0% 제공

RPM 전 문항
해설 강의 100% 제공

• QR 1개당 1년 평균 **3,900명** 이상 인입 (2015 개정 개념원리 수학(상) p.34 기준)
• 완전한 학습을 위해 RPM **전 문항 무료 해설 강의 제공**

2015 개정
• 개념원리 주요 문항만
  무료 해설 강의 제공
  (RPM 미제공)

**학생 모두가 수학을 쉽게 배울 수 있는 환경이 조성될 때까지
개념원리의 노력은 계속됩니다.**

개념원리 중학 수학 1-2

개념원리 중학 수학 1-2

정답 및 풀이

 친절한 풀이 정확하고 이해하기 쉬운 친절한 풀이 제시

 다른 풀이 수학적 사고력을 키우는 다양한 해결 방법 제시

 개념 더하기 문제와 연관된 중요개념과 보충설명 제공

 해결 전략 중단원 마무리 문제 해결의 실마리 제시

수학의 시작 개념원리

중학 수학 1-2

정답 및 풀이

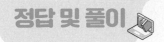

I-1 기본 도형

01 점, 선, 면

▶ 본문 12~13쪽

개념원리 확인하기

01 (1) ○ (2) ○ (3) × (4) ×
02 (1) 입체도형 (2) 5개
03 (1) 6, 0 (2) 8, 12
04 (1) $\overline{PQ}$ (2) $\overrightarrow{PQ}$ (3) $\overrightarrow{QP}$ (4) $\overleftrightarrow{PQ}$
05 (1) = (2) = (3) ≠ (4) =
06 (1) 6 cm (2) 9 cm (3) 8 cm
07 (1) 4 (2) 2
08 (1) 5 (2) 10

01 (3) 교점은 선과 선 또는 선과 면이 만날 때 생긴다.
　(4) 면과 면이 만나서 생기는 교선은 직선 또는 곡선이다.
　　　　　　　　　　　　답 (1) ○ (2) ○ (3) × (4) ×

02 (1) 사각뿔은 한 평면 위에 있지 않으므로 입체도형이다.
　(2) 사각뿔은 5개의 면으로 둘러싸여 있다.
　　　　　　　　　　　　답 (1) 입체도형 (2) 5개

03 (2) 교점의 개수는 꼭짓점의 개수와 같으므로 8이고, 교선의 개수는 모서리의 개수와 같으므로 12이다.
　　　　　　　　　　　　답 (1) 6, 0 (2) 8, 12

04 (1) 선분 PQ를 기호로 나타내면 $\overline{PQ}$이다.
　(2) 반직선 PQ를 기호로 나타내면 $\overrightarrow{PQ}$이다.
　(3) 반직선 QP를 기호로 나타내면 $\overrightarrow{QP}$이다.
　(4) 직선 PQ를 기호로 나타내면 $\overleftrightarrow{PQ}$이다.
　　　　　　　　　　답 (1) $\overline{PQ}$ (2) $\overrightarrow{PQ}$ (3) $\overrightarrow{QP}$ (4) $\overleftrightarrow{PQ}$

05 (2) $\overrightarrow{AB}$와 $\overrightarrow{AC}$는 시작점과 뻗어 나가는 방향이 모두 같으므로 $\overrightarrow{AB}=\overrightarrow{AC}$
　(3) $\overrightarrow{BA}$와 $\overrightarrow{BC}$는 시작점은 같으나 뻗어 나가는 방향이 다르므로 $\overrightarrow{BA}\neq\overrightarrow{BC}$
　　　　　　　　답 (1) = (2) = (3) ≠ (4) =

06 (1) 두 점 A, B 사이의 거리는 $\overline{AB}$의 길이와 같으므로 6 cm이다.
　(2) 두 점 A, C 사이의 거리는 $\overline{AC}$의 길이와 같으므로 9 cm이다.
　(3) 두 점 C, D 사이의 거리는 $\overline{CD}$의 길이와 같으므로 8 cm이다.
　　　　　　　　　답 (1) 6 cm (2) 9 cm (3) 8 cm

07 (1) $\overline{MB}=\dfrac{1}{2}\overline{AB}=\dfrac{1}{2}\times8=4$ (cm)
　(2) $\overline{MN}=\dfrac{1}{2}\overline{MB}=\dfrac{1}{2}\times4=2$ (cm)　　**답** (1) 4 (2) 2

08 (1) $\overline{AM}=\dfrac{1}{3}\overline{AB}=\dfrac{1}{3}\times15=5$ (cm)
　(2) $\overline{AN}=\dfrac{2}{3}\overline{AB}=\dfrac{2}{3}\times15=10$ (cm)　　**답** (1) 5 (2) 10

핵심문제 익히기

▶ 본문 14~16쪽

1 2　　　2 ④　　　3 18　　　4 1
5 ④　　　6 14 cm

1 면의 개수는 7이므로 $a=7$
　교선의 개수는 모서리의 개수와 같으므로 $b=15$
　교점의 개수는 꼭짓점의 개수와 같으므로 $c=10$
　　∴ $a-b+c=7-15+10=2$　　　**답** 2

2 ④ $\overrightarrow{RS}$와 $\overrightarrow{SR}$는 시작점과 뻗어 나가는 방향이 모두 다르므로 $\overrightarrow{RS}\neq\overrightarrow{SR}$
　따라서 옳지 않은 것은 ④이다.　　　**답** ④

3 직선은 $\overleftrightarrow{AB}$, $\overleftrightarrow{AC}$, $\overleftrightarrow{AD}$, $\overleftrightarrow{BC}$, $\overleftrightarrow{BD}$, $\overleftrightarrow{CD}$의 6개이므로
　$a=6$
　반직선의 개수는 직선의 개수의 2배이므로
　$b=6\times2=12$
　　∴ $a+b=6+12=18$　　　**답** 18

다른 풀이 직선의 개수는
　　$\dfrac{4\times(4-1)}{2}=6$　　∴ $a=6$
　반직선의 개수는 $4\times(4-1)=12$　　∴ $b=12$
　　∴ $a+b=6+12=18$

개념 더하기

어느 세 점도 한 직선 위에 있지 않은 n개의 점 중에서 두 점을 지나는 서로 다른 직선, 반직선, 선분의 개수는 다음과 같다.
① 직선의 개수 ➡ $\dfrac{n(n-1)}{2}$
② 반직선의 개수 ➡ $n(n-1)$
③ 선분의 개수 ➡ $\dfrac{n(n-1)}{2}$

4 직선은 $\overleftrightarrow{AB}$의 1개이므로 $a=1$
　반직선은 $\overrightarrow{AB}$, $\overrightarrow{BA}$, $\overrightarrow{BC}$, $\overrightarrow{CB}$, $\overrightarrow{CD}$, $\overrightarrow{DC}$의 6개이므로
　$b=6$
　선분은 $\overline{AB}$, $\overline{AC}$, $\overline{AD}$, $\overline{BC}$, $\overline{BD}$, $\overline{CD}$의 6개이므로
　$c=6$
　　∴ $a+b-c=1+6-6=1$　　　**답** 1

5 ① 점 M은 $\overline{AB}$의 중점이므로
$$\overline{AB}=2\overline{AM}$$
②, ③ $\overline{AB}=\overline{BC}=\overline{CD}$이므로
$$\overline{AD}=3\overline{AB}, \ \overline{BD}=\frac{2}{3}\overline{AD}$$
④ $\overline{AB}=\overline{BC}$이고 $\overline{AB}=2\overline{AM}$이므로
$$\overline{AC}=2\overline{AB}=2\times2\overline{AM}=4\overline{AM}$$
⑤ $\overline{MB}=\frac{1}{2}\overline{AB}=\frac{1}{2}\times\frac{1}{3}\overline{AD}=\frac{1}{6}\overline{AD}$
따라서 옳지 않은 것은 ④이다. 답 ④

6 점 M은 $\overline{AP}$의 중점이므로
$$\overline{AP}=2\overline{MP}$$
점 N은 $\overline{PB}$의 중점이므로
$$\overline{PB}=2\overline{PN}$$
$$\begin{aligned}\therefore \ \overline{AB}&=\overline{AP}+\overline{PB}=2\overline{MP}+2\overline{PN}\\&=2(\overline{MP}+\overline{PN})=2\overline{MN}\\&=2\times7=14\,(\text{cm})\end{aligned}$$
답 14 cm

◀ 이런 문제가 **시험** 에 나온다 ▶ ▶ 본문 17쪽

01 13	02 ⑤	03 ②, ⑤	04 10
05 12 cm	06 20 cm		

---

01 교점의 개수는 꼭짓점의 개수와 같으므로 $a=5$
교선의 개수는 모서리의 개수와 같으므로 $b=8$
$$\therefore a+b=5+8=13$$
답 13

02 ① 한 점을 지나는 직선은 무수히 많다.
② 시작점과 뻗어 나가는 방향이 모두 같을 때, 두 반직선은 같다.
③ 직선의 길이와 반직선의 길이는 알 수 없다.
④ 서로 다른 두 점을 지나는 직선은 오직 하나뿐이다.
따라서 옳은 것은 ⑤이다. 답 ⑤

03 ② $\overrightarrow{BC}$와 $\overrightarrow{CD}$는 뻗어 나가는 방향은 같으나 시작점이 다르므로 $\overrightarrow{BC}\neq\overrightarrow{CD}$
⑤ 반직선과 직선은 같을 수 없으므로 $\overrightarrow{CD}\neq\overleftrightarrow{CD}$
따라서 옳지 않은 것은 ②, ⑤이다. 답 ②, ⑤

04 직선은
$$\overleftrightarrow{AB}, \overleftrightarrow{AC}, \overleftrightarrow{AD}, \overleftrightarrow{AE}, \overleftrightarrow{BC}, \overleftrightarrow{BD}, \overleftrightarrow{BE}, \overleftrightarrow{CD}, \overleftrightarrow{CE}, \overleftrightarrow{DE}$$
의 10개이다. 답 10

05 점 N은 $\overline{AM}$의 중점이므로
$$\overline{AM}=2\overline{NM}=2\times3=6\,(\text{cm})$$
점 M은 $\overline{AB}$의 중점이므로
$$\overline{AB}=2\overline{AM}=2\times6=12\,(\text{cm})$$
답 12 cm

---

06 점 M은 $\overline{AB}$의 중점이므로
$$\overline{AB}=2\overline{MB}$$
점 N은 $\overline{BC}$의 중점이므로
$$\overline{BC}=2\overline{BN}$$
$$\begin{aligned}\therefore \ \overline{AC}&=\overline{AB}+\overline{BC}=2\overline{MB}+2\overline{BN}\\&=2(\overline{MB}+\overline{BN})=2\overline{MN}\\&=2\times15=30\,(\text{cm})\end{aligned}$$
$\overline{AB}=2\overline{BC}$이므로
$$\overline{AB}:\overline{BC}=2:1$$
$$\therefore \ \overline{AB}=\frac{2}{3}\overline{AC}=\frac{2}{3}\times30=20\,(\text{cm})$$
답 20 cm

---

02 각

◀ 개념원리 **확인하기** ▶ ▶ 본문 20~21쪽

01 풀이 참조
02 풀이 참조
03 (1) 둔각 (2) 평각 (3) 직각 (4) 예각
04 (1) 70° (2) 38°
05 (1) ∠BOF (또는 ∠FOB)
  (2) ∠DOE (또는 ∠EOD)
  (3) ∠BOC (또는 ∠COB)
  (4) ∠AOF (또는 ∠FOA)
06 (1) ∠a=125°, ∠b=55°, ∠c=125°
  (2) ∠a=45°, ∠b=30°, ∠c=105°
07 (1) ⊥ (2) O (3) 수선, 수선
08 (1) $\overline{DC}$ (2) 9 cm (3) 7 cm

---

01 ∠x = ∠ACB (또는 ∠BCA)
∠y = ∠ABC (또는 ∠CBA)
∠z = ∠CBD (또는 ∠DBC)
답 풀이 참조

02

각	60°	110°	45°	90°	30°	180°	125°
평각						○	
직각				○			
예각	○		○		○		
둔각		○					○

답 풀이 참조

03 (1) 90° < ∠AOC < 180°이므로 ∠AOC는 둔각이다.
(2) ∠AOD=180°이므로 ∠AOD는 평각이다.
(3) ∠BOD=90°이므로 ∠BOD는 직각이다.
(4) 0° < ∠COD < 90°이므로 ∠COD는 예각이다.
답 (1) 둔각 (2) 평각 (3) 직각 (4) 예각

04 (1) $\angle x = 180° - 110° = 70°$

(2) $\angle x = 90° - 52° = 38°$

🅐 (1) $70°$ (2) $38°$

05 (1) $\overleftrightarrow{AB}$와 $\overleftrightarrow{EF}$가 점 O에서 만나므로
$\angle AOE$의 맞꼭지각은
$\angle BOF$ (또는 $\angle FOB$)

(2) $\overleftrightarrow{CD}$와 $\overleftrightarrow{EF}$가 점 O에서 만나므로
$\angle COF$의 맞꼭지각은
$\angle DOE$ (또는 $\angle EOD$)

(3) $\overleftrightarrow{AB}$와 $\overleftrightarrow{CD}$가 점 O에서 만나므로
$\angle AOD$의 맞꼭지각은
$\angle BOC$ (또는 $\angle COB$)

(4) $\overleftrightarrow{AB}$와 $\overleftrightarrow{EF}$가 점 O에서 만나므로
$\angle BOE$의 맞꼭지각은
$\angle AOF$ (또는 $\angle FOA$)

🅐 (1) $\angle BOF$ (또는 $\angle FOB$)
(2) $\angle DOE$ (또는 $\angle EOD$)
(3) $\angle BOC$ (또는 $\angle COB$)
(4) $\angle AOF$ (또는 $\angle FOA$)

06 (1) 평각의 크기는 $180°$이므로
$\angle a = 180° - 55° = 125°$
맞꼭지각의 크기는 서로 같으므로
$\angle b = 55°$, $\angle c = \angle a = 125°$

(2) 맞꼭지각의 크기는 서로 같으므로
$\angle a = 45°$, $\angle b = 30°$
평각의 크기는 $180°$이므로
$\angle c = 180° - (30° + 45°) = 105°$

🅐 (1) $\angle a = 125°$, $\angle b = 55°$, $\angle c = 125°$
(2) $\angle a = 45°$, $\angle b = 30°$, $\angle c = 105°$

07 (1) $\overleftrightarrow{AB} \perp \overleftrightarrow{CD}$

(2) 점 D에서 $\overleftrightarrow{AB}$에 내린 수선의 발은 점 $\boxed{O}$이다.

(3) $\overleftrightarrow{AB}$는 $\overleftrightarrow{CD}$의 $\boxed{수선}$이고, $\overleftrightarrow{CD}$는 $\overleftrightarrow{AB}$의 $\boxed{수선}$이다.

🅐 (1) $\perp$ (2) O (3) 수선, 수선

08 (1) $\overline{BC}$와 직교하는 변은 $\overline{DC}$이다.

(2) 점 A와 $\overline{DC}$ 사이의 거리는 $\overline{AD}$의 길이와 같으므로
9 cm이다.

(3) 점 D와 $\overline{BC}$ 사이의 거리는 $\overline{DC}$의 길이와 같으므로
7 cm이다.

🅐 (1) $\overline{DC}$ (2) 9 cm (3) 7 cm

핵심문제 **익히기**

1 (1) 40 (2) 20　　　2 $45°$　　　3 $45°$
4 (1) $x = 25$, $y = 70$ (2) $x = 55$, $y = 60$
5 12쌍　　　6 8

1 (1) $35 + 90 + (x + 15) = 180$이므로
$x = 40$

(2) $2x + (x + 30) = 90$이므로
$3x = 60$ ∴ $x = 20$

🅐 (1) 40 (2) 20

2 $\angle BOC = \angle a$, $\angle COD = \angle b$라 하면
$\angle AOC = 4\angle a$, $\angle COE = 4\angle b$
평각의 크기는 $180°$이므로
$4\angle a + 4\angle b = 180°$
∴ $\angle a + \angle b = 45°$
∴ $\angle BOD = \angle a + \angle b = 45°$

🅐 $45°$

【다른 풀이】 $\angle AOC + \angle COE = 180°$이므로
$\angle BOD = \angle BOC + \angle COD$
$= \dfrac{1}{4}(\angle AOC + \angle COE)$
$= \dfrac{1}{4} \times 180° = 45°$

3 $\angle x + \angle y + \angle z = 180°$이고 $\angle x : \angle y : \angle z = 3 : 2 : 7$이므로
$\angle x = 180° \times \dfrac{3}{3+2+7}$
$= 180° \times \dfrac{3}{12} = 45°$

🅐 $45°$

4 (1) 맞꼭지각의 크기는 서로 같으므로
$5x = 3x + 50$, $2x = 50$
∴ $x = 25$
평각의 크기는 $180°$이므로
$5x + (y - 15) = 180$
$125 + y - 15 = 180$
∴ $y = 70$

(2) 맞꼭지각의 크기는 서로 같으므로
$2x + 10 = 90 + 30$
$2x = 110$ ∴ $x = 55$
직각의 크기는 $90°$이므로
$y + 30 = 90$ ∴ $y = 60$

🅐 (1) $x = 25$, $y = 70$ (2) $x = 55$, $y = 60$

5 $\overleftrightarrow{AB}$와 $\overleftrightarrow{CD}$, $\overleftrightarrow{AB}$와 $\overleftrightarrow{EF}$, $\overleftrightarrow{AB}$와 $\overleftrightarrow{GH}$, $\overleftrightarrow{CD}$와 $\overleftrightarrow{EF}$, $\overleftrightarrow{CD}$와 $\overleftrightarrow{GH}$, $\overleftrightarrow{EF}$와 $\overleftrightarrow{GH}$로 만들어지는 맞꼭지각이 각각 2쌍이므로
$2 \times 6 = 12$ (쌍)

🅐 12쌍

다른 풀이 $4 \times (4-1) = 12$ (쌍)

개념 더하기

서로 다른 n개의 직선이 한 점에서 만날 때 생기는 맞꼭지각은 모두 $n(n-1)$쌍이다.

6 점 A와 $\overline{BC}$ 사이의 거리는 $\overline{AH}$의 길이와 같으므로
$$x = 12$$
점 B와 $\overline{AC}$ 사이의 거리는 $\overline{AB}$의 길이와 같으므로
$$y = 20$$
$$\therefore y - x = 20 - 12 = 8 \qquad \text{답 } 8$$

이런 문제가 시험 에 나온다 〉 본문 25쪽

01 $\angle x = 60°$, $\angle y = 30°$ 02 $60°$ 03 $75°$
04 ②   05 ③

01 $\angle x + 30° = 90°$이므로
$$\angle x = 60°$$
$\angle y + \angle x = 90°$이므로
$$\angle y + 60° = 90° \qquad \therefore \angle y = 30°$$
답 $\angle x = 60°$, $\angle y = 30°$

02 $\angle BOC = \angle a$, $\angle COD = \angle b$라 하면
$$\angle AOB = 2\angle a, \ \angle DOE = 2\angle b$$
평각의 크기는 $180°$이므로
$$2\angle a + \angle a + \angle b + 2\angle b = 180°$$
$$3\angle a + 3\angle b = 180°$$
$$\therefore \angle a + \angle b = 60°$$
$$\therefore \angle BOD = \angle a + \angle b = 60° \qquad \text{답 } 60°$$

03 $\angle x + \angle y + \angle z = 180°$이고 $\angle x : \angle y : \angle z = 3 : 4 : 5$이므로
$$\angle z = 180° \times \frac{5}{3+4+5}$$
$$= 180° \times \frac{5}{12} = 75° \qquad \text{답 } 75°$$

04 $6x = 90 + (2x - 10)$이므로
$$4x = 80 \qquad \therefore x = 20$$
$6x + (y + 30) = 180$이므로
$$120 + y + 30 = 180 \qquad \therefore y = 30$$
$$\therefore y - x = 30 - 20 = 10 \qquad \text{답 ②}$$

05 ③ $\overleftrightarrow{CD}$는 $\overline{AB}$의 수직이등분선이지만 $\overleftrightarrow{AB}$는 $\overline{CD}$의 수직이등분선인지 알 수 없다.
즉 $\overline{CH} = \overline{DH}$인지 알 수 없다.
따라서 옳지 않은 것은 ③이다. 답 ③

중단원 마무리하기 〉 본문 26~29쪽

01 ③	02 ③	03 6	04 ⑤
05 ②	06 7	07 ③	08 $30°$
09 ⑤	10 50	11 ④	12 ⑤
13 ②, ④	14 ①, ④	15 32 cm	16 ②
17 $60°$	18 ④	19 ⑤	20 $144°$
21 4 cm	22 $135°$	23 15	24 20 cm

25 3시 $\dfrac{540}{11}$ 분

01 전략 평면으로만 둘러싸인 입체도형에서
(교점의 개수) = (꼭짓점의 개수),
(교선의 개수) = (모서리의 개수)
임을 이용한다.
교점의 개수는 꼭짓점의 개수와 같으므로
$$a = 7$$
교선의 개수는 모서리의 개수와 같으므로
$$b = 12$$
$$\therefore a + b = 7 + 12 = 19 \qquad \text{답 ③}$$

02 전략 시작점과 뻗어 나가는 방향이 모두 같아야 같은 반직선이다.
ㄹ. $\overrightarrow{AC}$와 $\overrightarrow{CA}$는 시작점과 뻗어 나가는 방향이 모두 다르므로 $\overrightarrow{AC} \neq \overrightarrow{CA}$
이상에서 옳은 것은 ㄱ, ㄴ, ㄷ이다. 답 ③

03 전략 $\overleftrightarrow{AB}$와 $\overleftrightarrow{BA}$는 같은 직선임에 주의한다.
직선은
$$\overleftrightarrow{AB}, \ \overleftrightarrow{AC}, \ \overleftrightarrow{AD}, \ \overleftrightarrow{BC}, \ \overleftrightarrow{BD}, \ \overleftrightarrow{CD}$$
의 6개이다. 답 6

04 전략 $\overline{AM} = \overline{MN} = \overline{NB}$, $\overline{MP} = \overline{PN}$임을 이용한다.
①, ② $\overline{AM} = \overline{MN} = \overline{NB}$이므로
$$\overline{AN} = 2\overline{AM}, \ \overline{NB} = \frac{1}{3}\overline{AB}$$
③ 점 P는 $\overline{MN}$의 중점이므로
$$\overline{MP} = \overline{PN} = \frac{1}{2}\overline{MN}$$
$$\therefore \overline{AP} = \overline{AM} + \overline{MP} = \overline{NB} + \overline{PN} = \overline{PB}$$
④ $\overline{MP} = \frac{1}{2}\overline{MN} = \frac{1}{2} \times \frac{1}{2}\overline{MB} = \frac{1}{4}\overline{MB}$
⑤ $\overline{AB} = 3\overline{MN} = 3 \times 2\overline{PN} = 6\overline{PN}$
따라서 옳지 않은 것은 ⑤이다. 답 ⑤

05 전략 두 점 M, N이 각각 $\overline{AC}$, $\overline{CB}$의 중점임을 이용하여 $\overline{MC}$, $\overline{CN}$의 길이를 구한다.
점 M이 $\overline{AC}$의 중점이므로
$$\overline{MC} = \frac{1}{2}\overline{AC} = \frac{1}{2} \times 16 = 8 \text{ (cm)}$$

$\overline{CB}=24-16=8\,(\text{cm})$이고 점 N이 $\overline{CB}$의 중점이므로

$$\overline{CN}=\frac{1}{2}\,\overline{CB}=\frac{1}{2}\times8=4\,(\text{cm})$$

$$\therefore\ \overline{MN}=\overline{MC}+\overline{CN}=8+4=12\,(\text{cm})\qquad\text{🔲②}$$

다른 풀이 $\overline{MN}=\overline{MC}+\overline{CN}=\dfrac{1}{2}\,\overline{AC}+\dfrac{1}{2}\,\overline{CB}$

$$=\frac{1}{2}(\overline{AC}+\overline{CB})=\frac{1}{2}\,\overline{AB}$$

$$=\frac{1}{2}\times24=12\,(\text{cm})$$

06 **전략** $0°<(\text{예각})<90°$, $90°<(\text{둔각})<180°$임을 이용한다.

예각은 $30°$, $48°$, $75°$의 3개이므로

$$x=3$$

둔각은 $115°$, $150°$의 2개이므로

$$y=2$$

$$\therefore\ x+2y=3+2\times2=7\qquad\text{🔲 7}$$

07 **전략** 직각의 크기는 $90°$임을 이용한다.

$2x+(x+15)=90$이므로

$$3x=75\qquad\therefore\ x=25$$

$$\therefore\ \angle BOC=x°+15°=25°+15°=40°\qquad\text{🔲③}$$

08 **전략** 평각의 크기는 $180°$임을 이용한다.

$\angle AOC+\angle COD+\angle DOB=180°$이므로

$$\angle AOC+90°+2\angle AOC=180°$$

$$3\angle AOC=90°\qquad\therefore\ \angle AOC=30°\qquad\text{🔲 30°}$$

09 **전략** 맞꼭지각은 서로 다른 두 직선이 한 점에서 만날 때 생기는 교각 중에서 서로 마주 보는 각이다.

$\overleftrightarrow{AE}$와 $\overleftrightarrow{DH}$가 점 O에서 만나므로 $\angle AOD$의 맞꼭지각은 $\angle EOH$이다. 🔲⑤

10 **전략** 맞꼭지각의 크기는 서로 같음을 이용한다.

맞꼭지각의 크기는 서로 같으므로

$$x+90=3x-10$$

$$2x=100\qquad\therefore\ x=50\qquad\text{🔲 50}$$

11 **전략** 맞꼭지각과 평각의 성질을 이용한다.

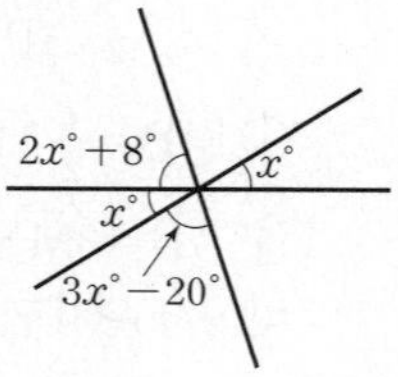

오른쪽 그림에서

$$(2x+8)+x+(3x-20)$$

$$=180$$

이므로 $6x=192$

$$\therefore\ x=32\qquad\text{🔲④}$$

12 **전략** 수직, 수선, 수선의 발, 점과 직선 사이의 거리의 의미를 생각해 본다.

⑤ 점 A와 $\overleftrightarrow{CD}$ 사이의 거리는 $\overline{AH}$의 길이와 같다.

따라서 옳지 않은 것은 ⑤이다. 🔲⑤

13 **전략** 선에는 직선과 곡선이 있고, 면에는 평면과 곡면이 있음을 이용한다.

① 점이 연속적으로 움직이면 직선 또는 곡선이 된다.

③ 교점이 생기는 경우는 선과 선 또는 선과 면이 만날 때이다.

⑤ 원기둥에서 교선의 개수는 2, 면의 개수는 3이므로 그 개수가 서로 같지 않다.

따라서 옳은 것은 ②, ④이다. 🔲②, ④

14 **전략** 주어진 직선, 반직선, 선분을 그림으로 나타내어 본다.

오른쪽 그림에서 직선 AB ($\overleftrightarrow{AB}$)와 만나는 것은 ① $\overleftrightarrow{CD}$와 ④ $\overline{EF}$이다.

🔲①, ④

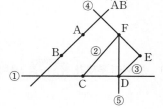

15 **전략** 세 점 M, N, P가 각각 $\overline{AB}$, $\overline{AM}$, $\overline{NM}$의 중점임을 이용하여 $\overline{AB}$와 $\overline{PB}$ 사이의 관계를 알아본다.

점 M이 $\overline{AB}$의 중점이므로

$$\overline{AM}=\overline{MB}=\frac{1}{2}\,\overline{AB}$$

점 N이 $\overline{AM}$의 중점이므로

$$\overline{AN}=\overline{NM}=\frac{1}{2}\,\overline{AM}$$

점 P가 $\overline{NM}$의 중점이므로

$$\overline{NP}=\overline{PM}=\frac{1}{2}\,\overline{NM}$$

이때 $\overline{PM}=\dfrac{1}{2}\,\overline{NM}=\dfrac{1}{2}\times\dfrac{1}{2}\,\overline{AM}=\dfrac{1}{4}\times\dfrac{1}{2}\,\overline{AB}=\dfrac{1}{8}\,\overline{AB}$

이므로

$$\overline{PB}=\overline{PM}+\overline{MB}=\frac{1}{8}\,\overline{AB}+\frac{1}{2}\,\overline{AB}=\frac{5}{8}\,\overline{AB}$$

$$\therefore\ \overline{AB}=\frac{8}{5}\,\overline{PB}=\frac{8}{5}\times20=32\,(\text{cm})\qquad\text{🔲 32 cm}$$

16 **전략** 두 점 B, D가 각각 $\overline{AC}$, $\overline{CE}$의 중점임을 이용하여 $\overline{AE}$와 $\overline{BD}$ 사이의 관계를 알아본다.

점 B는 $\overline{AC}$의 중점이므로

$$\overline{BC}=\frac{1}{2}\,\overline{AC}$$

점 D는 $\overline{CE}$의 중점이므로

$$\overline{CD}=\frac{1}{2}\,\overline{CE}$$

$$\therefore\ \overline{BD}=\overline{BC}+\overline{CD}=\frac{1}{2}\,\overline{AC}+\frac{1}{2}\,\overline{CE}=\frac{1}{2}\,\overline{AE}$$

즉 $\overline{AE}=2\overline{BD}$이고 $\overline{BD}=\dfrac{2}{5}\,\overline{AF}$이므로

$$\overline{AE}=2\overline{BD}=2\times\frac{2}{5}\,\overline{AF}=\frac{4}{5}\,\overline{AF}$$

이때 $\overline{EF}=\dfrac{1}{5}\overline{AF}=3\,(cm)$이므로

$\overline{AF}=15\,(cm)$

$\therefore \overline{BD}=\dfrac{2}{5}\overline{AF}=\dfrac{2}{5}\times15=6\,(cm)$ 답 ②

17 전략 주어진 조건을 이용하여 $\angle COD$, $\angle DOE$를 각각 $\angle AOD$, $\angle DOB$로 나타내어 본다.

$\angle AOC=\dfrac{2}{3}\angle AOD$이므로

$\angle COD=\dfrac{1}{3}\angle AOD$

또 $\angle EOB=\dfrac{2}{3}\angle DOB$이므로

$\angle DOE=\dfrac{1}{3}\angle DOB$

$\therefore \angle COE=\angle COD+\angle DOE$

$=\dfrac{1}{3}\angle AOD+\dfrac{1}{3}\angle DOB$

$=\dfrac{1}{3}(\angle AOD+\angle DOB)$

$=\dfrac{1}{3}\times180^\circ$

$=60^\circ$ 답 60°

18 전략 맞꼭지각과 평각의 성질을 이용한다.

오른쪽 그림에서

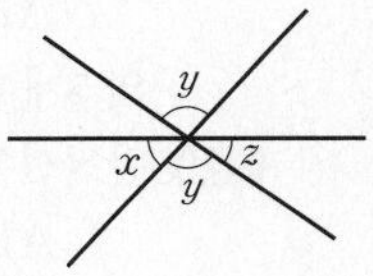

$\angle x : \angle y : \angle z = 4 : 8 : 3$

이므로

$\angle y=180^\circ\times\dfrac{8}{4+8+3}$

$=180^\circ\times\dfrac{8}{15}=96^\circ$ 답 ④

19 전략 두 직선이 한 점에서 만날 때 생기는 맞꼭지각은 2쌍임을 이용한다.

오른쪽 그림과 같이 5개의 직선을 각각 a, b, c, d, e라 하자.

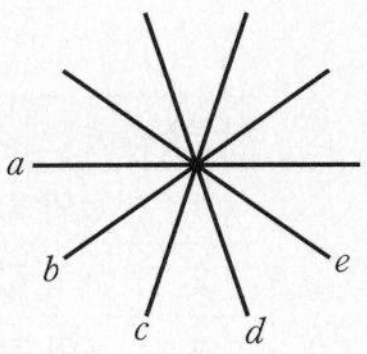

두 직선 a와 b, a와 c, a와 d, a와 e, b와 c, b와 d, b와 e, c와 d, c와 e, d와 e가 한 점에서 만날 때 생기는 맞꼭지각이 각각 2쌍이므로

$2\times10=20\,(쌍)$ 답 ⑤

다른 풀이 $5\times(5-1)=20\,(쌍)$

20 전략 $\angle AOC+\angle FOB$의 크기를 구한 후 맞꼭지각의 성질을 이용한다.

$\angle GOF=\angle GOB-\angle FOB$

$=5\angle FOB-\angle FOB$

$=4\angle FOB$

$\angle AOC+\angle COG+\angle GOF+\angle FOB=180^\circ$이므로

$\angle AOC+4\angle AOC+4\angle FOB+\angle FOB=180^\circ$

$5(\angle AOC+\angle FOB)=180^\circ$

$\therefore \angle AOC+\angle FOB=36^\circ$

$\therefore \angle DOE=\angle COF$

$=180^\circ-(\angle AOC+\angle FOB)$

$=180^\circ-36^\circ$

$=144^\circ$ 답 144°

21 전략 주어진 사다리꼴의 넓이를 이용하여 $\overline{AB}$의 길이를 구한다.

점 A와 직선 BC 사이의 거리는 $\overline{AB}$의 길이와 같다.

사다리꼴의 넓이가 $28\,cm^2$이므로

$\dfrac{1}{2}\times(5+9)\times\overline{AB}=28$

$7\overline{AB}=28$ $\therefore \overline{AB}=4\,(cm)$

따라서 점 A와 직선 BC 사이의 거리는 4 cm이다.

답 4 cm

22 전략 1분 동안 시침과 분침이 움직이는 각도를 각각 구한다.

시침은 1시간에 30°만큼 움직이므로 1분에 $\dfrac{30^\circ}{60}=0.5^\circ$씩 움직이고, 분침은 1시간에 360°만큼 움직이므로 1분에 $\dfrac{360^\circ}{60}=6^\circ$씩 움직인다.

시침이 12를 가리킬 때부터 1시간 30분 동안 움직인 각도는

$30^\circ\times1+0.5^\circ\times30=45^\circ$

분침이 12를 가리킬 때부터 30분 동안 움직인 각도는

$6^\circ\times30=180^\circ$

따라서 시침과 분침이 이루는 각의 크기는

$180^\circ-45^\circ=135^\circ$ 답 135°

개념 더하기

시침은 1분에 0.5°씩 움직이고, 분침은 1분에 6°씩 움직이므로 시계가 x시 y분을 가리킬 때, 시침과 분침이 이루는 각의 크기는 다음을 이용하여 구할 수 있다.

① 시침이 12를 가리킬 때부터 x시간 y분 동안 움직인 각도는

$30^\circ\times x+0.5^\circ\times y$

② 분침이 12를 가리킬 때부터 y분 동안 움직인 각도는

$6^\circ\times y$

23 전략 반직선의 시작점과 뻗어 나가는 방향이 모두 같으면 같은 반직선이다.

직선은

$\overrightarrow{AB}$, $\overrightarrow{AC}$, $\overrightarrow{AD}$, $\overrightarrow{AO}$, $\overrightarrow{BC}$, $\overrightarrow{BD}$, $\overrightarrow{BE}$, $\overrightarrow{BO}$, $\overrightarrow{CD}$, $\overrightarrow{CE}$, $\overrightarrow{CO}$, $\overrightarrow{DE}$, $\overrightarrow{DO}$

의 13개이므로 $a=13$

반직선은
$$\overrightarrow{AB}, \overrightarrow{AC}, \overrightarrow{AD}, \overrightarrow{AO}, \overrightarrow{BA}, \overrightarrow{BC}, \overrightarrow{BD}, \overrightarrow{BE}, \overrightarrow{BO}, \overrightarrow{CA},$$
$$\overrightarrow{CB}, \overrightarrow{CD}, \overrightarrow{CE}, \overrightarrow{CO}, \overrightarrow{DA}, \overrightarrow{DB}, \overrightarrow{DC}, \overrightarrow{DE}, \overrightarrow{DO}, \overrightarrow{EB},$$
$$\overrightarrow{EC}, \overrightarrow{ED}, \overrightarrow{EO}, \overrightarrow{OA}, \overrightarrow{OB}, \overrightarrow{OC}, \overrightarrow{OD}, \overrightarrow{OE}$$
의 28개이므로 $b=28$
$$\therefore b-a=28-13=15$$ 🔲 15

24 전략 네 점 A, B, C, D를 주어진 조건에 따라 한 직선 위에 나타낸다.

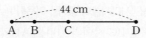

$\overline{AB} : \overline{BC} = 2 : 3$이므로
$$\overline{AB} = \frac{2}{3}\overline{BC}$$
$\overline{BC} : \overline{CD} = 1 : 2$이므로
$$\overline{CD} = 2\overline{BC}$$
$$\therefore \overline{AD} = \overline{AB} + \overline{BC} + \overline{CD}$$
$$= \frac{2}{3}\overline{BC} + \overline{BC} + 2\overline{BC}$$
$$= \frac{11}{3}\overline{BC}$$
$\overline{AD} = 44$ cm이므로
$$\overline{BC} = \frac{3}{11}\overline{AD} = \frac{3}{11} \times 44 = 12 \,(\text{cm})$$
$$\therefore \overline{AC} = \overline{AB} + \overline{BC}$$
$$= \frac{2}{3}\overline{BC} + \overline{BC}$$
$$= \frac{5}{3}\overline{BC}$$
$$= \frac{5}{3} \times 12 = 20 \,(\text{cm})$$ 🔲 20 cm

25 전략 a분 동안 시침과 분침이 움직인 각도는 각각 $0.5° \times a$, $6° \times a$임을 이용하여 식을 세운다.

3시 x분에 시침과 분침이 서로 반대 방향을 가리키며 평각을 이룬다고 하자.
시침은 1분에 $0.5°$씩, 분침은 1분에 $6°$씩 움직이므로 시침이 12를 가리킬 때부터 3시간 x분 동안 움직인 각도는
$$30° \times 3 + 0.5° \times x = 90° + 0.5° \times x$$
분침이 12를 가리킬 때부터 x분 동안 움직인 각도는
$$6° \times x$$
시침과 분침이 평각을 이루므로
$$6° \times x - (90° + 0.5° \times x) = 180°$$
$$5.5x = 270$$
$$\therefore x = \frac{540}{11}$$
따라서 3시와 4시 사이에 시침과 분침이 서로 반대 방향을 가리키며 평각을 이루는 시각은 3시 $\frac{540}{11}$분이다.

🔲 3시 $\frac{540}{11}$ 분

서술형 대비 문제 ▶본문 30~31쪽

| 1 | 7 cm | 2 | 30° | 3 | 29 |
| 4 | 16 cm | 5 | 26° | 6 | 6 cm |

1 1단계 점 N은 $\overline{BC}$의 중점이므로
$$\overline{BC} = 2\overline{NC} = 2 \times 5 = 10 \,(\text{cm})$$
2단계 $\overline{AB} : \overline{BC} = 2 : 5$이므로
$$\overline{AB} = \frac{2}{5}\overline{BC} = \frac{2}{5} \times 10 = 4 \,(\text{cm})$$
3단계 $\overline{MN} = \overline{MB} + \overline{BN} = \frac{1}{2}\overline{AB} + \frac{1}{2}\overline{BC}$
$$= \frac{1}{2} \times 4 + \frac{1}{2} \times 10 = 7 \,(\text{cm})$$
🔲 7 cm

2 1단계 $2x + x = 69$이므로
$$3x = 69 \qquad \therefore x = 23$$
2단계 $\angle AOB = 180° - (69° + 3x° + 12°)$
$$= 180° - (69° + 3 \times 23° + 12°) = 30°$$
🔲 30°

3 1단계 직선은
$$\overleftrightarrow{AB}, \overleftrightarrow{EA}, \overleftrightarrow{EB}, \overleftrightarrow{EC}, \overleftrightarrow{ED}$$
의 5개이므로 $a=5$
2단계 반직선은
$$\overrightarrow{AB}, \overrightarrow{AE}, \overrightarrow{BA}, \overrightarrow{BC}, \overrightarrow{BE}, \overrightarrow{CB}, \overrightarrow{CD}, \overrightarrow{CE},$$
$$\overrightarrow{DC}, \overrightarrow{DE}, \overrightarrow{EA}, \overrightarrow{EB}, \overrightarrow{EC}, \overrightarrow{ED}$$
의 14개이므로 $b=14$
3단계 선분은
$$\overline{AB}, \overline{AC}, \overline{AD}, \overline{BC}, \overline{BD}, \overline{CD}, \overline{EA}, \overline{EB}, \overline{EC}, \overline{ED}$$
의 10개이므로 $c=10$
4단계 $a+b+c = 5+14+10 = 29$
🔲 29

단계	채점 요소	배점
1	a의 값 구하기	2점
2	b의 값 구하기	2점
3	c의 값 구하기	2점
4	$a+b+c$의 값 구하기	1점

4 1단계 $3\overline{AD} = 2\overline{DB}$에서 $\overline{AD} : \overline{DB} = 2 : 3$이므로
$$\overline{DB} = \frac{3}{5}\overline{AB} = \frac{3}{5} \times 10 = 6 \,(\text{cm})$$
2단계 $\overline{BE} = \overline{DE} - \overline{DB} = 22 - 6 = 16 \,(\text{cm})$
3단계 $\overline{BC} = 2\overline{BE}$이므로
$$\overline{EC} = \overline{BE} = 16 \,(\text{cm})$$
🔲 16 cm

단계	채점 요소	배점
1	$\overline{DB}$의 길이 구하기	3점
2	$\overline{BE}$의 길이 구하기	1점
3	$\overline{EC}$의 길이 구하기	2점

5 **1단계** $\angle COE=\angle DOB=90°$이고

$\angle COE=\angle x+\angle DOE$,

$\angle DOB=\angle DOE+\angle y$

이므로 $\angle x+\angle DOE=\angle DOE+\angle y$

∴ $\angle x=\angle y$

2단계 이때 $\angle x+\angle y=52°$이므로

$\angle y+\angle y=52°$, $2\angle y=52°$

∴ $\angle y=26°$

🖪 $26°$

단계	채점 요소	배점
1	$\angle x=\angle y$임을 알기	4점
2	$\angle y$의 크기 구하기	2점

6 **1단계** 삼각형 ABC의 넓이는

$\dfrac{1}{2}\times16\times9=72\,(\text{cm}^2)$

2단계 삼각형 ABC와 직사각형 DEFG의 넓이가 같으므로

$12\times\overline{DE}=72$

∴ $\overline{DE}=6\,(\text{cm})$

따라서 점 D와 직선 EF 사이의 거리는 6 cm이다.

🖪 6 cm

단계	채점 요소	배점
1	삼각형 ABC의 넓이 구하기	2점
2	점 D와 직선 EF 사이의 거리 구하기	4점

I-2 위치 관계

01 두 직선의 위치 관계

▶ 본문 36쪽

개념원리 **확인하기**

01 (1) 점 A, 점 B (2) 점 B, 점 D (3) 점 B
02 (1) 점 D, 점 E (2) 점 A, 점 B, 점 C
03 (1) ○ (2) ○ (3) ×
04 (1) $\overline{AD}$, $\overline{BC}$, $\overline{CG}$, $\overline{DH}$ (2) $\overline{AB}$, $\overline{EF}$, $\overline{HG}$
 (3) $\overline{AE}$, $\overline{BF}$, $\overline{EH}$, $\overline{FG}$
05 (1) ○ (2) × (3) ×

01 (1) 직선 l 위에 있는 점은 점 A, 점 B이다.
 (2) 직선 m 위에 있는 점은 점 B, 점 D이다.
 (3) 두 직선 l, m 위에 동시에 있는 점은 두 직선 l, m의 교점인 점 B이다.
 🖪 (1) 점 A, 점 B (2) 점 B, 점 D (3) 점 B

02 (1) 평면 P 위에 있는 점은 점 D, 점 E이다.
 (2) 평면 P 위에 있지 않은 점은 점 A, 점 B, 점 C이다.
 🖪 (1) 점 D, 점 E (2) 점 A, 점 B, 점 C

03 (3) 직선 AB와 직선 AD는 한 점에서 만난다.
 🖪 (1) ○ (2) ○ (3) ×

04 (1) 모서리 CD와 만나는 모서리는 $\overline{AD}$, $\overline{BC}$, $\overline{CG}$, $\overline{DH}$이다.
 (2) 모서리 CD와 평행한 모서리는 $\overline{AB}$, $\overline{EF}$, $\overline{HG}$이다.
 (3) 모서리 CD와 꼬인 위치에 있는 모서리는 $\overline{AE}$, $\overline{BF}$, $\overline{EH}$, $\overline{FG}$이다.
 🖪 (1) $\overline{AD}$, $\overline{BC}$, $\overline{CG}$, $\overline{DH}$ (2) $\overline{AB}$, $\overline{EF}$, $\overline{HG}$
 (3) $\overline{AE}$, $\overline{BF}$, $\overline{EH}$, $\overline{FG}$

05 (2) 한 평면 위에 있는 두 직선은 만나거나 평행하다.
 (3) 공간에서 두 직선이 만나지 않으면 두 직선은 평행하거나 꼬인 위치에 있다.
 🖪 (1) ○ (2) × (3) ×

핵심문제 **익히기**

▶ 본문 37~38쪽

1 ④	**2** 7
3 $\overline{BF}$, $\overline{DH}$, $\overline{EF}$, $\overline{FG}$, $\overline{GH}$, $\overline{HE}$	**4** 1

1 ① 직선 l은 점 C를 지나지 않는다.
 ② 점 A는 직선 l 위에 있다.
 ③ 점 D는 직선 l 위에 있지 않다.

⑤ 평면 P는 점 C를 포함하지 않는다.
따라서 옳은 것은 ④이다. 답 ④

2 $\overline{BC}$와 평행한 직선은 $\overline{GF}$의 1개이므로 $a=1$
$\overline{BC}$와 한 점에서 만나는 직선은
$$\overline{AB}, \overline{CD}, \overline{DE}, \overline{EF}, \overline{GH}, \overline{HA}$$
의 6개이므로 $b=6$
$\therefore a+b=1+6=7$ 답 7

3 $\overline{AC}$와 꼬인 위치에 있는 모서리는 $\overline{BF}, \overline{DH}, \overline{EF}, \overline{FG}, \overline{GH}, \overline{HE}$이다. 답 $\overline{BF}, \overline{DH}, \overline{EF}, \overline{FG}, \overline{GH}, \overline{HE}$

4 모서리 AB와 평행한 모서리는 $\overline{ED}, \overline{GH}, \overline{KJ}$의 3개이므로 $a=3$
모서리 CD와 수직으로 만나는 모서리는 $\overline{CI}, \overline{DJ}$의 2개이므로 $b=2$
$\therefore a-b=3-2=1$ 답 1

이런 문제가 시험 에 나온다
> 본문 39쪽

01 ②, ④　　02 ⑤　　03 $\overline{OB}, \overline{OD}$　　04 3
05 ④

01 ① 점 B는 직선 m 위에 있지 않다.
③ 직선 n은 점 A를 지난다.
⑤ 두 직선 m, n의 교점은 점 A이다.
따라서 옳은 것은 ②, ④이다. 답 ②, ④

02 ⑤ $\overleftrightarrow{BC}$와 $\overleftrightarrow{CD}$의 교점은 점 C이다.
따라서 옳지 않은 것은 ⑤이다. 답 ⑤

03 $\overline{AC}$와 꼬인 위치에 있는 모서리는 $\overline{OB}, \overline{OD}$이다.
답 $\overline{OB}, \overline{OD}$

04 모서리 AB와 평행한 모서리는
$$\overline{DC}, \overline{EF}, \overline{HG}$$
의 3개이므로 $a=3$
모서리 AE와 한 점에서 만나는 모서리는
$$\overline{AB}, \overline{AD}, \overline{EF}, \overline{EH}$$
의 4개이므로 $b=4$
모서리 BC와 꼬인 위치에 있는 모서리는
$$\overline{AE}, \overline{DH}, \overline{EF}, \overline{HG}$$
의 4개이므로 $c=4$
$\therefore a+b-c=3+4-4=3$ 답 3

05 ④ 꼬인 위치에 있는 두 직선은 한 평면을 정할 수 없다.
따라서 한 평면이 정해질 조건이 아닌 것은 ④이다.
답 ④

02 직선과 평면의 위치 관계

개념원리 확인하기
> 본문 41쪽

01 (1) $\overline{AB}, \overline{DC}, \overline{EF}, \overline{HG}$　(2) 면 ABCD, 면 CGHD
　　(3) 면 ABCD, 면 EFGH　(4) $\overline{DC}, \overline{CG}, \overline{GH}, \overline{DH}$
02 (1) 6 cm　(2) 3 cm　(3) 4 cm
03 (1) 면 ABFE, 면 BFGC, 면 CGHD, 면 AEHD
　　(2) 면 CGHD
　　(3) 면 ABCD, 면 ABFE, 면 EFGH, 면 CGHD
　　(4) $\overline{GH}$
04 (1) 면 DEF　(2) 면 ABED, 면 ACFD, 면 CBEF
　　(3) 면 ACFD, 면 CBEF

01 (1) 면 AEHD와 한 점에서 만나는 모서리는 $\overline{AB}, \overline{DC}, \overline{EF}, \overline{HG}$이다.
(2) 모서리 CD를 포함하는 면은 면 ABCD, 면 CGHD이다.
(3) 모서리 BF와 수직인 면은 면 ABCD, 면 EFGH이다.
(4) 면 ABFE와 평행한 모서리는 $\overline{DC}, \overline{CG}, \overline{GH}, \overline{DH}$이다.
답 (1) $\overline{AB}, \overline{DC}, \overline{EF}, \overline{HG}$　(2) 면 ABCD, 면 CGHD
　　(3) 면 ABCD, 면 EFGH　(4) $\overline{DC}, \overline{CG}, \overline{GH}, \overline{DH}$

02 (1) 점 A와 면 DEF 사이의 거리는 $\overline{AD}$의 길이와 같으므로 6 cm이다.
(2) 점 D와 면 BEFC 사이의 거리는 $\overline{DE}$의 길이와 같으므로 3 cm이다.
(3) 점 F와 면 ADEB 사이의 거리는 $\overline{EF}$의 길이와 같으므로 4 cm이다.
답 (1) 6 cm　(2) 3 cm　(3) 4 cm

03 (1) 면 ABCD와 한 모서리에서 만나는 면은 면 ABFE, 면 BFGC, 면 CGHD, 면 AEHD이다.
(2) 면 ABFE와 평행한 면은 면 CGHD이다.
(3) 면 BFGC와 수직인 면은 면 ABCD, 면 ABFE, 면 EFGH, 면 CGHD이다.
(4) 면 CGHD와 면 EFGH의 교선은 $\overline{GH}$이다.
답 (1) 면 ABFE, 면 BFGC, 면 CGHD, 면 AEHD
　　(2) 면 CGHD
　　(3) 면 ABCD, 면 ABFE, 면 EFGH, 면 CGHD
　　(4) $\overline{GH}$

04 (1) 면 ABC와 평행한 면은 면 DEF이다.
(2) 면 DEF와 수직인 면은 면 ABED, 면 ACFD, 면 CBEF이다.

(3) 모서리 CF를 교선으로 갖는 두 면은 면 ACFD,
　　면 CBEF이다.
　　　답 (1) 면 DEF　(2) 면 ABED, 면 ACFD, 면 CBEF
　　　　　　(3) 면 ACFD, 면 CBEF

위치
관계

핵심문제 익히기　　　　　　　　　➤ 본문 42~44쪽

1 0　　　　2 4　　　　3 1　　　　4 ③
5 ②, ④

1 면 ABCDE와 평행한 모서리는
　　$\overline{FG}$, $\overline{GH}$, $\overline{HI}$, $\overline{IJ}$, $\overline{JF}$
　　의 5개이므로　$a=5$
　　면 ABCDE와 수직인 모서리는
　　$\overline{AF}$, $\overline{BG}$, $\overline{CH}$, $\overline{DI}$, $\overline{EJ}$
　　의 5개이므로　$b=5$
　　∴ $b-a=5-5=0$　　　　　　　　**답** 0

2 면 ADEB와 수직인 면은
　　면 ABC, 면 DEF, 면 BEFC
　　의 3개이므로　$a=3$
　　면 DEF와 만나지 않는 면은 면 ABC의 1개이므로
　　$b=1$
　　∴ $a+b=3+1=4$　　　　　　　　**답** 4

3 $\overline{BC}$와 꼬인 위치에 있는 모서리는
　　$\overline{AD}$, $\overline{DE}$, $\overline{DG}$, $\overline{EF}$, $\overline{FG}$
　　의 5개이므로　$a=5$
　　면 ADGC와 수직인 면은
　　면 ABC, 면 ABED, 면 CFG, 면 DEFG
　　의 4개이므로　$b=4$
　　∴ $a-b=5-4=1$　　　　　　　　**답** 1

4 전개도로 만들어지는 정육면체
　　는 오른쪽 그림과 같다.
　　따라서 면 HIJK와 평행한 모서
　　리는 $\overline{MF}$, $\overline{FC}$, $\overline{CN}$, $\overline{NM}$이므
　　로 평행한 모서리가 아닌 것은
　　③이다.　　　　　　　　　　　　**답** ③

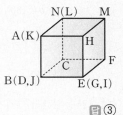

5 ② $l/\!/m$, $m \perp n$이면 다음 그림과 같이 두 직선 l, n은 수
　　직으로 만나거나 꼬인 위치에 있다.

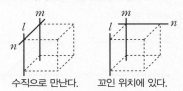

수직으로 만난다.　꼬인 위치에 있다.

③ $P \perp Q$, $P/\!/R$이면 오른쪽 그림과 같이
　$Q \perp R$이다.

수직으로 만난다.

④ $l/\!/P$, $l/\!/Q$이면 다음 그림과 같이 두 평면 P, Q는 한
　직선에서 만나거나 평행하다.

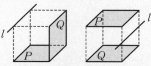

한 직선에서 만난다.　평행하다.

⑤ $l \perp P$, $l/\!/Q$이면 오른쪽 그림과 같이
　$P \perp Q$이다.

수직으로 만난다.

따라서 옳지 않은 것은 ②, ④이다.　　**답** ②, ④

이런 문제가 시험 에 나온다　　　　　　➤ 본문 45쪽

01 ⑤　　　　02 $\overline{AE}$, $\overline{DH}$　　　03 4쌍
04 9　　　　05 ①　　　　　　　06 ④

01 ⑤ 직선 m은 평면 P에 포함된다.
　　따라서 옳지 않은 것은 ⑤이다.　　**답** ⑤

02 모서리 BC와 꼬인 위치에 있는 모서리는
　　$\overline{AE}$, $\overline{DH}$, $\overline{EF}$, $\overline{HG}$
　　면 ABCD와 수직인 모서리는
　　$\overline{AE}$, $\overline{BF}$, $\overline{CG}$, $\overline{DH}$
　　따라서 모서리 BC와 꼬인 위치에 있으면서 면 ABCD와
　　수직인 모서리는
　　$\overline{AE}$, $\overline{DH}$　　　　　　　　**답** $\overline{AE}$, $\overline{DH}$

03 서로 평행한 두 면은
　　면 ABCDEF와 면 GHIJKL,
　　면 ABHG와 면 EDJK,
　　면 BHIC와 면 FLKE,
　　면 CIJD와 면 AGLF
　　의 4쌍이다.　　　　　　　　　　**답** 4쌍
　　참고 두 밑면이 서로 평행하고, 여섯 개의 옆면은 서로 마
　주 보는 면끼리 평행하므로 옆면의 3쌍이 평행하다.
　따라서 서로 평행한 두 면은 모두 4쌍이다.

I. 기본 도형　11

04 모서리 DK와 수직으로 만나는 모서리는

$\overline{\text{AD}}$, $\overline{\text{CD}}$, $\overline{\text{EG}}$, $\overline{\text{FG}}$, $\overline{\text{HK}}$, $\overline{\text{JK}}$

의 6개이므로　　　$a=6$

모서리 FG와 평행한 면은

면 ABCD, 면 ABIH, 면 HIJK

의 3개이므로　　　$b=3$

$\therefore a+b=6+3=9$

답 9

05 전개도로 만들어지는 삼각뿔은 오른
쪽 그림과 같다.

따라서 $\overline{\text{DF}}$와 꼬인 위치에 있는 모서
리는 $\overline{\text{AB}}$이다.

답 ①

06 ① $l /\!/ P$, $m \perp P$이면 다음 그림과 같이 두 직선 l, m은
수직으로 만나거나 꼬인 위치에 있다.

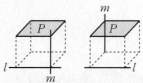

수직으로 만난다.　꼬인 위치에 있다.

② $P \perp Q$, $P \perp R$이면 다음 그림과 같이 두 평면 Q, R는
한 직선에서 만나거나 평행하다.

한 직선에서 만난다.　평행하다.

③ $l \perp m$, $l \perp n$이면 다음 그림과 같이 두 직선 m, n은 한
점에서 만나거나 평행하거나 꼬인 위치에 있다.

한 점에서 만난다.　평행하다.　꼬인 위치에 있다.

④ $l \perp P$, $l \perp Q$이면 오른쪽 그림과 같이
$P /\!/ Q$이다.

평행하다.

⑤ $l \perp P$, $l \perp m$, $m \perp Q$이면 오른쪽 그
림과 같이 $P \perp Q$이다.

수직으로 만난다.

따라서 옳은 것은 ④이다.

답 ④

---

03 평행선의 성질

개념원리 **확인하기**　　　　　　　　　　＞본문 47쪽

01 (1) $\angle f$　(2) $\angle c$　(3) $\angle e$　(4) $\angle b$
02 (1) 125°　(2) 55°
03 (1) $\angle x=75°$, $\angle y=105°$　(2) $\angle x=60°$, $\angle y=60°$
04 (1)○　(2)×　(3)○　(4)○

01 (1) $\angle b$의 동위각은 $\angle f$이다.
(2) $\angle g$의 동위각은 $\angle c$이다.
(3) $\angle c$의 엇각은 $\angle e$이다.
(4) $\angle h$의 엇각은 $\angle b$이다.

답 (1) $\angle f$　(2) $\angle c$　(3) $\angle e$　(4) $\angle b$

02 (1) $\angle a$의 동위각은 $\angle d$이므로

$\angle d=180°-55°=125°$

(2) $\angle b$의 엇각은 $\angle f$이고 $\angle f$의 맞꼭지각의 크기가 55°
이므로

$\angle f=55°$

답 (1) 125°　(2) 55°

03 (1) $l /\!/ m$이므로

$\angle x=75°$ (동위각)

$\therefore \angle y=180°-75°=105°$

(2) $\angle x=180°-120°=60°$

$l /\!/ m$이므로

$\angle y=\angle x=60°$ (엇각)

답 (1) $\angle x=75°$, $\angle y=105°$
　(2) $\angle x=60°$, $\angle y=60°$

개념 더하기

오른쪽 그림에서 $l /\!/ m$이면
$\angle a + \angle b = 180°$

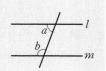

04 (1) 동위각의 크기가 같으므로 두 직선 l, m이 평행하다.
(2) 엇각의 크기가 다르므로 두 직선 l, m이 평행하지 않
다.
(3) 다음 그림에서 동위각 또는 엇각의 크기가 같으므로 두
직선 l, m이 평행하다.

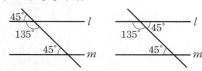

(4) 오른쪽 그림에서 동위각의 크기가 같으므로 두 직선 l, m이 평행하다.

답 (1) ◯ (2) × (3) ◯ (4) ◯

개념 더하기

오른쪽 그림에서 $\angle a + \angle b = 180°$이면 $l /\!/ m$

핵심문제 익히기 ▶본문 48~50쪽

1 ①, ⑤	2 20	3 ⑤	4 35
5 (1) 50° (2) 60°		6 40°	

1 ② $\angle b$의 동위각은 $\angle d$이므로
$\angle d = 180° - 70° = 110°$
③ $\angle e$의 동위각은 $\angle c$이므로
$\angle c = 180° - 95° = 85°$
④ $\angle c$의 엇각의 크기는 70°이다.
⑤ $\angle f$의 엇각은 $\angle b$이고 $\angle b$의 맞꼭지각의 크기가 95° 이므로 $\angle b = 95°$
따라서 옳은 것은 ①, ⑤이다.

답 ①, ⑤

2 $l /\!/ m$이므로 동위각의 크기가 같다.
따라서 오른쪽 그림에서
$(3x + 18) + (4x + 22) = 180$
$7x = 140$
$\therefore x = 20$

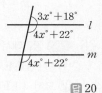

답 20

3 ⑤ 두 직선 l, m이 평행하지 않아도
$\angle g = 180° - 115° = 65°$
이다.
따라서 $l /\!/ m$이 되는 조건이 아닌 것은 ⑤이다.

답 ⑤

4 오른쪽 그림에서 삼각형의 세 각의 크기의 합은 180°이므로
$50 + (2x + 5) + (x + 20)$
$= 180$
$3x = 105$
$\therefore x = 35$

답 35

---

5 (1) 오른쪽 그림과 같이 두 직선 l, m에 평행한 직선 p를 그으면 엇각의 크기는 같으므로
$\angle x + 60° = 110°$
$\therefore \angle x = 50°$

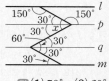

(2) 오른쪽 그림과 같이 두 직선 l, m에 평행한 직선 p, q를 그으면 엇각의 크기는 같으므로
$\angle x = 30° + 30° = 60°$

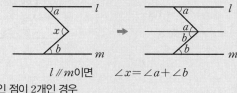

답 (1) 50° (2) 60°

개념 더하기

평행선에서 각의 크기 구하기
평행선과 꺾인 직선이 만나는 경우 꺾인 점을 지나면서 주어진 평행선에 평행한 직선을 긋고 동위각과 엇각의 크기는 각각 같음을 이용한다.

① 꺾인 점이 1개인 경우

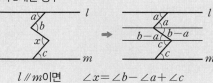

$l /\!/ m$이면 $\angle x = \angle a + \angle b$

② 꺾인 점이 2개인 경우

$l /\!/ m$이면 $\angle x = \angle b - \angle a + \angle c$

6 $\angle CAB = \angle BAD$
$= 70°$ (접은 각)
$\overleftrightarrow{AD} /\!/ \overleftrightarrow{CB}$이므로
$\angle ABC = \angle BAD$
$= 70°$ (엇각)
따라서 삼각형 ACB에서
$\angle x + 70° + 70° = 180°$
$\therefore \angle x = 40°$

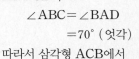

답 40°

이런 문제가 시험 에 나온다 ▶본문 51쪽

01 ④	02 ③	03 $\angle x = 55°$, $\angle y = 135°$
04 125°	05 65°	

01 동위각은 서로 같은 위치에 있는 각이므로 $\angle a$의 동위각은 $\angle e$, $\angle f$이다.

답 ④

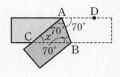

02 ③ 오른쪽 그림에서 동위각의 크기가 다르므로 두 직선 l, m은 평행하지 않다.
따라서 두 직선 l, m이 평행하지 않은 것은 ③이다.

답 ③

03 $l /\!/ m$이므로 엇각의 크기는 같다.
$$\therefore \angle y = 180° - 45° = 135°$$
삼각형의 세 각의 크기의 합은 $180°$이므로
$$\angle x + 45° + 80° = 180°$$
$$\therefore \angle x = 55°$$

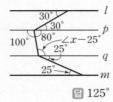

답 $\angle x = 55°$, $\angle y = 135°$

04 오른쪽 그림과 같이 두 직선 l, m에 평행한 직선 p, q를 그으면
$$\angle x - 25° = 100°$$
$$\therefore \angle x = 125°$$

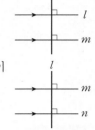

답 $125°$

05 오른쪽 그림에서
$$\angle BCD = \angle ACB = \angle x \text{ (접은 각)}$$
$\overleftrightarrow{AB} /\!/ \overleftrightarrow{CD}$이므로
$$\angle ABC = \angle BCD = \angle x \text{ (엇각)}$$
따라서 삼각형 ACB에서
$$50° + \angle x + \angle x = 180°$$
$$2\angle x = 130° \qquad \therefore \angle x = 65°$$

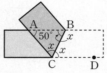

답 $65°$

중단원 마무리하기
▶ 본문 52~55쪽

01 ②, ④	02 ④	03 ③	04 $\overline{AD}$, $\overline{AE}$
05 ④	06 ⑤	07 5	08 ④
09 ④	10 ③	11 $25°$	12 ②
13 $\overline{DH}$, $\overline{EF}$	14 ①	15 ⑤	16 ④
17 ⑤	18 ③	19 240	20 $180°$
21 16	22 $20°$	23 10	24 평행하다.
25 $19°$			

01 전략 주어진 점과 직선, 점과 평면의 위치 관계를 알아본다.
② 점 B는 직선 l 위에 있다.
④ 평면 P는 점 C를 포함한다.
따라서 옳지 않은 것은 ②, ④이다.
답 ②, ④

02 전략 평면에서 두 직선의 위치 관계를 생각한다.
④ 꼬인 위치는 공간에서 두 직선의 위치 관계이다.
따라서 한 평면 위에 있는 두 직선의 위치 관계가 될 수 없는 것은 ④이다.
답 ④

03 전략 주어진 조건에 따라 그림을 그려 본다.
ㄴ. $l /\!/ m$, $l \perp n$이면 오른쪽 그림과 같이 $m \perp n$이다.

ㄷ. $l \perp m$, $l \perp n$이면 오른쪽 그림과 같이 $m /\!/ n$이다.

이상에서 옳은 것은 ㄱ, ㄴ이다.
답 ③

04 전략 모서리 BC와 만나지도 않고 평행하지도 않은 모서리를 찾는다.
모서리 BC와 꼬인 위치에 있는 모서리는 $\overline{AD}$, $\overline{AE}$이다.
답 $\overline{AD}$, $\overline{AE}$

05 전략 공간에서 두 직선의 위치 관계를 알아본다.
모서리 AB와 한 점에서 만나는 모서리는
$$\overline{AC}, \overline{BC}, \overline{AD}, \overline{BE}$$
의 4개이므로 $a = 4$
모서리 BE와 평행한 모서리는 $\overline{AD}$, $\overline{CF}$의 2개이므로
$$b = 2$$
$$\therefore ab = 4 \times 2 = 8$$
답 ④

06 전략 공간에서 직선과 평면의 위치 관계를 알아본다.
① 면 ABFE와 모서리 CG는 평행하다.
② 모서리 EF는 면 BFGC와 한 점에서 만난다.
③ 면 ABCD와 평행한 모서리는 $\overline{EF}$, $\overline{FG}$, $\overline{GH}$, $\overline{EH}$의 4개이다.
④ 모서리 BF와 수직인 면은 면 ABCD, 면 EFGH의 2개이다.
따라서 옳은 것은 ⑤이다.
답 ⑤

07 전략 공간에서 두 평면의 위치 관계를 알아본다.
면 AEHD와 평행한 면은 면 BFGC의 1개이므로
$$a = 1$$
면 AEHD와 수직인 면은
면 ABCD, 면 ABFE, 면 EFGH, 면 CGHD
의 4개이므로 $b = 4$
$$\therefore a + b = 1 + 4 = 5$$
답 5

08 (전략) 평행선과 동위각, 엇각 사이의 관계를 생각해 본다.

④ 알 수 없다.

⑤ $\angle b = \angle d$ (맞꼭지각)이므로 $\angle b = \angle h$이면

$\angle d = \angle h$이다.

즉 동위각의 크기가 같으므로 $l /\!/ m$이다.

따라서 옳지 않은 것은 ④이다.　　　　(답) ④

09 (전략) 평행한 두 직선이 다른 한 직선과 만날 때, 동위각 또는 엇각의 크기는 각각 같음을 이용한다.

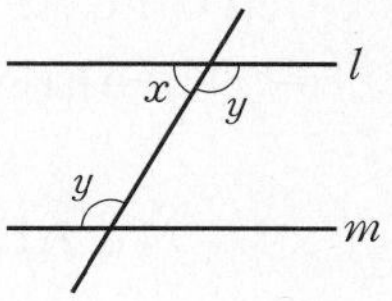

$l /\!/ m$이므로

$\angle x + \angle y = 180°$

$\angle y = 2\angle x$이므로

$\angle x + 2\angle x = 180°$

$3\angle x = 180°$

$\therefore \angle x = 60°$　　　　(답) ④

10 (전략) 서로 다른 두 직선이 다른 한 직선과 만날 때, 동위각 또는 엇각의 크기가 각각 같으면 두 직선은 평행함을 이용한다.

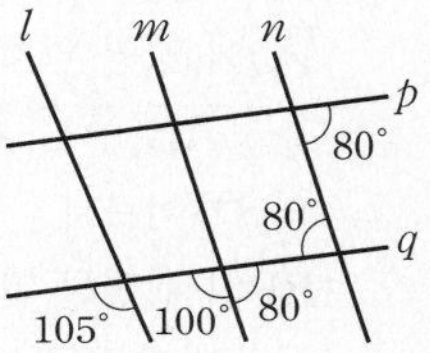

오른쪽 그림에서

ㄷ. 엇각의 크기가 같으므로

$m /\!/ n$

ㄹ. 엇각의 크기가 같으므로

$p /\!/ q$

이상에서 평행한 두 직선을 고른 것은 ㄷ, ㄹ이다. (답) ③

11 (전략) 삼각형의 세 각의 크기의 합은 180°임을 이용한다.

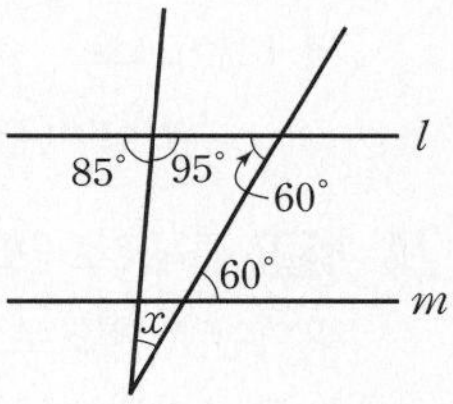

$l /\!/ m$이므로 오른쪽 그림과 같이 엇각의 크기는 같고 삼각형의 세 각의 크기의 합은 180°이므로

$\angle x + 60° + 95° = 180°$

$\therefore \angle x = 25°$

(답) 25°

12 (전략) 꺾인 점을 지나면서 두 직선 l, m에 평행한 직선을 긋는다.

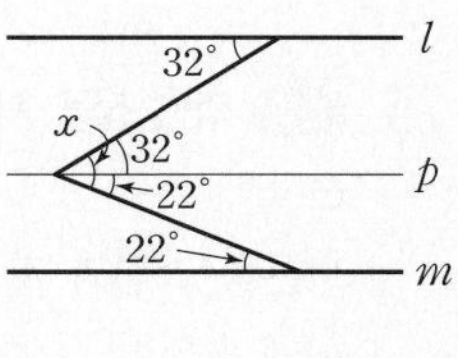

오른쪽 그림과 같이 두 직선 l, m에 평행한 직선 p를 그으면

$\angle x = 32° + 22° = 54°$

(답) ②

13 (전략) $\overline{AG}$, $\overline{BC}$와 만나지도 않고 평행하지도 않은 모서리를 각각 찾는다.

$\overline{AG}$와 꼬인 위치에 있는 모서리는

$\overline{BC}$, $\overline{CD}$, $\overline{BF}$, $\overline{DH}$, $\overline{EF}$, $\overline{EH}$

$\overline{BC}$와 꼬인 위치에 있는 모서리는

$\overline{AE}$, $\overline{DH}$, $\overline{EF}$, $\overline{HG}$

따라서 $\overline{AG}$, $\overline{BC}$와 동시에 꼬인 위치에 있는 모서리는

$\overline{DH}$, $\overline{EF}$　　　　(답) $\overline{DH}$, $\overline{EF}$

14 (전략) 직선과 평면이 수직이 될 조건을 생각해 본다.

$\overline{AB}$가 평면 P 위의 점 B를 지나는 두 직선과 수직이면 $\overline{AB}$는 평면 P와 수직이다.

이때 $\overline{AB} \perp \overline{BC}$, $\overline{AB} \perp \overline{BD}$이므로 평면 P와 $\overline{AB}$는 수직이다.

따라서 필요한 조건으로 옳은 것은 ①이다.　　(답) ①

(개념) **더하기**

직선 l이 평면 P와 수직인지를 알아보려면 직선 l이 평면 P와의 교점을 지나는 평면 P 위의 서로 다른 두 직선과 수직인지를 알아보면 된다.

15 (전략) 주어진 입체도형의 모서리와 면을 각각 공간에서의 직선과 평면으로 생각하여 위치 관계를 알아본다.

① $\overline{AC}$를 포함하는 면은 면 ABC, 면 ADGC의 2개이다.

② 면 ABC와 수직인 모서리는 $\overline{AD}$, $\overline{BE}$, $\overline{CG}$의 3개이다.

③ 면 DEFG와 평행한 모서리는 $\overline{AB}$, $\overline{BC}$, $\overline{AC}$의 3개이다.

④ $\overline{CF}$와 꼬인 위치에 있는 모서리는 $\overline{AB}$, $\overline{AD}$, $\overline{BE}$, $\overline{DE}$, $\overline{DG}$의 5개이다.

⑤ $\overline{CG}$와 꼬인 위치에 있는 모서리는 $\overline{AB}$, $\overline{BF}$, $\overline{DE}$, $\overline{EF}$의 4개이다.

따라서 옳은 것은 ⑤이다.　　　　(답) ⑤

16 (전략) 전개도로 만들어지는 입체도형을 그려 본다.

주어진 전개도로 만들어지는 정육면체는 오른쪽 그림과 같다.

④ $\overline{JG}$와 $\overline{ML}$은 한 점에서 만난다.

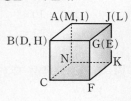

(답) ④

17 (전략) 직육면체를 그려서 각 조건에 따른 위치 관계를 알아본다.

① 한 직선에 수직인 서로 다른 두 직선은 다음 그림과 같이 한 점에서 만나거나 평행하거나 꼬인 위치에 있다.

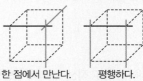

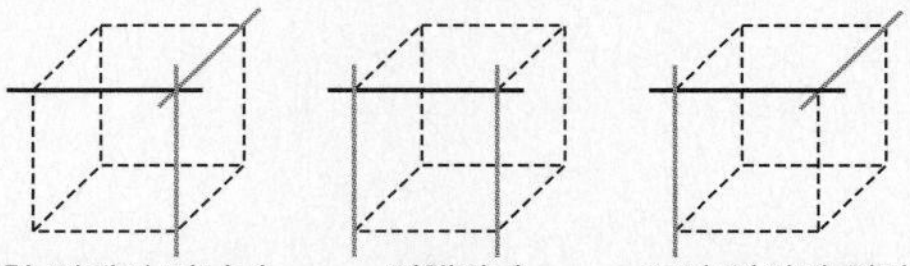

한 점에서 만난다.　　평행하다.　　꼬인 위치에 있다.

② 한 평면에 평행한 서로 다른 두 직선은 다음 그림과 같이 한 점에서 만나거나 평행하거나 꼬인 위치에 있다.

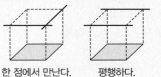

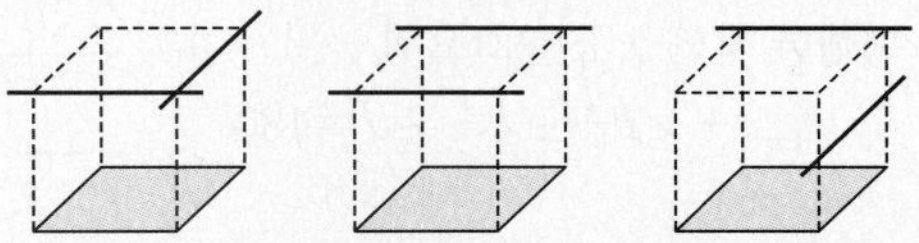

한 점에서 만난다.　　평행하다.　　꼬인 위치에 있다.

③ 한 평면에 수직인 서로 다른 두 직선은
오른쪽 그림과 같이 평행하다.

④ 한 직선에 평행한 서로 다른 두 평면은 다음 그림과 같
이 한 직선에서 만나거나 평행하다.

한 직선에서 만난다.   평행하다.

⑤ 한 평면에 평행한 서로 다른 두 평면은
오른쪽 그림과 같이 평행하다.

따라서 옳은 것은 ⑤이다.   답 ⑤

개념 더하기

항상 평행한 위치 관계
① 한 직선에 평행한 모든 직선
② 한 평면에 평행한 모든 평면
③ 한 직선에 수직인 모든 평면
④ 한 평면에 수직인 모든 직선

---

18 전략 $\angle x$와 같은 위치에 있는 두 각을 찾는다.

$\angle x$의 동위각의 크기는 각각
$$125°,\ 180°-75°=105°$$
따라서 구하는 크기의 합은
$$125°+105°=230°$$ 답 ③

---

19 전략 꺾인 점을 지나면서 두 직선 l, m에 평행한 직선을 긋는다.

오른쪽 그림과 같이 두 직선 l,
m에 평행한 직선 p, q를 그으면
$$(x-25)+(y-35)$$
$$=180$$
$$\therefore x+y=240$$

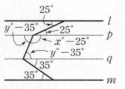

답 240

---

20 전략 꺾인 점을 지나면서 두 직선 l, m에 평행한 직선을 긋는다.

오른쪽 그림과 같이 두 직선 l, m에
평행한 직선 p, q를 그으면
$$\angle a+\angle b+\angle c+\angle d=180°$$

답 180°

---

21 전략 정사각형의 네 각의 크기는 모두 90°임을 이용한다.

오른쪽 그림과 같이 두 직선 l,
m에 평행한 직선 p를 그으면
$\angle ADC=90°$이므로
$$(2x-10)+(3x+20)$$
$$=90$$
$$5x=80 \quad \therefore x=16$$

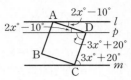

답 16

---

22 전략 엇각과 접은 각의 크기가 같음을 이용한다.

$\overline{AD}/\!/\overline{BC}$이므로
$$\angle AEB=\angle EAF$$
$$=40° \text{ (엇각)}$$
$$\therefore \angle AEF=\angle AEB$$
$$=40° \text{ (접은 각)}$$

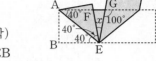

이때 $40°+40°+\angle x=100°$ (엇각)이므로
$$\angle x=20°$$ 답 20°

---

23 전략 주어진 입체도형의 모서리와 면을 각각 공간에서의 직
선과 평면으로 생각하여 위치 관계를 알아본다.

$\overrightarrow{PQ}$와 꼬인 위치에 있는 직선은
$$\overrightarrow{AB},\ \overrightarrow{AC},\ \overrightarrow{CR},\ \overrightarrow{AD},\ \overrightarrow{CG},\ \overrightarrow{DE},\ \overrightarrow{FG},\ \overrightarrow{DG}$$
의 8개이므로 $\quad x=8$
$\overrightarrow{BP}$와 평행한 면은
    면 ADGC, 면 DEFG
의 2개이므로 $\quad y=2$
면 DEFG와 수직인 면은
    면 ABED, 면 ADGC, 면 BEFQP, 면 QFGCR
의 4개이므로 $\quad z=4$
$$\therefore x-y+z=8-2+4=10$$ 답 10

---

24 전략 전개도로 만들어지는 입체도형을 그려 본다.

주어진 전개도로 만들어지
는 정육면체는 오른쪽 그림
과 같으므로 $\overline{CM}$과 $\overline{FH}$는
평행하다.

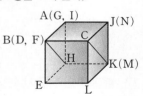

답 평행하다.

---

25 전략 꺾인 점을 지나면서 두 직선 l, m에 평행한 직선을 긋는다.

오른쪽 그림과 같이 두 직선 l,
m에 평행한 직선 p를 그으면
$$\angle PQR=16°+60°=76°$$
이때 $\angle PQS=3\angle SQR$이므로
$$\angle PQR=\angle PQS+\angle SQR$$
$$=3\angle SQR+\angle SQR$$
$$=4\angle SQR=4\angle x$$

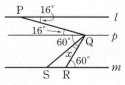

따라서 $4\angle x=76°$이므로 $\quad \angle x=19°$ 답 19°

| 1 | 4 | 2 | 30° | 3 | 21 |
| 4 | 9 | 5 | 72° | 6 | 70° |

1 [1단계] 직선 AG와 한 점에서 만나는 직선은
$$\overleftrightarrow{AB}, \overleftrightarrow{AF}, \overleftrightarrow{GH}, \overleftrightarrow{GL}$$
의 4개이므로　$a=4$

[2단계] 직선 AB와 꼬인 위치에 있는 직선은
$$\overleftrightarrow{CI}, \overleftrightarrow{DJ}, \overleftrightarrow{EK}, \overleftrightarrow{FL}, \overleftrightarrow{HI}, \overleftrightarrow{IJ}, \overleftrightarrow{KL}, \overleftrightarrow{GL}$$
의 8개이므로　$b=8$

[3단계] $b-a=8-4=4$

답 4

2 [1단계] 다음 그림과 같이 두 직선 l, m에 평행한 직선 p, q 를 긋자.

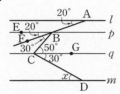

[2단계] $l \parallel p$이므로
$$\angle EBF = 20° \ (\text{동위각})$$
$p \parallel q$이므로
$$\angle BCG = 20° + 30° = 50° \ (\text{엇각})$$
$$\therefore \angle GCD = 80° - 50° = 30°$$
$q \parallel m$이므로
$$\angle x = \angle GCD = 30° \ (\text{엇각})$$

답 30°

3 [1단계] 점 A와 면 EFGH 사이의 거리는 $\overline{AE}$의 길이와 같으므로
$$x=7$$

[2단계] 점 C와 면 AEHD 사이의 거리는 $\overline{CD}$의 길이와 같으므로
$$y=3$$

[3단계] $xy = 7 \times 3 = 21$

답 21

단계	채점 요소	배점
1	x의 값 구하기	2점
2	y의 값 구하기	2점
3	xy의 값 구하기	1점

4 [1단계] 모서리 AB와 꼬인 위치에 있는 모서리는
$$\overline{CG}, \overline{DE}, \overline{EF}, \overline{FG}, \overline{DG}$$
의 5개이므로　$a=5$

[2단계] 면 ABC와 수직인 모서리는
$$\overline{AD}, \overline{BF}, \overline{CG}$$
의 3개이므로　$b=3$

[3단계] 면 ADGC와 평행한 면은 면 BEF의 1개이므로
$$c=1$$

[4단계] $a+b+c=5+3+1=9$

답 9

단계	채점 요소	배점
1	a의 값 구하기	2점
2	b의 값 구하기	2점
3	c의 값 구하기	2점
4	$a+b+c$의 값 구하기	1점

5 [1단계] $3x + (4x+12) = 180$이므로
$$7x = 168 \quad \therefore x = 24$$

[2단계] $\angle b$의 엇각의 크기는 $3x°$ (맞꼭지각)이므로
$$3 \times 24° = 72°$$

답 72°

단계	채점 요소	배점
1	x의 값 구하기	3점
2	$\angle b$의 엇각의 크기 구하기	3점

6 [1단계] $\angle DAC = 180° - (60° + 80°) = 40°$

[2단계] 다음 그림과 같이 두 직선 l, m에 평행한 직선 p를 긋자.

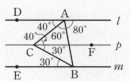

[3단계] $l \parallel p$이므로　$\angle ACF = 40°$ (엇각)
$p \parallel m$이므로　$\angle FCB = 30°$ (엇각)
$$\therefore \angle x = 40° + 30° = 70°$$

답 70°

단계	채점 요소	배점
1	$\angle DAC$의 크기 구하기	2점
2	보조선 긋기	2점
3	$\angle x$의 크기 구하기	3점

01 기본 도형의 작도

01 (1) 작도 (2) 눈금 없는 자 (3) 컴퍼스
02 ㉡ → ㉢ → ㉠
03 (1) ㉢, ㉡, ㉣ (2) $\overline{O'D}$ (3) $\overline{CD}$
04 (1) ㉤, ㉣, ㉡ (2) 동위각

---

01 (1) 눈금 없는 자와 컴퍼스만을 사용하여 도형을 그리는 것을 `작도` 라 한다.
　(2) 작도할 때 `눈금 없는 자` 는 두 점을 연결하는 선분을 그리거나 선분을 연장할 때 사용한다.
　(3) 작도할 때 `컴퍼스` 는 원을 그리거나 주어진 선분의 길이를 재어 다른 직선 위로 옮길 때 사용한다.
　　　　　답 (1) 작도 (2) 눈금 없는 자 (3) 컴퍼스

02 ㉡ 자로 직선을 긋고, 이 직선 위에 점 P를 잡는다.
　㉢ 컴퍼스로 $\overline{AB}$의 길이를 잰다.
　㉠ 점 P를 중심으로 하고 반지름의 길이가 $\overline{AB}$인 원을 그려 직선과의 교점을 Q라 한다.
　따라서 작도 순서는 ㉡ → ㉢ → ㉠이다.
　　　　　답 ㉡ → ㉢ → ㉠

03 (1) 작도 순서는 ㉠ → ㉢ → ㉡ → ㉣ → ㉤이다.
　(2) 두 점 A, B는 점 O를 중심으로 하는 한 원 위에 있고, 두 점 C, D는 점 O′을 중심으로 하고 반지름의 길이가 $\overline{OA}$인 원 위에 있으므로
　　　$\overline{OA}=\overline{OB}=\overline{O'C}=\boxed{\overline{O'D}}$
　(3) 점 C는 점 D를 중심으로 하고 반지름의 길이가 $\overline{AB}$인 원 위에 있으므로
　　　$\overline{AB}=\boxed{\overline{CD}}$
　　　　　답 (1) ㉢, ㉡, ㉣ (2) $\overline{O'D}$ (3) $\overline{CD}$

04 (1) 작도 순서는 ㉠ → ㉢ → ㉤ → ㉣ → ㉡ → ㉥이다.
　(2) 위의 작도 과정은 '서로 다른 두 직선이 다른 한 직선과 만날 때, `동위각` 의 크기가 같으면 두 직선은 평행하다.'는 성질을 이용한 것이다.
　　　　　답 (1) ㉤, ㉣, ㉡ (2) 동위각

1 ②
2 ㉡ → ㉤ → ㉠ → ㉣ → ㉢
3 풀이 참조
4 ④

---

1 ② 선분의 길이를 재어 옮겨야 하므로 컴퍼스를 사용한다.
　　　　　답 ②

2 ㉡ 점 O를 중심으로 하는 원을 그려 $\overrightarrow{OX}$, $\overrightarrow{OY}$와의 교점을 각각 C, D라 한다.
　㉤ 점 A를 중심으로 하고 반지름의 길이가 $\overline{OC}$인 원을 그려 $\overrightarrow{AB}$와의 교점을 F라 한다.
　㉠ 컴퍼스로 $\overline{CD}$의 길이를 잰다.
　㉣ 점 F를 중심으로 하고 반지름의 길이가 $\overline{CD}$인 원을 그려 ㉤에서 그린 원과의 교점을 E라 한다.
　㉢ $\overrightarrow{AE}$를 그으면 ∠XOY와 크기가 같은 ∠EAF가 작도된다.
　따라서 작도 순서는 ㉡ → ㉤ → ㉠ → ㉣ → ㉢이다.
　　　　　답 ㉡ → ㉤ → ㉠ → ㉣ → ㉢

3 (1)
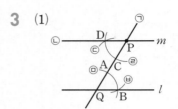
　㉠ 점 P를 지나는 직선을 그어 직선 l과의 교점을 Q라 한다.
　㉤ 점 Q를 중심으로 하는 원을 그려 직선 PQ, 직선 l과의 교점을 각각 A, B라 한다.
　㉣ 점 P를 중심으로 하고 반지름의 길이가 $\overline{QA}$인 원을 그려 직선 PQ와의 교점을 C라 한다.
　㉥ 컴퍼스로 $\overline{AB}$의 길이를 잰다.
　㉢ 점 C를 중심으로 하고 반지름의 길이가 $\overline{AB}$인 원을 그려 ㉣에서 그린 원과의 교점을 D라 한다.
　㉡ 직선 DP를 그으면 직선 l과 평행한 직선 m이 작도된다.
　따라서 작도 순서는 ㉠ → ㉤ → ㉣ → ㉥ → ㉢ → ㉡이다.
　(2) 서로 다른 두 직선이 다른 한 직선과 만날 때, 엇각의 크기가 같으면 두 직선은 평행하다.
　　　　　답 풀이 참조

4 ㄱ, ㄴ. 두 점 B, C는 점 A를 중심으로 하는 한 원 위에 있고, 두 점 Q, R는 점 P를 중심으로 하고 반지름의 길이가 $\overline{AB}$인 원 위에 있으므로
　　　$\overline{AB}=\overline{AC}=\overline{PQ}=\overline{PR}$
　　점 R는 점 Q를 중심으로 하고 반지름의 길이가 $\overline{BC}$인 원 위에 있으므로
　　　$\overline{BC}=\overline{QR}$
　ㄷ, ㅁ. 크기가 같은 각의 작도에 의하여
　　　∠BAC = ∠QPR

ㄹ. 동위각의 크기가 같으므로
$$l \parallel \overleftrightarrow{PR}$$
이상에서 옳은 것은 ㄱ, ㄷ, ㅁ이다. 답 ④

▶ 본문 65쪽

이런 문제가 시험 에 나온다

01 ④　　**02** (가) $\overline{AB}$ (나) $\overline{AC}$ (다) 정삼각형
03 ⑤　　**04** ③

01 ④ 컴퍼스는 원을 그리거나 선분의 길이를 재어서 다른 직
선 위에 옮길 때 사용한다.
따라서 옳지 않은 것은 ④이다. 답 ④

02 ㉠ 두 점 A, B를 중심으로 하고 반지름의 길이가 $\boxed{\overline{AB}}$ 인
원을 각각 그려 두 원의 교점을 C라 한다.
㉡ $\overline{AC}$, $\overline{BC}$를 그으면 $\overline{AB} = \overline{BC} = \boxed{\overline{AC}}$ 이므로 삼각형
ABC는 $\boxed{\text{정삼각형}}$ 이다.
답 (가) $\overline{AB}$ (나) $\overline{AC}$ (다) 정삼각형

03 ㄱ, ㄴ. 두 점 A, B는 점 O를 중심으로 하는 한 원 위에
있고, 두 점 C, D는 점 P를 중심으로 하고 반지름의
길이가 $\overline{OA}$인 원 위에 있으므로
$$\overline{OA} = \overline{OB} = \overline{PC} = \overline{PD}$$
ㄷ. 점 C는 점 D를 중심으로 하고 반지름의 길이가 $\overline{AB}$인
원 위에 있으므로 $\overline{AB} = \overline{CD}$
이상에서 옳은 것은 ㄴ, ㄷ, ㄹ이다. 답 ⑤

04 ①, ③ 두 점 A, B는 점 Q를 중심으로 하는 한 원 위에 있
고, 두 점 C, D는 점 P를 중심으로 하고 반지름의 길
이가 $\overline{AQ}$인 원 위에 있으므로
$$\overline{AQ} = \overline{BQ} = \overline{PC} = \overline{PD}$$
② 점 D는 점 C를 중심으로 하고 반지름의 길이가 $\overline{AB}$인
원 위에 있으므로 $\overline{AB} = \overline{CD}$
④, ⑤ ∠AQB = ∠CPD이므로 엇각의 크기가 같다.
$$\therefore \overrightarrow{QB} \parallel \overrightarrow{DP}$$
따라서 옳지 않은 것은 ③이다. 답 ③

02 삼각형의 작도

개념원리 확인하기

▶ 본문 68쪽

01 (1) 8 cm　(2) 4 cm　(3) 30°　(4) 60°
02 (1) ×　(2) ◯　(3) ×
03 (1) $\overline{AB}$　(2) $\overline{BC}$, $\overline{AC}$　(3) $\overline{BC}$, ∠C
04 (1) ◯　(2) ×　(3) ◯

01 (1) (∠B의 대변의 길이) = $\overline{AC}$ = 8 (cm)
(2) (∠C의 대변의 길이) = $\overline{AB}$ = 4 (cm)
(3) ($\overline{AB}$의 대각의 크기) = ∠C = 30°
(4) ($\overline{BC}$의 대각의 크기) = ∠A = 60°
답 (1) 8 cm　(2) 4 cm　(3) 30°　(4) 60°

02 (1) 12 = 6 + 6이므로 삼각형을 만들 수 없다.
(2) 5 < 3 + 4이므로 삼각형을 만들 수 있다.
(3) 11 > 2 + 8이므로 삼각형을 만들 수 없다.
답 (1) ×　(2) ◯　(3) ×

03 (1) $\overline{BC}$ → $\boxed{\overline{AB}}$ → $\overline{AC}$
(2) ∠B → $\overline{BA}$ → $\boxed{\overline{BC}}$ → $\boxed{\overline{AC}}$
(3) $\boxed{\overline{BC}}$ → ∠B → $\boxed{∠C}$
답 (1) $\overline{AB}$　(2) $\overline{BC}$, $\overline{AC}$　(3) $\overline{BC}$, ∠C

04 (1) 13 < 7 + 9이므로 삼각형이 하나로 정해진다.
(2) ∠C는 $\overline{AB}$, $\overline{BC}$의 끼인각이 아니므로 삼각형이 하나
로 정해지지 않는다.
(3) 한 변의 길이와 그 양 끝 각의 크기가 주어졌으므로 삼
각형이 하나로 정해진다.
답 (1) ◯　(2) ×　(3) ◯

개념 더하기

삼각형이 하나로 정해지지 않는 경우
① 가장 긴 변의 길이가 나머지 두 변의 길이의 합보다 크거나 같은
경우
② 두 변의 길이와 그 끼인각이 아닌 다른 한 각의 크기가 주어진 경우
③ 한 변의 길이와 두 각의 크기가 주어진 경우
④ 한 변의 길이와 그 양 끝 각의 크기가 주어져도 양 끝 각의 크기의
합이 180° 이상인 경우
⑤ 세 각의 크기가 주어진 경우

핵심문제 익히기

▶ 본문 69~70쪽

1 ⑤　　**2** ①　　**3** ③, ⑤　　**4** ④

1 ① 9 < 4 + 6 (◯)
② 9 < 4 + 8 (◯)
③ 10 < 4 + 9 (◯)
④ 12 < 4 + 9 (◯)
⑤ 13 = 4 + 9 (×)
따라서 x의 값이 될 수 없는 것은 ⑤이다. 답 ⑤

2 한 변의 길이와 그 양 끝 각의 크기가 주어졌으므로 선분
을 작도한 후 두 각을 작도하거나 한 각을 작도한 후 선분
을 작도한 다음 나머지 한 각을 작도하면 된다.

따라서 옳지 않은 것은 ①이다. 답 ①

3 ① 12<5+8이므로 삼각형이 하나로 정해진다.
② ∠C=180°−(45°+50°)=85°
즉 한 변의 길이와 그 양 끝 각의 크기가 주어졌으므로 삼각형이 하나로 정해진다.
③ 9=3+6이므로 삼각형을 만들 수 없다.
④ 두 변의 길이와 그 끼인각의 크기가 주어졌으므로 삼각형이 하나로 정해진다.
⑤ ∠A는 $\overline{BC}$, $\overline{CA}$의 끼인각이 아니므로 삼각형이 하나로 정해지지 않는다.
따라서 △ABC가 하나로 정해지지 않는 것은 ③, ⑤이다.
답 ③, ⑤

4 ㄱ. 두 변의 길이와 그 끼인각의 크기가 주어진 경우이다.
ㄷ. ∠C의 크기를 알 수 있으므로 한 변의 길이와 그 양 끝 각의 크기가 주어진 경우이다.
ㄹ. 한 변의 길이와 그 양 끝 각의 크기가 주어진 경우이다.
이상에서 필요한 나머지 한 조건은 ㄱ, ㄷ, ㄹ이다.
답 ④

이런 문제가 시험 에 나온다 ▶본문 71쪽

01 ④   02 ①   03 (개) A (내) a (대) $\overline{AC}$
04 ②, ⑤   05 ③, ④

01 ① 6=2+4 (×)
② 7=3+4 (×)
③ 11>4+6 (×)
④ 10<6+7 (○)
⑤ 17>8+8 (×)
따라서 삼각형의 세 변의 길이가 될 수 있는 것은 ④이다.
답 ④

02 ① x=4일 때, 세 변의 길이는 4, 6, 10이므로
10=4+6 (×)
② x=5일 때, 세 변의 길이는 5, 7, 11이므로
11<5+7 (○)
③ x=6일 때, 세 변의 길이는 6, 8, 12이므로
12<6+8 (○)
④ x=7일 때, 세 변의 길이는 7, 9, 13이므로
13<7+9 (○)
⑤ x=8일 때, 세 변의 길이는 8, 10, 14이므로
14<8+10 (○)
따라서 x의 값이 될 수 없는 것은 ①이다. 답 ①

---

03 ❶ ∠B와 크기가 같은 각인 ∠XBY를 작도한다.
❷ 점 B를 중심으로 하고 반지름의 길이가 c인 원을 그려 $\overrightarrow{BX}$와의 교점을 A라 하고, 점 B를 중심으로 하고 반지름의 길이가 a인 원을 그려 $\overrightarrow{BY}$와의 교점을 C라 한다.
❸ $\overline{AC}$를 그으면 △ABC가 작도된다.
답 (개) A (내) a (대) $\overline{AC}$

04 ① 6>2+3이므로 삼각형을 만들 수 없다.
② 두 변의 길이와 그 끼인각의 크기가 주어졌으므로 삼각형이 하나로 정해진다.
③ 모양은 같고 크기가 다른 삼각형이 무수히 많이 그려진다.
④ ∠C는 $\overline{AB}$, $\overline{BC}$의 끼인각이 아니므로 삼각형이 하나로 정해지지 않는다.
⑤ ∠B=180°−(60°+30)=90°
즉 한 변의 길이와 그 양 끝 각의 크기가 주어졌으므로 삼각형이 하나로 정해진다.
따라서 △ABC가 하나로 정해지는 것은 ②, ⑤이다.
답 ②, ⑤

05 ① ∠C는 $\overline{AB}$, $\overline{BC}$의 끼인각이 아니므로 △ABC가 하나로 정해지지 않는다.
② ∠C는 $\overline{AB}$, $\overline{AC}$의 끼인각이 아니므로 △ABC가 하나로 정해지지 않는다.
③ 두 변의 길이와 그 끼인각의 크기가 주어진 경우이다.
④ ∠A, ∠C의 크기를 알면 ∠B의 크기도 알 수 있으므로 한 변의 길이와 그 양 끝 각의 크기가 주어진 경우이다.
⑤ 모양은 같고 크기가 다른 삼각형이 무수히 많이 그려진다.
따라서 필요한 조건은 ③, ④이다. 답 ③, ④

03 삼각형의 합동

개념원리 확인하기 ▶본문 74쪽

01 (1) × (2) ○ (3) × (4) ○
02 (1) 점 F (2) 5 cm (3) 70°
03 (1) ○ (2) × (3) ○ (4) ×
04 (1) SSS 합동, △ABC≡△DFE
(2) SAS 합동, △GHI≡△KJL
(3) ASA 합동, △MNO≡△QPR

01 (1) 다음 그림과 같은 두 삼각형은 한 변의 길이가 같지만
합동이 아니다.

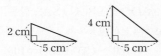

(3) 다음 그림과 같은 두 사각형은 넓이가 16 cm²로 같
지만 합동이 아니다.

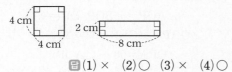

답 (1) × (2) ○ (3) × (4) ○

02 (1) 점 B의 대응점은 점 F이다.
(2) $\overline{AD} = \overline{EH} = 5$ (cm)
(3) $\angle G = \angle C = 70°$

답 (1) 점 F (2) 5 cm (3) 70°

03 (1) 대응하는 세 변의 길이가 각각 같으므로
△ABC≡△DEF (SSS 합동)
(2) 주어진 두 변의 끼인각이 아닌 다른 각의 크기가 같으
므로 합동인지 아닌지 알 수 없다.
(3) $\angle B = \angle E$, $\angle C = \angle F$이므로
$\angle A = \angle D$
즉 대응하는 한 변의 길이가 같고, 그 양 끝 각의 크기
가 각각 같으므로
△ABC≡△DEF (ASA 합동)
(4) 세 각의 크기가 같은 두 삼각형은 모양은 같지만 크기
가 다를 수 있으므로 합동인지 아닌지 알 수 없다.

답 (1) ○ (2) × (3) ○ (4) ×

04 (1) △ABC와 △DFE에서
$\overline{AB} = \overline{DF}$, $\overline{BC} = \overline{FE}$, $\overline{CA} = \overline{ED}$
따라서 대응하는 세 변의 길이가 각각 같으므로
△ABC≡△DFE (SSS 합동)
(2) △GHI와 △KJL에서
$\overline{GH} = \overline{KJ}$, $\overline{GI} = \overline{KL}$, $\angle G = \angle K$
따라서 대응하는 두 변의 길이가 각각 같고, 그 끼인각
의 크기가 같으므로
△GHI≡△KJL (SAS 합동)
(3) △MNO와 △QPR에서
$\overline{MO} = \overline{QR}$, $\angle M = \angle Q$, $\angle O = \angle R$
따라서 대응하는 한 변의 길이가 같고, 그 양 끝 각의
크기가 각각 같으므로
△MNO≡△QPR (ASA 합동)

답 (1) SSS 합동, △ABC≡△DFE
(2) SAS 합동, △GHI≡△KJL
(3) ASA 합동, △MNO≡△QPR

1 ①, ⑤　　　　2 53　　　　3 ③
4 $\overline{AB} = \overline{DE}$
5 △ABD≡△CBD, SSS 합동
6 △PAM≡△PBM, SAS 합동
7 △ABD≡△CDB, ASA 합동
8 △CBE, SAS 합동

1 ② 세 각의 크기가 같은 두 삼각형은 모양은 같지만 크기
가 다를 수 있으므로 합동인지 아닌지 알 수 없다.
③ 다음 그림과 같은 두 직사각형은 넓이가 24 cm²로 같
지만 합동이 아니다.

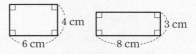

④ 다음 그림과 같은 두 이등변삼각형은 둘레의 길이는 같
지만 합동이 아니다.

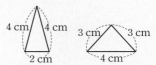

따라서 두 도형이 합동인 것은 ①, ⑤이다.

답 ①, ⑤

2 $\angle A = \angle P = 70°$이므로
$\angle C = 180° - (70° + 65°) = 45°$
$\therefore x = 45$
$\overline{RQ} = \overline{BC} = 8$ (cm)이므로
$y = 8$
$\therefore x + y = 45 + 8 = 53$

답 53

3 ③ 나머지 한 각의 크기는
$180° - (80° + 40°) = 60°$
즉 대응하는 한 변의 길이가 같고, 그 양 끝 각의 크기
가 각각 같으므로 ASA 합동이다.

답 ③

참고 삼각형에서 한 변의 길이와 두 각의 크기가 주어진
경우는 나머지 한 각의 크기를 구한 후 삼각형의 합동 조
건을 따져야 한다.

4 $\overline{AB} = \overline{DE}$이면 대응하는 두 변의 길이가 각각 같고, 그 끼
인각의 크기가 같으므로 SAS 합동이다.

답 $\overline{AB} = \overline{DE}$

5 △ABD와 △CBD에서
$\overline{AB} = \overline{CB}$, $\overline{AD} = \overline{CD}$, $\overline{BD}$는 공통
$\therefore$ △ABD≡△CBD (SSS 합동)

답 △ABD≡△CBD, SSS 합동

6 △PAM과 △PBM에서

$\overline{\text{AM}}=\overline{\text{BM}}$, $\overline{\text{PM}}$은 공통, $\angle\text{AMP}=\angle\text{BMP}=90°$

∴ △PAM≡△PBM (SAS 합동)

🖹 △PAM≡△PBM, SAS 합동

7 △ABD와 △CDB에서

$\overline{\text{AB}}/\!/\overline{\text{DC}}$이므로

$\angle\text{ABD}=\angle\text{CDB}$ (엇각)

$\overline{\text{AD}}/\!/\overline{\text{BC}}$이므로

$\angle\text{ADB}=\angle\text{CBD}$ (엇각)

$\overline{\text{BD}}$는 공통

∴ △ABD≡△CDB (ASA 합동)

🖹 △ABD≡△CDB, ASA 합동

8 △ABF와 △CBE에서

$\overline{\text{AF}}=\overline{\text{CE}}$, $\overline{\text{AB}}=\overline{\text{CB}}$, $\angle\text{A}=\angle\text{C}=90°$

∴ △ABF≡△CBE (SAS 합동)

🖹 △CBE, SAS 합동

이런 문제가 시험 에 나온다 ▷ 본문 79쪽

01 110

02 ㄱ과 ㅁ: SAS 합동, ㄴ과 ㅂ: SSS 합동,
ㄷ과 ㄹ: ASA 합동

03 100°　　　　　**04** ③

05 (1) △BCF　(2) 90°

---

01 $\angle\text{A}=\angle\text{E}=54°$이므로

$x=54$

$\angle\text{G}=\angle\text{C}=60°$이므로

$\angle\text{H}=360°-(54°+60°+90°)=156°$

∴ $y=156$

$\overline{\text{BC}}=\overline{\text{FG}}=8$ (cm)이므로

$z=8$

∴ $y-x+z=156-54+8=110$

🖹 110

02 ㄱ과 ㅁ: 대응하는 두 변의 길이가 각각 같고, 그 끼인각의 크기가 같으므로 SAS 합동이다.

ㄴ과 ㅂ: 대응하는 세 변의 길이가 각각 같으므로 SSS 합동이다.

ㄷ과 ㄹ: 대응하는 한 변의 길이가 같고, 그 양 끝 각의 크기가 각각 같으므로 ASA 합동이다.

🖹 ㄱ과 ㅁ: SAS 합동, ㄴ과 ㅂ: SSS 합동,
ㄷ과 ㄹ: ASA 합동

---

03 △AOD와 △BOC에서

$\overline{\text{AO}}=\overline{\text{BO}}$, $\overline{\text{DO}}=\overline{\text{CO}}$, $\angle\text{O}$는 공통

∴ △AOD≡△BOC (SAS 합동)

∴ $\angle x=\angle\text{CBO}$

$=180°-(55°+25°)=100°$

🖹 100°

04 △AOP와 △BOP에서

$\angle\text{AOP}=\angle\text{BOP}$, $\overline{\text{OP}}$는 공통

$\angle\text{OAP}=\angle\text{OBP}=90°$이므로

$\angle\text{OPA}=90°-\angle\text{AOP}$

$=90°-\angle\text{BOP}=\angle\text{OPB}$

∴ △AOP≡△BOP (ASA 합동)

∴ $\overline{\text{PA}}=\overline{\text{PB}}$

따라서 필요하지 않은 것은 ③이다. 🖹 ③

05 (1) △ABE와 △BCF에서

$\overline{\text{AB}}=\overline{\text{BC}}$, $\overline{\text{BE}}=\overline{\text{CF}}$,

$\angle\text{ABE}=\angle\text{BCF}=90°$

∴ △ABE≡△BCF (SAS 합동)

(2) △ABE≡△BCF이므로

$\angle\text{BAP}=\angle\text{CBP}$

한편 $\angle\text{ABP}+\angle\text{CBP}=90°$이므로

$\angle\text{ABP}+\angle\text{BAP}=\angle\text{ABP}+\angle\text{CBP}=90°$

∴ $\angle x=180°-(\angle\text{ABP}+\angle\text{BAP})$

$=180°-90°=90°$

🖹 (1) △BCF　(2) 90°

중단원 마무리하기 ▷ 본문 80~83쪽

01 ①, ⑤　　**02** ⑤　　**03** ③　　**04** ③

05 ③　　　**06** ②, ④　　**07** 24 cm²

08 ㄴ: SAS 합동, ㄷ: ASA 합동　　**09** ⑤

10 (개) $\overline{\text{O'B'}}$　(내) $\overline{\text{AB}}$　(대) SSS　　**11** ③, ⑤

12 ASA 합동　　　　**13** ②　　　**14** ④

15 ③　　**16** ①

17 △ABC≡△EBD, SSS 합동　　**18** ③, ④

19 12 cm　**20** ③　　**21** 10 cm　**22** 7

23 120°　　**24** 16 cm²

---

01 전략 작도할 때 눈금 없는 자와 컴퍼스의 용도를 각각 생각해 본다.

②, ④ 눈금 없는 자의 용도이다.

따라서 컴퍼스의 용도로 옳은 것은 ①, ⑤이다.

🖹 ①, ⑤

02 (전략) 크기가 같은 각의 작도를 생각해 본다.

①, ② 두 점 A, B는 점 O를 중심으로 하는 한 원 위에 있고, 두 점 C, D는 점 P를 중심으로 하고 반지름의 길이가 $\overline{OA}$인 원 위에 있으므로
$$\overline{OA}=\overline{OB}=\overline{PC}=\overline{PD}$$

③ 점 C는 점 D를 중심으로 하고 반지름의 길이가 $\overline{AB}$인 원 위에 있으므로 $\overline{AB}=\overline{CD}$

⑤ 작도 순서는 ㉡ → ㉢ → ㉠ → ㉣ → ㉢이다.

따라서 옳지 않은 것은 ⑤이다.   **답** ⑤

03 (전략) 평행선의 작도를 생각해 본다.

③ 점 D는 점 C를 중심으로 하고 반지름의 길이가 $\overline{AB}$인 원 위에 있으므로 $\overline{AB}=\overline{CD}$

따라서 옳지 않은 것은 ③이다.   **답** ③

04 (전략) 삼각형의 가장 긴 변의 길이는 나머지 두 변의 길이의 합보다 작아야 함을 이용한다.

① $6=3+3$ (×)   ② $8>3+4$ (×)
③ $5<4+4$ (○)   ④ $10=4+6$ (×)
⑤ $12>5+6$ (×)

따라서 삼각형의 세 변의 길이가 될 수 있는 것은 ③이다.

답 ③

05 (전략) 두 변의 길이와 그 끼인각의 크기가 주어졌을 때 삼각형의 작도 순서를 생각해 본다.

△ABC의 작도 순서는 다음의 4가지 경우가 있다.

(i) $\overline{AC}$ → ∠C → $\overline{BC}$ → $\overline{AB}$
(ii) $\overline{BC}$ → ∠C → $\overline{AC}$ → $\overline{AB}$
(iii) ∠C → $\overline{AC}$ → $\overline{BC}$ → $\overline{AB}$
(iv) ∠C → $\overline{BC}$ → $\overline{AC}$ → $\overline{AB}$

이상에서 맨 마지막에 작도하는 과정은 ③이다.   **답** ③

06 (전략) 삼각형이 하나로 정해질 조건을 생각해 본다.

① $13=6+7$이므로 삼각형을 만들 수 없다.

② 두 변의 길이와 그 끼인각의 크기가 주어졌으므로 △ABC가 하나로 정해진다.

③ ∠A는 $\overline{AC}$, $\overline{BC}$의 끼인각이 아니므로 △ABC가 하나로 정해지지 않는다.

④ 한 변의 길이와 그 양 끝 각의 크기가 주어졌으므로 △ABC가 하나로 정해진다.

⑤ 모양은 같지만 크기가 다른 삼각형이 무수히 많이 그려진다.

따라서 △ABC가 하나로 정해지는 것은 ②, ④이다.

답 ②, ④

07 (전략) 합동인 두 도형의 대응변의 길이와 대응각의 크기는 각각 같음을 이용한다.

△ABC≡△DEF이므로
$$\angle A=\angle D=90°,\ \overline{AB}=\overline{DE}=8\,(cm)$$
따라서 △ABC의 넓이는
$$\frac{1}{2}\times 8\times 6=24\,(cm^2)$$

답 $24\,cm^2$

08 (전략) SSS 합동, SAS 합동, ASA 합동 중 어떤 합동 조건을 만족시키는지 알아본다.

ㄴ. 대응하는 두 변의 길이가 각각 같고, 그 끼인각의 크기가 같으므로 SAS 합동이다.

ㄷ. 대응하는 한 변의 길이가 같고, 그 양 끝 각의 크기가 각각 같으므로 ASA 합동이다.

답 ㄴ: SAS 합동, ㄷ: ASA 합동

09 (전략) 주어진 조건을 추가하였을 때 삼각형의 합동 조건을 만족시키는지 확인해 본다.

① ∠A=∠D, ∠C=∠F이므로
$$\angle B=\angle E$$
이때 대응하는 한 변의 길이가 같고, 그 양 끝 각의 크기가 각각 같으므로 ASA 합동이다.

② 대응하는 두 변의 길이가 각각 같고, 그 끼인각의 크기가 같으므로 SAS 합동이다.

③ 대응하는 한 변의 길이가 같고, 그 양 끝 각의 크기가 각각 같으므로 ASA 합동이다.

④ 대응하는 세 변의 길이가 각각 같으므로 SSS 합동이다.

따라서 더 필요한 조건이 아닌 것은 ⑤이다.   **답** ⑤

10 (전략) 대응하는 세 변의 길이가 각각 같은 두 삼각형은 SSS 합동이다.

△AOB와 △A′O′B′에서
$$\overline{OA}=\overline{O'A'},\ \overline{OB}=\boxed{\overline{O'B'}},\ \boxed{\overline{AB}}=\overline{A'B'}$$
∴ △AOB≡△A′O′B′ ($\boxed{SSS}$ 합동)

답 (가) $\overline{O'B'}$ (나) $\overline{AB}$ (다) SSS

11 (전략) 대응하는 두 변의 길이가 각각 같고, 그 끼인각의 크기가 같은 두 삼각형은 SAS 합동이다.

△ABC와 △CDA에서
$$\overline{AB}=\overline{CD},\ \angle BAC=\angle DCA,\ \overline{AC}는 공통$$
∴ △ABC≡△CDA (SAS 합동)
∴ $\overline{AD}=\overline{BC},\ \angle ABC=\angle CDA$

따라서 옳은 것은 ③, ⑤이다.   **답** ③, ⑤

12 전략 대응하는 한 변의 길이가 같고, 그 양 끝 각의 크기가 각각 같은 두 삼각형은 ASA 합동이다.

△ABM과 △DCM에서

$\overline{AM}=\overline{DM}$, ∠AMB=∠DMC (맞꼭지각)

$\overline{AB}/\!/\overline{CD}$이므로

∠BAM=∠CDM (엇각)

∴ △ABM≡△DCM (ASA 합동)

답 ASA 합동

13 전략 정삼각형은 세 변의 길이가 모두 같음을 이용한다.

한 변의 길이가 주어졌을 때 정삼각형의 작도 과정은 다음과 같다.

❶ 두 점 A, B를 중심으로 하고 반지름의 길이가 $\overline{AB}$인 원을 각각 그려 두 원의 교점을 C라 한다.

❷ $\overline{AC}$, $\overline{BC}$를 긋는다.

따라서 컴퍼스는 2번 사용된다.

답 ②

14 전략 가장 긴 변의 길이가 x cm일 때와 13 cm일 때로 경우를 나누어 생각해 본다.

(i) 가장 긴 변의 길이가 x cm일 때,

$x<8+13$　∴ $x<21$

$x>13$이므로 자연수 x는

14, 15, …, 20

(ii) 가장 긴 변의 길이가 13 cm일 때,

$13<8+x$

$x\leq13$이므로 자연수 x는

6, 7, …, 13

(i), (ii)에서 자연수 x는 6, 7, 8, …, 20의 15개이다.

답 ④

15 전략 나머지 한 각의 크기를 구한 후 각각의 경우를 생각해 본다.

한 변의 길이와 두 각의 크기가 주어졌지만 두 각의 크기인 45°, 100°가 그 변의 양 끝 각의 크기인지 아닌지 알 수 없다.

이때 나머지 한 각의 크기는

$180°-(45°+100°)=35°$

따라서 한 변의 길이가 6 cm이고 그 양 끝 각의 크기가 각각 45°와 100°, 45°와 35°, 35°와 100°가 될 수 있으므로 구하는 삼각형은 3개이다.

답 ③

16 전략 모양과 크기가 모두 같아서 완전히 포개어지는 두 도형이 서로 합동임을 이용한다.

ㄴ. 모양과 크기가 모두 같아야 합동이다.

ㄷ. 한 변의 길이가 다른 정사각형은 합동이 아니다.

ㄹ. 다음 그림과 같은 두 이등변삼각형은 넓이가 12 cm²로 같지만 합동이 아니다.

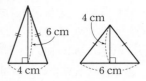

이상에서 옳은 것은 ㄱ뿐이다.

답 ①

17 전략 먼저 $\overline{BC}$, $\overline{BE}$의 길이를 구한다.

$\overline{BC}=\overline{AB}+1=5+1=6$

$\overline{BE}=\overline{BC}-\overline{EC}=6-1=5$

△ABC와 △EBD에서

$\overline{AB}=\overline{EB}$, $\overline{BC}=\overline{BD}$, $\overline{CA}=\overline{DE}$

∴ △ABC≡△EBD (SSS 합동)

답 △ABC≡△EBD, SSS 합동

18 전략 주어진 조건을 이용하여 △ABE≡△ACD임을 보인다.

△ABE와 △ACD에서

$\overline{AB}=\overline{AC}$, $\overline{AE}=\overline{AD}$, ∠A는 공통

∴ △ABE≡△ACD (SAS 합동)

따라서 필요한 조건이 아닌 것은 ③, ④이다.

답 ③, ④

19 전략 삼각형의 세 각의 크기의 합은 180°이고, 평각의 크기는 180°임을 이용하여 합동인 두 삼각형을 찾는다.

△ABD와 △CAE에서

$\overline{AB}=\overline{CA}$, ∠DAB=90°−∠CAE=∠ECA,

∠ABD=90°−∠DAB=∠CAE

∴ △ABD≡△CAE (ASA 합동)

따라서 $\overline{AD}=\overline{CE}=5$ (cm), $\overline{AE}=\overline{BD}=7$ (cm)이므로

$\overline{DE}=\overline{AD}+\overline{AE}=5+7=12$ (cm)

답 12 cm

20 전략 정삼각형의 성질을 이용하여 합동인 두 삼각형을 찾는다.

② ∠DAC=60°+∠BAC=∠BAE

⑤ △ADC와 △ABE에서

$\overline{AD}=\overline{AB}$, $\overline{AC}=\overline{AE}$, ∠DAC=∠BAE (∵ ②)

∴ △ADC≡△ABE (SAS 합동)

①, ④ △ADC≡△ABE이므로

$\overline{DC}=\overline{BE}$, ∠ACD=∠AEB

따라서 옳지 않은 것은 ③이다.

답 ③

21 전략 정사각형의 성질을 이용하여 합동인 두 삼각형을 찾는다.

△BCG와 △DCE에서

$\overline{BC}=\overline{DC}$, $\overline{CG}=\overline{CE}$, ∠BCG=∠DCE=90°

∴ △BCG≡△DCE (SAS 합동)

∴ $\overline{DE}=\overline{BG}=10$ (cm)

답 10 cm

22 (전략) 삼각형의 가장 긴 변의 길이는 나머지 두 변의 길이의 합보다 작아야 함을 이용하여 가능한 경우를 모두 찾는다.

$6<3+4$, $8>3+4$, $9>3+4$, $8<3+6$, $9=3+6$, $9<3+8$, $8<4+6$, $9<4+6$, $9<4+8$, $9<6+8$

이므로 만들 수 있는 삼각형의 세 변의 길이의 쌍은

(3 cm, 4 cm, 6 cm), (3 cm, 6 cm, 8 cm),
(3 cm, 8 cm, 9 cm), (4 cm, 6 cm, 8 cm),
(4 cm, 6 cm, 9 cm), (4 cm, 8 cm, 9 cm),
(6 cm, 8 cm, 9 cm)

따라서 만들 수 있는 삼각형의 개수는 7이다.　　답 7

23 (전략) 정삼각형의 성질을 이용하여 합동인 두 삼각형을 찾는다.

△ACD와 △BCE에서

$\overline{AC}=\overline{BC}$, $\overline{CD}=\overline{CE}$,

∠ACD=∠ACE+60°=∠BCE

∴ △ACD≡△BCE (SAS 합동)

이때 ∠ACE=180°−(60°+60°)=60°이고,

∠CAD=∠CBE=∠a,

∠CDA=∠CEB=∠b

라 하면 △ACD에서

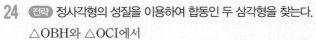

$∠a+60°+60°+∠b$
$=180°$

∴ $∠a+∠b=60°$

따라서 △PBD에서

$∠x=180°−(∠a+∠b)$
$=180°−60°=120°$　　답 120°

24 (전략) 정사각형의 성질을 이용하여 합동인 두 삼각형을 찾는다.

△OBH와 △OCI에서

$\overline{OB}=\overline{OC}$, ∠OBH=∠OCI=45°,

∠BOH=90°−∠HOC=∠COI

∴ △OBH≡△OCI (ASA 합동)

∴ (사각형 OHCI의 넓이)

$=△OHC+△OCI$
$=△OHC+△OBH$
$=△OBC$
$=\dfrac{1}{4}×($사각형 ABCD의 넓이$)$
$=\dfrac{1}{4}×8×8=16\ (cm^2)$　　답 16 cm²

개념 더하기

정사각형 ABCD의 두 대각선은 길이가 같고 서로를 수직이등분한다. 즉

$\overline{OA}=\overline{OB}=\overline{OC}=\overline{OD}$,

∠AOB=∠BOC=∠COD
　　　=∠DOA=90°

서술형 대비 문제　　＞본문 84∼85쪽

1 9　　　　**2** 72°

3 (1) ㉠ → ㉢ → ㉡ → ㉣ → ㉤
(2) $\overline{OA}$, $\overline{PC}$, $\overline{PD}$　(3) $\overline{CD}$

4 78　　　**5** 10 cm　　　**6** 8 cm

1 1단계 가장 긴 변의 길이가 x cm일 때,

$x<5+10$　∴ $x<15$

$x>10$이므로 자연수 x는

11, 12, 13, 14

2단계 가장 긴 변의 길이가 10 cm일 때,

$10<x+5$

$x≤10$이므로 자연수 x는

6, 7, 8, 9, 10

3단계 따라서 구하는 자연수 x는 6, 7, 8, ⋯, 14의 9개이다.

답 9

2 1단계 △BCE와 △DCE에서

$\overline{BC}=\overline{DC}$, ∠BCE=∠DCE=45°,

$\overline{CE}$는 공통

∴ △BCE≡△DCE (SAS 합동)

2단계 △BCE≡△DCE이므로

∠DEC=∠BEC=63°

3단계 따라서 △CDE에서

$∠x=180°−(63°+45°)=72°$

답 72°

3 1단계 (1) ㉠ 점 O를 중심으로 하는 원을 그려 $\overrightarrow{OX}$, $\overrightarrow{OY}$와의 교점을 각각 A, B라 한다.

㉢ 점 P를 중심으로 하고 반지름의 길이가 $\overline{OA}$인 원을 그려 $\overrightarrow{PQ}$와의 교점을 D라 한다.

㉡ 컴퍼스로 $\overline{AB}$의 길이를 잰다.

㉣ 점 D를 중심으로 하고 반지름의 길이가 $\overline{AB}$인 원을 그려 ㉢에서 그린 원과의 교점을 C라 한다.

㉤ $\overrightarrow{PC}$를 그으면 ∠XOY=∠CPD이다.

따라서 작도 순서는 ㉠ → ㉢ → ㉡ → ㉣ → ㉤이다.

2단계 (2) ㉠, ㉢에서 그린 원의 반지름의 길이가 같으므로

$\overline{OA}=\overline{OB}=\overline{PC}=\overline{PD}$

3단계 (3) ㉡, ㉣에서 그린 원의 반지름의 길이가 같으므로

$\overline{AB}=\overline{CD}$

답 (1) ㉠ → ㉢ → ㉡ → ㉣ → ㉤
(2) $\overline{OA}$, $\overline{PC}$, $\overline{PD}$　(3) $\overline{CD}$

단계	채점 요소	배점
1	작도 순서 나열하기	2점
2	$\overline{OB}$와 길이가 같은 선분 구하기	2점
3	$\overline{AB}$와 길이가 같은 선분 구하기	2점

4 **1단계** 사각형 ABCD와 사각형 EFGH가 합동이므로
$$\overline{AD}=\overline{EH}=8\,(cm)$$
$$\therefore x=8$$
2단계 $\angle E=\angle A=80°$, $\angle G=\angle C=90°$이므로
$$\angle H=360°-(80°+120°+90°)=70°$$
$$\therefore y=70$$
3단계 $x+y=8+70=78$

답 78

단계	채점 요소	배점
1	x의 값 구하기	2점
2	y의 값 구하기	3점
3	$x+y$의 값 구하기	1점

5 **1단계** $\overline{PB}=4\,cm$이고 $\triangle POB$의 넓이가 $20\,cm^2$이므로
$$\frac{1}{2}\times\overline{OB}\times4=20$$
$$\therefore \overline{OB}=10\,(cm)$$
2단계 $\triangle AOP$와 $\triangle BOP$에서
$$\angle AOP=\angle BOP,\ \overline{OP}는 공통,$$
$$\angle OPA=90°-\angle AOP$$
$$=90°-\angle BOP$$
$$=\angle OPB$$
$$\therefore \triangle AOP\equiv\triangle BOP\ (ASA\ 합동)$$
3단계 $\overline{OA}=\overline{OB}=10\,(cm)$

답 10 cm

단계	채점 요소	배점
1	$\overline{OB}$의 길이 구하기	3점
2	$\triangle AOP\equiv\triangle BOP$임을 알기	3점
3	$\overline{OA}$의 길이 구하기	1점

6 **1단계** $\triangle ABD$와 $\triangle ACE$에서
$$\overline{AB}=\overline{AC},\ \overline{AD}=\overline{AE},$$
$$\angle BAD=60°+\angle CAD=\angle CAE$$
$$\therefore \triangle ABD\equiv\triangle ACE\ (SAS\ 합동)$$
2단계 $\overline{CE}=\overline{BD}=\overline{BC}+\overline{CD}=5+3=8\,(cm)$

답 8 cm

단계	채점 요소	배점
1	$\triangle ABD\equiv\triangle ACE$임을 알기	5점
2	$\overline{CE}$의 길이 구하기	2점

Ⅱ-1 다각형

01 다각형

개념원리 확인하기 ▶본문 90쪽

01 ㄱ, ㄹ
02 (1) 145° (2) 70°
03 (1) ○ (2) × (3) ×
04 (1) 6 (2) 9
05 (1) 14 (2) 65

01 ㄴ. 삼각기둥은 입체도형이므로 다각형이 아니다.
ㄷ. 원은 곡선으로 둘러싸여 있으므로 다각형이 아니다.
이상에서 다각형인 것은 ㄱ, ㄹ이다. 답 ㄱ, ㄹ

02 (1) (∠B의 외각의 크기)
$$=180°-35°$$
$$=145°$$

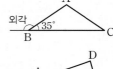

(2) (∠B의 외각의 크기)
$$=180°-110°$$
$$=70°$$

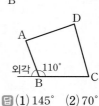

답 (1) 145° (2) 70°

03 (2) 네 내각의 크기가 같은 사각형은 직사각형이고, 네 내각의 크기와 네 변의 길이가 모두 같아야 정사각형이다.
(3) 모든 변의 길이와 모든 내각의 크기가 같아야 정다각형이다.

답 (1) ○ (2) × (3) ×

04 (1) $9-3=6$
(2) $12-3=9$

답 (1) 6 (2) 9

05 (1) $\dfrac{7\times(7-3)}{2}=14$

(2) $\dfrac{13\times(13-3)}{2}=65$

답 (1) 14 (2) 65

핵심문제 익히기 ▶본문 91~93쪽

1 ①, ⑤
2 (1) 200° (2) 154°
3 ④, ⑤
4 (1) 15 (2) 십삼각형
5 (1) 50 (2) 9
6 (1) 십일각형 (2) 15

1 ① 부채꼴은 선분과 곡선으로 둘러싸여 있으므로 다각형이 아니다.

⑤ 직육면체는 입체도형이므로 다각형이 아니다.
따라서 다각형이 아닌 것은 ①, ⑤이다.　　　답 ①, ⑤

2 (1) $\angle x=180°-110°=70°$
　　　$\angle y=180°-50°=130°$
　　　$\therefore \angle x+\angle y=70°+130°=200°$
　　(2) $\angle x=180°-100°=80°$
　　　$\angle y=180°-106°=74°$
　　　$\therefore \angle x+\angle y=80°+74°=154°$
　　　　　　　　　　　　답 (1) $200°$　(2) $154°$

3 ④ 정팔각형에서 모든 대각선의 길이가 같은 것은 아니다.
　⑤ 다각형의 한 꼭짓점에서 내각의 크기와 외각의 크기의
　　합은 $180°$이다.
　따라서 옳지 않은 것은 ④, ⑤이다.　　　답 ④, ⑤

4 (1) 십각형의 한 꼭짓점에서 그을 수 있는 대각선의 개수는
　　　$10-3=7$　$\therefore a=7$
　　이때 생기는 삼각형의 개수는
　　　$10-2=8$　$\therefore b=8$
　　　$\therefore a+b=7+8=15$
　　(2) 구하는 다각형을 n각형이라 하면
　　　$n-3=10$　$\therefore n=13$
　　따라서 십삼각형이다.
　　　　　　　　　　　답 (1) 15　(2) 십삼각형

5 (1) 구각형의 대각선의 개수는
　　　$\dfrac{9\times(9-3)}{2}=27$　$\therefore a=27$
　　십사각형의 대각선의 개수는
　　　$\dfrac{14\times(14-3)}{2}=77$　$\therefore b=77$
　　　$\therefore b-a=77-27=50$
　　(2) 주어진 다각형을 n각형이라 하면
　　　$n-2=4$　$\therefore n=6$
　　따라서 육각형의 대각선의 개수는
　　　$\dfrac{6\times(6-3)}{2}=9$
　　　　　　　　　　　　答 (1) 50　(2) 9

6 (1) 구하는 다각형을 n각형이라 하면
　　　$\dfrac{n(n-3)}{2}=44$,　$n(n-3)=88=11\times8$
　　　$\therefore n=11$
　　따라서 십일각형이다.

(2) 주어진 다각형을 n각형이라 하면
　$\dfrac{n(n-3)}{2}=90$,　$n(n-3)=180=15\times12$
　$\therefore n=15$
따라서 십오각형의 변의 개수는 15이다.
　　　　　　　　　답 (1) 십일각형　(2) 15

이런 문제가 **시험** 에 나온다　　　▶본문 94쪽

01 ②　　　02 $155°$　　　03 정십육각형
04 35　　　05 11　　　06 20번

01 다각형은 ㄱ, ㄷ, ㄹ, ㅅ의 4개이다.　　　답 ②

02 $\angle$C의 내각의 크기는
　　$180°-80°=100°$
　$\angle$E의 외각의 크기는
　　$180°-125°=55°$
　따라서 구하는 합은
　　$100°+55°=155°$　　　　　답 $155°$

03 조건 ㈎에서 모든 변의 길이가 같고 모든 외각의 크기가
　같으면 모든 내각의 크기도 같으므로 구하는 다각형은 정
　다각형이다.
　구하는 정다각형을 정n각형이라 하면 조건 ㈏에서
　　$n-3=13$　$\therefore n=16$
　따라서 정십육각형이다.　　　답 정십육각형

04 다각형의 내부의 한 점에서 각 꼭짓점에 선분을 그었을 때
　생기는 삼각형의 개수가 10인 다각형은 십각형이다.
　따라서 십각형의 대각선의 개수는
　　$\dfrac{10\times(10-3)}{2}=35$　　　　　답 35

05 주어진 다각형을 n각형이라 하면
　　$\dfrac{n(n-3)}{2}=65$,　$n(n-3)=130=13\times10$
　　$\therefore n=13$
　따라서 십삼각형의 한 꼭짓점에서 대각선을 모두 그었을
　때 생기는 삼각형의 개수는
　　$13-2=11$　　　　　답 11

06 8명의 사람이 양옆에 앉은 사람을 제외한 모든 사람과 서
　로 한 번씩 악수를 하므로 악수를 한 횟수는 팔각형의 대
　각선의 개수와 같다.
　　$\therefore \dfrac{8\times(8-3)}{2}=20$ (번)　　　답 20번

02 삼각형의 내각과 외각

▶ 본문 96쪽

개념원리 확인하기

01 (1) $45°$ (2) $180°$, $110°$
02 (1) $40°$ (2) $60°$
03 (1) $60°$, $140°$ (2) $96°$, $51°$
04 (1) $35°$ (2) $20°$

01 (1) $65° + 70° + \angle x = 180°$
    $\therefore \angle x = \boxed{45°}$
  (2) $30° + 40° + \angle x = \boxed{180°}$
    $\therefore \angle x = \boxed{110°}$

답 (1) $45°$ (2) $180°$, $110°$

02 (1) $\angle x + 105° + 35° = 180°$
    $\therefore \angle x = 40°$
  (2) $70° + \angle x + 50° = 180°$
    $\therefore \angle x = 60°$

답 (1) $40°$ (2) $60°$

03 (1) $\angle x = 80° + \boxed{60°} = \boxed{140°}$
  (2) $\boxed{96°} = 45° + \angle x$ $\therefore \angle x = \boxed{51°}$

답 (1) $60°$, $140°$ (2) $96°$, $51°$

04 (1) $90° = \angle x + 55°$ $\therefore \angle x = 35°$
  (2) 오른쪽 그림에서
    $70° = 50° + \angle x$
    $\therefore \angle x = 20°$

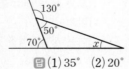

답 (1) $35°$ (2) $20°$

핵심문제 익히기

▶ 본문 97~100쪽

1 (1) 15 (2) 35   2 (1) 25 (2) 19
3 $72°$ 4 $80°$ 5 $105°$ 6 $60°$
7 $45°$ 8 $40°$

1 (1) $(5x + 10) + 2x + (3x + 20) = 180$이므로
    $10x = 150$ $\therefore x = 15$
  (2) $\angle AOB = 180° - (55° + 40°) = 85°$이므로
    $\angle COD = \angle AOB = 85°$ (맞꼭지각)
    따라서 △COD에서
    $x + 85 + (2x - 10) = 180$
    $3x = 105$ $\therefore x = 35$

답 (1) 15 (2) 35

2 (1) $\angle ABC = 180° - 120° = 60°$이므로
    $(x + 40) + 60 = 5x$
    $4x = 100$ $\therefore x = 25$
  (2) △ECD에서
    $\angle ACB = 30° + 40° = 70°$
    따라서 △ABC에서
    $(3x - 2) + 55 + 70 = 180$
    $3x = 57$ $\therefore x = 19$

답 (1) 25 (2) 19

3 △DBC에서
    $\angle DBC + \angle DCB = 180° - 126° = 54°$
    따라서 △ABC에서
    $\angle x = 180° - 2(\angle DBC + \angle DCB)$
    $= 180° - 2 \times 54°$
    $= 72°$

답 $72°$

다른 풀이 $126° = 90° + \dfrac{1}{2} \angle x$

  $\therefore \angle x = 72°$

개념 더하기

오른쪽 그림과 같은 △ABC에서 ∠B와 ∠C의
이등분선의 교점을 D라 하면
  $\angle x = 90° + \dfrac{1}{2} \angle A$

➡ $\angle x = 180° - (\angle DBC + \angle DCB)$
  $= 180° - \dfrac{1}{2}(\angle ABC + \angle ACB)$
  $= 180° - \dfrac{1}{2}(180° - \angle A)$
  $= 180° - 90° + \dfrac{1}{2} \angle A$
  $= 90° + \dfrac{1}{2} \angle A$

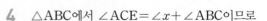

4 △ABC에서 $\angle ACE = \angle x + \angle ABC$이므로
    $\angle DCE = \dfrac{1}{2} \angle ACE$
    $= \dfrac{1}{2}(\angle x + 2\angle DBC)$
    $= \dfrac{1}{2} \angle x + \angle DBC$ ...... ㉠
    △DBC에서
    $\angle DCE = 40° + \angle DBC$ ...... ㉡
    ㉠, ㉡에서
    $\dfrac{1}{2} \angle x = 40°$
    $\therefore \angle x = 80°$

답 $80°$

다른 풀이 $40° = \dfrac{1}{2} \angle x$

  $\therefore \angle x = 80°$

개념 더하기

오른쪽 그림과 같은 △ABC에서 ∠B의 이등분선과 ∠C의 외각의 이등분선의 교점을 D라 하면

$$\angle x = \frac{1}{2}\angle A$$

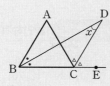

➡ △ABC에서 ∠ACE=∠A+∠ABC이므로

$$\angle DCE = \frac{1}{2}\angle ACE$$
$$= \frac{1}{2}(\angle A + \angle ABC) \quad \cdots\cdots \text{㉠}$$

△DBC에서

$$\angle DCE = \angle x + \angle DBC \quad \cdots\cdots \text{㉡}$$

㉠, ㉡에서

$$\frac{1}{2}(\angle A + \angle ABC) = \angle x + \angle DBC$$
$$\frac{1}{2}\angle A + \frac{1}{2}\angle ABC = \angle x + \angle DBC$$
$$\frac{1}{2}\angle A + \angle DBC = \angle x + \angle DBC$$
$$\therefore \angle x = \frac{1}{2}\angle A$$

---

5 △ABC에서 $\overline{AB}=\overline{AC}$이므로

$$\angle ACB = \angle B = 35°$$
$$\therefore \angle CAD = 35° + 35°$$
$$= 70°$$

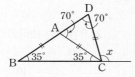

△ACD에서 $\overline{AC}=\overline{CD}$이므로

$$\angle D = \angle CAD = 70°$$

따라서 △DBC에서

$$\angle x = 35° + 70° = 105°$$

답 105°

---

6 오른쪽 그림과 같이 $\overline{BC}$를 그으면 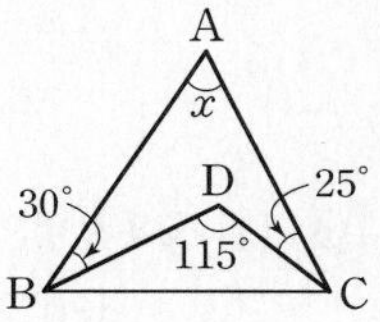
△DBC에서

$$\angle DBC + \angle DCB$$
$$= 180° - 115° = 65°$$

따라서 △ABC에서

$$\angle x = 180° - (30° + 65° + 25°) = 60°$$

답 60°

다른 풀이 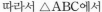 $115° = \angle x + 30° + 25°$　　$\therefore \angle x = 60°$

---

7 △AFD에서

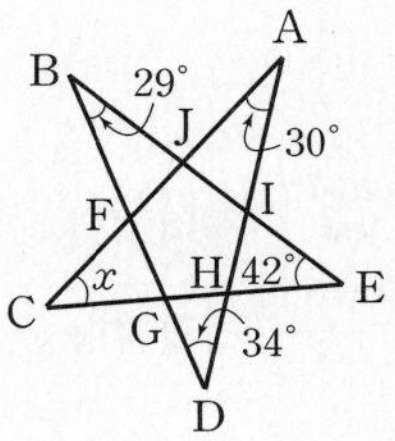

$$\angle CFG = 30° + 34° = 64°$$

△BGE에서

$$\angle CGF = 29° + 42° = 71°$$

△FCG의 세 내각의 크기의 합은 180°이므로

$$\angle x + 71° + 64° = 180°$$
$$\therefore \angle x = 45°$$

답 45°

다른 풀이 $\angle x + 34° + 42° + 30° + 29° = 180°$

$$\therefore \angle x = 45°$$

---

8 오른쪽 그림에서 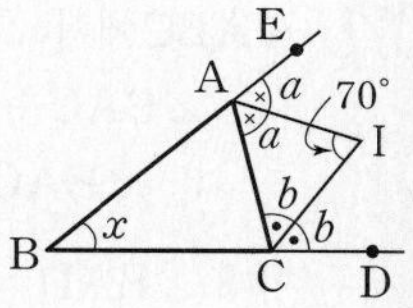
∠IAC=∠IAE=∠a,
∠ICA=∠ICD=∠b라 하면
△ACI에서

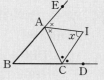

$$\angle a + \angle b = 180° - 70° = 110°$$

한편 △ABC에서

$$\angle x + (180° - 2\angle a) + (180° - 2\angle b) = 180°$$
$$\therefore \angle x = 2(\angle a + \angle b) - 180°$$
$$= 2 \times 110° - 180°$$
$$= 40°$$

답 40°

다른 풀이 $90° - \frac{1}{2}\angle x = 70°$,　　$\frac{1}{2}\angle x = 20°$

$$\therefore \angle x = 40°$$

개념 더하기

오른쪽 그림과 같은 △ABC에서 ∠A의 외각의 이등분선과 ∠C의 외각의 이등분선의 교점을 I라 하면

$$\angle x = 90° - \frac{1}{2}\angle B$$

➡ ∠IAC=∠IAE=∠a,
∠ICA=∠ICD=∠b라 하면

$$\angle BAC = 180° - 2\angle a, \quad \angle BCA = 180° - 2\angle b$$

△ABC에서

$$\angle BAC + \angle BCA = 180° - \angle B$$

이므로

$$180° - 2\angle a + 180° - 2\angle b = 180° - \angle B$$
$$\therefore \angle a + \angle b = 90° + \frac{1}{2}\angle B$$

따라서 △IAC에서

$$\angle x = 180° - (\angle a + \angle b)$$
$$= 180° - \left(90° + \frac{1}{2}\angle B\right)$$
$$= 90° - \frac{1}{2}\angle B$$

이런 문제가 시험에 나온다 ＞본문 101쪽

01 40°	**02** 70°	**03** 80°	**04** 70°
05 190°	**06** 52°		

---

01 가장 큰 내각의 크기는

$$180° \times \frac{4}{2+3+4} = 80°$$

가장 작은 내각의 크기는

$$180° \times \frac{2}{2+3+4} = 40°$$

따라서 두 내각의 크기의 차는

$$80° - 40° = 40°$$

답 40°

02 △ABC에서

$$\angle BAC+40°=100°$$
$$\therefore \angle BAC=60°$$

이때 $\angle BAD=\dfrac{1}{2}\angle BAC=\dfrac{1}{2}\times 60°=30°$이므로 △ABD
에서

$$\angle x=30°+40°=70°$$

🗒 70°

03 △ACD에서 $\overline{AC}=\overline{CD}$이므로

$$\angle CAD=\angle CDA=180°-155°=25°$$
$$\therefore \angle ACB=25°+25°=50°$$

△ABC에서 $\overline{AB}=\overline{AC}$이므로

$$\angle B=\angle ACB=50°$$
$$\therefore \angle x=180°-(50°+50°)=80°$$

🗒 80°

04 오른쪽 그림과 같이 $\overline{BC}$를 그으면

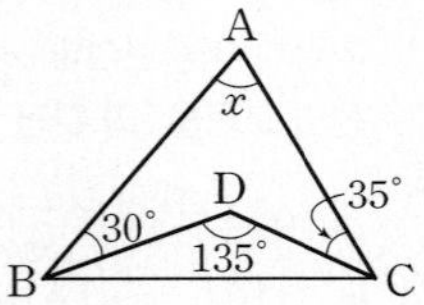

△DBC에서

$$\angle DBC+\angle DCB$$
$$=180°-135°=45°$$

따라서 △ABC에서

$$\angle x=180°-(30°+45°+35°)=70°$$

🗒 70°

05

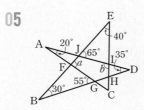

△AGD에서

$$\angle FGB=20°+35°=55°$$

△FBG에서

$$\angle a=30°+55°=85°$$

△JBD에서

$$\angle EJI=30°+35°=65°$$

△EJI에서

$$\angle b=65°+40°=105°$$
$$\therefore \angle a+\angle b=85°+105°=190°$$

🗒 190°

06 오른쪽 그림에서

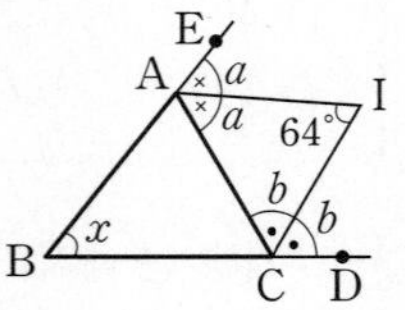

$\angle IAC=\angle IAE=\angle a$,
$\angle ICA=\angle ICD=\angle b$라 하면

△ACI에서

$$\angle a+\angle b=180°-64°=116°$$

△ABC에서

$$\angle x+(180°-2\angle a)+(180°-2\angle b)=180°$$
$$\therefore \angle x=2(\angle a+\angle b)-180°$$
$$=2\times 116°-180°$$
$$=52°$$

🗒 52°

---

03 다각형의 내각과 외각

개념원리 **확인하기** ＞ 본문 103쪽

01 풀이 참조   **02** (1) 70° (2) 140°

03 (1) 120° (2) 70°

04 (1) 720° (2) 120° (3) 360° (4) 60°

05 풀이 참조

01

다각형	한 꼭짓점에서 대각선을 모두 그었을 때 생기는 삼각형의 개수	내각의 크기의 합
육각형	$6-2=4$	$180°\times 4=720°$
칠각형	$7-2=5$	$180°\times 5=900°$
팔각형	$8-2=6$	$180°\times 6=1080°$
⋮	⋮	⋮
n각형	$n-2$	$180°\times(n-2)$

🗒 풀이 참조

02 (1) 사각형의 내각의 크기의 합은 360°이므로

$$\angle x=360°-(75°+130°+85°)=70°$$

(2) 오각형의 내각의 크기의 합은 $180°\times(5-2)=540°$이
므로

$$\angle x=540°-(70°+105°+110°+115°)=140°$$

🗒 (1) 70° (2) 140°

03 (1) 외각의 크기의 합은 360°이므로

$$\angle x=360°-(130°+110°)=120°$$

(2) 외각의 크기의 합은 360°이므로

$$\angle x=360°-(100°+110°+80°)=70°$$

🗒 (1) 120° (2) 70°

04 (1) 정육각형의 내각의 크기의 합은

$$180°\times(6-2)=720°$$

(2) $\angle x=($정육각형의 한 내각의 크기$)=\dfrac{720°}{6}=120°$

(3) 정육각형의 외각의 크기의 합은 360°이다.

(4) $\angle y=($정육각형의 한 외각의 크기$)=\dfrac{360°}{6}=60°$

🗒 (1) 720° (2) 120° (3) 360° (4) 60°

05

정다각형	한 내각의 크기	한 외각의 크기
정팔각형	$\dfrac{180°\times(8-2)}{8}=135°$	$\dfrac{360°}{8}=45°$
정십각형	$\dfrac{180°\times(10-2)}{10}=144°$	$\dfrac{360°}{10}=36°$
정십오각형	$\dfrac{180°\times(15-2)}{15}=156°$	$\dfrac{360°}{15}=24°$

🗒 풀이 참조

핵심문제 익히기 > 본문 104~106쪽

1 (1) 1980° (2) 8 2 (1) 100° (2) 70°
3 (1) 60° (2) 75° 4 105°
5 (1) 정육각형 (2) 156° 6 (1) 120° (2) 120°

1 (1) 주어진 다각형을 n각형이라 하면

$n-3=10$ $\therefore n=13$

따라서 십삼각형의 내각의 크기의 합은

$180°\times(13-2)=1980°$

(2) 주어진 다각형을 n각형이라 하면

$180°\times(n-2)=1080°$

$n-2=6$ $\therefore n=8$

따라서 팔각형의 꼭짓점의 개수는 8이다.

답 (1) 1980° (2) 8

2 (1)

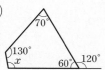

사각형의 내각의 크기의 합은 360°이므로

$\angle x=360°-(70°+130°+60°)=100°$

(2)

오각형의 내각의 크기의 합은 $180°\times(5-2)=540°$이므로

$\angle x=540°-(100°+140°+80°+150°)=70°$

답 (1) 100° (2) 70°

3 (1) 외각의 크기의 합은 360°이므로

$75°+62°+\angle x+95°+68°=360°$

$\angle x+300°=360°$ $\therefore \angle x=60°$

(2) 외각의 크기의 합은 360°이므로

$\angle x+(180°-115°)+30°+60°+80°+50°$
$=360°$

$\angle x+285°=360°$ $\therefore \angle x=75°$

답 (1) 60° (2) 75°

4 오른쪽 그림과 같이 보조선을 그으면

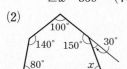

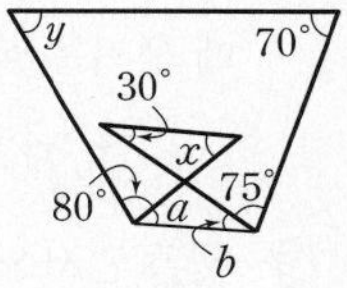

$\angle a+\angle b=\angle x+30°$

사각형의 내각의 크기의 합은 360°이므로

$\angle y+80°+\angle a+\angle b+75°+70°=360°$

$\angle y+225°+\angle a+\angle b=360°$

$\angle y+225°+\angle x+30°=360°$

$\therefore \angle x+\angle y=105°$

답 105°

5 (1) 구하는 정다각형을 정n각형이라 하면

$\dfrac{360°}{n}=60°$ $\therefore n=6$

따라서 정육각형이다.

(2) 주어진 정다각형을 정n각형이라 하면

$\dfrac{n(n-3)}{2}=90$

$n(n-3)=180=15\times12$

$\therefore n=15$

따라서 정십오각형의 한 내각의 크기는

$\dfrac{180°\times(15-2)}{15}=156°$

답 (1) 정육각형 (2) 156°

6 (1) 정육각형의 한 내각의 크기는

$\dfrac{180°\times(6-2)}{6}=120°$

(2) △ABC는 $\overline{BA}=\overline{BC}$인 이등변삼각형이므로

$\angle BAC=\dfrac{1}{2}\times(180°-120°)=30°$

△ABF는 $\overline{AB}=\overline{AF}$인 이등변삼각형이므로

$\angle ABF=\dfrac{1}{2}\times(180°-120°)=30°$

$\therefore \angle x=\angle AGB=180°-(30°+30°)=120°$

답 (1) 120° (2) 120°

이런 문제가 시험에 나온다 > 본문 107쪽

01 ③ 02 120° 03 225° 04 ④
05 36°

01 오각형의 내각의 크기의 합은 $180°\times(5-2)=540°$이므로

$100+90+(180-x)+2x+120=540$

$490+x=540$ $\therefore x=50$

답 ③

02 외각의 크기의 합은 360°이므로

$50°+52°+(180°-120°)+63°+75°+(180°-\angle x)$
$=360°$

$480°-\angle x=360°$

$\therefore \angle x=120°$

답 120°

03 오른쪽 그림과 같이 보조선을 그으면

$\angle e+\angle f=\angle c+\angle d$

사각형의 내각의 크기의 합은 360°이므로

$80°+\angle a+\angle e+\angle f+\angle b+55°=360°$

$\angle a+\angle b+\angle e+\angle f=225°$

$\therefore \angle a+\angle b+\angle c+\angle d=225°$

답 225°

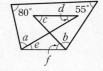

04 한 꼭짓점에서 내각의 크기와 외각의 크기의 합은 $180°$이므로 한 외각의 크기는

$$180° \times \frac{1}{5+1} = 30°$$

구하는 정다각형을 정n각형이라 하면

$$\frac{360°}{n} = 30° \qquad \therefore n = 12$$

따라서 정십이각형이다. 　　　　　　　　　　　달 ④

05 정오각형의 한 내각의 크기는

$$\frac{180° \times (5-2)}{5} = 108°$$

$\triangle ABC$는 $\overline{BA} = \overline{BC}$인 이등변삼각형이므로

$$\angle BAC = \angle BCA = \frac{1}{2} \times (180° - 108°) = 36°$$

$\triangle ADE$는 $\overline{EA} = \overline{ED}$인 이등변삼각형이므로

$$\angle EAD = \frac{1}{2} \times (180° - 108°) = 36°$$

$$\therefore \angle x = 108° - (36° + 36°) = 36°$$

이때 $\angle y = 108° - \angle BCA = 108° - 36° = 72°$이므로

$$\angle y - \angle x = 72° - 36° = 36°$$ 　　　　달 $36°$

중단원 마무리하기

> 본문 108～111쪽

01 ⑤	02 ②	03 정칠각형	04 114°
05 ②	06 ④	07 ⑤	08 ③
09 88	10 95°	11 ④, ⑤	12 ④
13 ④	14 ③	15 104°	16 ⑤
17 ②	18 720°	19 290°	20 ③
21 ③	22 77	23 100°	24 68°

01 전략 다각형의 성질에 대하여 생각해 본다.

④ 어떤 다각형의 한 꼭짓점에서 외각의 크기가 $72°$일 때, 내각의 크기는

$$180° - 72° = 108°$$

⑤ 변의 길이와 내각의 크기가 모두 같아야 정다각형이다.

따라서 옳지 않은 것은 ⑤이다. 　　　　　　　달 ⑤

02 전략 n각형의 한 꼭짓점에서 그을 수 있는 대각선의 개수는 $n-3$, n각형의 대각선의 개수는 $\frac{n(n-3)}{2}$이다.

십오각형의 한 꼭짓점에서 그을 수 있는 대각선의 개수는

$$15 - 3 = 12 \qquad \therefore a = 12$$

십오각형의 대각선의 개수는

$$\frac{15 \times (15-3)}{2} = 90 \qquad \therefore b = 90$$

$$\therefore b - a = 90 - 12 = 78$$ 　　　　달 ②

---

03 전략 모든 변의 길이가 같고 모든 내각의 크기가 같은 다각형은 정다각형이다.

조건 ㈎, ㈏에서 구하는 다각형은 정다각형이다.

구하는 정다각형을 정n각형이라 하면 조건 ㈏에서

$$\frac{n(n-3)}{2} = 14, \qquad n(n-3) = 28 = 7 \times 4$$

$$\therefore n = 7$$

따라서 정칠각형이다. 　　　　　　　달 정칠각형

04 전략 삼각형의 세 내각의 크기의 합은 $180°$임을 이용한다.

$\angle C = 3\angle A$이므로

$$\angle A + 28° + 3\angle A = 180°, \qquad 4\angle A = 152°$$

$$\therefore \angle A = 38°$$

$$\therefore \angle C = 3 \times 38° = 114°$$ 　　　　달 $114°$

05 전략 삼각형의 한 외각의 크기는 그와 이웃하지 않는 두 내각의 크기의 합과 같음을 이용한다.

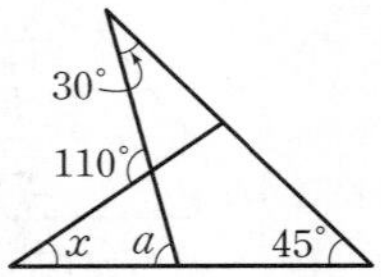

오른쪽 그림에서 삼각형의 외각의 성질에 의하여

$$\angle a = 30° + 45° = 75°$$

$\angle x + \angle a = 110°$이므로

$$\angle x = 110° - \angle a = 110° - 75° = 35°$$ 　달 ②

06 전략 먼저 $\angle BAC$의 크기를 구한다.

$\triangle ABC$에서

$$\angle BAC = 180° - (42° + 64°) = 74°$$

$\angle BAD = \frac{1}{2}\angle BAC = \frac{1}{2} \times 74° = 37°$이므로 $\triangle ABD$에서

$$\angle x = 37° + 42° = 79°$$ 　　　　달 ④

07 전략 먼저 $\angle DBC + \angle DCB$의 크기를 구한다.

$\triangle DBC$에서

$$\angle DBC + \angle DCB = 180° - 120° = 60°$$

따라서 $\triangle ABC$에서

$$\angle x = 180° - (55° + 35° + 60°) = 30°$$ 　달 ⑤

08 전략 n각형의 내각의 크기의 합은 $180° \times (n-2)$이다.

주어진 다각형을 n각형이라 하면

$$180° \times (n-2) = 1620°, \qquad n - 2 = 9$$

$$\therefore n = 11$$

따라서 십일각형의 한 꼭짓점에서 대각선을 모두 그었을 때 생기는 삼각형의 개수는

$$11 - 2 = 9$$ 　　　　　　　　　　달 ③

09 전략 먼저 오각형의 내각의 크기의 합을 구한다.

오각형의 내각의 크기의 합은 $180° \times (5-2) = 540°$이므로

$$x + (x+10) + (x+20) + (x+30) + (x+40)$$
$$= 540$$

$$5x = 440 \qquad \therefore x = 88$$ 　　　달 88

10 (전략) 다각형의 외각의 크기의 합은 항상 360°임을 이용한다.

외각의 크기의 합은 360°이므로

$$\angle x+(180°-115°)+80°+(180°-120°)+60°$$
$$=360°$$
$$\angle x+265°=360° \quad \therefore \angle x=95° \qquad \text{답} \ 95°$$

11 (전략) 정n각형의 한 내각의 크기는 $\dfrac{180°\times(n-2)}{n}$, 한 외각의 크기는 $\dfrac{360°}{n}$이다.

정팔각형에 대하여

① 한 꼭짓점에서 그을 수 있는 대각선의 개수는
$$8-3=5$$

② 대각선의 개수는 $\dfrac{8\times(8-3)}{2}=20$

③ 내각의 크기의 합은 $180°\times(8-2)=1080°$

④ 한 내각의 크기는 $\dfrac{1080°}{8}=135°$

⑤ 한 외각의 크기는 $\dfrac{360°}{8}=45°$

따라서 옳은 것은 ④, ⑤이다. 　　　　　　답 ④, ⑤

12 (전략) 정구각형의 한 내각의 크기와 한 외각의 크기를 각각 구한다.

정구각형의 한 외각의 크기는
$$\dfrac{360°}{9}=40°$$

정구각형의 한 내각의 크기는
$$180°-40°=140°$$

따라서 정구각형의 한 내각의 크기와 한 외각의 크기의 비는
$$140°:40°=7:2 \qquad \text{답} \ ④$$

13 (전략) 각 도시를 육각형의 꼭짓점으로 생각할 때, 도로는 변 또는 대각선임을 이용한다.

구하는 도로의 개수는 육각형의 변의 개수와 대각선의 개수의 합과 같으므로
$$6+\dfrac{6\times(6-3)}{2}=6+9=15 \qquad \text{답} \ ④$$

14 (전략) 삼각형의 한 외각의 크기는 그와 이웃하지 않는 두 내각의 크기의 합과 같음을 이용한다.

△ABC에서 $\angle ACE=\angle x+\angle ABC$이므로
$$\angle DCE=\dfrac{1}{2}\angle ACE=\dfrac{1}{2}(\angle x+\angle ABC)$$
$$=\dfrac{1}{2}\angle x+\angle DBC \qquad \cdots\cdots \ \bigcirc$$

△DBC에서
$$\angle DCE=35°+\angle DBC \qquad \cdots\cdots \ \bigcirc$$

$\bigcirc$, $\bigcirc$에서
$$\dfrac{1}{2}\angle x=35° \quad \therefore \angle x=70° \qquad \text{답} \ ③$$

15 (전략) 이등변삼각형과 삼각형의 외각의 성질을 이용한다.

△ABC에서 $\overline{AB}=\overline{AC}$이므로
$$\angle ACB=\angle B=26°$$
$$\therefore \angle CAD=26°+26°=52°$$

$\overline{AC}=\overline{CD}$이므로
$$\angle CDA=\angle CAD=52°$$

△DBC에서
$$\angle DCE=26°+52°=78°$$

$\overline{DC}=\overline{DE}$이므로
$$\angle DEC=\angle DCE=78°$$

따라서 △DBE에서
$$\angle x=26°+78°=104° \qquad \text{답} \ 104°$$

16 (전략) 주어진 각을 내각 또는 외각으로 갖는 삼각형을 찾는다.

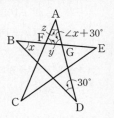

△BDG에서
$$\angle FGA=\angle x+30°$$

△AFG에서
$$(\angle x+30°)+\angle y+\angle z$$
$$=180°$$
$$\therefore \angle x+\angle y+\angle z=150°$$
$$\text{답} \ ⑤$$

17 (전략) 맞꼭지각의 크기가 서로 같음을 이용한다.

오른쪽 그림에서 사각형의 내각의 크기의 합은 360°이므로
$$\angle x+60°+\angle a+52°=360°$$
$$\therefore \angle a=248°-\angle x \qquad \cdots\cdots \ \bigcirc$$

또 오각형의 내각의 크기의 합은
$$180°\times(5-2)=540°$$이므로
$$\angle a+84°+130°+\angle y+68°=540°$$
$$\therefore \angle a=258°-\angle y \qquad \cdots\cdots \ \bigcirc$$

$\bigcirc$, $\bigcirc$에서
$$248°-\angle x=258°-\angle y$$
$$\therefore \angle y-\angle x=10° \qquad \text{답} \ ②$$

18 (전략) 보조선을 긋고 육각형의 내각의 크기의 합을 이용한다.

오른쪽 그림과 같이 $\overline{CD}$를 그으면
$$\angle ICD+\angle IDC=\angle g+\angle h$$
$$\therefore \angle a+\angle b+\angle c+\angle d$$
$$+\angle e+\angle f+\angle g+\angle h$$
$$=\angle a+\angle b+\angle c$$
$$+\angle d+\angle e+\angle f$$
$$+\angle ICD+\angle IDC$$
$$=(\text{육각형 ABCDEF의 내각의 크기의 합})$$
$$=180°\times(6-2)=720° \qquad \text{답} \ 720°$$

19 **전략** 삼각형의 외각의 성질을 이용하여 크기가 같은 각을 찾은 후 다각형의 외각의 크기의 합은 $360°$임을 이용한다.

오른쪽 그림에서

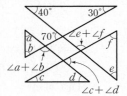

$\angle a + \angle b + \angle c + \angle d$
$+ \angle e + \angle f + 70°$
$=$(사각형의 외각의 크기의 합)
$= 360°$

$\therefore \angle a + \angle b + \angle c + \angle d + \angle e + \angle f$
$= 360° - 70° = 290°$　　　**답** $290°$

20 **전략** 다각형의 한 꼭짓점에서 내각의 크기와 외각의 크기의 합은 $180°$임을 이용한다.

구하는 정다각형의 한 외각의 크기를 $x°$라 하면 한 내각의 크기는 $x° + 108°$이므로

$x + (x + 108) = 180$
$2x = 72$　　　$\therefore x = 36$

이때 구하는 정다각형을 정n각형이라 하면

$\dfrac{360°}{n} = 36°$　　　$\therefore n = 10$

따라서 정십각형이다.　　　**답** ③

21 **전략** 정오각형과 정팔각형의 한 내각의 크기와 한 외각의 크기를 각각 구한다.

$\angle a = \dfrac{180° \times (5-2)}{5} = 108°$

$\angle b = \dfrac{360°}{5} = 72°$

$\angle d = \dfrac{180° \times (8-2)}{8} = 135°$

$\angle e = \dfrac{360°}{8} = 45°$

$\angle c = 72° + 45° = 117°$

따라서 옳은 것은 ③이다.　　　**답** ③

22 **전략** 주어진 다각형을 n각형이라 하고 a, b를 n을 사용한 식으로 나타낸다.

주어진 다각형을 n각형이라 하면

$a = n - 3$, $b = n$

$a + b = 25$이므로

$(n-3) + n = 25$,　　$2n = 28$
$\therefore n = 14$

따라서 십사각형의 대각선의 개수는

$\dfrac{14 \times (14-1)}{2} = 77$　　　**답** 77

23 **전략** 삼각형의 한 외각의 크기는 그와 이웃하지 않는 두 내각의 크기의 합과 같음을 이용한다.

$\angle ABD = \angle DBE = \angle EBC = \angle a$,
$\angle ACD = \angle DCE = \angle ECP = \angle b$라 하면

△ABC에서
　　$3\angle a + \angle x = 3\angle b$　　　……… ㉠
△DBC에서
　　$2\angle a + 50° = 2\angle b$　　　……… ㉡
△EBC에서
　　$\angle a + \angle y = \angle b$　　　……… ㉢

㉡에서
　　$2(\angle b - \angle a) = 50°$　　　$\therefore \angle b - \angle a = 25°$
㉠에서
　　$\angle x = 3(\angle b - \angle a) = 3 \times 25° = 75°$
㉢에서
　　$\angle y = \angle b - \angle a = 25°$
　　$\therefore \angle x + \angle y = 75° + 25° = 100°$　　　**답** $100°$

24 **전략** 보조선을 긋고 삼각형과 사각형의 내각의 크기의 합을 이용한다.

오른쪽 그림과 같이 $\overline{BE}$, $\overline{CD}$를 그으면

$\angle HBE + \angle HEB$
$= \angle HCD + \angle HDC$
$\therefore \angle A + \angle B + \angle C + \angle D$
$+ \angle E + \angle F + \angle G$
$=$(사각형 ACDF의 내각의 크기의 합)
$+$(삼각형 GBE의 내각의 크기의 합)
$= 360° + 180°$
$= 540°$
$\therefore \angle A = 540° - (70° + 68° + 78° + 82° + 86° + 88°)$
　　$= 68°$　　　**답** $68°$

서술형 **대비 문제**　　　　　▶본문 112～113쪽

1 $25°$　　　　**2** 20　　　　**3** $60°$
4 $62°$　　　　**5** (1) 정십팔각형　(2) $160°$, $20°$
6 $210°$

1 **1단계** △GDF에서
　　　$\angle GDF = 85° - 20° = 65°$
2단계 △EBD에서
　　　$\angle EBD = 65° - 20° = 45°$
3단계 △CAB에서
　　　$\angle x = 45° - 20° = 25°$　　　**답** $25°$

2 `1단계` 한 외각의 크기는

$$180° \times \frac{1}{1+3} = 45°$$

`2단계` 주어진 정다각형을 정n각형이라 하면

$$\frac{360°}{n} = 45° \qquad \therefore n = 8$$

즉 정팔각형이다.

`3단계` 정팔각형의 대각선의 개수는

$$\frac{8 \times (8-3)}{2} = 20$$

🖺 20

3 `1단계` 오른쪽 그림과 같이 $\overline{BC}$를
그으면 △DBC에서

$$\angle DBC + \angle DCB$$
$$= 180° - 115°$$
$$= 65°$$

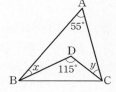

`2단계` △ABC에서

$$55° + \angle x + 65° + \angle y = 180°$$
$$\therefore \angle x + \angle y = 60°$$

🖺 60°

단계	채점 요소	배점
1	∠DBC+∠DCB의 크기 구하기	3점
2	∠x+∠y의 크기 구하기	3점

4 `1단계` 외각의 크기의 합은 360°이므로

$$72° + 84° + (180° - \angle BCD)$$
$$+ (180° - \angle CDE) + 80° = 360°$$
$$\therefore \angle BCD + \angle CDE = 236°$$

`2단계` $\angle FCD + \angle FDC = \frac{1}{2}(\angle BCD + \angle CDE)$

$$= \frac{1}{2} \times 236° = 118°$$

`3단계` △FCD에서

$$\angle x = 180° - (\angle FCD + \angle FDC)$$
$$= 180° - 118° = 62°$$

🖺 62°

단계	채점 요소	배점
1	∠BCD+∠CDE의 크기 구하기	3점
2	∠FCD+∠FDC의 크기 구하기	2점
3	∠x의 크기 구하기	2점

5 `1단계` (1) 구하는 정다각형을 정n각형이라 하면

$$\frac{n(n-3)}{2} = 135$$
$$n(n-3) = 270 = 18 \times 15$$
$$\therefore n = 18$$

따라서 정십팔각형이다.

`2단계` (2) 정십팔각형의 한 내각의 크기는

$$\frac{180° \times (18-2)}{18} = 160°$$

`3단계` 또 한 외각의 크기는

$$180° - 160° = 20°$$

🖺 (1) 정십팔각형 (2) 160°, 20°

단계	채점 요소	배점
1	정다각형 구하기	3점
2	한 내각의 크기 구하기	2점
3	한 외각의 크기 구하기	2점

6 `1단계` 정육각형의 한 내각의 크기는

$$\frac{180° \times (6-2)}{6} = 120°$$

`2단계` △AEF는 $\overline{FA} = \overline{FE}$인 이등변삼각형이므로

$$\angle FEA = \angle FAE = \frac{1}{2} \times (180° - 120°) = 30°$$

$$\therefore \angle x = 120° - 30° = 90°$$

`3단계` △ABF는 $\overline{AB} = \overline{AF}$인 이등변삼각형이므로

$$\angle AFB = \frac{1}{2} \times (180° - 120°) = 30°$$

△AQF에서

$$\angle AQF = 180° - (30° + 30°) = 120°$$

$$\therefore \angle y = \angle AQF = 120° \,(맞꼭지각)$$

`4단계` $\angle x + \angle y = 90° + 120° = 210°$

🖺 210°

단계	채점 요소	배점
1	정육각형의 한 내각의 크기 구하기	2점
2	∠x의 크기 구하기	2점
3	∠y의 크기 구하기	2점
4	∠x+∠y의 크기 구하기	1점

원과 부채꼴

01 원과 부채꼴

개념원리 확인하기　　　　　　　> 본문 117쪽

01 풀이 참조　　　　02 (1) $\widehat{AB}$　(2) $\overline{BC}$　(3) ∠AOC

03 (1) 4　(2) 120　　04 (1) 80　(2) 3

05 (1) 5　(2) 35

01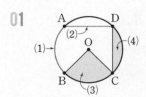

　　　　　　　　　　　　　目 풀이 참조

02 (1) ∠AOB에 대한 호는 $\widehat{AB}$이다.

(2) ∠BOC에 대한 현은 $\overline{BC}$이다.

(3) $\widehat{AC}$에 대한 중심각은 ∠AOC이다.

　　　　　　　目 (1) $\widehat{AB}$　(2) $\overline{BC}$　(3) ∠AOC

03 (1) 크기가 같은 중심각에 대한 부채꼴의 호의 길이는 같으므로 　$x=4$

(2) 부채꼴의 호의 길이는 중심각의 크기에 정비례하므로

　　$40 : x = 3 : 9$,　　$40 : x = 1 : 3$

　　∴ $x = 120$

　　　　　　　　　　　　目 (1) 4　(2) 120

04 (1) 크기가 같은 중심각에 대한 부채꼴의 넓이는 같으므로 $x=80$

(2) 부채꼴의 넓이는 중심각의 크기에 정비례하므로

　　$20 : 100 = x : 15$,　　$1 : 5 = x : 15$

　　$5x = 15$　　∴ $x = 3$

　　　　　　　　　　　　目 (1) 80　(2) 3

05 (1) 크기가 같은 중심각에 대한 현의 길이는 같으므로 $x=5$

(2) 길이가 같은 현에 대한 중심각의 크기는 같으므로 $x=35$

　　　　　　　　　　　　目 (1) 5　(2) 35

핵심문제 익히기　　　　　　　> 본문 118~120쪽

1 (1) 2　(2) 90　　2 45°　　3 15 cm

4 (1) 18　(2) 135　　5 45°　　6 ④

---

1 (1) $120 : 30 = 8 : x$,　　$4 : 1 = 8 : x$

　　$4x = 8$　　∴ $x = 2$

(2) $60 : x = 4 : 6$,　　$60 : x = 2 : 3$

　　$2x = 180$　　∴ $x = 90$

　　　　　　　　　　目 (1) 2　(2) 90

2 $\widehat{AC} = 3\widehat{BC}$이므로　　$\widehat{AC} : \widehat{BC} = 3 : 1$

호의 길이는 중심각의 크기에 정비례하므로

　　∠AOC : ∠BOC = 3 : 1

이때 ∠AOC + ∠BOC = 180°이므로

　　∠BOC = $180° \times \dfrac{1}{3+1} = 180° \times \dfrac{1}{4} = 45°$　　目 45°

3 $\overline{CO} \,/\!/\, \overline{AB}$이므로　　∠OAB = ∠AOC = 40° (엇각)

오른쪽 그림과 같이 $\overline{OB}$를 그으면

$\overline{OA} = \overline{OB}$이므로

　　∠OBA = ∠OAB = 40°

△OAB에서

　　∠AOB = 180° - (40° + 40°) = 100°

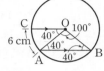

이때 호의 길이는 중심각의 크기에 정비례하므로

　　$40 : 100 = 6 : \widehat{AB}$,　　$2 : 5 = 6 : \widehat{AB}$

　　$2\widehat{AB} = 30$　　∴ $\widehat{AB} = 15$ (cm)　　目 15 cm

4 (1) $108 : 36 = x : 6$,　　$3 : 1 = x : 6$

　　　　∴ $x = 18$

(2) $30 : x = 10 : 45$,　　$30 : x = 2 : 9$

　　$2x = 270$　　∴ $x = 135$

　　　　　　　　　　目 (1) 18　(2) 135

5 $\widehat{AB} = \widehat{CD} = \widehat{DE}$이므로　　∠AOB = ∠COD = ∠DOE

∠COE = 90°이므로　　∠COD = ∠DOE = 45°

　　∴ ∠AOB = 45°　　　　　　　目 45°

6 ① ∠AOB = 60°이고 $\overline{OA} = \overline{OB}$이므로

　　　∠OAB = ∠OBA = 60°

　　즉 △OAB는 정삼각형이므로　　$\overline{AB} = \overline{OB}$

② ∠OAB = 60°, ∠COD = 20°이므로

　　　∠OAB = 3∠COD

③ 호의 길이는 중심각의 크기에 정비례하므로

　　$\widehat{AB} : \widehat{CD} = ∠AOB : ∠COD$

　　　　　　= 60° : 20° = 3 : 1

　　∴ $\widehat{AB} = 3\widehat{CD}$

④ 현의 길이는 중심각의 크기에 정비례하지 않으므로

　　$\overline{AB} < 3\overline{CD}$

⑤ 부채꼴의 넓이는 중심각의 크기에 정비례하므로

　　(부채꼴 AOB의 넓이)

　　= 3×(부채꼴 COD의 넓이)

따라서 옳지 않은 것은 ④이다.　　　　目 ④

이런 문제가 시험 에 나온다

01 14 cm	02 ③	03 16 cm	04 18 cm²
05 ④	06 6 cm		

01 가장 긴 현은 지름이고, 반지름의 길이가 7 cm이므로 가장 긴 현의 길이는 14 cm이다. 　　답 14 cm

02 호의 길이는 중심각의 크기에 정비례하므로
$$(x+5):4x=6:21, \quad (x+5):4x=2:7$$
$$7(x+5)=8x \quad \therefore x=35 \quad 답 ③$$

03 $\overline{AO} /\!/ \overline{BC}$이므로
$$\angle OBC=\angle AOB=30° \text{ (엇각)}$$
오른쪽 그림과 같이 $\overline{OC}$를 그으면
$\overline{OB}=\overline{OC}$이므로 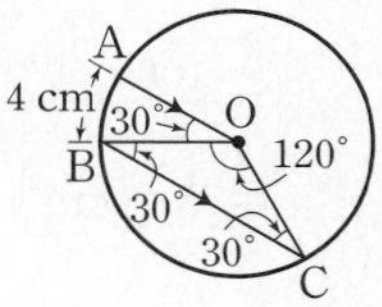
$$\angle OCB=\angle OBC=30°$$
△OBC에서
$$\angle BOC=180°-(30°+30°)$$
$$=120°$$
이때 호의 길이는 중심각의 크기에 정비례하므로
$$30:120=4:\overset{\frown}{BC}, \quad 1:4=4:\overset{\frown}{BC}$$
$$\therefore \overset{\frown}{BC}=16 \text{ (cm)} \quad 답 16 cm$$

04 $\angle AOB:\angle BOC:\angle COA=3:5:4$이므로 부채꼴 AOB의 넓이는
$$72\times\frac{3}{3+5+4}=18 \text{ (cm}^2\text{)} \quad 답 18 cm^2$$

05 ① $\angle AOC=\angle BOD$이므로
$$\overline{AC}=\overline{BD}$$
② $\angle AOB=\angle BOC$이므로
$$\overset{\frown}{AB}=\overset{\frown}{BC}$$
③ $\angle AOD=3\angle AOB$이므로
$$\overset{\frown}{AD}=3\overset{\frown}{AB}$$
④ 현의 길이는 중심각의 크기에 정비례하지 않으므로
$$\overline{AC}<2\overline{AB}$$
⑤ $\angle BOD=2\angle AOB$이므로
$$(부채꼴 BOD의 넓이)$$
$$=2\times(부채꼴 AOB의 넓이)$$
따라서 옳지 않은 것은 ④이다. 　　답 ④

06 △ODP에서 $\overline{OD}=\overline{DP}$이므로
$$\angle DOP=\angle P=25°$$
$$\therefore \angle ODC=25°+25°=50°$$
△OCD에서 $\overline{OC}=\overline{OD}$이므로
$$\angle OCD=\angle ODC=50°$$

△OCP에서
$$\angle AOC=50°+25°=75°$$
이때 호의 길이는 중심각의 크기에 정비례하므로
$$75:25=18:\overset{\frown}{BD}, \quad 3:1=18:\overset{\frown}{BD}$$
$$3\overset{\frown}{BD}=18 \quad \therefore \overset{\frown}{BD}=6 \text{ (cm)} \quad 답 6 cm$$

02 부채꼴의 호의 길이와 넓이

개념원리 확인하기 　　▶본문 123쪽

01 (1) 6π cm, 9π cm² 　(2) 10π cm, 25π cm²

02 (1) 15 　(2) 7

03 (1) 12π cm 　(2) 12π cm²

04 (1) 2π cm, 6π cm² 　(2) $\frac{20}{3}\pi$ cm, $\frac{80}{3}\pi$ cm²

05 (1) 8π cm² 　(2) 15π cm²

01 (1) (둘레의 길이)$=2\pi\times3=6\pi$ (cm)
　　(넓이)$=\pi\times3^2=9\pi$ (cm²)
　(2) (둘레의 길이)$=2\pi\times5=10\pi$ (cm)
　　(넓이)$=\pi\times5^2=25\pi$ (cm²)
　　　답 (1) 6π cm, 9π cm² 　(2) 10π cm, 25π cm²

02 (1) 원의 반지름의 길이를 r cm라 하면
$$2\pi r=30\pi \quad \therefore r=15$$
따라서 원의 반지름의 길이는 15 cm이다.
　(2) 원의 반지름의 길이를 r cm라 하면
$$\pi r^2=49\pi, \quad r^2=49$$
$$\therefore r=7$$
따라서 원의 반지름의 길이는 7 cm이다.
　　　답 (1) 15 　(2) 7

03 (1) (색칠한 부분의 둘레의 길이)
　　=(반지름의 길이가 2 cm인 원의 둘레의 길이)
　　　+(반지름의 길이가 4 cm인 원의 둘레의 길이)
　　$=2\pi\times2+2\pi\times4$
　　$=4\pi+8\pi$
　　$=12\pi$ (cm)
　(2) (색칠한 부분의 넓이)
　　=(반지름의 길이가 4 cm인 원의 넓이)
　　　-(반지름의 길이가 2 cm인 원의 넓이)
　　$=\pi\times4^2-\pi\times2^2$
　　$=16\pi-4\pi$
　　$=12\pi$ (cm²)
　　　답 (1) 12π cm 　(2) 12π cm²

04 (1) (호의 길이)$=2\pi\times6\times\dfrac{60}{360}=2\pi$ (cm)

(넓이)$=\pi\times6^2\times\dfrac{60}{360}=6\pi$ (cm^2)

(2) (호의 길이)$=2\pi\times8\times\dfrac{150}{360}=\dfrac{20}{3}\pi$ (cm)

(넓이)$=\pi\times8^2\times\dfrac{150}{360}=\dfrac{80}{3}\pi$ (cm^2)

답 (1) 2π cm, 6π cm^2 (2) $\dfrac{20}{3}\pi$ cm, $\dfrac{80}{3}\pi$ cm^2

05 (1) $\dfrac{1}{2}\times8\times2\pi=8\pi$ (cm^2)

(2) $\dfrac{1}{2}\times6\times5\pi=15\pi$ (cm^2)

답 (1) 8π cm^2 (2) 15π cm^2

핵심문제 익히기 ▶본문 124~126쪽

1 10π cm, 15π cm^2

2 (1) $240°$ (2) 5π cm

3 $(10\pi+10)$ cm, 25π cm^2

4 (1) $(4\pi+4)$ cm (2) $(8\pi+16)$ cm

5 (1) $(64-16\pi)$ cm^2 (2) $(16-2\pi)$ cm^2

6 (1) 32 cm^2 (2) 50 cm^2

1 (색칠한 부분의 둘레의 길이)

=(반지름의 길이가 5 cm인 반원의 호의 길이)

　+(반지름의 길이가 3 cm인 반원의 호의 길이)

　+(반지름의 길이가 2 cm인 반원의 호의 길이)

$=2\pi\times5\times\dfrac{1}{2}+2\pi\times3\times\dfrac{1}{2}+2\pi\times2\times\dfrac{1}{2}$

$=5\pi+3\pi+2\pi$

$=10\pi$ (cm)

(색칠한 부분의 넓이)

=(반지름의 길이가 5 cm인 반원의 넓이)

　+(반지름의 길이가 3 cm인 반원의 넓이)

　-(반지름의 길이가 2 cm인 반원의 넓이)

$=\pi\times5^2\times\dfrac{1}{2}+\pi\times3^2\times\dfrac{1}{2}-\pi\times2^2\times\dfrac{1}{2}$

$=\dfrac{25}{2}\pi+\dfrac{9}{2}\pi-2\pi$

$=15\pi$ (cm^2) **답** 10π cm, 15π cm^2

2 (1) 부채꼴의 중심각의 크기를 $x°$라 하면

$2\pi\times3\times\dfrac{x}{360}=4\pi$

$\therefore x=240$

따라서 부채꼴의 중심각의 크기는 $240°$이다.

(2) 부채꼴의 호의 길이를 l cm라 하면

$\dfrac{1}{2}\times10\times l=25\pi$

$\therefore l=5\pi$

따라서 부채꼴의 호의 길이는 5π cm이다.

답 (1) $240°$ (2) 5π cm

3 (색칠한 부분의 둘레의 길이)

$=2\pi\times10\times\dfrac{120}{360}+2\pi\times5\times\dfrac{120}{360}+5+5$

$=\dfrac{20}{3}\pi+\dfrac{10}{3}\pi+10$

$=10\pi+10$ (cm)

(색칠한 부분의 넓이)

$=\pi\times10^2\times\dfrac{120}{360}-\pi\times5^2\times\dfrac{120}{360}$

$=\dfrac{100}{3}\pi-\dfrac{25}{3}\pi$

$=25\pi$ (cm^2) **답** $(10\pi+10)$ cm, 25π cm^2

4 (1) (㉠의 길이)

$=2\pi\times2\times\dfrac{1}{2}=2\pi$ (cm)

(㉡의 길이)

$=2\pi\times4\times\dfrac{1}{4}=2\pi$ (cm)

(㉢의 길이)$=4$ cm

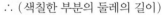

$\therefore$ (색칠한 부분의 둘레의 길이)

=(㉠의 길이)+(㉡의 길이)+(㉢의 길이)

$=2\pi+2\pi+4$

$=4\pi+4$ (cm)

(2) (㉠의 길이)$=2\pi\times4\times\dfrac{1}{2}$

$=4\pi$ (cm)

(㉡의 길이)$=8$ cm

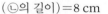

$\therefore$ (색칠한 부분의 둘레의 길이)

=(㉠의 길이)$\times2$+(㉡의 길이)$\times2$

$=4\pi\times2+8\times2$

$=8\pi+16$ (cm)

답 (1) $(4\pi+4)$ cm (2) $(8\pi+16)$ cm

5 (1) 구하는 부분의 넓이는 오른쪽 그림에서 ㉠의 넓이의 4배와 같으므로

(색칠한 부분의 넓이)

$=$(㉠의 넓이)$\times4$

$=\left(4\times4-\pi\times4^2\times\dfrac{1}{4}\right)\times4$

$=(16-4\pi)\times4$

$=64-16\pi$ (cm^2)

(2) (색칠한 부분의 넓이)

= (한 변의 길이가 4 cm인 정사각형의 넓이)

　　 − (반지름의 길이가 4 cm인 사분원의 넓이)

　　 + (반지름의 길이가 2 cm인 반원의 넓이)

$= 4 \times 4 - \pi \times 4^2 \times \dfrac{1}{4} + \pi \times 2^2 \times \dfrac{1}{2}$

$= 16 - 4\pi + 2\pi$

$= 16 - 2\pi \ (\text{cm}^2)$

답 (1) $(64-16\pi)$ cm² (2) $(16-2\pi)$ cm²

6 (1)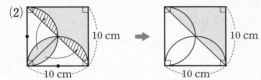

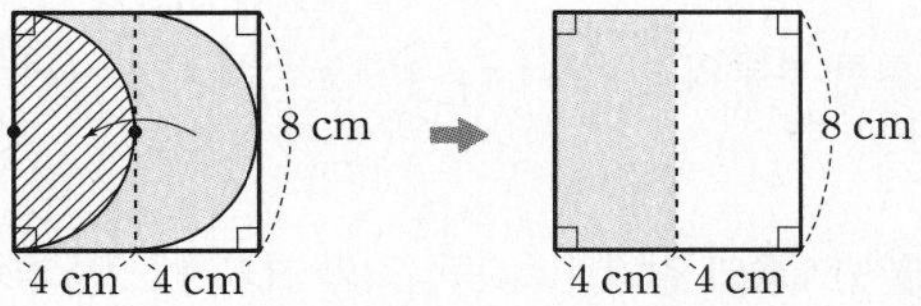

4 cm 4 cm　8 cm　→　4 cm 4 cm　8 cm

주어진 도형을 위의 그림과 같이 이동하면

(색칠한 부분의 넓이) $= 4 \times 8 = 32 \ (\text{cm}^2)$

(2)

10 cm　→　10 cm

10 cm　10 cm

주어진 도형을 위의 그림과 같이 이동하면

(색칠한 부분의 넓이) $= \dfrac{1}{2} \times 10 \times 10 = 50 \ (\text{cm}^2)$

답 (1) 32 cm² (2) 50 cm²

이런 문제가 시험 에 나온다 ▶ 본문 127쪽

01 ③　　　　　　　02 225°

03 $(6\pi+72)$ cm, 27π cm²　04 $(6\pi+8)$ cm

05 ②　　　　　　　06 24 cm²

01 (색칠한 부분의 둘레의 길이)

$= 2\pi \times 3 \times \dfrac{1}{2} + 2\pi \times 2 \times \dfrac{1}{2} + 2\pi \times 1 \times \dfrac{1}{2}$

$= 3\pi + 2\pi + \pi$

$= 6\pi \ (\text{cm})$

(색칠한 부분의 넓이)

$= \pi \times 3^2 \times \dfrac{1}{2} + \pi \times 1^2 \times \dfrac{1}{2} - \pi \times 2^2 \times \dfrac{1}{2}$

$= \dfrac{9}{2}\pi + \dfrac{\pi}{2} - 2\pi$

$= 3\pi \ (\text{cm}^2)$

답 ③

02 부채꼴의 반지름의 길이를 r cm라 하면

$\dfrac{1}{2} \times r \times 5\pi = 10\pi$

$\therefore r = 4$

이때 부채꼴의 중심각의 크기를 $x°$라 하면

$2\pi \times 4 \times \dfrac{x}{360} = 5\pi$　$\therefore x = 225$

따라서 부채꼴의 중심각의 크기는 225°이다.　답 225°

03 색칠한 부분의 중심각의 크기의 합은

$40° + 20° + 30° + 30° = 120°$

$\therefore$ (색칠한 부분의 둘레의 길이)

$= 2\pi \times 9 \times \dfrac{120}{360} + 9 \times 8$

$= 6\pi + 72 \ (\text{cm})$

(색칠한 부분의 넓이)

$= \pi \times 9^2 \times \dfrac{120}{360} = 27\pi \ (\text{cm}^2)$

답 $(6\pi+72)$ cm, 27π cm²

04 (색칠한 부분의 둘레의 길이)

$= \overarc{AB} + \overarc{BC} + \overline{AC}$

$= 2\pi \times 4 \times \dfrac{1}{2} + 2\pi \times 8 \times \dfrac{45}{360} + 8$

$= 4\pi + 2\pi + 8$

$= 6\pi + 8 \ (\text{cm})$

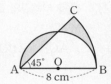

답 $(6\pi+8)$ cm

05 주어진 도형을 오른쪽 그림과 같이 이동하면

(색칠한 부분의 넓이)

= (사각형 ABCD의 넓이)

$= 6 \times 12 = 72 \ (\text{cm}^2)$

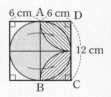

답 ②

06

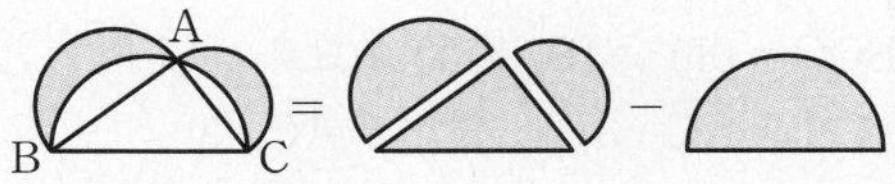

(색칠한 부분의 넓이)

= ($\overline{AB}$를 지름으로 하는 반원의 넓이)

　+ ($\overline{AC}$를 지름으로 하는 반원의 넓이)

　+ ($\triangle ABC$의 넓이)

　− ($\overline{BC}$를 지름으로 하는 반원의 넓이)

$= \pi \times 3^2 \times \dfrac{1}{2} + \pi \times 4^2 \times \dfrac{1}{2} + \dfrac{1}{2} \times 6 \times 8 - \pi \times 5^2 \times \dfrac{1}{2}$

$= \dfrac{9}{2}\pi + 8\pi + 24 - \dfrac{25}{2}\pi$

$= 24 \ (\text{cm}^2)$

답 24 cm²

개념 더하기

오른쪽 그림에서

(색칠한 부분의 넓이)

= (직각삼각형 ABC의 넓이)

$= \dfrac{1}{2}bc$

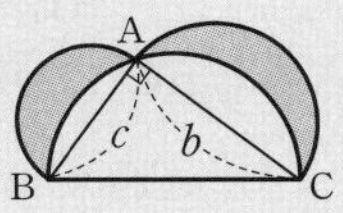

01 ⑤	02 ②	03 15 cm	04 10
05 ④	06 ⑤	07 ③	08 15 cm
09 ②	10 ⑤	11 $(50\pi+100)$ cm²	
12 ④	13 ③	14 6 cm	15 ④
16 ②	17 350π cm²	18 ④	
19 $(50\pi-100)$ cm²		20 ④	21 ③
22 $(10\pi+30)$ cm		23 $(16\pi+300)$ cm²	
24 6π cm			

01 전략 원의 각 부분을 나타내는 용어의 의미를 생각해 본다.

⑤ ∠AOC는 $\widehat{AC}$에 대한 중심각이다.

따라서 옳지 않은 것은 ⑤이다.　　　　답 ⑤

02 전략 부채꼴의 호의 길이는 중심각의 크기에 정비례함을 이용한다.

$\angle AOB : \angle BOC : \angle COA = \widehat{AB} : \widehat{BC} : \widehat{CA}$
$= 2 : 3 : 4$

$\therefore \angle AOB = 360° \times \dfrac{2}{2+3+4}$
$= 360° \times \dfrac{2}{9} = 80°$　　　答 ②

03 전략 보조선을 긋고 이등변삼각형의 성질을 이용한다.

오른쪽 그림과 같이 $\overline{OC}$를 그으면
$\overline{OA} = \overline{OC}$이므로
$\angle OCA = \angle OAC = 15°$

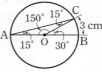

△AOC에서
$\angle AOC = 180° - (15° + 15°) = 150°$
이때 $\angle BOC = 180° - 150° = 30°$이므로
$150 : 30 = \widehat{AC} : 3,\qquad 5 : 1 = \widehat{AC} : 3$
$\therefore \widehat{AC} = 15 \text{ (cm)}$　　　　答 15 cm

04 전략 부채꼴의 넓이는 중심각의 크기에 정비례함을 이용한다.

$(x+30) : (3x-10) = 2 : 1$이므로
$2(3x-10) = x+30$
$5x = 50 \qquad \therefore x = 10$　　　答 10

05 전략 현의 길이는 중심각의 크기에 정비례하지 않음을 이용한다.

ㄱ. $\angle AOB = \angle DOE$이므로
$\overline{AB} = \overline{DE}$

ㄴ. $\overline{AC} < 2\overline{DE}$

ㄷ. $\angle BOC = \dfrac{1}{2} \angle AOC$이므로
$\widehat{BC} = \dfrac{1}{2}\widehat{AC}$

ㄹ. $\angle AOC = 2\angle DOE$이므로
(부채꼴 AOC의 넓이) = 2×(부채꼴 DOE의 넓이)

ㅁ. (삼각형 AOC의 넓이) < 2×(삼각형 DOE의 넓이)

이상에서 옳은 것은 ㄱ, ㄷ, ㄹ이다.　　　答 ④

06 전략 반지름의 길이가 r인 원에서
(둘레의 길이) = $2\pi r$, (넓이) = πr^2
임을 이용한다.

(색칠한 부분의 둘레의 길이) = $2\pi \times 4 + 2\pi \times 2$
$= 12\pi \text{ (cm)}$

(색칠한 부분의 넓이) = $\pi \times 4^2 - \pi \times 2^2 = 12\pi \text{ (cm}^2)$
　　　答 ⑤

07 전략 반지름의 길이가 r, 중심각의 크기가 $x°$인 부채꼴에서
(호의 길이) = $2\pi r \times \dfrac{x}{360}$, (넓이) = $\pi r^2 \times \dfrac{x}{360}$
임을 이용한다.

부채꼴의 중심각의 크기를 $x°$라 하면
$2\pi \times 9 \times \dfrac{x}{360} = 3\pi \qquad \therefore x = 60$

따라서 부채꼴의 중심각의 크기는 60°이다.　　答 ③

08 전략 반지름의 길이가 r, 호의 길이가 l인 부채꼴의 넓이를 S라 하면 $S = \dfrac{1}{2}rl$임을 이용한다.

부채꼴의 반지름의 길이를 r cm라 하면
$\dfrac{1}{2} \times r \times 6\pi = 45\pi \qquad \therefore r = 15$

따라서 부채꼴의 반지름의 길이는 15 cm이다.　答 15 cm

09 전략 색칠한 부채꼴을 모아 하나의 부채꼴로 생각한다.

색칠한 부채꼴의 중심각의 크기의 합은
$60° + 55° + \{180° - (65° + 30°)\} = 200°$
$\therefore$ (색칠한 부채꼴의 넓이의 합)
$= \pi \times 6^2 \times \dfrac{200}{360} = 20\pi \text{ (cm}^2)$　　答 ②

10 전략 곡선 부분과 직선 부분으로 나누어 생각한다.

(색칠한 부분의 둘레의 길이)
$= 2\pi \times 10 \times \dfrac{135}{360} + 2\pi \times 4 \times \dfrac{135}{360} + 6 \times 2$
$= \dfrac{15}{2}\pi + 3\pi + 12$
$= \dfrac{21}{2}\pi + 12 \text{ (cm)}$　　　答 ⑤

11 전략 도형을 넓이를 구할 수 있도록 적당히 나누어 본다.

주어진 도형을 오른쪽 그림과 같이
나누면

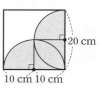

(색칠한 부분의 넓이)
$= \left(\pi \times 10^2 \times \dfrac{1}{4}\right) \times 2 + 10 \times 10$
$= 50\pi + 100 \text{ (cm}^2)$　　答 $(50\pi+100)$ cm²

12 (전략) 간단한 도형이 되도록 도형의 일부분을 적당히 이동해 본다.

주어진 도형을 오른쪽 그림과 같이 이동하면

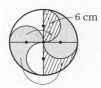

(색칠한 부분의 넓이)

$$= \pi \times 6^2 \times \frac{1}{2} = 18\pi \ (\text{cm}^2)$$

답 ④

13 (전략) 보조선을 긋고 이등변삼각형의 성질과 평행선의 성질을 이용한다.

오른쪽 그림과 같이 $\overline{OA}$, $\overline{OD}$를 그으면 $\overline{OA} = \overline{OB}$이므로

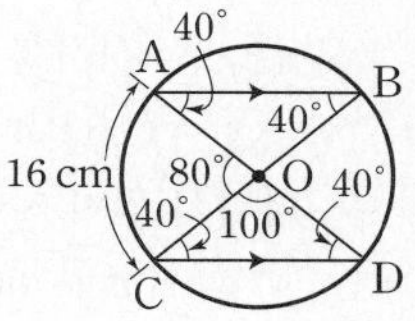

$\angle OAB = \angle OBA = 40°$

$\therefore \angle AOC = 40° + 40° = 80°$

또 $\overline{AB} /\!/ \overline{CD}$이므로

$\angle BCD = \angle ABC = 40°$ (엇각)

$\triangle OCD$에서 $\overline{OC} = \overline{OD}$이므로

$\angle ODC = \angle OCD = 40°$

$\therefore \angle COD = 180° - (40° + 40°) = 100°$

이때 호의 길이는 중심각의 크기에 정비례하므로

$80 : 100 = 16 : \overset{\frown}{CD}, \qquad 4 : 5 = 16 : \overset{\frown}{CD}$

$4\overset{\frown}{CD} = 80 \qquad \therefore \overset{\frown}{CD} = 20 \ (\text{cm})$

답 ③

14 (전략) 삼각형의 한 외각의 크기는 그와 이웃하지 않는 두 내각의 크기의 합과 같음을 이용한다.

오른쪽 그림과 같이 $\overline{OC}$를 긋고 $\angle DOE = x°$라 하면

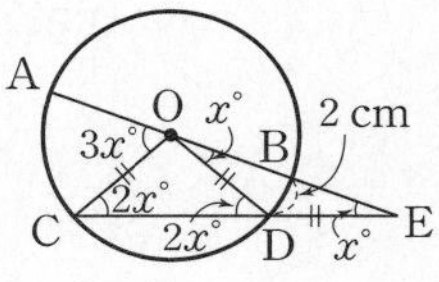

$\triangle DEO$에서 $\overline{DO} = \overline{DE}$이므로

$\angle E = \angle DOE = x°$

$\therefore \angle ODC = x° + x° = 2x°$

$\triangle OCD$에서 $\overline{OC} = \overline{OD}$이므로

$\angle OCD = \angle ODC = 2x°$

$\triangle OCE$에서 $\angle AOC = 2x° + x° = 3x°$

이때 호의 길이는 중심각의 크기에 정비례하므로

$x : 3x = 2 : \overset{\frown}{AC}, \qquad 1 : 3 = 2 : \overset{\frown}{AC}$

$\therefore \overset{\frown}{AC} = 6 \ (\text{cm})$

답 6 cm

15 (전략) 보조선을 긋고 이등변삼각형의 성질과 평행선의 성질을 이용하여 크기가 같은 각을 찾는다.

$\overline{CO} /\!/ \overline{DB}$이므로 $\angle AOC = \angle OBD$ (동위각)

오른쪽 그림과 같이 $\overline{OD}$를 그으면

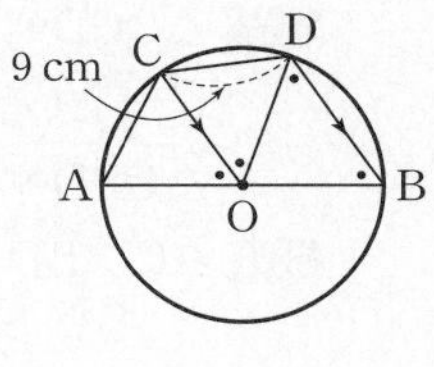

$\triangle DOB$에서 $\overline{OB} = \overline{OD}$이므로

$\angle ODB = \angle OBD$

또 $\overline{CO} /\!/ \overline{DB}$이므로

$\angle COD = \angle ODB$ (엇각)

따라서 $\angle AOC = \angle COD$이므로

$\overline{AC} = \overline{CD} = 9 \ (\text{cm})$

답 ④

16 (전략) 둘레의 길이를 구할 수 있도록 도형을 나누어 본다.

$\triangle EBC$, $\triangle ABH$는 정삼각형이므로 세 내각의 크기는 모두 $60°$이다.

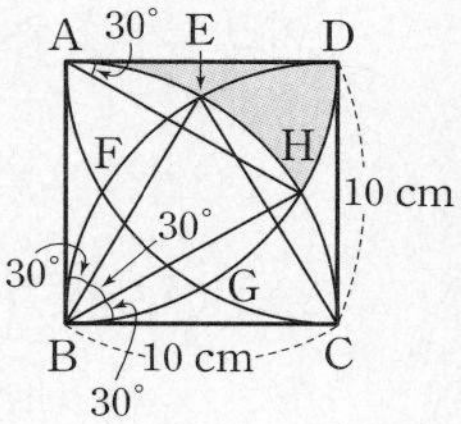

따라서 $\angle DAH = 30°$이고

$\angle ABE = \angle EBH$

$\qquad = \angle HBC$

$\qquad = 30°$

즉 $\overset{\frown}{AE} = \overset{\frown}{EH} = \overset{\frown}{HC} = \overset{\frown}{DH}$이므로

(색칠한 부분의 둘레의 길이)

$= \overset{\frown}{AE} + \overset{\frown}{EH} + \overset{\frown}{DH} + \overline{AD}$

$= \overset{\frown}{AE} + \overset{\frown}{EH} + \overset{\frown}{HC} + \overline{AD}$

$= \overset{\frown}{AC} + \overline{AD}$

$= 2\pi \times 10 \times \frac{1}{4} + 10$

$= 5\pi + 10 \ (\text{cm})$

답 ②

17 (전략) 먼저 정오각형의 한 내각의 크기를 구한다.

정오각형의 한 내각의 크기는

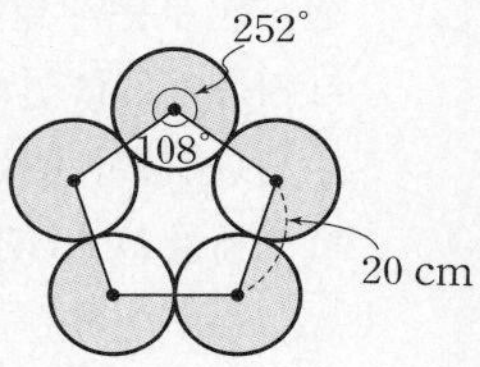

$\dfrac{180° \times (5-2)}{5} = 108°$

색칠한 부분은 반지름의 길이가 10 cm이고 중심각의 크기가

$360° - 108° = 252°$

인 부채꼴의 넓이의 5배와 같다.

$\therefore$ (색칠한 부분의 넓이) $= \left(\pi \times 10^2 \times \dfrac{252}{360} \right) \times 5$

$= 70\pi \times 5$

$= 350\pi \ (\text{cm}^2)$

답 350π cm²

18 (전략) $\triangle BCE$가 정삼각형임을 이용한다.

$\overline{BC} = \overline{BE} = \overline{CE} = 6 \ (\text{cm})$이므로 $\triangle BCE$는 정삼각형이다.

이때 $\angle EBC = \angle ECB = 60°$이므로

$\angle ABE = \angle ECD = 30°$

$\therefore \overset{\frown}{AE} = \overset{\frown}{ED} = 2\pi \times 6 \times \dfrac{30}{360} = \pi \ (\text{cm})$

$\therefore$ (색칠한 부분의 둘레의 길이)

$= \overset{\frown}{AE} + \overset{\frown}{ED} + \overline{AD} + (\triangle BCE$의 둘레의 길이$)$

$= \pi + \pi + 6 + 6 \times 3$

$= 2\pi + 24 \ (\text{cm})$

(색칠한 부분의 넓이)

$= ($사각형 ABCD의 넓이$)$

$\qquad - ($부채꼴 ABE의 넓이$) \times 2$

$= 6 \times 6 - \left(\pi \times 6^2 \times \dfrac{30}{360} \right) \times 2$

$= 36 - 6\pi \ (\text{cm}^2)$

답 ④

19 전략 도형의 일부분을 적당히 이동해 본다.

주어진 도형을 오른쪽 그림과 같이
이동하면

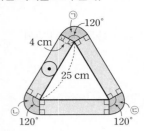

(색칠한 부분의 넓이)

$$=\left(\pi\times10^2\times\frac{1}{4}\right.$$
$$\left.-\frac{1}{2}\times10\times10\right)\times2$$
$$=(25\pi-50)\times2$$
$$=50\pi-100\ (\text{cm}^2)$$

답 $(50\pi-100)\ \text{cm}^2$

20 전략 도형의 둘레의 길이와 넓이를 구할 수 있도록 도형을 나누어 생각한다.

(색칠한 부분의 둘레의 길이)
$$=\widehat{AB'}+\widehat{AB}+\widehat{B'B}=2\widehat{AB}+\widehat{B'B}$$
$$=2\times\left(2\pi\times6\times\frac{1}{2}\right)+2\pi\times12\times\frac{30}{360}$$
$$=12\pi+2\pi$$
$$=14\pi\ (\text{cm})$$

(색칠한 부분의 넓이)
$$=(\text{지름이 }\overline{AB'}\text{인 반원의 넓이})+(\text{부채꼴 }B'AB\text{의 넓이})$$
$$\quad-(\text{지름이 }\overline{AB}\text{인 반원의 넓이})$$
$$=(\text{부채꼴 }B'AB\text{의 넓이})$$
$$=\pi\times12^2\times\frac{30}{360}$$
$$=12\pi\ (\text{cm}^2)$$

답 ④

21 전략 주어진 조건을 이용하여 넓이가 같은 두 도형을 찾는다.

(색칠한 부분의 넓이)=(직사각형 EFCD의 넓이)이므로
(부채꼴 BFE의 넓이)+(직사각형 EFCD의 넓이)
$$\quad-(\triangle DBC\text{의 넓이})$$
$$=(\text{직사각형 EFCD의 넓이})$$
에서
(부채꼴 BFE의 넓이)=($\triangle DBC$의 넓이)
이때 $\overline{FC}=x$ cm라 하면
$$\pi\times6^2\times\frac{1}{4}=\frac{1}{2}\times(6+x)\times6$$
$$9\pi=18+3x$$
$$\therefore x=3\pi-6$$
따라서 $\overline{FC}$의 길이는 $(3\pi-6)$ cm이다.

답 ③

22 전략 곡선 부분과 직선 부분으로 나누어 생각한다.

오른쪽 그림에서 곡선 부분의 길
이는

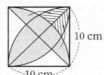

$$2\pi\times5=10\pi\ (\text{cm})$$
직선 부분의 길이는
$$10\times3=30\ (\text{cm})$$
따라서 필요한 끈의 최소 길이는
$$(10\pi+30)\ \text{cm}$$

답 $(10\pi+30)$ cm

23 전략 원이 지나간 자리를 그려 본다.

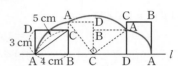

원이 지나간 자리는 위의 그림과 같고
(㉠의 넓이)+(㉡의 넓이)+(㉢의 넓이)
$$=\pi\times4^2=16\pi\ (\text{cm}^2)$$
(직사각형 3개의 넓이)
$$=(25\times4)\times3=300\ (\text{cm}^2)$$
따라서 원이 지나간 자리의 넓이는
$$(16\pi+300)\ \text{cm}^2$$

답 $(16\pi+300)\ \text{cm}^2$

24 전략 부채꼴의 호의 길이를 이용하여 꼭짓점 A가 움직인 거리를 구한다.

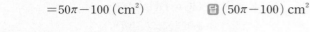

위의 그림에서 꼭짓점 A가 움직인 거리는
$$2\pi\times4\times\frac{1}{4}+2\pi\times5\times\frac{1}{4}+2\pi\times3\times\frac{1}{4}$$
$$=2\pi+\frac{5}{2}\pi+\frac{3}{2}\pi$$
$$=6\pi\ (\text{cm})$$

답 6π cm

서술형 대비 문제 ▶ 본문 132~133쪽

1 1 : 3　　　2 $6\pi\ \text{cm}^2$　　　3 2 cm

4 (1) $90°$　(2) $(5\pi+4)$ cm　(3) $5\pi\ \text{cm}^2$

5 $(2\pi+8)$ cm, $(12-2\pi)\ \text{cm}^2$

6 $(18\pi-36)\ \text{cm}^2$

1 1단계 $\triangle OPC$에서 $\overline{CO}=\overline{CP}$이므로
$$\angle COP=\angle P=35°$$
$$\therefore \angle OCD=35°+35°=70°$$
2단계 $\triangle OCD$에서 $\overline{OC}=\overline{OD}$이므로
$$\angle ODC=\angle OCD=70°$$
$\triangle OPD$에서 $\quad\angle BOD=35°+70°=105°$
3단계 $\widehat{AC}:\widehat{BD}=\angle AOC:\angle BOD$
$$=35°:105°$$
$$=1:3$$

답 1 : 3

2 ⟨1단계⟩ 정팔각형의 한 내각의 크기는

$$\frac{180° \times (8-2)}{8} = 135°$$

⟨2단계⟩ (색칠한 부채꼴의 넓이)

$$= \pi \times 4^2 \times \frac{135}{360} = 6\pi \ (\text{cm}^2)$$

답 $6\pi \ \text{cm}^2$

3 ⟨1단계⟩ △AOB에서 $\overline{\text{OA}} = \overline{\text{OB}}$
이므로

$$\angle \text{OBA}$$
$$= \frac{1}{2} \times (180° - 100°)$$
$$= 40°$$

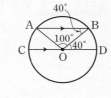

⟨2단계⟩ $\overline{\text{AB}} \parallel \overline{\text{CD}}$이므로

$$\angle \text{BOD} = \angle \text{OBA} = 40° \ (\text{엇각})$$

⟨3단계⟩ 호의 길이는 중심각의 크기에 정비례하므로

$$40 : 360 = \widehat{\text{BD}} : 18$$
$$1 : 9 = \widehat{\text{BD}} : 18$$
$$9\widehat{\text{BD}} = 18$$
$$\therefore \widehat{\text{BD}} = 2 \ (\text{cm})$$

답 2 cm

단계	채점 요소	배점
1	∠OBA의 크기 구하기	2점
2	∠BOD의 크기 구하기	2점
3	$\widehat{\text{BD}}$의 길이 구하기	3점

4 ⟨1단계⟩ (1) 부채꼴의 중심각의 크기를 $x°$라 하면

$$2\pi \times 6 \times \frac{x}{360} = 3\pi$$
$$\therefore x = 90$$

따라서 부채꼴의 중심각의 크기는 90°이다.

⟨2단계⟩ (2) (색칠한 부분의 둘레의 길이)

$$= 3\pi + 2\pi \times 4 \times \frac{90}{360} + 2 + 2$$
$$= 3\pi + 2\pi + 4$$
$$= 5\pi + 4 \ (\text{cm})$$

⟨3단계⟩ (3) (색칠한 부분의 넓이)

$$= \pi \times 6^2 \times \frac{90}{360} - \pi \times 4^2 \times \frac{90}{360}$$
$$= 9\pi - 4\pi$$
$$= 5\pi \ (\text{cm}^2)$$

답 (1) 90° (2) $(5\pi + 4)$ cm (3) $5\pi \ \text{cm}^2$

단계	채점 요소	배점
1	부채꼴의 중심각의 크기 구하기	3점
2	색칠한 부분의 둘레의 길이 구하기	2점
3	색칠한 부분의 넓이 구하기	2점

5 ⟨1단계⟩ (색칠한 부분의 둘레의 길이)

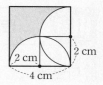

$$= \left(2\pi \times 2 \times \frac{1}{4}\right) \times 2 + 4 + 4$$
$$= 2\pi + 8 \ (\text{cm})$$

⟨2단계⟩ (색칠한 부분의 넓이)

$$= 4 \times 4 - \left\{2 \times 2 + \left(\pi \times 2^2 \times \frac{1}{4}\right) \times 2\right\}$$
$$= 16 - (4 + 2\pi)$$
$$= 12 - 2\pi \ (\text{cm}^2)$$

답 $(2\pi + 8)$ cm, $(12 - 2\pi) \ \text{cm}^2$

단계	채점 요소	배점
1	색칠한 부분의 둘레의 길이 구하기	3점
2	색칠한 부분의 넓이 구하기	3점

6 ⟨1단계⟩ $\angle \text{ABC} = x°$라 하면 반원 O의 넓이와 부채꼴 ABC
의 넓이가 같으므로

$$\pi \times 12^2 \times \frac{x}{360} = \pi \times 6^2 \times \frac{1}{2}$$
$$\therefore x = 45$$

⟨2단계⟩ 이때 오른쪽 그림에서

(㉠의 넓이) = (㉡의 넓이)

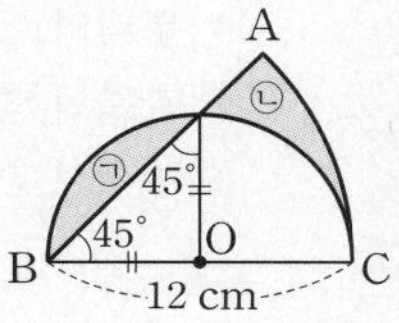

이므로

(색칠한 부분의 넓이)
$$= (㉠의 넓이) \times 2$$
$$= \left(\pi \times 6^2 \times \frac{1}{4} - \frac{1}{2} \times 6 \times 6\right) \times 2$$
$$= (9\pi - 18) \times 2$$
$$= 18\pi - 36 \ (\text{cm}^2)$$

답 $(18\pi - 36) \ \text{cm}^2$

단계	채점 요소	배점
1	∠ABC의 크기 구하기	4점
2	색칠한 부분의 넓이 구하기	4점

01 다면체

▶본문 138쪽

개념원리 확인하기

01 (1) 오면체 (2) 팔면체 (3) 육면체 (4) 칠면체
02 (1) ○ (2) × (3) × (4) ×
03 풀이 참조
04 (1) ㄱ, ㅁ (2) ㄱ, ㄹ (3) ㅁ (4) ㅂ

---

01 (1) 면이 5개이므로 오면체이다.
(2) 면이 8개이므로 팔면체이다.
(3) 면이 6개이므로 육면체이다.
(4) 면이 7개이므로 칠면체이다.

답 (1) 오면체 (2) 팔면체 (3) 육면체 (4) 칠면체

02 (2) 정육각형은 입체도형이 아니므로 다면체가 아니다.
(3) 각뿔대의 두 밑면은 합동이 아니다.
(4) 사각뿔의 옆면은 삼각형이고, 사각기둥의 옆면은 직사
각형이므로 사각뿔과 사각기둥의 옆면의 모양은 다르
다.

답 (1) ○ (2) × (3) × (4) ×

03

다면체			
이름	오각기둥	삼각뿔	육각뿔대
밑면의 모양	오각형	삼각형	육각형
밑면의 개수	2	1	2
면의 개수	7	4	8
모서리의 개수	15	6	18
꼭짓점의 개수	10	4	12
옆면의 모양	직사각형	삼각형	사다리꼴

답 풀이 참조

04 (1) 각 다면체의 밑면의 개수는
ㄱ. 1   ㄴ. 2   ㄷ. 2
ㄹ. 2   ㅁ. 1   ㅂ. 2
이상에서 밑면이 1개인 다면체는 ㄱ, ㅁ이다.
(2) 밑면이 오각형인 다면체는 ㄱ, ㄹ이다.
(3) 각 다면체의 모서리의 개수는
ㄱ. 10   ㄴ. 9   ㄷ. 12
ㄹ. 15   ㅁ. 8   ㅂ. 18
이상에서 모서리의 개수가 가장 적은 다면체는 ㅁ이다.

(4) 각 다면체의 꼭짓점의 개수는
ㄱ. 6   ㄴ. 6   ㄷ. 8
ㄹ. 10   ㅁ. 5   ㅂ. 12
이상에서 꼭짓점의 개수가 가장 많은 다면체는 ㅂ이다.

답 (1) ㄱ, ㅁ (2) ㄱ, ㄹ (3) ㅁ (4) ㅂ

핵심문제 익히기

▶본문 139～142쪽

1 4	2 20	3 ②	4 4
5 ㄱ, ㅁ, ㅂ	6 ③	7 ③	8 23

1 ㄹ. 곡면으로 둘러싸인 입체도형은 다면체가 아니다.
ㅁ. 평면도형은 입체도형이 아니므로 다면체가 아니다.
이상에서 다면체인 것의 개수는 ㄱ, ㄴ, ㄷ, ㅂ의 4이다.

답 4

2 팔각뿔대의 면의 개수는
$$8+2=10 \qquad \therefore a=10$$
구각뿔의 면의 개수는
$$9+1=10 \qquad \therefore b=10$$
$$\therefore a+b=10+10=20$$

답 20

개념 더하기

	n각기둥	n각뿔	n각뿔대
밑면의 개수	2	1	2
옆면의 개수	n	n	n
면의 개수	$n+2$	$n+1$	$n+2$

3 ① 삼각뿔대의 모서리의 개수는
$$3 \times 3 = 9$$
꼭짓점의 개수는
$$3 \times 2 = 6$$
따라서 모서리의 개수와 꼭짓점의 개수의 합은
$$9+6=15$$
② 오각기둥의 모서리의 개수는
$$5 \times 3 = 15$$
꼭짓점의 개수는
$$5 \times 2 = 10$$
따라서 모서리의 개수와 꼭짓점의 개수의 합은
$$15+10=25$$
③ 칠각뿔의 모서리의 개수는
$$7 \times 2 = 14$$
꼭짓점의 개수는
$$7+1=8$$
따라서 모서리의 개수와 꼭짓점의 개수의 합은
$$14+8=22$$

④ 육각뿔의 모서리의 개수는
$$6 \times 2 = 12$$
꼭짓점의 개수는
$$6 + 1 = 7$$
따라서 모서리의 개수와 꼭짓점의 개수의 합은
$$12 + 7 = 19$$
⑤ 사각뿔대의 모서리의 개수는
$$4 \times 3 = 12$$
꼭짓점의 개수는
$$4 \times 2 = 8$$
따라서 모서리의 개수와 꼭짓점의 개수의 합은
$$12 + 8 = 20$$
따라서 모서리의 개수와 꼭짓점의 개수의 합이 가장 큰 입체도형은 ②이다. **답 ②**

4 주어진 각뿔을 n각뿔이라 하면
$$n + 1 = 6 \quad \therefore n = 5$$
따라서 오각뿔의 모서리의 개수는
$$5 \times 2 = 10 \quad \therefore a = 10$$
꼭짓점의 개수는
$$5 + 1 = 6 \quad \therefore b = 6$$
$$\therefore a - b = 10 - 6 = 4$$ **답 4**

5 다면체는 ㄱ, ㄷ, ㄹ, ㅁ, ㅂ이고 각 다면체의 옆면의 모양은
ㄱ. 정사각형   ㄷ, ㄹ. 삼각형
ㅁ. 직사각형   ㅂ. 사다리꼴
이상에서 옆면의 모양이 사각형인 다면체는 ㄱ, ㅁ, ㅂ이다. **답 ㄱ, ㅁ, ㅂ**

6 ① 삼각기둥의 면의 개수는 $3 + 2 = 5$
    따라서 오면체이다.
② 오각뿔의 모서리의 개수는 $5 \times 2 = 10$
③ 각뿔의 옆면의 모양은 항상 삼각형이다.
따라서 옳지 않은 것은 ③이다. **답 ③**

7 조건 (가), (나)에서 주어진 입체도형은 각뿔대이다.
이 입체도형을 n각뿔대라 하면 조건 (다)에서
$$3n = 18 \quad \therefore n = 6$$
따라서 구하는 입체도형은 육각뿔대이다. **답 ③**

8 주어진 각뿔대를 n각뿔대라 하면 모서리의 개수가 21이므로
$$3n = 21 \quad \therefore n = 7$$
따라서 칠각뿔대의 꼭짓점의 개수는
$$7 \times 2 = 14 \quad \therefore v = 14$$
면의 개수는
$$7 + 2 = 9 \quad \therefore f = 9$$
$$\therefore v + f = 14 + 9 = 23$$ **답 23**

다른 풀이 모서리의 개수를 e라 하면
$$v - e + f = 2$$
위의 식에 $e = 21$을 대입하면
$$v - 21 + f = 2 \quad \therefore v + f = 23$$

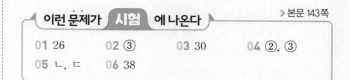

이런 문제가 **시험** 에 나온다   ＞본문 143쪽

01 26   **02** ③   **03** 30   **04** ②, ③
05 ㄴ, ㄷ   **06** 38

01 사각뿔대의 면의 개수는 $4 + 2 = 6$
    $$\therefore x = 6$$
모서리의 개수는 $4 \times 3 = 12$
    $$\therefore y = 12$$
꼭짓점의 개수는 $4 \times 2 = 8$
    $$\therefore z = 8$$
    $$\therefore x + y + z = 6 + 12 + 8 = 26$$ **답 26**

02 주어진 다면체의 면의 개수는 7이고 각각의 면의 개수는
① $4 + 2 = 6$ ② $5 + 1 = 6$ ③ $6 + 1 = 7$
④ $6 + 2 = 8$ ⑤ $7 + 2 = 9$
따라서 주어진 다면체와 면의 개수가 같은 것은 ③이다. **답 ③**

03 주어진 각기둥을 n각기둥이라 하면
$$2n = 14 \quad \therefore n = 7$$
따라서 칠각기둥의 면의 개수는
$$7 + 2 = 9 \quad \therefore x = 9$$
모서리의 개수는 $7 \times 3 = 21$
    $$\therefore y = 21$$
    $$\therefore x + y = 9 + 21 = 30$$ **답 30**

04 ① 사각뿔 - 삼각형
④ 삼각뿔대 - 사다리꼴
⑤ 육각기둥 - 직사각형
따라서 다면체와 그 옆면의 모양이 바르게 짝 지어진 것은 ②, ③이다. **답 ②, ③**

05 ㄱ. 옆면의 모양은 삼각형이다.
ㄷ. 팔각뿔의 꼭짓점의 개수는
$$8 + 1 = 9$$
    구각뿔의 꼭짓점의 개수는
$$9 + 1 = 10$$
    따라서 팔각뿔은 구각뿔보다 꼭짓점이 1개 더 적다.
ㄹ. 팔각뿔의 모서리의 개수는
$$8 \times 2 = 16$$

사각기둥의 모서리의 개수는

$$4 \times 3 = 12$$

따라서 팔각뿔과 사각기둥은 모서리의 개수가 같지 않다.

이상에서 옳은 것은 ㄴ, ㄷ이다.   답 ㄴ, ㄷ

06 조건 ㈎, ㈏에서 주어진 입체도형은 각뿔대이고, 조건 ㈐에서 주어진 입체도형은 구각뿔대이다.

구각뿔대의 면의 개수는

$$9 + 2 = 11 \qquad \therefore a = 11$$

모서리의 개수는

$$9 \times 3 = 27 \qquad \therefore b = 27$$

$$\therefore a + b = 11 + 27 = 38 \qquad 답 \ 38$$

02 정다면체

▶본문 145쪽

개념원리 확인하기

01 (1) × (2) × (3) ○ (4) ○

02 (1) ㄱ, ㄷ, ㅁ (2) ㄴ (3) ㄹ (4) ㄱ, ㄴ, ㄹ

    (5) ㄷ (6) ㅁ

03 풀이 참조

01 (1) 정다면체는 한 꼭짓점에 모인 각의 크기의 합이 360°보다 작다.

    (2) 정다면체의 종류는 5가지뿐이다.

        답 (1) × (2) × (3) ○ (4) ○

02 (1) 면의 모양이 정삼각형인 정다면체는 ㄱ, ㄷ, ㅁ이다.

    (2) 면의 모양이 정사각형인 정다면체는 ㄴ이다.

    (3) 면의 모양이 정오각형인 정다면체는 ㄹ이다.

    (4) 한 꼭짓점에 모인 면의 개수가 3인 정다면체는 ㄱ, ㄴ, ㄹ이다.

    (5) 한 꼭짓점에 모인 면의 개수가 4인 정다면체는 ㄷ이다.

    (6) 한 꼭짓점에 모인 면의 개수가 5인 정다면체는 ㅁ이다.

        답 (1) ㄱ, ㄷ, ㅁ (2) ㄴ (3) ㄹ

        (4) ㄱ, ㄴ, ㄹ (5) ㄷ (6) ㅁ

03

	면의 모양	한 꼭짓점에 모인 면의 개수	면의 개수	모서리의 개수	꼭짓점의 개수
정사면체	정삼각형	3	4	6	4
정육면체	정사각형	3	6	12	8
정팔면체	정삼각형	4	8	12	6
정십이면체	정오각형	3	12	30	20
정이십면체	정삼각형	5	20	30	12

    답 풀이 참조

▶본문 146~148쪽

핵심문제 익히기

1 ③   **2** 62   **3** ⑤   **4** $\overline{\text{CF}}$

5 ④   **6** 30

1 ③ 정팔면체의 면의 모양은 정삼각형이다.

따라서 정다면체와 그 면의 모양이 잘못 짝 지어진 것은 ③이다.   답 ③

2 정이십면체의 면의 개수는 20이므로

$$a = 20$$

꼭짓점의 개수는 12이므로

$$b = 12$$

모서리의 개수는 30이므로

$$c = 30$$

$$\therefore a + b + c = 20 + 12 + 30 = 62 \qquad 답 \ 62$$

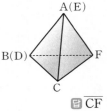

3 ① 정십이면체와 정이십면체의 모서리의 개수는 30으로 같다.

④ 정사면체, 정팔면체, 정이십면체는 면의 모양이 모두 정삼각형으로 같다.

⑤ 한 꼭짓점에 모인 면의 개수가 3인 정다면체는 정사면체, 정육면체, 정십이면체의 3가지이다.

따라서 옳지 않은 것은 ⑤이다.   답 ⑤

4 주어진 전개도로 정다면체를 만들면 오른쪽 그림과 같은 정사면체가 된다.

따라서 모서리 AB와 꼬인 위치에 있는 모서리, 즉 만나지도 않고 평행하지도 않은 모서리는 $\overline{\text{CF}}$이다.   답 $\overline{\text{CF}}$

개념 더하기

오른쪽 그림과 같이 전개도에서 서로 겹쳐지는 꼭짓점을 표시하면 만들어지는 정다면체를 더 쉽게 알 수 있다.

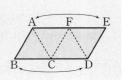

5 오른쪽 그림과 같이 정육면체를 세 꼭짓점 A, C, G를 지나는 평면으로 자르면 단면은 꼭짓점 E를 지난다. 따라서 이때 생기는 단면은 사각형 AEGC이고 사각형 AEGC는 직사각형이다.

    답 ④

6 정십이면체의 면의 개수가 12이므로 정십이면체의 각 면의 한가운데 점을 연결하여 만든 입체도형은 꼭짓점의 개수가 12인 정다면체, 즉 정이십면체이다.

따라서 구하는 모서리의 개수는 30이다.   답 30

정다면체의 각 면의 한가운데 점을 연결하여 만든 입체도형은 각 면이 모두 합동이고 각 꼭짓점에 모인 면의 개수가 같으므로 정다면체이다.

이때 처음 도형의 면의 개수와 만들어진 도형의 꼭짓점의 개수는 같다.

	면의 개수	꼭짓점의 개수
정사면체	4	4
정육면체	6	8
정팔면체	8	6
정십이면체	12	20
정이십면체	20	12

이런 문제가 시험 **에 나온다**　　＞본문 149쪽

01 ③	02 8	03 정육면체	04 ④
05 ③	06 ④		

01 ③ 면의 모양이 정삼각형인 것은 정사면체, 정팔면체, 정이십면체이다.

④ 정육면체와 정팔면체의 모서리의 개수는 12로 같다.

⑤ 정다면체는 정사면체, 정육면체, 정팔면체, 정십이면체, 정이십면체의 5가지뿐이다.

따라서 옳지 않은 것은 ③이다.　　답 ③

02 꼭짓점의 개수가 가장 많은 정다면체는 정십이면체이고, 정십이면체의 면의 개수는 12이므로

$a=12$

모서리의 개수가 가장 적은 정다면체는 정사면체이고, 정사면체의 꼭짓점의 개수는 4이므로

$b=4$

$\therefore a-b=12-4=8$　　답 8

03 조건 ㈎에서 주어진 정다면체는 정사면체, 정육면체, 정십이면체 중 하나이다.

조건 ㈏에서 모서리의 개수가 12인 정다면체는 정육면체이다.　　답 정육면체

04 ① 전개도에서 면의 개수가 12이므로 만들어지는 입체도형은 정십이면체이다.

④ 한 꼭짓점에 모인 면의 개수는 3이다.

따라서 옳지 않은 것은 ④이다.　　답 ④

05 오른쪽 그림과 같이 정육면체를 세 꼭짓점 A, B, G를 지나는 평면으로 자르면 단면은 꼭짓점 H를 지난다.

따라서 이때 생기는 단면은 사각형

ABGH이고 사각형 ABGH는 직사각형이다.　　답 ③

06 정이십면체의 면의 개수가 20이므로 정이십면체의 각 면의 한가운데 점을 연결하여 만든 입체도형은 꼭짓점의 개수가 20인 정다면체, 즉 정십이면체이다.　　답 ④

03 회전체

01 (1) × (2) ○ (3) × (4) ○ (5) ○ (6) ×	
02 (1) ㄱ (2) ㄷ (3) ㄹ (4) ㄴ	
03 풀이 참조	
04 (1) × (2) ○ (3) ×	

01 (1), (3), (6) 다면체이다.

답 (1) × (2) ○ (3) ×
　　(4) ○ (5) ○ (6) ×

02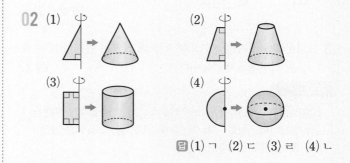

답 (1) ㄱ (2) ㄷ (3) ㄹ (4) ㄴ

03

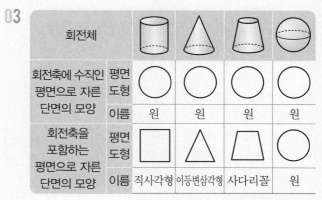

회전체					
회전축에 수직인 평면으로 자른 단면의 모양	평면도형	○	○	○	○
	이름	원	원	원	원
회전축을 포함하는 평면으로 자른 단면의 모양	평면도형	□	△	⏢	○
	이름	직사각형	이등변삼각형	사다리꼴	원

답 풀이 참조

04 (1) 원뿔대를 회전축을 포함하는 평면으로 자른 단면은 사다리꼴이다.

(3) 다음 그림과 같이 직각삼각형 ABC에서 변 AB를 회전축으로 하는 경우 원뿔이 아닐 수도 있다.

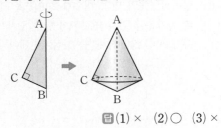

冒 (1) × (2) ○ (3) ×

1 ②　　　**2** 풀이 참조　**3** ①　　　**4** 9π cm²
5 (1) $a=10$, $b=6$ (2) 12π cm　　　**6** ③, ④

1 ② 밑면에 수직인 평면으로 잘랐을 때, 단면이 선대칭도형이 아니므로 회전체가 아니다.
따라서 회전체가 아닌 것은 ②이다. **冒** ②

2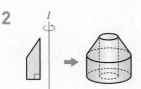
冒 풀이 참조

3 회전축에 수직인 평면으로 자를 때 생기는 단면이 모두 합동인 회전체는 원기둥이다. **冒** ①

다음 그림과 같이 원기둥을 회전축에 수직인 평면으로 자른 단면은 모두 합동이지만 원뿔, 구를 회전축에 수직인 평면으로 자른 단면이 모두 합동인 것은 아니다.

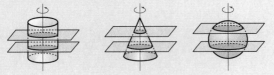

4 회전체는 오른쪽 그림과 같은 원기둥이고, 이 원기둥을 회전축에 수직인 평면으로 자를 때 생기는 단면은 반지름의 길이가 3 cm인 원이므로 단면의 넓이는
$$\pi \times 3^2 = 9\pi \text{ (cm}^2)$$
冒 9π cm²

5 (1) (원뿔의 전개도에서 부채꼴의 반지름의 길이)
= (원뿔의 모선의 길이) = 10 (cm)
$$\therefore a=10$$

(원뿔의 전개도에서 원의 반지름의 길이)
= (원뿔의 밑면인 원의 반지름의 길이) = 6 (cm)
$$\therefore b=6$$
(2) (원뿔의 전개도에서 부채꼴의 호의 길이)
= (원뿔의 밑면인 원의 둘레의 길이)
= $2\pi \times 6 = 12\pi$ (cm)

冒 (1) $a=10$, $b=6$ (2) 12π cm

6 ① 구는 회전축이 무수히 많다.
② 구의 전개도는 그릴 수 없다.
⑤ 회전체를 회전축과 평행한 평면으로 자를 때 생기는 단면이 모두 합동인 것은 아니다.
따라서 옳은 것은 ③, ④이다. **冒** ③, ④

구의 성질
① 회전축이 무수히 많다.
② 구는 어느 방향으로 잘라도 그 단면은 항상 원이다.
③ 구의 단면이 가장 큰 경우는 구의 중심을 지나는 평면으로 잘랐을 때이다.

01 ㄷ, ㅁ　**02** ④　　**03** ②　　**04** ④
05 ⑤　　**06** 40 cm²　**07** 3 cm　**08** ③

01 ㄱ, ㄴ, ㄹ, ㅂ. 다면체이다.
이상에서 회전체인 것은 ㄷ, ㅁ이다. **冒** ㄷ, ㅁ

02 ④
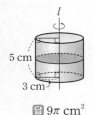

冒 ④

03 ② (나)

冒 ②

04 ④ 구는 어느 방향으로 자르더라도 그 단면이 항상 원이다. **冒** ④

05 각각의 단면이 나오도록 자르는 방법은 오른쪽 그림과 같다.
따라서 원뿔대를 한 평면으로 자를 때 생기는 단면의 모양이 될 수 없는 것은 ⑤이다.

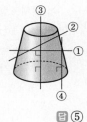

답 ⑤

06 단면은 오른쪽 그림과 같은 직사각형이므로 단면의 넓이는
$$8 \times 5 = 40 \, (\text{cm}^2)$$

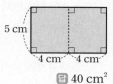
5 cm
4 cm 4 cm

답 40 cm²

07 밑면인 원의 반지름의 길이를 r cm라 하면
(부채꼴의 호의 길이) = (밑면인 원의 둘레의 길이)
이므로
$$2\pi \times 9 \times \frac{120}{360} = 2\pi r$$
$$\therefore r = 3$$
따라서 반지름의 길이는 3 cm이다.

답 3 cm

08 ③ 원뿔대의 두 밑면은 모두 원이지만 크기가 다르므로 합동이 아니다.
따라서 옳지 않은 것은 ③이다.

답 ③

중단원 마무리하기 > 본문 158~161쪽

01 ②	**02** ⑤	**03** 7	**04** 구면체
05 ②, ③	**06** 8	**07** ④	**08** ②, ④
09 (1) ㄴ (2) ㄷ (3) ㄱ		**10** ③	**11** ②
12 ⑤	**13** ④	**14** 0	**15** 27
16 ③	**17** ⑤	**18** ③	**19** ④
20 ⑤	**21** ⑤	**22** ②	**23** 44
24 22	**25** ①		

01 전략 삼각뿔대의 모양과 성질을 생각한다.
② 각뿔대의 두 밑면은 합동이 아니다.
따라서 옳지 않은 것은 ②이다.

답 ②

02 전략 n각기둥, n각뿔, n각뿔대의 꼭짓점의 개수는 각각 $2n$, $n+1$, $2n$이다.
각 다면체의 꼭짓점의 개수는
① $3+1=4$ ② $4 \times 2 = 8$
③ $5 \times 2 = 10$ ④ $7 \times 2 = 14$
⑤ $6+1=7$

따라서 다면체와 그 꼭짓점의 개수가 잘못 짝 지어진 것은 ⑤이다.

답 ⑤

03 전략 주어진 면의 개수를 이용하여 두 입체도형이 각각 어떤 입체도형인지 구한다.
칠면체인 각기둥은 오각기둥이므로 모서리의 개수는
$$5 \times 3 = 15 \qquad \therefore a = 15$$
팔면체인 각뿔은 칠각뿔이므로 꼭짓점의 개수는
$$7 + 1 = 8 \qquad \therefore b = 8$$
$$\therefore a - b = 15 - 8 = 7$$

답 7

04 전략 주어진 각뿔대를 n각뿔대라 하고 n의 값을 구한다.
주어진 각뿔대를 n각뿔대라 하면
$$3n = 21 \qquad \therefore n = 7$$
따라서 칠각뿔대이므로 구면체이다.

답 구면체

05 전략 정다면체의 뜻과 성질을 생각한다.
② 정사면체는 평행한 면이 없다.
③ 정육각형인 면으로 이루어진 정다면체는 없다.
④ 면의 개수가 가장 많은 정다면체는 정이십면체이고, 꼭짓점의 개수는 12이다.
따라서 옳지 않은 것은 ②, ③이다.

답 ②, ③

06 전략 각 면의 모양이 모두 정삼각형인 정다면체는 정사면체, 정팔면체, 정이십면체이다.
조건 ㈎에서 주어진 정다면체는 정사면체, 정팔면체, 정이십면체 중 하나이다.
조건 ㈏에서 주어진 정다면체는 정팔면체이다.
따라서 정팔면체의 면의 개수는 8이다.

답 8

07 전략 주어진 전개도로 정육면체를 만들었을 때 겹치는 부분이 있는지 찾아본다.
④ 오른쪽 그림과 같은 전개도에서 어두운 면이 겹쳐지므로 정육면체를 만들 수 없다.

따라서 정육면체의 전개도가 될 수 없는 것은 ④이다.

답 ④

개념 더하기

정육면체의 전개도는 다음 그림과 같이 11가지가 있다.

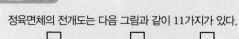

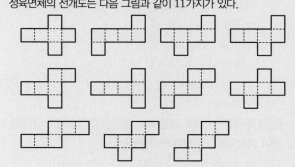

08 (전략) 보기에 주어진 입체도형의 모양을 생각한다.
① 다면체는 ㄱ, ㄴ, ㅁ, ㅇ이다.
③ 회전체는 ㄷ, ㄹ, ㅂ, ㅅ이다.
⑤ 서로 평행한 면이 있는 것은 ㄱ, ㄹ, ㅂ, ㅇ이다.
따라서 옳은 것은 ②, ④이다.   답 ②, ④

09 (전략) 평면도형이 회전축에서 떨어져 있으면 가운데가 빈 회전체가 만들어진다.
회전축을 포함하는 평면으로 잘랐을 때의 단면을 생각해 본다.   답 (1) ㄴ (2) ㄷ (3) ㄱ

10 (전략) 모선 ➡ 평면도형을 회전시킬 때 옆면을 만드는 선분
주어진 평면도형을 직선 l을 회전축으로 하여 1회전 시킬 때 생기는 입체도형은 원뿔대이므로 모선이 되는 선분은 $\overline{AB}$이다.   답 ③

11 (전략) 회전체를 회전축에 수직인 평면으로 자른 단면은 항상 원이다.
① 구 − 원 − 원
③ 원기둥 − 직사각형 − 원
④ 원뿔대 − 사다리꼴 − 원
⑤ 반구 − 반원 − 원
따라서 바르게 짝 지어진 것은 ②이다.   답 ②

12 (전략) 원뿔대의 전개도에서 두 밑면이 되는 부분과 옆면이 되는 부분을 생각한다.
색칠한 밑면의 둘레의 길이는 $\overparen{BC}$의 길이와 같다.   답 ⑤

13 (전략) n각기둥, n각뿔, n각뿔대의 면, 모서리, 꼭짓점의 개수를 생각한다.
④ n각뿔대의 모서리의 개수는 $3n$이다.
따라서 옳지 않은 것은 ④이다.   답 ④

14 (전략) 면의 개수가 n인 각뿔대의 꼭짓점의 개수와 모서리의 개수를 n에 대한 식으로 나타낸다.
면의 개수가 n인 각뿔대는 $(n-2)$각뿔대이므로
$$a=2(n-2)=2n-4$$
$$b=3(n-2)=3n-6$$
$$\therefore 3a-2b=3(2n-4)-2(3n-6)$$
$$=6n-12-6n+12=0 \qquad \text{답 } 0$$

15 (전략) 두 밑면이 서로 평행하고 합동인 다각형이며 옆면의 모양이 직사각형인 다면체 ➡ 각기둥
조건 (가), (나)에서 주어진 입체도형은 각기둥이다.

이 입체도형을 n각기둥이라 하면 조건 (다)에서
$$2n-(n+2)=7, \qquad n-2=7$$
$$\therefore n=9$$
따라서 구각기둥의 모서리의 개수는
$$9\times3=27 \qquad \text{답 } 27$$

16 (전략) 정다면체의 꼭짓점의 개수와 모서리의 개수를 이용하여 a, b의 값을 먼저 구한다.
정팔면체의 꼭짓점의 개수는 6이므로
$$a=6$$
정육면체의 모서리의 개수는 12이므로
$$b=12$$
$$\therefore a+b=6+12=18$$
즉 m각뿔의 면의 개수가 18이므로
$$m+1=18$$
$$\therefore m=17$$
또 n각기둥의 면의 개수가 18이므로
$$n+2=18$$
$$\therefore n=16$$
$$\therefore m+n=17+16=33 \qquad \text{답 } ③$$

17 (전략) 주어진 전개도로 만든 입체도형을 그려 본다.
주어진 전개도로 만든 입체도형은 오른쪽 그림과 같은 정팔면체이다.

① 회전체가 아니다.
② 점 A와 점 G가 만난다.
③ $\overline{CD}$는 $\overline{ED}$와 겹쳐진다.
④ 한 꼭짓점에 모인 면의 개수는 4이다.
⑤ (꼭짓점의 개수)=6, (모서리의 개수)=12, (면의 개수)=8이므로
(꼭짓점의 개수)−(모서리의 개수)+(면의 개수)
$$=6-12+8=2$$
따라서 옳은 것은 ⑤이다.   답 ⑤

18 (전략) 정사면체를 다양한 평면으로 잘라 본다.

①   ②

④   ⑤

따라서 정사면체를 한 평면으로 잘랐을 때 생길 수 있는 단면의 모양이 아닌 것은 ③이다.   답 ③

19 전략 바깥쪽 정다면체의 면의 개수와 안쪽 정다면체의 꼭짓점의 개수는 같다.

정다면체의 각 면의 한가운데 점을 연결하여 만든 입체도형은 꼭짓점의 개수가 처음 도형의 면의 개수와 같은 정다면체이다.

① 정육면체의 면의 개수가 6이므로 꼭짓점의 개수가 6인 정다면체, 즉 정팔면체가 만들어진다.

② 정사면체의 면의 개수가 4이므로 꼭짓점의 개수가 4인 정다면체, 즉 정사면체가 만들어진다.

③ 정팔면체의 면의 개수가 8이므로 꼭짓점의 개수가 8인 정다면체, 즉 정육면체가 만들어진다.

④ 정십이면체의 면의 개수가 12이므로 꼭짓점의 개수가 12인 정다면체, 즉 정이십면체가 만들어진다.

⑤ 정이십면체의 면의 개수가 20이므로 꼭짓점의 개수가 20인 정다면체, 즉 정십이면체가 만들어진다.

따라서 잘못 짝 지어진 것은 ④이다. **답** ④

20 전략 회전축의 좌우가 대칭이 되도록 회전체의 겨냥도를 그려 본다.

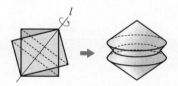

답 ⑤

21 전략 회전체를 회전축을 포함하는 평면으로 자른 단면을 그려 본다.

회전체를 회전축을 포함하는 평면으로 잘랐을 때 생기는 단면은 오른쪽 그림과 같다.

∴ (단면의 넓이)

$$= \left\{ \frac{1}{2} \times (6+4) \times 2 + 4 \times 5 \right\} \times 2$$
$$= 60 \, (\text{cm}^2)$$

답 ⑤

22 전략 다면체와 회전체에 대한 성질을 생각한다.

① 삼각뿔대의 옆면은 모두 사다리꼴이다.

② 사각뿔대와 오각뿔의 면의 개수는 6으로 같다.

③ 원기둥을 회전축을 포함하는 평면으로 자른 단면은 직사각형이다.

④ 원뿔을 회전축에 수직인 평면으로 자른 단면은 모두 원이지만 그 크기가 다르므로 합동이 아니다.

⑤ 정사면체는 모든 면이 합동인 정삼각형이고, 각 꼭짓점에 모인 면의 개수는 3이다.

따라서 옳은 것은 ②이다. **답** ②

23 전략 n각형의 대각선의 개수는 $\frac{n(n-3)}{2}$임을 이용한다.

대각선의 개수가 14인 다각형을 n각형이라 하면

$$\frac{n(n-3)}{2} = 14, \qquad n(n-3) = 28 = 7 \times 4$$
$$\therefore n = 7$$

따라서 밑면이 칠각형이므로 칠각기둥이다.

칠각기둥의 꼭짓점의 개수는

$$7 \times 2 = 14 \qquad \therefore a = 14$$

모서리의 개수는

$$7 \times 3 = 21 \qquad \therefore b = 21$$

면의 개수는

$$7 + 2 = 9 \qquad \therefore c = 9$$
$$\therefore a + b + c = 14 + 21 + 9 = 44$$

답 44

24 전략 세 점 D, M, F를 지나는 단면을 그려 본다.

세 점 D, M, F를 지나는 평면은 $\overline{GH}$의 중점 N을 지나므로 단면이 사각형 MFND인 두 입체도형으로 나뉜다.

두 입체도형의 모서리의 개수는 각각 11이므로 구하는 합은

$$11 + 11 = 22$$

답 22

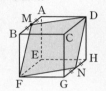

개념 더하기

△DAM, △FBM, △FGN, △DHN은 모두 합동이므로
$$\overline{DM} = \overline{FM} = \overline{FN} = \overline{DN}$$
따라서 사각형 MFND는 네 변의 길이가 같으므로 마름모이다.

25 전략 원기둥의 전개도에 점 A, B의 위치를 나타낸 후 경로를 생각한다.

개미가 점 A에서 점 B까지 원기둥의 겉면을 따라 한 바퀴 감아돌아 최단 거리로 움직일 때, 지나간 경로를 전개도 위에 나타내면 오른쪽 그림과 같다.

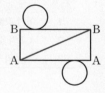

답 ①

서술형 대비 문제
> 본문 162~163쪽

1 42 **2** $\frac{60}{13}$ cm **3** 26

4 22 **5** 그림은 풀이 참조, 10 cm²

6 $(16\pi + 12)$ cm

1 [1단계] 주어진 전개도로 만든 입체도형은 정이십면체이다.

[2단계] 정이십면체의 모서리의 개수는 30, 꼭짓점의 개수는 12이므로

$$a=30, \ b=12$$

3단계 $a+b=30+12=42$

답 42

2 **1단계** 주어진 직각삼각형을 직선 l을 회전축으로 하여 1회전 시킬 때 생기는 회전체는 오른쪽 그림과 같다.

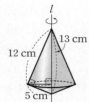

2단계 단면의 넓이가 가장 큰 원의 반지름의 길이를 r cm 라 하면

$$\frac{1}{2}\times13\times r=\frac{1}{2}\times12\times5$$

$$\therefore r=\frac{60}{13}$$

따라서 반지름의 길이는 $\frac{60}{13}$ cm이다.

답 $\frac{60}{13}$ cm

3 **1단계** 주어진 각뿔대를 n각뿔대라 하면

$$3n=24 \qquad \therefore n=8$$

2단계 따라서 팔각뿔대의 꼭짓점의 개수는

$$8\times2=16 \qquad \therefore a=16$$

면의 개수는

$$8+2=10 \qquad \therefore b=10$$

3단계 $a+b=16+10=26$

답 26

단계	채점 요소	배점
1	어떤 각뿔대인지 구하기	2점
2	a, b의 값 구하기	2점
3	$a+b$의 값 구하기	1점

4 **1단계** 정이십면체의 면의 개수가 20이므로 정이십면체의 각 면의 한가운데 점을 연결하여 만든 입체도형은 꼭짓점의 개수가 20인 정다면체, 즉 정십이면체이다.

2단계 정십이면체의 모서리의 개수는 30, 면의 개수는 12, 꼭짓점의 개수는 20이므로

$$a=30, \ b=12, \ c=20$$

3단계 $a+b-c=30+12-20=22$

답 22

단계	채점 요소	배점
1	어떤 입체도형인지 구하기	2점
2	a, b, c의 값 구하기	3점
3	$a+b-c$의 값 구하기	1점

5 **1단계** 회전체를 회전축을 포함하는 평면으로 잘랐을 때 생기는 단면은 오른쪽 그림과 같다.

2단계 (단면의 넓이)

$$=(큰 \ 삼각형의 \ 넓이)-(작은 \ 삼각형의 \ 넓이)$$

$$=\frac{1}{2}\times10\times8-\frac{1}{2}\times10\times6$$

$$=40-30=10 \ (cm^2)$$

답 그림은 풀이 참조, 10 cm²

단계	채점 요소	배점
1	단면 그리기	2점
2	단면의 넓이 구하기	5점

6 **1단계** 원뿔대의 전개도는 오른쪽 그림과 같고 옆면은 색칠한 부분이다.

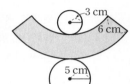

2단계 (옆면의 둘레의 길이)

$$=2\pi\times3+6+6$$

$$+2\pi\times5$$

$$=16\pi+12 \ (cm)$$

답 $(16\pi+12)$ cm

단계	채점 요소	배점
1	원뿔대의 전개도 그리기	2점
2	옆면에 해당하는 도형의 둘레의 길이 구하기	5점

Ⅲ-2 입체도형의 겉넓이와 부피

01 기둥의 겉넓이와 부피

▶ 본문 168~169쪽

개념원리 확인하기

01 풀이 참조
02 (1) 152 cm² (2) 108 cm²
03 풀이 참조
04 (1) 24π cm² (2) 80π cm²
05 풀이 참조
06 (1) 240 cm³ (2) 324π cm³
07 (1) 60 cm³ (2) 175π cm³

01

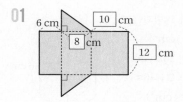

$(\text{밑넓이}) = \frac{1}{2} \times 6 \times \boxed{8} = \boxed{24} \, (\text{cm}^2)$

$(\text{옆넓이}) = (6+8+\boxed{10}) \times \boxed{12} = \boxed{288} \, (\text{cm}^2)$

$\therefore (\text{겉넓이}) = \boxed{24} \times 2 + \boxed{288} = \boxed{336} \, (\text{cm}^2)$

🖪 풀이 참조

02 (1) $(\text{밑넓이}) = \frac{1}{2} \times 6 \times 4 = 12 \, (\text{cm}^2)$

$(\text{옆넓이}) = (5+6+5) \times 8 = 128 \, (\text{cm}^2)$

$\therefore (\text{겉넓이}) = 12 \times 2 + 128$
$= 152 \, (\text{cm}^2)$

(2) $(\text{밑넓이}) = 4 \times 3 = 12 \, (\text{cm}^2)$

$(\text{옆넓이}) = (4+3+4+3) \times 6 = 84 \, (\text{cm}^2)$

$\therefore (\text{겉넓이}) = 12 \times 2 + 84$
$= 108 \, (\text{cm}^2)$

🖪 (1) 152 cm² (2) 108 cm²

03

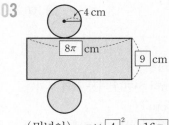

$(\text{밑넓이}) = \pi \times \boxed{4}^2 = \boxed{16\pi} \, (\text{cm}^2)$

$(\text{옆넓이}) = \boxed{8\pi} \times \boxed{9} = \boxed{72\pi} \, (\text{cm}^2)$

$\therefore (\text{겉넓이}) = \boxed{16\pi} \times 2 + \boxed{72\pi}$
$= \boxed{104\pi} \, (\text{cm}^2)$

🖪 풀이 참조

04 (1) $(\text{밑넓이}) = \pi \times 2^2 = 4\pi \, (\text{cm}^2)$

$(\text{옆넓이}) = 2\pi \times 2 \times 4 = 16\pi \, (\text{cm}^2)$

$\therefore (\text{겉넓이}) = 4\pi \times 2 + 16\pi = 24\pi \, (\text{cm}^2)$

(2) $(\text{밑넓이}) = \pi \times 4^2 = 16\pi \, (\text{cm}^2)$

$(\text{옆넓이}) = 2\pi \times 4 \times 6 = 48\pi \, (\text{cm}^2)$

$\therefore (\text{겉넓이}) = 16\pi \times 2 + 48\pi = 80\pi \, (\text{cm}^2)$

🖪 (1) 24π cm² (2) 80π cm²

05 (1) $(\text{밑넓이}) = 4 \times \boxed{5} = \boxed{20} \, (\text{cm}^2)$

$(\text{높이}) = \boxed{6} \, \text{cm}$

$\therefore (\text{부피}) = \boxed{20} \times \boxed{6} = \boxed{120} \, (\text{cm}^3)$

(2) $(\text{밑넓이}) = \pi \times \boxed{3}^2 = \boxed{9\pi} \, (\text{cm}^2)$

$(\text{높이}) = \boxed{8} \, \text{cm}$

$\therefore (\text{부피}) = \boxed{9\pi} \times \boxed{8} = \boxed{72\pi} \, (\text{cm}^3)$

🖪 풀이 참조

06 (1) $(\text{밑넓이}) = \frac{1}{2} \times 6 \times 8 = 24 \, (\text{cm}^2)$

$\therefore (\text{부피}) = 24 \times 10 = 240 \, (\text{cm}^3)$

(2) $(\text{밑넓이}) = \pi \times 6^2 = 36\pi \, (\text{cm}^2)$

$\therefore (\text{부피}) = 36\pi \times 9 = 324\pi \, (\text{cm}^3)$

🖪 (1) 240 cm³ (2) 324π cm³

07 (1) $(\text{밑넓이}) = 4 \times 3 = 12 \, (\text{cm}^2)$

$\therefore (\text{부피}) = 12 \times 5 = 60 \, (\text{cm}^3)$

(2) $(\text{밑넓이}) = \pi \times 5^2 = 25\pi \, (\text{cm}^2)$

$\therefore (\text{부피}) = 25\pi \times 7 = 175\pi \, (\text{cm}^3)$

🖪 (1) 60 cm³ (2) 175π cm³

핵심문제 익히기

▶ 본문 170~173쪽

1 218 cm²   2 (75π+100) cm²
3 (1) 300 cm³ (2) 324 cm³   4 3
5 (1) (32π+128) cm² (2) 64π cm³
6 (1) 420 cm² (2) 270 cm³   7 216 cm²   8 126π cm³

1 $(\text{밑넓이}) = \frac{1}{2} \times (5+9) \times 3 = 21 \, (\text{cm}^2)$

$(\text{옆넓이}) = (5+5+9+3) \times 8$
$= 22 \times 8 = 176 \, (\text{cm}^2)$

$\therefore (\text{겉넓이}) = 21 \times 2 + 176 = 218 \, (\text{cm}^2)$

🖪 218 cm²

2 $(\text{밑넓이}) = \frac{1}{2} \times \pi \times 5^2 = \frac{25}{2}\pi \, (\text{cm}^2)$

$(\text{옆넓이}) = \left(\frac{1}{2} \times 2\pi \times 5 + 10\right) \times 10 = 50\pi + 100 \, (\text{cm}^2)$

$$\therefore (\text{겉넓이}) = \frac{25}{2}\pi \times 2 + 50\pi + 100$$
$$= 75\pi + 100 \ (\text{cm}^2)$$
답 $(75\pi + 100)\ \text{cm}^2$

3 (1) $(\text{밑넓이}) = \frac{1}{2} \times 5 \times 12 = 30 \ (\text{cm}^2)$
  $\therefore (\text{부피}) = 30 \times 10 = 300 \ (\text{cm}^3)$
(2) $(\text{밑넓이}) = \frac{1}{2} \times (12 + 6) \times 4 = 36 \ (\text{cm}^2)$
  $\therefore (\text{부피}) = 36 \times 9 = 324 \ (\text{cm}^3)$
답 (1) $300 \ \text{cm}^3$ (2) $324 \ \text{cm}^3$

4 주어진 원기둥에서 $(\text{부피}) = \pi r^2 \times 4r = 4r^3\pi \ (\text{cm}^3)$
부피가 $108\pi \ \text{cm}^3$이므로
  $4r^3\pi = 108\pi$, $r^3 = 27 = 3^3$
  $\therefore r = 3$
답 3

5 (1) $(\text{밑넓이}) = \pi \times 8^2 \times \frac{45}{360} = 8\pi \ (\text{cm}^2)$
  $(\text{옆넓이}) = \left(8 + 8 + 2\pi \times 8 \times \frac{45}{360}\right) \times 8$
  $= (2\pi + 16) \times 8$
  $= 16\pi + 128 \ (\text{cm}^2)$
  $\therefore (\text{겉넓이}) = 8\pi \times 2 + (16\pi + 128)$
  $= 32\pi + 128 \ (\text{cm}^2)$
(2) $(\text{부피}) = 8\pi \times 8 = 64\pi \ (\text{cm}^3)$
답 (1) $(32\pi + 128) \ \text{cm}^2$ (2) $64\pi \ \text{cm}^3$

6 (1) $(\text{밑넓이}) = 6 \times 7 - 3 \times 4 = 30 \ (\text{cm}^2)$
  $(\text{옆넓이}) = (\text{큰 사각기둥의 옆넓이})$
  $+ (\text{작은 사각기둥의 옆넓이})$
  $= (6 + 7 + 6 + 7) \times 9 + (3 + 4 + 3 + 4) \times 9$
  $= 360 \ (\text{cm}^2)$
  $\therefore (\text{겉넓이}) = 30 \times 2 + 360 = 420 \ (\text{cm}^2)$
(2) $(\text{부피}) = (\text{큰 사각기둥의 부피}) - (\text{작은 사각기둥의 부피})$
  $= 6 \times 7 \times 9 - 3 \times 4 \times 9$
  $= 378 - 108 = 270 \ (\text{cm}^3)$
답 (1) $420 \ \text{cm}^2$ (2) $270 \ \text{cm}^3$

7 구하는 입체도형의 겉넓이는 잘라 내기 전의 한 모서리의 길이가 6 cm인 정육면체의 겉넓이와 같으므로
  $(\text{겉넓이}) = 6 \times 6 \times 6 = 216 \ (\text{cm}^2)$
답 $216 \ \text{cm}^2$

8 주어진 평면도형을 직선 l을 회전축으로 하여 1회전 시킬 때 생기는 회전체는 오른쪽 그림과 같으므로
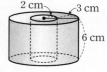
  $(\text{부피}) = \pi \times 5^2 \times 6$
  $- \pi \times 2^2 \times 6$
  $= 150\pi - 24\pi$
  $= 126\pi \ (\text{cm}^3)$
답 $126\pi \ \text{cm}^3$

본문 174~175쪽

이런 문제가 **시험** 에 나온다

01 ③   02 $54\pi \ \text{cm}^2$ 03 ④   04 $160 \ \text{cm}^2$
05 $\frac{9}{2} \ \text{cm}$ 06 ③   07 $(32\pi + 376) \ \text{cm}^2$
08 (1) $174 \ \text{cm}^2$ (2) $135 \ \text{cm}^3$ 09 ①

01 주어진 전개도로 만들어지는 입체도형은 오른쪽 그림과 같은 사각기둥이다.
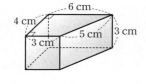
  $(\text{밑넓이}) = \frac{1}{2} \times (3 + 6) \times 4$
  $= 18 \ (\text{cm}^2)$
  $(\text{옆넓이}) = (3 + 4 + 6 + 5) \times 3 = 54 \ (\text{cm}^2)$
  $\therefore (\text{겉넓이}) = 18 \times 2 + 54 = 90 \ (\text{cm}^2)$
답 ③

02 주어진 원기둥은 오른쪽 그림과 같다.
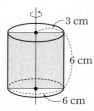
  $(\text{밑넓이}) = \pi \times 3^2 = 9\pi \ (\text{cm}^2)$
  $(\text{옆넓이}) = 2\pi \times 3 \times 6 = 36\pi \ (\text{cm}^2)$
  $\therefore (\text{겉넓이}) = 9\pi \times 2 + 36\pi$
  $= 54\pi \ (\text{cm}^2)$
답 $54\pi \ \text{cm}^2$

03 (밑넓이)
  $= (\text{삼각형의 넓이})$
  $+ (\text{직사각형의 넓이})$
  $= \frac{1}{2} \times 10 \times 4 + 10 \times 4$
  $= 60 \ (\text{cm}^2)$
오각기둥의 높이가 7 cm이므로
  $(\text{부피}) = 60 \times 7 = 420 \ (\text{cm}^3)$
답 ④

04 사각기둥의 밑면의 한 변의 길이를 $x \ \text{cm}$라 하면
  $x^2 \times 8 = 128$, $x^2 = 16$
  $\therefore x = 4$
따라서 밑면의 한 변의 길이가 4 cm이므로
  $(\text{겉넓이}) = 4^2 \times 2 + (4 \times 4) \times 8 = 160 \ (\text{cm}^2)$
답 $160 \ \text{cm}^2$

05 원기둥 A의 부피는
  $\pi \times 3^2 \times 6 = 54\pi \ (\text{cm}^3)$
원기둥 B의 높이를 $h \ \text{cm}$라 하면 원기둥 B의 부피는
  $\pi \times 6^2 \times h = 36h\pi \ (\text{cm}^3)$
원기둥 B의 부피가 원기둥 A의 부피의 3배이므로
  $54\pi \times 3 = 36h\pi$
  $\therefore h = \frac{9}{2}$
따라서 원기둥 B의 높이는 $\frac{9}{2} \ \text{cm}$이다.
답 $\frac{9}{2} \ \text{cm}$

06 (밑넓이)$=\pi\times4^2\times\dfrac{270}{360}=12\pi$ (cm^2)

$\therefore$ (부피)$=12\pi\times12=144\pi$ (cm^3) **답** ③

07 (밑넓이)$=8\times6-\pi\times2^2=48-4\pi$ (cm^2)

(옆넓이)$=(8+6+8+6)\times10+2\pi\times2\times10$

$\qquad\quad=40\pi+280$ (cm^2)

$\therefore$ (겉넓이)$=(48-4\pi)\times2+(40\pi+280)$

$\qquad\qquad\quad=96-8\pi+40\pi+280$

$\qquad\qquad\quad=32\pi+376$ (cm^2)

답 $(32\pi+376)$ cm^2

08 (1) (겉넓이)$=\{6\times(3+3)-3\times3\}\times2$

$\qquad\qquad\quad+(3+3+3+3+6+6)\times5$

$\qquad\qquad=54+120=174$ (cm^2)

(2) (부피)$=\{6\times(3+3)-3\times3\}\times5=135$ (cm^3)

답 (1) 174 cm^2 (2) 135 cm^3

09 회전체는 오른쪽 그림과 같으므로

(부피)

$=$ (큰 원기둥의 부피)

$\quad-$ (작은 원기둥의 부피)

$=\pi\times6^2\times7-\pi\times3^2\times4$

$=252\pi-36\pi$

$=216\pi$ (cm^3)

답 ①

02 뿔의 겉넓이와 부피

개념원리 확인하기 ▶ 본문 178쪽

01 풀이 참조 **02** (1) 144 cm^2 (2) 52π cm^2

03 (1) 40 cm^3 (2) 100π cm^3

01

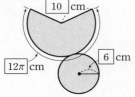

(밑넓이)$=\pi\times\boxed{6}^{\,2}=\boxed{36\pi}$ (cm^2)

(옆넓이)$=\dfrac{1}{2}\times\boxed{10}\times\boxed{12\pi}$

$\qquad\quad=\boxed{60\pi}$ (cm^2)

$\therefore$ (겉넓이)$=\boxed{36\pi}+\boxed{60\pi}$

$\qquad\qquad=\boxed{96\pi}$ (cm^2) **답** 풀이 참조

개념 더하기

반지름의 길이가 r, 호의 길이가 l인 부채꼴의 넓이 S는

$$S=\dfrac{1}{2}rl$$

02 (1) (밑넓이)$=8\times8=64$ (cm^2)

(옆넓이)$=\left(\dfrac{1}{2}\times8\times5\right)\times4=80$ (cm^2)

$\therefore$ (겉넓이)$=64+80=144$ (cm^2)

(2) (밑넓이)$=\pi\times4^2=16\pi$ (cm^2)

(옆넓이)$=\pi\times4\times9=36\pi$ (cm^2)

$\therefore$ (겉넓이)$=16\pi+36\pi=52\pi$ (cm^2)

답 (1) 144 cm^2 (2) 52π cm^2

03 (1) (밑넓이)$=4\times5=20$ (cm^2)

$\therefore$ (부피)$=\dfrac{1}{3}\times20\times6=40$ (cm^3)

(2) (밑넓이)$=\pi\times5^2=25\pi$ (cm^2)

$\therefore$ (부피)$=\dfrac{1}{3}\times25\pi\times12=100\pi$ (cm^3)

답 (1) 40 cm^3 (2) 100π cm^3

핵심문제 익히기 ▶ 본문 179~183쪽

1 72 cm^2 **2** (1) 2 cm (2) 16π cm^2

3 (1) 340 cm^2 (2) 320π cm^2 **4** 20 cm^3

5 4 **6** (1) 78 cm^3 (2) 1900π cm^3

7 40 cm^3 **8** 9 cm **9** (1) 1 cm (2) 4π cm^2

10 15π cm^3

1 (밑넓이)$=4\times4=16$ (cm^2)

(옆넓이)$=\left(\dfrac{1}{2}\times4\times7\right)\times4=56$ (cm^2)

$\therefore$ (겉넓이)$=16+56=72$ (cm^2) **답** 72 cm^2

2 (1) 밑면인 원의 반지름의 길이를 r cm라 하면 원뿔의 옆넓이가 12π cm^{2}이므로

$\pi\times r\times6=12\pi$ $\therefore r=2$

따라서 밑면인 원의 반지름의 길이는 2 cm이다.

(2) (원뿔의 겉넓이)$=$ (밑넓이)$+$ (옆넓이)

$\qquad\qquad\qquad=\pi\times2^2+12\pi$

$\qquad\qquad\qquad=4\pi+12\pi=16\pi$ (cm^2)

답 (1) 2 cm (2) 16π cm^2

3 (1) (두 밑넓이의 합)$=4\times4+10\times10$

$\qquad\qquad\qquad\quad=16+100=116$ (cm^2)

(옆넓이)$=\left\{\dfrac{1}{2}\times(4+10)\times8\right\}\times4=224$ (cm^2)

$\therefore$ (겉넓이)$=116+224=340$ (cm^2)

(2) (두 밑넓이의 합)
$$= \pi \times 5^2 + \pi \times 10^2$$
$$= 25\pi + 100\pi$$
$$= 125\pi \ (\mathrm{cm}^2)$$
(옆넓이)
$$= (큰\ 부채꼴의\ 넓이)$$
$$\quad - (작은\ 부채꼴의\ 넓이)$$
$$= \pi \times 10 \times 26 - \pi \times 5 \times 13$$
$$= 260\pi - 65\pi$$
$$= 195\pi \ (\mathrm{cm}^2)$$
$$\therefore (겉넓이) = 125\pi + 195\pi = 320\pi \ (\mathrm{cm}^2)$$

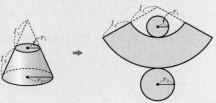

답 (1) 340 cm² (2) 320π cm²

개념 더하기

(원뿔대의 겉넓이)
$$= (두\ 밑넓이의\ 합) + (옆넓이)$$
$$= (\pi r_1{}^2 + \pi r_2{}^2) + \{\pi r_2(l_1 + l_2) - \pi r_1 l_1\}$$
(큰 부채꼴의 넓이) − (작은 부채꼴의 넓이)

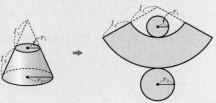

4 $(부피) = \dfrac{1}{3} \times \left(\dfrac{1}{2} \times 4 \times 5\right) \times 6 = 20 \ (\mathrm{cm}^3)$ 답 20 cm³

5 원뿔의 부피가 12π cm³이므로
$$\frac{1}{3} \times (\pi \times 3^2) \times h = 12\pi$$
$$\therefore h = 4$$
답 4

6 (1) $(부피) = (큰\ 사각뿔의\ 부피) - (작은\ 사각뿔의\ 부피)$
$$= \frac{1}{3} \times (5 \times 5) \times 10 - \frac{1}{3} \times (2 \times 2) \times 4$$
$$= \frac{250}{3} - \frac{16}{3}$$
$$= 78 \ (\mathrm{cm}^3)$$
(2) $(부피) = (큰\ 원뿔의\ 부피) - (작은\ 원뿔의\ 부피)$
$$= \frac{1}{3} \times (\pi \times 15^2) \times 36 - \frac{1}{3} \times (\pi \times 10^2) \times 24$$
$$= 2700\pi - 800\pi$$
$$= 1900\pi \ (\mathrm{cm}^3)$$

답 (1) 78 cm³ (2) 1900π cm³

7 잘라 낸 삼각뿔의 밑면을 △BCD라 하면 높이가 $\overline{\mathrm{CG}}$이므로
$$(부피) = \frac{1}{3} \times \left(\frac{1}{2} \times 12 \times 4\right) \times 5 = 40 \ (\mathrm{cm}^3)$$
답 40 cm³

개념 더하기

(직육면체의 부피) $= abc$
(뿔의 부피) $= \dfrac{1}{3} \times \left(\dfrac{1}{2}ab\right) \times c = \dfrac{1}{6}abc$
➡ (직육면체의 부피) : (뿔의 부피)
$\qquad = 6 : 1$

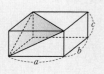

8 원뿔 모양의 그릇에 담긴 물의 부피는
$$\frac{1}{3} \times (\pi \times 6^2) \times 12 = 144\pi \ (\mathrm{cm}^3)$$
원기둥 모양의 그릇에 옮겨 담았을 때의 물의 높이를
x cm라 하면 원기둥 모양의 그릇에 담긴 물의 부피는
$$(\pi \times 4^2) \times x = 16x\pi \ (\mathrm{cm}^3)$$
이때 원뿔 모양의 그릇에 담긴 물의 부피와 원기둥 모양의
그릇에 담긴 물의 부피가 같으므로
$$16x\pi = 144\pi \qquad \therefore x = 9$$
따라서 구하는 물의 높이는 9 cm이다.
답 9 cm

9 (1) $(부채꼴의 호의 길이) = 2\pi \times 3 \times \dfrac{120}{360}$
$$\qquad\qquad\qquad\qquad = 2\pi \ (\mathrm{cm})$$
밑면인 원의 반지름의 길이를 r cm라 하면
$\quad$ (밑면인 원의 둘레의 길이) = (부채꼴의 호의 길이)
이므로
$$2\pi r = 2\pi \qquad \therefore r = 1$$
따라서 밑면인 원의 반지름의 길이는 1 cm이다.
(2) $(원뿔의 겉넓이) = (밑넓이) + (옆넓이)$
$$= \pi \times 1^2 + \pi \times 1 \times 3$$
$$= \pi + 3\pi = 4\pi \ (\mathrm{cm}^2)$$

답 (1) 1 cm (2) 4π cm²

10 주어진 삼각형 ABC를 변 AB를 회전축으로 하여 1회전 시킬 때 생기는 회전체는 오른쪽 그림과 같으므로

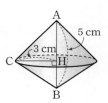

$(부피)$
$$= (높이가\ \overline{\mathrm{AH}}인\ 원뿔의\ 부피)$$
$$\quad + (높이가\ \overline{\mathrm{BH}}인\ 원뿔의\ 부피)$$
$$= \frac{1}{3} \times \pi \times 3^2 \times \overline{\mathrm{AH}} + \frac{1}{3} \times \pi \times 3^2 \times \overline{\mathrm{BH}}$$
$$= \frac{1}{3} \times \pi \times 3^2 \times (\overline{\mathrm{AH}} + \overline{\mathrm{BH}})$$
$$= \frac{1}{3} \times \pi \times 3^2 \times \overline{\mathrm{AB}}$$
$$= \frac{1}{3} \times \pi \times 3^2 \times 5$$
$$= 15\pi \ (\mathrm{cm}^3)$$
답 15π cm³

01 ⑤ **02** 9 cm **03** 77 cm² **04** ③

05 96π cm³ **06** $\frac{9}{2}$ cm³ **07** ③ **08** 6

09 ② **10** 140π cm²

01 (밑넓이) $=3\times3=9$ (cm²)

(옆넓이) $=\left(\frac{1}{2}\times3\times5\right)\times4=30$ (cm²)

$\therefore$ (겉넓이) $=9+30=39$ (cm²) 답 ⑤

02 원뿔의 모선의 길이를 l cm라 하면 겉넓이가 36π cm²이므로

$\pi\times3^2+\pi\times3\times l=36\pi$

$9\pi+3\pi l=36\pi,\qquad 3\pi l=27\pi$

$\therefore l=9$

따라서 구하는 모선의 길이는 9 cm이다. 답 9 cm

03 (두 밑넓이의 합) $=1\times1+4\times4$

$=1+16=17$ (cm²)

(옆넓이) $=\left\{\frac{1}{2}\times(1+4)\times6\right\}\times4=60$ (cm²)

$\therefore$ (겉넓이) $=17+60=77$ (cm²) 답 77 cm²

04 주어진 정사각형으로 만들어지는 입체도형은 오른쪽 그림과 같은 삼각뿔이므로

(부피)

$=\frac{1}{3}\times\left(\frac{1}{2}\times9\times9\right)\times18$

$=243$ (cm³)

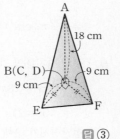

답 ③

05 밑면인 원의 반지름의 길이를 r cm라 하면 밑면의 둘레의 길이가 12π cm이므로

$2\pi r=12\pi\qquad\therefore r=6$

$\therefore$ (부피) $=\frac{1}{3}\times(\pi\times6^2)\times8$

$=96\pi$ (cm³) 답 96π cm³

06 나무토막의 한 모서리의 길이를 x cm라 하면 부피가 216 cm³이므로

$x\times x\times x=216$, 즉 $x^3=216$

이때 구하는 나무토막의 부피가 삼각뿔의 부피와 같으므로

(부피) $=\frac{1}{3}\times\left(\frac{1}{2}\times\frac{1}{2}x\times\frac{1}{2}x\right)\times\frac{1}{2}x$

$=\frac{1}{48}x^3$

$=\frac{1}{48}\times216=\frac{9}{2}$ (cm³) 답 $\frac{9}{2}$ cm³

07 ㈎에 담긴 물의 부피는 삼각뿔의 부피와 같으므로

$\frac{1}{3}\times\left(\frac{1}{2}\times4\times5\right)\times6=20$ (cm³)

㈏에 담긴 물의 부피는 삼각기둥의 부피와 같으므로

$\left(\frac{1}{2}\times5\times x\right)\times4=10x$ (cm³)

이때 두 그릇에 담긴 물의 부피가 같으므로

$20=10x\qquad\therefore x=2$ 답 ③

08 (원뿔 모양의 그릇의 부피) $=\frac{1}{3}\times(\pi\times4^2)\times h$

$=\frac{16}{3}\pi h$ (cm³)

1분에 2π cm³씩 물을 넣어 가득 채우는 데 16분이 걸리므로

$\frac{16}{3}\pi h\div2\pi=16$

$\frac{8}{3}h=16\qquad\therefore h=6$ 답 6

09 원뿔의 밑면인 원의 반지름의 길이를 r cm라 하면

$\pi\times r\times18=126\pi$

$\therefore r=7$

따라서 원뿔의 밑면인 원의 반지름의 길이는 7 cm이다.

답 ②

10 주어진 사다리꼴을 직선 l을 회전축으로 하여 1회전 시킬 때 생기는 회전체는 오른쪽 그림과 같다.

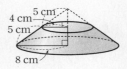

(두 밑넓이의 합) $=\pi\times4^2+\pi\times8^2$

$=16\pi+64\pi=80\pi$ (cm²)

(옆넓이) $=$ (큰 부채꼴의 넓이) $-$ (작은 부채꼴의 넓이)

$=\pi\times8\times10-\pi\times4\times5$

$=80\pi-20\pi=60\pi$ (cm²)

$\therefore$ (겉넓이) $=80\pi+60\pi=140\pi$ (cm²)

답 140π cm²

03 구의 겉넓이와 부피

01 (1) 100π cm² (2) 64π cm²

02 (1) 288π cm³ (2) $\frac{32}{3}\pi$ cm³

03 (1) 243π cm² (2) 486π cm³

04 풀이 참조

01 (1) 반지름의 길이가 5 cm이므로

$(겉넓이)=4\pi\times5^2=100\pi\ (cm^2)$

(2) 반지름의 길이가 4 cm이므로

$(겉넓이)=4\pi\times4^2=64\pi\ (cm^2)$

답 (1) 100π cm² (2) 64π cm²

02 (1) 반지름의 길이가 6 cm이므로

$(부피)=\dfrac{4}{3}\pi\times6^3=288\pi\ (cm^3)$

(2) 반지름의 길이가 2 cm이므로

$(부피)=\dfrac{4}{3}\pi\times2^3=\dfrac{32}{3}\pi\ (cm^3)$

답 (1) 288π cm³ (2) $\dfrac{32}{3}\pi$ cm³

03 (1) $(겉넓이)=(구의\ 겉넓이)\times\dfrac{1}{2}+(밑면인\ 원의\ 넓이)$

$=(4\pi\times9^2)\times\dfrac{1}{2}+\pi\times9^2$

$=162\pi+81\pi$

$=243\pi\ (cm^2)$

(2) $(부피)=(구의\ 부피)\times\dfrac{1}{2}$

$=\left(\dfrac{4}{3}\pi\times9^3\right)\times\dfrac{1}{2}$

$=486\pi\ (cm^3)$

답 (1) 243π cm² (2) 486π cm³

04

 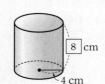

(1) $(원뿔의\ 부피)=\dfrac{1}{3}\times(\pi\times4^2)\times8=\dfrac{128}{3}\pi\ (cm^3)$

(2) $(구의\ 부피)=\dfrac{4}{3}\pi\times4^3=\dfrac{256}{3}\pi\ (cm^3)$

(3) $(원기둥의\ 부피)=(\pi\times4^2)\times8=128\pi\ (cm^3)$

(4) 구하는 비는 $1:2:3$

답 풀이 참조

---

2 $(입체도형의\ 부피)=(구의\ 부피)+(원기둥의\ 부피)$

$=\dfrac{4}{3}\pi\times3^3+\pi\times3^2\times10$

$=36\pi+90\pi=126\pi\ (cm^3)$

답 126π cm³

3 $(겉넓이)=(구의\ 겉넓이)\times\dfrac{1}{8}+(부채꼴의\ 넓이)\times3$

$=(4\pi\times3^2)\times\dfrac{1}{8}+\left(\pi\times3^2\times\dfrac{1}{4}\right)\times3$

$=\dfrac{9}{2}\pi+\dfrac{27}{4}\pi=\dfrac{45}{4}\pi\ (cm^2)$

답 $\dfrac{45}{4}\pi$ cm²

4 주어진 평면도형을 직선 l을 회전축으로 하여 1회전 시킬 때 생기는 회전체는 오른쪽 그림과 같으므로

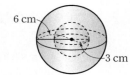

$(부피)=\dfrac{4}{3}\pi\times6^3-\dfrac{4}{3}\pi\times3^3$

$=288\pi-36\pi$

$=252\pi\ (cm^3)$

답 252π cm³

5 $(남아\ 있는\ 물의\ 부피)$

$=(원기둥의\ 부피)-(구의\ 부피)$

$=\pi\times5^2\times10-\dfrac{4}{3}\pi\times5^3$

$=250\pi-\dfrac{500}{3}\pi$

$=\dfrac{250}{3}\pi\ (cm^3)$

답 $\dfrac{250}{3}\pi$ cm³

6 구의 반지름의 길이를 r cm라 하면

$\dfrac{4}{3}\pi r^3=28\pi$

$\therefore r^3=21$

정팔면체가 구에 꼭 맞게 들어갈 때 정팔면체의 부피는 밑면인 정사각형의 대각선의 길이가 $2r$ cm이고, 높이가 r cm인 사각뿔의 부피의 2배이다.

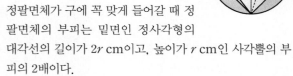

$\therefore (정팔면체의\ 부피)=2\times\dfrac{1}{3}\times\left(\dfrac{1}{2}\times2r\times2r\right)\times r$

$=\dfrac{4}{3}r^3=\dfrac{4}{3}\times21$

$=28\ (cm^3)$

답 28 cm³

핵심문제 **익히기** ▷본문 188~190쪽

1 196π cm²   2 126π cm³   3 $\dfrac{45}{4}\pi$ cm²   4 252π cm³

5 $\dfrac{250}{3}\pi$ cm³   6 28 cm³

1 구의 반지름의 길이를 r cm라 하면

$\pi r^2=49\pi$, $r^2=49$

$\therefore r=7$

따라서 구의 반지름의 길이가 7 cm이므로

$(구의\ 겉넓이)=4\pi\times7^2=196\pi\ (cm^2)$ 답 196π cm²

이런 문제가 **시험**에 나온다 ▷본문 191쪽

01 ②   02 18π cm³   03 360π cm³

04 ⑤   05 125 06 112π cm²

01 (겉넓이)=(원뿔의 옆넓이)+(반구의 구면의 넓이)

$$=\pi\times5\times13+(4\pi\times5^2)\times\frac{1}{2}$$

$$=65\pi+50\pi=115\,(\text{cm}^2)$$

답 ②

02 반구의 반지름의 길이를 r cm라 하면 반구의 겉넓이가 27π cm²이므로

$$4\pi r^2\times\frac{1}{2}+\pi r^2=27\pi$$

$$3\pi r^2=27\pi,\qquad r^2=9$$

$$\therefore r=3$$

따라서 반구의 반지름의 길이가 3 cm이므로

$$(\text{반구의 부피})=\left(\frac{4}{3}\pi\times3^3\right)\times\frac{1}{2}=18\pi\,(\text{cm}^3)$$

답 18π cm³

03 (부피)=(반구의 부피)+(원기둥의 부피)

$$=\left(\frac{4}{3}\pi\times6^3\right)\times\frac{1}{2}+\pi\times6^2\times6$$

$$=144\pi+216\pi$$

$$=360\pi\,(\text{cm}^3)$$

답 360π cm³

04 반지름의 길이가 r인 구의 겉넓이를 S, 부피를 V라 하면

$$S=4\pi r^2,\quad V=\frac{4}{3}\pi r^3$$

반지름의 길이가 $3r$인 구의 겉넓이는

$$4\pi\times(3r)^2=36\pi r^2=9S$$

반지름의 길이가 $3r$인 구의 부피는

$$\frac{4}{3}\pi\times(3r)^3=36\pi r^3=27V$$

따라서 $a=9$, $b=27$이므로

$$a+b=9+27=36$$

답 ⑤

05 반지름의 길이가 5 cm인 구 모양의 쇠구슬의 부피는

$$\frac{4}{3}\pi\times5^3=\frac{500}{3}\pi\,(\text{cm}^3)$$

반지름의 길이가 1 cm인 구 모양의 쇠구슬의 부피는

$$\frac{4}{3}\pi\times1^3=\frac{4}{3}\pi\,(\text{cm}^3)$$

따라서 만들 수 있는 쇠구슬의 최대 개수는

$$\frac{500}{3}\pi\div\frac{4}{3}\pi=125$$

답 125

06 주어진 평면도형을 직선 l을 회전축으로 하여 1회전 시킬 때 생기는 회전체는 오른쪽 그림과 같다.

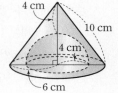

$$\therefore (\text{회전체의 겉넓이})$$
$$=(\text{원뿔의 옆넓이})$$
$$\quad+(\text{반구의 구면의 넓이})$$
$$\quad+(\text{구멍이 뚫린 원의 넓이})$$
$$=\pi\times6\times10+(4\pi\times4^2)\times\frac{1}{2}+(\pi\times6^2-\pi\times4^2)$$
$$=60\pi+32\pi+20\pi$$
$$=112\pi\,(\text{cm}^2)$$

답 112π cm²

> 본문 192~195쪽

01 5 cm	**02** ⑤	**03** 324π cm³	**04** ①
05 48π cm²	**06** ②	**07** ④	**08** 7배
09 ③	**10** 32π cm²	**11** ⑤	**12** 32π cm³
13 $(50\pi+118)$ cm²		**14** 32π cm³	**15** ③
16 2 cm	**17** ③	**18** ④	**19** ⑤
20 (1) $\frac{32}{3}\pi$ cm³ (2) 16π cm³			**21** ③
22 450π cm³	**23** 64π cm²	**24** 3 cm	

01 전략 한 모서리의 길이가 a인 정육면체의 겉넓이
➡ $6a^2$

정육면체의 한 모서리의 길이를 x cm라 하면

$$x\times x\times6=150,\qquad x^2=25$$

$$\therefore x=5$$

따라서 정육면체의 한 모서리의 길이는 5 cm이다.

답 5 cm

02 전략 롤러를 한 바퀴 돌려 색칠했을 때 칠해진 넓이는 원기둥의 옆넓이와 같다.

롤러의 옆면의 넓이는 밑면인 원의 반지름의 길이가 5 cm이고 높이가 30 cm인 원기둥의 옆넓이와 같으므로

$$(\text{칠해진 넓이})=(\text{롤러의 옆면의 넓이})$$
$$=2\pi\times5\times30=300\pi\,(\text{cm}^2)$$

답 ⑤

03 전략 원기둥의 전개도에서 밑면인 원의 둘레의 길이는 직사각형의 가로의 길이와 같다.

원기둥의 밑면인 원의 반지름의 길이를 r cm라 하면

$$2\pi r=12\pi\qquad\therefore r=6$$

따라서 원기둥의 밑면인 원의 반지름의 길이가 6 cm이므로

$$(\text{원기둥의 부피})=\pi\times6^2\times9=324\pi\,(\text{cm}^3)$$

답 324π cm³

04 전략 구멍이 뚫린 기둥의 겉넓이
➡ 옆넓이를 구할 때 바깥쪽의 넓이와 안쪽의 넓이를 모두 구한다.

$$(\text{밑넓이})=\pi\times4^2-\pi\times2^2=12\pi\,(\text{cm}^2)$$

$$(\text{큰 원기둥의 옆넓이})=2\pi\times4\times10=80\pi\,(\text{cm}^2)$$

$$(\text{작은 원기둥의 옆넓이})=2\pi\times2\times10=40\pi\,(\text{cm}^2)$$

$$\therefore(\text{겉넓이})=12\pi\times2+80\pi+40\pi=144\pi\,(\text{cm}^2)$$

답 ①

05 전략 밑면인 원의 반지름의 길이가 r, 모선의 길이가 l인 원뿔의 옆넓이 ➡ $\pi r l$

$$(\text{옆면인 부채꼴의 넓이})=\pi\times4\times12=48\pi\,(\text{cm}^2)$$

답 48π cm²

III-2 입체도형의 겉넓이와 부피

06 전략 (뿔대의 겉넓이)=(두 밑넓이의 합)+(옆넓이)

(겉넓이)=(두 밑넓이의 합)+(옆넓이)

$$=3 \times 3 + 6 \times 6 + \left\{\frac{1}{2} \times (3+6) \times 8\right\} \times 4$$

$$=9+36+144=189 \, (\text{cm}^2)$$

답 ②

07 전략 잘라 낸 삼각뿔에서 적당한 면을 밑면으로 정한 후 부피를 구한다.

잘라 낸 삼각뿔은 오른쪽 그림과 같으므로

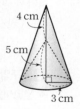

(입체도형의 부피)

=(직육면체의 부피)

 −(삼각뿔의 부피)

$$=10 \times 12 \times 8 - \frac{1}{3} \times \left(\frac{1}{2} \times 4 \times 8\right) \times 6$$

$$=960-32$$

$$=928 \, (\text{cm}^3)$$

답 ④

08 전략 먼저 유찬이가 마신 주스의 양을 구한다.

$$(\text{유찬이가 마신 주스의 양}) = \frac{1}{3} \times (\pi \times 3^2) \times 10$$

$$=30\pi \, (\text{cm}^3)$$

$$(\text{지원이가 마신 주스의 양}) = \frac{1}{3} \times (\pi \times 6^2) \times 20 - 30\pi$$

$$=210\pi \, (\text{cm}^3)$$

이므로 $210\pi \div 30\pi = 7$

따라서 지원이가 마신 주스의 양은 유찬이가 마신 주스의 양의 7배이다.

답 7배

09 전략 (회전체의 부피)=(큰 원뿔의 부피)

          −(작은 원뿔의 부피)

회전체는 오른쪽 그림과 같으므로

(회전체의 부피)

=(큰 원뿔의 부피)

 −(작은 원뿔의 부피)

$$=\frac{1}{3} \times (\pi \times 3^2) \times 9$$

$$-\frac{1}{3} \times (\pi \times 3^2) \times 5$$

$$=27\pi - 15\pi = 12\pi \, (\text{cm}^3)$$

답 ③

10 전략 야구공의 겉면의 한 조각의 넓이는 야구공의 겉넓이의 $\frac{1}{2}$이다.

$$(\text{한 조각의 넓이}) = (\text{구의 겉넓이}) \times \frac{1}{2}$$

$$=(4\pi \times 4^2) \times \frac{1}{2}$$

$$=32\pi \, (\text{cm}^2)$$

답 $32\pi \, \text{cm}^2$

11 전략 먼저 반원의 반지름의 길이를 r cm라 하고 주어진 조건을 이용하여 r의 값을 구한다.

반원의 반지름의 길이를 r cm라 하면

$$\pi r^2 \times \frac{1}{2} = 18\pi, \qquad r^2 = 36$$

$$\therefore r=6$$

따라서 회전체는 반지름의 길이가 6 cm인 구이므로

$$(\text{겉넓이}) = 4\pi \times 6^2 = 144\pi \, (\text{cm}^2),$$

$$(\text{부피}) = \frac{4}{3} \pi \times 6^3 = 288\pi \, (\text{cm}^3)$$

답 ⑤

12 전략 원기둥의 밑면인 원의 반지름의 길이를 r cm라 하고 구의 반지름의 길이, 원기둥의 높이를 r에 대한 식으로 나타낸다.

원기둥의 밑면인 원의 반지름의 길이를 r cm라 하면 구의 반지름의 길이는 r cm이고 원기둥의 높이는 $2r$ cm이다.

이때 원기둥의 부피가 48π cm³이므로

$$\pi r^2 \times 2r = 48\pi \qquad \therefore r^3 = 24$$

$$\therefore (\text{구의 부피}) = \frac{4}{3} \pi r^3 = \frac{4}{3} \pi \times 24$$

$$=32\pi \, (\text{cm}^3)$$

답 $32\pi \, \text{cm}^3$

13 전략 주어진 전개도로 만들어지는 입체도형을 그려 본다.

주어진 전개도로 만들어지는 입체도형은 오른쪽 그림과 같다.

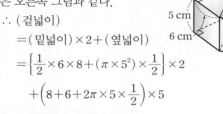

$$\therefore (\text{겉넓이})$$

$$=(\text{밑넓이}) \times 2 + (\text{옆넓이})$$

$$=\left\{\frac{1}{2} \times 6 \times 8 + (\pi \times 5^2) \times \frac{1}{2}\right\} \times 2$$

$$+\left(8+6+2\pi \times 5 \times \frac{1}{2}\right) \times 5$$

$$=48+25\pi+70+25\pi$$

$$=50\pi+118 \, (\text{cm}^2)$$

답 $(50\pi+118) \, \text{cm}^2$

14 전략 주어진 입체도형을 두 부분으로 나누어 부피를 구한다.

주어진 입체도형은 밑면인 원의 반지름의 길이가 2 cm, 높이가 4 cm인 원기둥의 절반 부분과 밑면인 원의 반지름의 길이가 2 cm, 높이가 6 cm인 원기둥의 두 부분으로 나눌 수 있다.

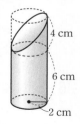

$$\therefore (\text{부피})$$

$$=(\pi \times 2^2 \times 4) \times \frac{1}{2} + \pi \times 2^2 \times 6$$

$$=8\pi+24\pi=32\pi \, (\text{cm}^3)$$

답 $32\pi \, \text{cm}^3$

15 전략 주어진 입체도형의 밑넓이는 큰 부채꼴의 넓이에서 작은 부채꼴의 넓이를 빼서 구한다.

$$(\text{밑넓이}) = \pi \times 6^2 \times \frac{120}{360} - \pi \times 3^2 \times \frac{120}{360}$$

$$=12\pi-3\pi=9\pi \, (\text{cm}^2)$$

$$(\text{옆넓이}) = 2\pi \times 3 \times \frac{120}{360} \times 10 + 2\pi \times 6 \times \frac{120}{360} \times 10$$
$$+ (3 \times 10) \times 2$$
$$= 20\pi + 40\pi + 60 = 60\pi + 60 \ (\text{cm}^2)$$
$$\therefore (\text{겉넓이}) = (\text{밑넓이}) \times 2 + (\text{옆넓이})$$
$$= 9\pi \times 2 + (60\pi + 60)$$
$$= 78\pi + 60 \ (\text{cm}^2)$$
$$(\text{부피}) = (\text{밑넓이}) \times (\text{높이})$$
$$= 9\pi \times 10 = 90\pi \ (\text{cm}^3)$$

답 ③

16 전략 사각뿔의 밑면의 한 변의 길이를 문자로 놓고 겉넓이를 식으로 나타내어 본다.

사각뿔의 밑면의 한 변의 길이를 x cm라 하면 옆면인 이등변삼각형의 높이는 $\frac{8-x}{2}$ cm이므로 오려 낸 사각뿔의 겉넓이는

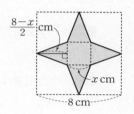

$$x^2 + \left(\frac{1}{2} \times x \times \frac{8-x}{2} \right) \times 4$$
$$= 8x \ (\text{cm}^2)$$

사각뿔의 겉넓이가 처음 정사각형의 넓이의 $\frac{1}{4}$이므로

$$8x = (8 \times 8) \times \frac{1}{4}, \qquad 8x = 16$$
$$\therefore x = 2$$

따라서 사각뿔의 밑면의 한 변의 길이는 2 cm이다.

답 2 cm

17 전략 주어진 좌표를 이용하여 도형을 회전시킬 때 생기는 회전체를 그린다.

주어진 사각형 ABCD를 y축을 회전축으로 하여 1회전 시킬 때 생기는 회전체는 오른쪽 그림과 같으므로 원뿔 부분과 원기둥 부분으로 나누어 생각하면

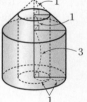

$$(\text{회전체의 부피})$$
$$= \frac{1}{3} \times (\pi \times 2^2) \times 2 + \pi \times 2^2 \times 3$$
$$- \frac{1}{3} \times (\pi \times 1^2) \times 1 - \pi \times 1^2 \times 4$$
$$= \frac{8}{3}\pi + 12\pi - \frac{\pi}{3} - 4\pi = \frac{31}{3}\pi$$

답 ③

18 전략 직각삼각형의 넓이를 이용하여 회전체를 이루는 두 원뿔의 밑면의 반지름의 길이를 구한다.

주어진 평면도형을 직선 l을 회전축으로 하여 1회전 시킬 때 생기는 회전체는 오른쪽 그림과 같다.

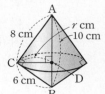

$$(\triangle \text{ACB의 넓이})$$
$$= \frac{1}{2} \times 6 \times 8 = 24 \ (\text{cm}^2)$$

이므로 $\overline{\text{CD}} = r$ cm라 하면

$$\frac{1}{2} \times 10 \times r = 24 \qquad \therefore r = \frac{24}{5}$$

따라서 구하는 회전체의 겉넓이는 밑면인 원의 반지름의 길이가 $\frac{24}{5}$ cm인 두 원뿔의 옆넓이의 합과 같으므로

$$(\text{회전체의 겉넓이})$$
$$= (\text{큰 원뿔의 옆넓이}) + (\text{작은 원뿔의 옆넓이})$$
$$= \pi \times \frac{24}{5} \times 8 + \pi \times \frac{24}{5} \times 6$$
$$= \frac{192}{5}\pi + \frac{144}{5}\pi$$
$$= \frac{336}{5}\pi \ (\text{cm}^2)$$

답 ④

19 전략 남아 있는 물의 부피는 원기둥의 부피에서 공 3개의 부피의 합을 뺀 것과 같다.

$$(\text{물의 부피}) = (\text{원기둥의 부피}) - (\text{공 3개의 부피의 합})$$
$$= \pi \times 6^2 \times 15 - \left(\frac{4}{3}\pi \times 3^3 \right) \times 3$$
$$= 540\pi - 108\pi$$
$$= 432\pi \ (\text{cm}^3)$$

공 3개를 모두 빼고 그릇에 남아 있는 물의 높이를 h cm라 하면

$$\pi \times 6^2 \times h = 432\pi \qquad \therefore h = 12$$

따라서 구하는 높이는 12 cm이다.

답 ⑤

20 전략 원기둥의 밑면인 원의 반지름의 길이를 r cm라 하고 원기둥의 부피를 식으로 나타낸다.

(1) 원기둥의 밑면인 원의 반지름의 길이를 r cm라 하면 높이는 $6r$ cm이고 부피가 48π cm³이므로

$$\pi r^2 \times 6r = 48\pi \qquad \therefore r^3 = 8$$
$$\therefore (\text{구 한 개의 부피}) = \frac{4}{3}\pi r^3 = \frac{4}{3}\pi \times 8$$
$$= \frac{32}{3}\pi \ (\text{cm}^3)$$

(2) (빈 공간의 부피)
$$= (\text{원기둥의 부피}) - (\text{구의 부피}) \times 3$$
$$= 48\pi - \frac{32}{3}\pi \times 3$$
$$= 48\pi - 32\pi$$
$$= 16\pi \ (\text{cm}^3)$$

답 (1) $\frac{32}{3}\pi$ cm³ (2) 16π cm³

21 전략 반구의 반지름의 길이를 r라 하고 V_1, V_2, V_3을 구한다.

반구의 반지름의 길이를 r라 하면 원뿔과 원기둥의 높이가 r이므로

$$V_1 = \frac{1}{3} \times \pi r^2 \times r = \frac{1}{3}\pi r^3$$
$$V_2 = \frac{4}{3}\pi r^3 \times \frac{1}{2} = \frac{2}{3}\pi r^3$$
$$V_3 = \pi r^2 \times r = \pi r^3$$

이때 $V_1+V_2=\dfrac{1}{3}\pi r^3+\dfrac{2}{3}\pi r^3=\pi r^3$이므로

$$\dfrac{V_1+V_2}{V_3}=\dfrac{\pi r^3}{\pi r^3}=1$$

답 ③

22 전략 병의 부피는 물의 부피와 물이 들어 있지 않은 부분의 부피의 합과 같음을 이용한다.

(높이가 10 cm가 되도록 넣은 물의 부피)
$=\pi\times5^2\times10=250\pi\,(\text{cm}^3)$ …… ㉠

(거꾸로 한 병의 빈 공간의 부피)
$=\pi\times5^2\times8=200\pi\,(\text{cm}^3)$ …… ㉡

따라서 병의 부피는 ㉠과 ㉡의 합과 같으므로
$250\pi+200\pi=450\pi\,(\text{cm}^3)$

답 $450\pi\,\text{cm}^3$

23 전략 (원 O의 둘레의 길이)
$=($원뿔의 밑면의 둘레의 길이$)\times3$

원뿔이 3바퀴 돌아서 원래의 자리로 되돌아왔으므로 원 O의 둘레의 길이는 원뿔의 밑면인 원의 둘레의 길이의 3배와 같다.

이때 원뿔의 모선의 길이를 l cm라 하면 원 O의 반지름의 길이가 l cm이므로
$(2\pi\times4)\times3=2\pi l$ $\quad\therefore l=12$

즉 원뿔의 모선의 길이는 12 cm이다.

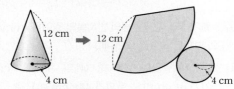

(원뿔의 밑넓이)$=\pi\times4^2=16\pi\,(\text{cm}^2)$
(원뿔의 옆넓이)$=\pi\times4\times12=48\pi\,(\text{cm}^2)$
$\therefore$ (겉넓이)$=16\pi+48\pi=64\pi\,(\text{cm}^2)$

답 $64\pi\,\text{cm}^2$

24 전략 정팔면체는 두 개의 사각뿔로 이루어져 있음을 이용한다.

정육면체의 한 모서리의 길이를 a cm라 하면 정팔면체는 사각뿔 2개를 붙여 놓은 것과 같고, 사각뿔의 밑면은 대각선의 길이가 a cm인 정사각형이므로

(사각뿔의 밑넓이)$=\dfrac{1}{2}\times a\times a=\dfrac{a^2}{2}\,(\text{cm}^2)$

또 사각뿔의 높이는 $\dfrac{a}{2}$ cm이므로

(정팔면체의 부피)$=($사각뿔의 부피$)\times2$
$=\left(\dfrac{1}{3}\times\dfrac{a^2}{2}\times\dfrac{a}{2}\right)\times2$
$=\dfrac{a^3}{6}\,(\text{cm}^3)$

그런데 정팔면체의 부피가 $\dfrac{9}{2}$ cm³이므로

$\dfrac{a^3}{6}=\dfrac{9}{2},\qquad a^3=27=3^3$

$\therefore a=3$

따라서 정육면체의 한 모서리의 길이는 3 cm이다.

답 3 cm

서술형 대비 문제

> 본문 196~197쪽

1 525π cm³ 2 겉넓이: 81π cm², 부피: 66π cm³
3 324 cm² 4 130분 5 3 : 4
6 $\dfrac{135}{2}\pi$

1 1단계 (큰 원뿔의 부피)$=\dfrac{1}{3}\times(\pi\times10^2)\times18$
$=600\pi\,(\text{cm}^3)$

2단계 (작은 원뿔의 부피)$=\dfrac{1}{3}\times(\pi\times5^2)\times9$
$=75\pi\,(\text{cm}^3)$

3단계 (부피)$=600\pi-75\pi=525\pi\,(\text{cm}^3)$

답 $525\pi\,\text{cm}^3$

2 1단계 회전체는 오른쪽 그림과 같다.
(겉넓이)
$=($원뿔의 옆넓이$)$
$+($원기둥의 옆넓이$)$
$+($반구의 구면의 넓이$)$
$=\pi\times3\times5+2\pi\times3\times8$
$\quad+(4\pi\times3^2)\times\dfrac{1}{2}$
$=15\pi+48\pi+18\pi=81\pi\,(\text{cm}^2)$

2단계 (부피)$=($원뿔의 부피$)+($원기둥의 부피$)$
$\quad-($반구의 부피$)$
$=\dfrac{1}{3}\times(\pi\times3^2)\times4+\pi\times3^2\times8$
$\quad-\left(\dfrac{4}{3}\pi\times3^3\right)\times\dfrac{1}{2}$
$=12\pi+72\pi-18\pi=66\pi\,(\text{cm}^3)$

답 겉넓이: 81π cm², 부피: 66π cm³

3 1단계 원기둥의 밑면인 원의 지름의 길이가 6 cm이므로 상자의 가로의 길이는 12 cm이고 세로의 길이는 6 cm이다.

2단계 상자의 높이를 x cm라 하면 상자의 부피가 360 cm³이므로
$12\times6\times x=360$ $\quad\therefore x=5$
즉 상자의 높이는 5 cm이다.

3단계 (겉넓이)$=($밑넓이$)\times2+($옆넓이$)$
$=(12\times6)\times2+(12+6+12+6)\times5$
$=144+180=324\,(\text{cm}^2)$

답 324 cm²

단계	채점 요소	배점
1	상자의 가로, 세로의 길이 구하기	1점
2	상자의 높이 구하기	2점
3	상자의 겉넓이 구하기	3점

4 **1단계** (채워진 물의 부피) $=\dfrac{1}{3}\times(\pi\times3^2)\times6$

$=18\pi\ (\mathrm{cm}^3)$

2단계 (그릇의 부피) $=\dfrac{1}{3}\times(\pi\times9^2)\times18$

$=486\pi\ (\mathrm{cm}^3)$

3단계 (채워야 할 물의 부피) $=486\pi-18\pi$

$=468\pi\ (\mathrm{cm}^3)$

4단계 1분에 $\dfrac{18}{5}\pi\ \mathrm{cm}^3$의 물을 채울 수 있으므로 $468\pi\ \mathrm{cm}^3$

의 물을 채우는 데 걸리는 시간을 x분이라 하면

$\dfrac{18}{5}\pi\times x=468\pi$

$\therefore x=130$

따라서 물을 가득 채우려면 130분 동안 더 받아야

한다.

답 130분

단계	채점 요소	배점
1	채워진 물의 부피 구하기	2점
2	그릇의 부피 구하기	2점
3	채워야 할 물의 부피 구하기	1점
4	물을 가득 채우는 데 걸리는 시간 구하기	2점

5 **1단계** $\overline{\mathrm{AC}}$를 회전축으로 하여 1회전 시킬 때 생기는 회전

체는 밑면인 원의 반지름의 길이가 6 cm, 높이가

8 cm인 원뿔이므로

$(부피)=\dfrac{1}{3}\times(\pi\times6^2)\times8$

$=96\pi\ (\mathrm{cm}^3)$

2단계 $\overline{\mathrm{BC}}$를 회전축으로 하여 1회전 시킬 때 생기는 회전

체는 밑면인 원의 반지름의 길이가 8 cm, 높이가

6 cm인 원뿔이므로

$(부피)=\dfrac{1}{3}\times(\pi\times8^2)\times6$

$=128\pi\ (\mathrm{cm}^3)$

3단계 따라서 두 회전체의 부피의 비는

$96\pi:128\pi=3:4$

답 $3:4$

단계	채점 요소	배점
1	$\overline{\mathrm{AC}}$를 회전축으로 하여 1회전 시킬 때 생기는 회전체의 부피 구하기	3점
2	$\overline{\mathrm{BC}}$를 회전축으로 하여 1회전 시킬 때 생기는 회전체의 부피 구하기	3점
3	부피의 비를 가장 간단한 자연수의 비로 나타내기	1점

6 **1단계** $\dfrac{120}{360}=\dfrac{1}{3}$이므로 잘라 낸 입체도형은 반구의 $\dfrac{1}{3}$이고

주어진 입체도형은 구의 $\dfrac{1}{6}$을 잘라 낸 것이다.

2단계 (겉넓이) $=(4\pi\times3^2)\times\dfrac{5}{6}+\left(\pi\times3^2\times\dfrac{1}{4}\right)\times2$

$+\pi\times3^2\times\dfrac{120}{360}$

$=30\pi+\dfrac{9}{2}\pi+3\pi=\dfrac{75}{2}\pi\ (\mathrm{cm}^2)$

$\therefore a=\dfrac{75}{2}\pi$

3단계 (부피) $=\left(\dfrac{4}{3}\pi\times3^3\right)\times\dfrac{5}{6}=30\pi\ (\mathrm{cm}^3)$

$\therefore b=30\pi$

4단계 $a+b=\dfrac{75}{2}\pi+30\pi=\dfrac{135}{2}\pi$

답 $\dfrac{135}{2}\pi$

단계	채점 요소	배점
1	주어진 입체도형이 구의 $\dfrac{1}{6}$을 잘라 낸 것임을 이해하기	1점
2	a의 값 구하기	3점
3	b의 값 구하기	2점
4	$a+b$의 값 구하기	1점

IV-1 대푯값

01 대푯값

01 (1) 15 (2) 6.2

02 (1) ❶ 3, 5, 5, 6, 8, 9, 10 ❷ 7, 4, 6

　　(2) ❶ 2, 5, 7, 7, 8, 9, 10, 13

　　　 ❷ 8, 4, 5, 7, 8, 7.5

03 (1) 18 (2) 9, 12　　**04** (1) ○ (2) × (3) ×

01 (1) $\dfrac{11+17+12+24+15+14+12}{7}=\dfrac{105}{7}=15$

　　(2) $\dfrac{3+5+7+6+7+12+4+8+3+7}{10}=\dfrac{62}{10}=6.2$

　　　　　　　　　　 웹 (1) 15 (2) 6.2

02 (1) ❶ 작은 값부터 크기순으로 나열하면

　　　　　3, 5, 5, 6, 8, 9, 10

　　❷ 변량의 개수가 7 이므로 중앙값은 4 번째 변량이
　　다.

　　　　∴ (중앙값) = 6

　　(2) ❶ 작은 값부터 크기순으로 나열하면

　　　　　2, 5, 7, 7, 8, 9, 10, 13

　　❷ 변량의 개수가 8 이므로 중앙값은 4 번째와 5
　　번째 변량의 평균이다.

　　　　∴ (중앙값) = $\dfrac{7+8}{2}$ = 7.5

　　　　　　　　　　　　　 웹 풀이 참조

03 (1) 18이 가장 많이 나타나므로 최빈값은

　　　　18

　　(2) 9, 12가 가장 많이 나타나므로 최빈값은

　　　　9, 12

　　　　　　　　　　 웹 (1) 18 (2) 9, 12

04 (2) 변량의 개수가 짝수인 경우 주어진 자료 중에 중앙값이
　　　존재하지 않을 수도 있다.

　　(3) 최빈값은 자료에 따라 2개 이상일 수도 있다.

　　　　　　　　　 웹 (1) ○ (2) × (3) ×

1 39	2 14	3 8월
4 최빈값, 240 mm	5 10	6 23

1 $\dfrac{41+56+29+x+60}{5}=45$이므로

　　$\dfrac{x+186}{5}=45,$　　$x+186=225$

　　∴ $x=39$　　　　　　　　　**웹** 39

2 민준이의 자료의 변량을 작은 값부터 크기순으로 나열하면

　　2, 3, 4, 5, 5, 6, 7, 8, 9, 10

　이므로

　　(중앙값) = $\dfrac{5+6}{2}$ = 5.5 (개)

　　∴ $a=5.5$

　아인이의 자료의 변량을 작은 값부터 크기순으로 나열하면

　　3, 5, 7, 7, 8, 9, 9, 9, 10, 10

　이므로

　　(중앙값) = $\dfrac{8+9}{2}$ = 8.5 (개)

　　∴ $b=8.5$

　　∴ $a+b=5.5+8.5=14$　　　　**웹** 14

3 자료의 변량을 작은 값부터 크기순으로 나열하면

　　1, 2, 4, 6, 6, 6, 7, 7, 8, 8,

　　8, 8, 9, 10, 11, 11, 12, 12

　따라서 가장 많은 달은 8월이므로 최빈값은 8월이다.

　　　　　　　　　　　　　웹 8월

4 한 달 동안 가장 많이 판매된 치수의 구두를 가장 많이 준
비해야 하므로 대푯값으로 가장 적절한 것은 최빈값이고,
그 값은 240 mm이다.　　　 **웹** 최빈값, 240 mm

5 중앙값이 11이므로

　　8 < x < 12

　주어진 자료의 변량을 작은 값부터 크기순으로 나열하면

　　8, x, 12, 15

　즉 $\dfrac{x+12}{2}=11$이므로　　$x+12=22$

　　∴ $x=10$　　　　　　　　　 **웹** 10

6 주어진 자료의 최빈값이 13뿐이므로

　　$a=13$

　(평균) = $\dfrac{7+14+13+5+8+13+7+13}{8}$

　　　　 = $\dfrac{80}{8}$ = 10

　이므로　　$b=10$

　　∴ $a+b=13+10=23$　　　　**웹** 23

참고 a를 제외한 변량 중 7과 13이 2개씩이고, 나머지는
1개씩이므로 최빈값이 13뿐이려면 13이 7보다 많아야 한
다. 따라서 $a=13$이어야 한다.

▶ 본문 205쪽

이런 문제가 **시험** 에 나온다

01 ③　　　　　　　　　**02** ②, ⑤

03 7회　　　　　　　　**04** ①

---

01 (평균) $= \dfrac{10 \times 1 + 30 \times 4 + 50 \times 5 + 70 \times 7 + 90 \times 2}{19}$

$= \dfrac{1050}{19}$

$= 55.26 \cdots$ (분)

자료의 변량을 작은 값부터 크기순으로 나열하였을 때 10번째 변량은 50분이므로

(중앙값) $= 50$분

주어진 표에서 학생 수가 가장 많은 통화 시간은 70분이므로

(최빈값) $= 70$분

∴ (중앙값) < (평균) < (최빈값)　　　　답 ③

02 ① (평균) $= \dfrac{3 + 5 + 3 + 4 + 3 + 4 + 20 + 6}{8}$

$= \dfrac{48}{8} = 6$ (시간)

② 자료의 변량을 작은 값부터 크기순으로 나열하면

$3, 3, 3, 4, 4, 5, 6, 20$

∴ (중앙값) $= \dfrac{4 + 4}{2} = 4$ (시간)

③ 가장 많은 휴식 시간은 3시간이므로

(최빈값) $= 3$시간

④ 추가된 1명의 학생이 취한 휴식 시간이 7시간이고, $4 < 7$이므로 5번째 변량은 4이다.

즉 (중앙값) $= 4$시간이므로 변하지 않는다.

⑤ 자료에 극단적인 값이 있으므로 대푯값으로 더 적절한 것은 중앙값이다.

따라서 옳지 않은 것은 ②, ⑤이다.　　　답 ②, ⑤

03 학생 C의 턱걸이 횟수를 x회라 하면

$\dfrac{2 + 4 + x + 6 + 1}{5} = 4$

$\dfrac{x + 13}{5} = 4, \qquad x + 13 = 20$

∴ $x = 7$

따라서 학생 C의 턱걸이 횟수는 7회이다.　　　답 7회

04 a를 제외한 자료의 변량을 작은 값부터 크기순으로 나열하면

$1, 3, 3, 5, 5, 7$

이때 중앙값이 5이려면 $a \geq 5$이어야 한다.

따라서 a의 값이 될 수 없는 것은 ①이다.　　　답 ①

▶ 본문 206 ~ 208쪽

중단원 **마무리하기**

01 ①　　**02** 93점　　**03** ④　　**04** 504

05 ③　　**06** ⑤　　**07** 5분　　**08** ①

09 8, 9　　**10** 7　　**11** 15　　**12** ③, ⑤

13 ④, ⑤　　**14** 9마리　　**15** 7권　　**16** ⑤

17 ㄱ, ㄴ, ㄷ　　**18** $a = 22$, $b = 25$　　**19** 34

---

01 **전략** (평균) $= \dfrac{(\text{변량의 총합})}{(\text{변량의 개수})}$

(평균) $= \dfrac{10 \times 3 + 20 \times 4 + 30 \times 8 + 40 \times 4 + 50 \times 1}{20}$

$= \dfrac{560}{20} = 28$ (점)　　　답 ①

02 **전략** 5회의 성적을 x점이라 하고 주어진 조건을 이용하여 식을 세운다.

5회의 성적을 x점이라 하면 5회까지의 평균이 85점이 되어야 하므로

$\dfrac{4 \times 83 + x}{5} = 85, \qquad 332 + x = 425$

∴ $x = 93$

따라서 93점을 받아야 한다.　　　답 93점

03 **전략** 변량의 개수가 홀수인 자료의 중앙값은 한가운데에 있는 값이고, 짝수인 자료의 중앙값은 한가운데에 있는 두 값의 평균이다.

ㄴ. 변량의 개수가 n일 때, n이 홀수이면 $\dfrac{n+1}{2}$ 번째 변량이 중앙값이고, n이 짝수이면 $\dfrac{n}{2}$ 번째와 $\left(\dfrac{n}{2} + 1\right)$번째 변량의 평균이 중앙값이다.

이상에서 옳은 것은 ㄱ, ㄷ이다.　　　답 ④

개념 더하기

n개의 변량을 작은 값부터 크기순으로 나열하였을 때, 중앙값은 다음과 같다.

① n이 홀수인 경우

➡ $\dfrac{n+1}{2}$번째 변량

② n이 짝수인 경우

➡ $\dfrac{n}{2}$번째와 $\left(\dfrac{n}{2} + 1\right)$번째 변량의 평균

04 **전략** 중앙값과 최빈값을 구할 때에는 먼저 자료를 작은 값부터 크기순으로 나열한다.

자료의 변량을 작은 값부터 크기순으로 나열하면

$189, 221, 252, 252, 315$

중앙값은 3번째 변량이므로

(중앙값) $= 252$ kcal　　∴ $a = 252$

가장 많이 나타나는 변량은 252 kcal이므로

　(최빈값)=252 kcal　∴ $b=252$

　∴ $a+b=252+252=504$　　　　　　　답 504

05 전략 막대그래프에서 변량과 변량의 개수를 파악한 후 각각의 대푯값을 구한다.

　(평균)=$\dfrac{1\times1+2\times3+3\times5+4\times4+5\times2}{15}$

　　　　=$\dfrac{48}{15}$=3.2 (점)

　∴ $a=3.2$

자료의 변량을 작은 값부터 크기순으로 나열하였을 때 8번째 변량은 3점이므로

　(중앙값)=3점　∴ $b=3$

평점이 가장 많은 점수는 3점이므로

　(최빈값)=3점　∴ $c=3$

　∴ $a+b-c=3.2+3-3=3.2$　　　　　답 ③

06 전략 자료에 극단적인 값이 있는 경우에 평균은 대푯값으로 적절하지 않다.

　⑤ 다른 변량과 비교했을 때 100과 같이 극단적인 값이 있으므로 평균을 대푯값으로 하기에 가장 적절하지 않다.

따라서 적절하지 않은 것은 ⑤이다.　　　　　답 ⑤

개념 더하기

① 자료에 극단적인 값이 있는 경우에 평균보다 중앙값이 대푯값으로 더 적절하다.

② 변량의 개수가 많거나 중복되어 나타나는 자료의 대푯값으로 최빈값을 많이 사용한다.

07 전략 (평균)=$\dfrac{(\text{변량의 총합})}{(\text{변량의 개수})}$임을 이용하여 먼저 x의 값을 구한다.

평균이 5분이므로

　$\dfrac{4+x+6+7+4+7+6+2}{8}=5$,　$\dfrac{x+36}{8}=5$

　$x+36=40$　∴ $x=4$

자료의 변량을 작은 값부터 크기순으로 나열하면

　2, 4, 4, 4, 6, 6, 7, 7

　∴ (중앙값)=$\dfrac{4+6}{2}=5$ (분)　　　　　답 5분

08 전략 A, B, C, D, E의 지역의 특산물의 수를 각각 문자로 놓고 주어진 조건을 식으로 나타낸다.

A, B, C, D, E의 5개의 지역의 특산물의 수를 각각 a, b, c, d, e라 하면

　$\dfrac{a+b+c+d+e}{5}=4$

　∴ $a+b+c+d+e=20$　　　　　…… ㉠

한편 $\dfrac{a+b+c}{3}=6$에서 $a+b+c=18$이므로 ㉠에서

　$18+d+e=20$

　∴ $d+e=2$

따라서 D, E의 2개의 지역에 있는 특산물의 수의 평균은

　$\dfrac{d+e}{2}=\dfrac{2}{2}=1$　　　　　답 ①

09 전략 주어진 중앙값을 이용하여 a의 값의 범위를 구한다.

5개의 변량 8, 17, 7, 14, a의 중앙값이 a이므로 변량을 작은 값부터 크기순으로 나열할 때 3번째 값이 a이다.

즉 7, 8, a, 14, 17이므로 $8\leq a\leq14$에서 자연수 a는

　8, 9, 10, 11, 12, 13, 14　　　　　…… ㉠

또 5개의 변량 a, 6, 9, 13, 12의 중앙값이 9이므로 변량을 작은 값부터 크기순으로 나열할 때 3번째 값이 9이다.

즉 6, a, 9, 12, 13 또는 a, 6, 9, 12, 13이므로 $a\leq9$에서 자연수 a는

　1, 2, 3, 4, 5, 6, 7, 8, 9　　　　　…… ㉡

㉠, ㉡을 동시에 만족시키는 자연수 a의 값은 8, 9이다.

　　　　　답 8, 9

10 전략 x를 제외한 변량을 작은 값부터 크기순으로 나열한 후 중앙값이 7개일 때 x의 값의 범위를 생각한다.

x를 제외한 변량을 작은 값부터 크기순으로 나열하면

　5, 7, 7, 9, 10

x를 포함하였을 때 중앙값이 7개이므로 $x\leq7$이어야 한다.

이때 x는 음이 아닌 정수이므로 x의 값이 될 수 있는 가장 작은 값과 가장 큰 값의 합은

　$0+7=7$　　　　　답 7

11 전략 주어진 평균을 이용하여 a, b, c에 대한 식을 세운다.

$\dfrac{a+b+c}{3}=7$에서

　$a+b+c=21$

　∴ (평균)=$\dfrac{2+3a+3b+3c+10}{5}$

　　　　=$\dfrac{12+3(a+b+c)}{5}$

　　　　=$\dfrac{75}{5}=15$　　　　　답 15

12 전략 평균과 중앙값의 의미를 생각한다.

누락된 2명의 성적이 평균과 중앙값보다 크므로 다시 계산한 평균은 커지고, 중앙값은 변하지 않거나 커진다.

따라서 옳은 것은 ③, ⑤이다.　　　　　답 ③, ⑤

13 전략 윤아와 효주의 기록의 평균, 중앙값, 최빈값을 각각 구한다.

윤아: (평균) $= \dfrac{22+26+21+26+30}{5}$

$= \dfrac{125}{5} = 25$ (회)

변량을 작은 값부터 크기순으로 나열하면

21, 22, 26, 26, 30

∴ (중앙값) $=26$회, (최빈값) $=26$회

효주: (평균) $= \dfrac{29+16+29+30+26}{5}$

$= \dfrac{130}{5} = 26$ (회)

변량을 작은 값부터 크기순으로 나열하면

16, 26, 29, 29, 30

∴ (중앙값) $=29$회, (최빈값) $=29$회

① 윤아의 기록의 중앙값은 평균보다 높다.

② 효주의 기록의 중앙값과 최빈값은 같다.

③ 윤아의 기록의 평균은 효주의 기록의 평균보다 낮다.

따라서 옳은 것은 ④, ⑤이다.　　　　　답 ④, ⑤

14 전략 주어진 조건을 이용하여 먼저 5명의 회원이 잡은 물고기의 수를 구한다.

조건 ㈎, ㈏, ㈐에 의하여 5명의 회원이 잡은 물고기의 수는 각각

2마리, 4마리, 5마리, 5마리, 5마리

나머지 한 회원이 잡은 물고기의 수를 x마리라 하면 조건 ㈑에 의하여

$\dfrac{2+4+5+5+5+x}{6} = 5$

$x+21=30$　　∴ $x=9$

따라서 가장 많이 잡은 회원의 물고기의 수는 9마리이다.

답 9마리

15 전략 (평균) $= \dfrac{(\text{변량의 총합})}{(\text{변량의 개수})}$ 임을 이용하여 a, b에 대한 식을 구한다.

평균이 7권이므로

$\dfrac{7+6+8+10+5+8+7+a+b}{9} = 7$

$a+b+51=63$

∴ $a+b=12$

최빈값이 8권이므로 a, b 중 적어도 하나는 8이어야 한다.

이때 $a<b$이므로

$a=4$, $b=8$

따라서 변량을 작은 값부터 크기순으로 나열하면

4, 5, 6, 7, 7, 8, 8, 8, 10

∴ (중앙값) $=7$권　　　　　답 7권

16 전략 학생 A의 기록을 먼저 구한 후 학생들의 기록을 작은 값부터 크기순으로 나열하였을 때 각 값의 위치를 유추해 본다.

5명의 학생 A, B, C, D, E의 기록을 각각 a초, b초, c초, d초, e초라 하면 평균이 8.4초이므로

$\dfrac{a+b+c+d+e}{5} = 8.4$

∴ $a+b+c+d+e=42$　　　…… ㉠

또 5명의 학생 F, B, C, D, E의 기록의 평균은 7.9초이므로

$\dfrac{6.5+b+c+d+e}{5} = 7.9$

$6.5+b+c+d+e=39.5$

∴ $b+c+d+e=33$

이것을 ㉠에 대입하면

$a=9$

이때 A, B, C, D, E의 기록의 중앙값이 9.1초이고

$9<9.1$, $6.5<9.1$이므로 A 대신 F를 포함한 F, B, C, D, E의 기록의 중앙값은 9.1초로 변하지 않는다.

답 ⑤

17 전략 꺾은선그래프에서 두 자료의 변량과 변량의 개수를 파악한 후 대푯값을 구한다.

주어진 꺾은선그래프를 표로 나타내면 다음과 같다.

성적(점)	50	60	70	80	90	100	합계
남학생(명)	2	3	7	9	4	5	30
여학생(명)	3	4	8	7	2	1	25

ㄱ. 남학생은 80점이 가장 많이 나타나므로 최빈값은 80점이다.

ㄴ. 남학생은 30명이므로 중앙값은 15번째와 16번째 변량의 평균인 80점이고, 최빈값도 80점이므로 같다.

ㄷ. 여학생은 25명이므로 중앙값은 13번째 변량인 70점이다. 또 70점이 가장 많이 나타나므로 최빈값은 70점이다. 즉 여학생의 중앙값과 최빈값은 같다.

ㄹ. 남학생의 평균은

$\dfrac{50\times2+60\times3+70\times7+80\times9+90\times4+100\times5}{30}$

$= \dfrac{2350}{30}$

$= 78.3\cdots$ (점)

여학생의 평균은

$\dfrac{50\times3+60\times4+70\times8+80\times7+90\times2+100\times1}{25}$

$= \dfrac{1790}{25}$

$= 71.6$ (점)

즉 남학생과 여학생의 평균은 같지 않다.

이상에서 옳은 것은 ㄱ, ㄴ, ㄷ이다.

답 ㄱ, ㄴ, ㄷ

18 전략 자료 A의 중앙값이 22임을 이용하여 a의 값을 먼저 구한다.

자료 A에서 a, b를 제외한 변량을 작은 값부터 크기순으로 나열하면

　　15, 17, 25

자료 A의 중앙값이 22이고 $a < b$이므로

　　$a = 22$

두 자료 A, B를 섞은 전체 자료에서 $b-1$, b를 제외한 변량을 작은 값부터 크기순으로 나열하면

　　15, 17, 20, 22, 22, 25, 25, 26

두 자료 A, B를 섞은 전체 자료의 중앙값이 23이므로 $22 < b-1$이어야 하고

　　$\dfrac{22 + b - 1}{2} = 23$

이므로　　$b + 21 = 46$

　　$\therefore b = 25$　　　　　　　답 $a = 22$, $b = 25$

19 전략 최빈값이 12점이려면 a, b, c는 어떤 값을 가져야 하는지 생각한다.

a, b, c를 제외한 자료에서 9점이 2개로 가장 많고 최빈값이 12점이므로 a, b, c 중 적어도 2개는 12이어야 한다.

a, b, c의 값을 차례대로 12, 12, x라 하고 x를 제외한 변량을 작은 값부터 크기순으로 나열하면

　　8, 9, 9, 12, 12, 12, 14

자료의 중앙값이 11점이므로 $9 < x < 12$이어야 하고

　　$\dfrac{x + 12}{2} = 11$

　　$x + 12 = 22$　　$\therefore x = 10$

　　$\therefore a + b + c = 12 + 12 + 10 = 34$　　　답 34

서술형 대비 문제　　＞본문 209쪽

1 81점
2 평균: 273 kWh, 중앙값: 162 kWh, 중앙값
3 28분

1 1단계 x를 제외한 5개의 변량이 모두 1개씩이므로

　　(최빈값) $= x$점

2단계 평균과 최빈값이 같으므로

　　$\dfrac{82 + 80 + x + 83 + 79 + 81}{6} = x$

　　$405 + x = 6x$,　　$5x = 405$

　　$\therefore x = 81$

3단계 변량을 작은 값부터 크기순으로 나열하면

　　79, 80, 81, 81, 82, 83

　　$\therefore$ (중앙값) $= \dfrac{81 + 81}{2} = 81$ (점)

　　　　　　　　　　　　　　　　답 81점

2 1단계 (평균) $= \dfrac{135 + 162 + 183 + 960 + 174 + 154 + 143}{7}$

　　　　　　$= \dfrac{1911}{7} = 273$ (kWh)

2단계 자료의 변량을 작은 값부터 크기순으로 나열하면

　　135, 143, 154, 162, 174, 183, 960

　　$\therefore$ (중앙값) $= 162$ kWh

3단계 이 자료에는 960과 같이 극단적인 값이 있으므로 자료의 대푯값으로 더 적절한 것은 중앙값이다.

　　답 평균: 273 kWh, 중앙값: 162 kWh, 중앙값

단계	채점 요소	배점
1	평균 구하기	2점
2	중앙값 구하기	2점
3	대푯값으로 적절한 값 말하기	2점

3 1단계 6번째에 있는 변량을 x분이라 하면

　　$\dfrac{x + 34}{2} = 31$,　　$x + 34 = 62$

　　$\therefore x = 28$

따라서 6번째에 있는 변량은 28분이다.

2단계 25분을 추가한 13개의 변량을 작은 값부터 크기순으로 나열할 때, 7번째에 있는 변량은 28분이므로 구하는 중앙값은 28분이다.

　　　　　　　　　　　　　　　　답 28분

단계	채점 요소	배점
1	6번째에 있는 변량 구하기	3점
2	변량이 추가되었을 때, 중앙값 구하기	3점

도수분포표와 상대도수

01 줄기와 잎 그림, 도수분포표

개념원리 확인하기 ▶본문 214~215쪽

01 풀이 참조　　　02 풀이 참조
03 풀이 참조　　　04 풀이 참조
05 (1) 20　(2) 4회
　　(3) ㈎ 5회 이상 9회 미만　㈏ 9회 이상 13회 미만
　　(4) 9회 이상 13회 미만

01 (1) 줄기와 잎 그림으로 나타낼 때, 줄기는 학생들의 도서관 이용 횟수의 [십]의 자리의 숫자이고, 잎은 학생들의 도서관 이용 횟수의 [일]의 자리의 숫자이다.

(2) (0|6은 6회)

줄기	잎
0	6　9
1	0　5　6　8　9
2	0　1　1　1　3　5　6
3	1　2　2　3

(3) 2|6은 [26] 회를 나타낸다.
(4) 줄기는 0, [1], [2], [3]이고, 잎의 개수는 모두 [18]이다.
(5) 줄기가 3인 잎은 1, [2], [2], [3]이다.
(6) 도서관 이용 횟수가 가장 많은 학생의 이용 횟수는 [33]회이다.

🔲 풀이 참조

02 (1) (2|3은 23시간)

줄기	잎
2	3　4　5　7
3	0　1　3　5　5　7　9
4	0　0　4　6
5	1　2　8
6	2　5

(2) 줄기가 4인 잎은 0, 0, 4, 6이다.
(3) 줄기가 3인 잎이 7개로 가장 많다.
(4) SNS 사용 시간이 40시간 미만인 학생 수는 줄기가 2인 잎과 줄기가 3인 잎의 수의 합과 같으므로
　　4+7=11
(5) SNS 사용 시간이 가장 짧은 학생의 SNS 사용 시간은 23시간이다.

🔲 풀이 참조

03 (1)

키(cm)		도수(명)
145^{이상} ~ 150^{미만}	//	2
150　~ 155	////	4
155　~ 160	////	4
160　~ 165	///// //	7
165　~ 170	///	3
합계		20

(2) 계급의 크기는 양 끝 값의 차이므로
　　150-145=5 (cm)
(3) 계급의 개수는 5이다.
(4) 도수가 가장 큰 계급은 160 cm 이상 165 cm 미만이다.
(5) 키가 167 cm인 학생이 속하는 계급은 165 cm 이상 170 cm 미만이다.
(6) 키가 155 cm 이상인 학생 수는
　　4+7+3=14

🔲 풀이 참조

04

기록(cm)	도수(명)
190^{이상} ~ 200^{미만}	11
200　~ 210	7
210　~ 220	6
220　~ 230	1
합계	25

🔲 풀이 참조

05 (1) A=6+7+4+2+1=20
(2) 계급의 크기는 양 끝 값의 차이므로
　　5-1=4 (회)
(3) ㈎ 5회 이상 9회 미만　㈏ 9회 이상 13회 미만
(4) 턱걸이 횟수가 9회인 학생이 속하는 계급은 9회 이상 13회 미만이다.

🔲 (1) 20　(2) 4회
　　(3) ㈎ 5회 이상 9회 미만　㈏ 9회 이상 13회 미만
　　(4) 9회 이상 13회 미만

핵심문제 익히기 ▶본문 216~219쪽

1 (1) 29　(2) 55세　(3) 14
2 (1) 9　(2) 4　(3) 8　(4) 남학생
3 (1) 9　(2) 30분　(3) 60분 이상 90분 미만
　　(4) 60분 이상 90분 미만　(5) 22 %
4 (1) A=4, B=5　(2) 45 %　　　5 25 %

1 (1) 전체 회원 수는　　4+8+7+7+3=29
(2) 줄기와 잎 그림에서 3번째로 큰 수를 찾으면 55이다. 따라서 나이가 3번째로 많은 회원의 나이는 55세이다.

(3) 나이가 30세 이상 50세 미만인 회원 수는 줄기가 3인 잎과 줄기가 4인 잎의 수의 합과 같으므로

$$7+7=14$$

답 (1) 29 (2) 55세 (3) 14

2 (1) 줄기가 5인 잎의 수는

9, 7, 6, 2, 1, 0, 2, 5, 8

의 9이다.

(3) 45 kg 이상 55 kg 이하인 학생 수는

남학생: 48 kg, 51 kg, 52 kg의 3

여학생: 47 kg, 49 kg, 50 kg, 52 kg, 55 kg의 5

이므로 $3+5=8$

(4) 남학생이 여학생보다 줄기가 큰 쪽의 잎의 수가 더 많으므로 남학생이 여학생보다 몸무게가 더 무거운 편이라고 할 수 있다.

답 (1) 9 (2) 4 (3) 8 (4) 남학생

3 (1) $A=50-(6+8+14+2+11)=9$

(2) 계급의 크기는 양 끝 값의 차이므로

$$30-0=30 (분)$$

(3) 도수가 가장 큰 계급은 60분 이상 90분 미만이다.

(4) 연착 시간이 60분 미만인 비행기가 $6+8=14$ (대), 90분 미만인 비행기가 $6+8+14=28$ (대)이므로 연착 시간이 16번째로 짧은 비행기가 속하는 계급은 60분 이상 90분 미만이다.

(5) 연착 시간이 90분 이상 150분 미만인 비행기 수는

$$9+2=11$$

이므로 $\dfrac{11}{50}\times100=22 (\%)$

답 (1) 9 (2) 30분 (3) 60분 이상 90분 미만
(4) 60분 이상 90분 미만 (5) 22 %

4 (1) 운동 시간이 4시간 미만인 학생은 $(2+A)$명이므로

$$\dfrac{2+A}{20}\times100=30, \qquad 2+A=6$$

$$\therefore A=4$$

전체 학생 수가 20이므로

$$B=20-(2+4+3+4+2)=5$$

(2) 운동 시간이 6시간 이상 10시간 미만인 학생은

$$4+5=9 (명)$$

이므로

$$\dfrac{9}{20}\times100=45 (\%)$$

답 (1) $A=4$, $B=5$ (2) 45 %

다른 풀이 (1) 운동 시간이 4시간 미만인 학생은 $(2+A)$명이므로

$$2+A=20\times\dfrac{30}{100}, \qquad 2+A=6$$

$$\therefore A=4$$

5 전력 소비량이 250 kWh 이상인 가구가 8가구이므로 전체 가구 수를 x라 하면

$$8=x\times\dfrac{32}{100} \qquad \therefore x=25$$

150 kWh 이상 200 kWh 미만인 계급의 도수는

$$25-(3+5+5+3)=9 (가구)$$

이므로 구하는 백분율은

$$\dfrac{3}{3+9}\times100=25 (\%)$$

답 25 %

이런 문제가 **시험** 에 나온다 ➤ 본문 220~221쪽

01 ④	02 35 ℃	03 32 %	04 ④
05 ⑤	06 ①	07 ⑤	08 3

01 기록이 15회 이상 33회 미만인 학생 수는

15회, 18회, 22회, 24회, 26회, 27회, 30회

의 7이다.

답 ④

02 줄기가 3인 잎의 합이 21이므로

$$0+1+x+6+9=21 \qquad \therefore x=5$$

따라서 낮 최고 기온이 6번째로 높은 기온은 35 ℃이다.

답 35 ℃

03 로희가 딴 전체 감귤은 25개이고, 무게가 273 g 이상 287 g 미만인 감귤은 8개이므로

$$\dfrac{8}{25}\times100=32 (\%)$$

답 32 %

04 ① 전체 회원 수는 남자 12, 여자 12이므로

$$12+12=24$$

② 잎이 가장 많은 줄기는 3이다.

③ 40세 이상인 남자 회원은 $3+2=5 (명)$

④ 20세 미만인 회원은 남자 1명, 여자 2명으로 여자가 더 많다.

⑤ 남자 회원과 여자 회원은 각각 12명으로 같다.

따라서 옳은 것은 ④이다.

답 ④

05 ⑤ 계급의 개수를 너무 적게 하면 자료의 분포 상태를 알기 어렵다.

따라서 옳지 않은 것은 ⑤이다.

답 ⑤

06 계급의 크기는 $2-0=2 (편)$이므로

$$A=10$$

$$B=25-(2+10+4+3)=6$$

$$\therefore A+B=10+6=16$$

답 ①

07 ② 계급의 크기는 $230-220=10\,(g)$

③ 무게가 264 g인 토마토가 속하는 계급은 260 g 이상 270 g 미만이므로 그 도수는 2개이다.

④ $A=25-(10+5+3+2+1)=4$

⑤ 무게가 240 g 이상 260 g 미만인 토마토는
$$4+3=7\,(개)$$
이므로 $\dfrac{7}{25}\times100=28\,(\%)$

따라서 옳지 않은 것은 ⑤이다.   답 ⑤

08 봉사 활동 시간이 9시간 미만인 학생이
$$2+3+A=5+A\,(명)$$
이므로
$$5+A=30\times\dfrac{40}{100},\qquad 5+A=12$$
$$\therefore A=7$$
$$\therefore B=30-(2+3+7+5+9)=4$$
$$\therefore A-B=7-4=3$$ 답 3

02 히스토그램과 도수분포다각형

개념원리 **확인하기**   ▶본문 224~225쪽

01 풀이 참조
02 (1) 1초   (2) 8   (3) 8명
　　(4) 16초 이상 17초 미만   (5) 50
03 5, 27, 5, 27, 135   04 풀이 참조
05 풀이 참조
06 (1) 10점   (2) 6   (3) 3
　　(4) 40점 이상 50점 미만   (5) 20
07 288

01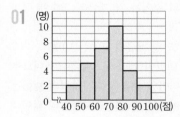
답 풀이 참조

02 (1) $14-13=1\,(초)$

(3) 18초 이상 19초 미만인 계급의 도수는 8명이다.

(4) 도수가 가장 큰 계급은 16초 이상 17초 미만이다.

(5) 1학년 전체 학생 수는
$$1+4+5+16+12+8+3+1=50$$
답 (1) 1초   (2) 8   (3) 8명
　　(4) 16초 이상 17초 미만   (5) 50

03 (계급의 크기)$=75-70=5\,(점)$

(전체 학생 수)$=2+5+8+6+4+2=27$

∴ (직사각형의 넓이의 합)$=5\times27=135$

답 5, 27, 5, 27, 135

04 (1)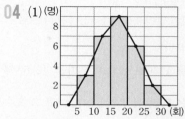

(2)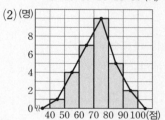

답 풀이 참조

05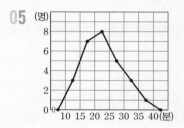

답 풀이 참조

06 (1) $50-40=10\,(점)$

(3) 과학 성적이 60점 이상 70점 미만인 학생 수는 3이다.

(4) 도수가 가장 작은 계급은 40점 이상 50점 미만이다.

(5) 전체 학생 수는
$$1+2+3+8+4+2=20$$
답 (1) 10점   (2) 6   (3) 3
　　(4) 40점 이상 50점 미만   (5) 20

07 (도수분포다각형과 가로축으로 둘러싸인 부분의 넓이)

$=$ (계급의 크기)$\times$(도수의 총합)

$=8\times(6+11+9+8+2)$

$=8\times36=288$ 답 288

핵심문제 **익히기**   ▶본문 226~230쪽

1 (1) 80명 이상 90명 미만   (2) 60 %
2 320   3 11
4 (1) 40   (2) 8명   (3) 30 %   5 (1) 40   (2) 9
6 10   7 ㄱ, ㄷ

1 (1) 방문자가 90명 이상인 날이 2일, 80명 이상인 날이 $7+2=9$ (일)이므로 방문자 수가 5번째로 많은 날은 80명 이상 90명 미만인 계급에 속한다.

(2) 조사한 전체 날수는
$$1+2+4+5+9+7+2=30$$
방문자가 70명 이상인 날이 $9+7+2=18$ (일)이므로
$$\frac{18}{30}\times100=60\,(\%)$$

답 (1) 80명 이상 90명 미만 (2) 60 %

2 도수가 가장 큰 계급은 70분 이상 80분 미만이고 그 도수는 7명이므로
$$a=10\times7=70$$
$$b=(계급의 크기)\times(도수의 총합)$$
$$=10\times(2+4+5+7+6+1)$$
$$=10\times25$$
$$=250$$
$$\therefore a+b=70+250=320$$

답 320

3 수학 성적이 80점 미만인 학생이 전체의 70 %이므로 학생 수는
$$40\times\frac{70}{100}=28$$
따라서 수학 성적이 70점 이상 80점 미만인 학생 수는
$$28-(3+6+8)=11$$

답 11

4 (1) 전체 학생 수는
$$4+6+12+10+8=40$$

(2) 키가 165 cm 이상인 학생이 8명이므로 키가 4번째로 큰 학생은 165 cm 이상 170 cm 미만인 계급에 속한다.
따라서 도수는 8명이다.

(3) 키가 155 cm 이상 160 cm 미만인 학생 수는 12이므로
$$\frac{12}{40}\times100=30\,(\%)$$

답 (1) 40 (2) 8명 (3) 30 %

5 (1) 수학 성적이 70점 이상인 학생 수는 $9+3=12$이므로 전체 학생 수를 x라 하면
$$12=x\times\frac{30}{100}\qquad\therefore x=40$$
따라서 전체 학생 수는 40이다.

(2) 수학 성적이 50점 이상 60점 미만인 학생 수는
$$40-(4+15+9+3)=9$$

답 (1) 40 (2) 9

6 하루 동안 휴대폰으로 보낸 메시지가 30건 이상 35건 미만인 학생 수를 x라 하면 25건 이상 30건 미만인 학생 수는 $2x$이므로
$$1+4+6+9+2x+x=35$$
$$3x=15\qquad\therefore x=5$$

따라서 하루 동안 휴대폰으로 보낸 메시지가 25건 이상 30건 미만인 학생 수는 10이다.

답 10

7 ㄱ. A 반을 나타내는 그래프가 B 반을 나타내는 그래프보다 오른쪽으로 치우쳐 있으므로 A 반 학생들이 B 반 학생들보다 도서관 이용 횟수가 많은 편이다.

ㄴ. 도서관 이용 횟수가 18회 이상 21회 미만인 학생이 A 반에 3명, B 반에 1명 있지만 이용 횟수가 가장 많은 학생이 어느 반에 있는지는 알 수 없다.

ㄷ. 도서관 이용 횟수가 9회 이상 15회 미만인 학생은
A 반: $5+8=13$ (명), B 반: $9+5=14$ (명)
이므로 A 반보다 B 반이 1명 더 많다.

이상에서 옳은 것은 ㄱ, ㄷ이다.

답 ㄱ, ㄷ

이런 문제가 **시험** 에 나온다   ▶본문 231~232쪽

01 ②	02 2배	03 ②	04 12
05 ④	06 14	07 (1) 7 (2) 9명	
08 ③, ⑤			

01 ① 농구반 전체 학생 수는
$$8+5+7+4+5=29$$
③ 도수가 가장 작은 계급은 8시간 이상 10시간 미만이다.
④ 운동 시간이 6시간 미만인 학생 수는
$$8+5=13$$
⑤ 운동 시간이 10시간 이상인 학생이 5명, 8시간 이상인 학생이 $4+5=9$ (명)이므로 운동 시간이 7번째로 긴 학생이 속하는 계급은 8시간 이상 10시간 미만이다.
따라서 그 도수는 4명이다.
따라서 옳은 것은 ②이다.

답 ②

02 히스토그램의 직사각형의 넓이는 각 계급의 도수에 정비례한다.
160 cm 이상 170 cm 미만인 계급의 도수는 10명,
170 cm 이상 180 cm 미만인 계급의 도수는 5명이므로
160 cm 이상 170 cm 미만인 계급의 직사각형의 넓이는
170 cm 이상 180 cm 미만인 계급의 직사각형의 넓이의 2배이다.

답 2배

03 7 m³ 이상 9 m³ 미만인 계급의 도수를 x가구라 하면
9 m³ 이상 11 m³ 미만인 계급의 도수는 $(x+1)$가구이므로
$$4+7+10+x+(x+1)+2=50$$
$$2x+24=50,\qquad 2x=26$$
$$\therefore x=13$$
따라서 구하는 계급의 도수는 13가구이다.

답 ②

04 여행 횟수가 14회 이상 16회 미만인 학생 수가 8이므로 전체 학생 수를 x라 하면

$$8=x \times \frac{20}{100} \qquad \therefore x=40$$

따라서 여행 횟수가 10회 이상 12회 미만인 학생 수는

$$40-(2+5+10+8+3)=12$$

🔳 12

05 ④ 한 달 용돈이 만 오천 원 미만인 학생 수는

$$7+8=15$$

따라서 옳지 않은 것은 ④이다.

🔳 ④

06 50개의 자유투를 했을 때 성공률이 60 % 이상이려면

$$50 \times \frac{60}{100}=30 \,(개)$$

이상 성공해야 한다.

따라서 자유투를 했을 때 30개 이상 성공한 학생 수는

$$9+5=14$$

🔳 14

07 (1) 기록이 18초 이상 19초 미만인 학생 수를 x라 하면

$$\frac{5+7+8+11+x}{50} \times 100=76$$

$$x+31=38 \qquad \therefore x=7$$

(2) 수영이가 속하는 계급은 19초 이상 20초 미만이므로 이 계급의 도수는

$$50-(5+7+8+11+7+3)=9 \,(명)$$

🔳 (1) 7 (2) 9명

08 ① (남학생 수)=1+3+7+9+3+2=25

(여학생 수)=1+2+5+8+6+3=25

② 여학생을 나타내는 그래프가 남학생을 나타내는 그래프보다 오른쪽으로 치우쳐 있으므로 여학생의 사용 시간이 남학생의 사용 시간보다 긴 편이다.

③ 두 도수분포다각형의 계급의 크기는 모두 2시간이다.

④ 여학생의 도수분포다각형에서 컴퓨터 사용 시간이 13시간 이상인 학생이 3명, 11시간 이상인 학생이 6+3=9 (명)이므로 여학생 중 사용 시간이 6번째로 긴 학생은 11시간 이상 13시간 미만인 계급에 속한다.

⑤ 남학생의 도수분포다각형에서 도수가 가장 큰 계급은 7시간 이상 9시간 미만이고 그 계급의 도수는 9명이다.

따라서 옳지 않은 것은 ③, ⑤이다.

🔳 ③, ⑤

03 상대도수와 그 그래프

개념원리 확인하기
> 본문 234쪽

01 풀이 참조 **02** 풀이 참조

03 (1) 1 (2) 상대도수 (3) 정 (4) 계급의 크기

01 (1)

자란 키(mm)	도수(명)	상대도수
0^{이상} ~ 10^{미만}	5	$\frac{5}{50}=0.1$
10 ~ 20	9	$\frac{9}{50}=0.18$
20 ~ 30	13	$\frac{13}{50}=0.26$
30 ~ 40	10	$\frac{10}{50}=0.2$
40 ~ 50	7	$\frac{7}{50}=0.14$
50 ~ 60	6	$\frac{6}{50}=0.12$
합계	50	1

(2) 상대도수가 가장 큰 계급은 20 mm 이상 30 mm 미만이다.

🔳 풀이 참조

02 (1) 4시간 이상 5시간 미만인 계급의 도수가 5명이고 상대도수가 0.1이므로

$$(\text{전체 학생 수})=\frac{5}{0.1}=50$$

(2) $A=\frac{15}{50}=0.3$

$B=50 \times 0.4=20$

상대도수의 총합은 항상 1이므로 $D=1$

$C=1-(0.1+0.3+0.4)=0.2$

(3)

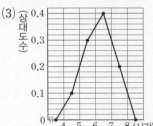

🔳 풀이 참조

03 (1) 상대도수의 총합은 항상 $\boxed{1}$ 이다.

(2) 도수의 총합이 다른 두 집단의 분포 상태를 비교할 때 $\boxed{상대도수}$ 를 이용하면 편리하다.

(3) 각 계급의 상대도수는 그 계급의 도수에 $\boxed{정}$ 비례한다.

(4) 상대도수의 분포를 나타낸 그래프와 가로축으로 둘러싸인 부분의 넓이는 $\boxed{계급의 크기}$ 와 같다.

🔳 (1) 1 (2) 상대도수 (3) 정 (4) 계급의 크기

핵심문제 익히기
> 본문 235~238쪽

1 (1) $A=12$, $B=0.15$, $C=1$, $D=40$ (2) 45 %

2 33 **3** 0.34 **4** 안과 **5** 27

6 75 **7** ①, ④

1 (1) $D = \dfrac{4}{0.1} = 40$이므로

$\qquad A = 40 \times 0.3 = 12$

$\qquad B = \dfrac{6}{40} = 0.15$

상대도수의 총합은 항상 1이므로

$\qquad C = 1$

(2) 키가 160 cm 이상인 계급의 상대도수의 합은

$\qquad 0.3 + 0.15 = 0.45$

이므로 $\quad 0.45 \times 100 = 45\,(\%)$

📋 (1) $A = 12$, $B = 0.15$, $C = 1$, $D = 40$ (2) 45 %

2 6편 이상 8편 미만인 계급의 상대도수는

$\qquad 1 - (0.1 + 0.15 + 0.2 + 0.5) = 0.05$

영화 수가 6편 이상인 계급의 상대도수의 합은

$\qquad 0.05 + 0.5 = 0.55$

따라서 구하는 학생 수는

$\qquad 60 \times 0.55 = 33$

📋 33

3 (전체 학생 수) $= \dfrac{9}{0.18} = 50$

따라서 15분 이상 20분 미만인 계급의 상대도수는

$\qquad \dfrac{17}{50} = 0.34$

📋 0.34

4 각 병원별 상대도수를 구하여 표로 나타내면 오른쪽과 같다.

따라서 도시 B의 비율이 더 높은 병원은 안과이다.

병원	상대도수	
	A	B
내과	0.4	0.4
이비인후과	0.22	0.2
안과	0.12	0.16···
치과	0.26	0.23···
합계	1	1

📋 안과

5 명상 시간이 45분 이상 55분 미만인 계급의 상대도수의 합은 $\quad 0.24 + 0.3 = 0.54$

따라서 구하는 학생 수는 $\quad 50 \times 0.54 = 27$

📋 27

6 평균이 80점 미만인 학생이 전체의 52 %이므로 80점 미만인 계급의 상대도수의 합은 0.52이다.

80점 이상 90점 미만인 계급의 상대도수는

$\qquad 1 - (0.52 + 0.18) = 0.3$

따라서 구하는 학생 수는

$\qquad 250 \times 0.3 = 75$

📋 75

7 ① 상대도수만으로 남학생 수와 여학생 수가 서로 같은지는 알 수 없다.

② 계급의 크기가 같고, 상대도수의 총합도 1로 같으므로 각각의 그래프와 가로축으로 둘러싸인 부분의 넓이는 서로 같다.

③ 여학생의 그래프가 남학생의 그래프보다 오른쪽으로 치우쳐 있으므로 남학생보다 여학생이 읽은 책의 수가 더 많은 편이다.

④ 전체 여학생 수와 전체 남학생 수를 모르므로 3권 이상 읽은 여학생 수가 남학생 수보다 더 많은지 알 수 없다.

⑤ 남학생의 2권 이상 4권 미만인 계급의 상대도수의 합은

$\qquad 0.2 + 0.4 = 0.6$

$\qquad \therefore 0.6 \times 100 = 60\,(\%)$

여학생의 2권 이상 4권 미만인 계급의 상대도수의 합은

$\qquad 0.2 + 0.35 = 0.55$

$\qquad \therefore 0.55 \times 100 = 55\,(\%)$

따라서 옳지 않은 것은 ①, ④이다.　　　　📋 ①, ④

> 본문 239쪽

01 ③　　**02** 2　　**03** ④　　**04** 0.36

05 12

01 희망 장소가 방송국인 학생 수가 105, 상대도수가 0.35이므로

$\qquad E = \dfrac{105}{0.35} = 300$

$\qquad A = 300 \times 0.15 = 45$

$\qquad B = \dfrac{60}{300} = 0.2$

$\qquad D = 300 \times 0.05 = 15$

$\qquad C = 300 - (105 + 45 + 60 + 15) = 75$

따라서 옳지 않은 것은 ③이다.　　　　📋 ③

02 상대도수가 0.4인 계급의 도수가 16이므로

$\qquad$ (도수의 총합) $= \dfrac{16}{0.4} = 40$

따라서 상대도수가 0.05인 계급의 도수는

$\qquad 40 \times 0.05 = 2$

📋 2

03 50점 이상 60점 미만인 계급의 도수가 6명이고 상대도수가 0.2이므로

$\qquad$ (전체 학생 수) $= \dfrac{6}{0.2} = 30$

수행 평가 점수가 70점 이상인 학생 수는

$\qquad 30 - (6 + 9) = 15$

이므로 수행 평가 점수가 70점 이상 학생은 전체의

$\qquad \dfrac{15}{30} \times 100 = 50\,(\%)$

📋 ④

04 A를 좋아하는 남학생 수는 $\quad 30 \times 0.2 = 6$

A를 좋아하는 여학생 수는 $\quad 20 \times 0.6 = 12$

따라서 전체 학생 중 A를 좋아하는 학생 수는

$$6+12=18$$

이므로 상대도수는 $\dfrac{18}{50}=0.36$ 답 0.36

05 과학 성적이 40점 이상 50점 미만인 학생 수가 4, 이 계급의 상대도수는 0.1이므로

$$(전체\ 학생\ 수)=\dfrac{4}{0.1}=40$$

60점 이상 70점 미만인 계급의 상대도수는

$$1-(0.1+0.15+0.25+0.15+0.05)=0.3$$

따라서 구하는 학생 수는

$$40\times0.3=12$$ 답 12

중단원 마무리하기

▶본문 240∼243쪽

01 8명	**02** 40 %	**03** ④	**04** ④
05 35 %	**06** ④	**07** ⑤	**08** 15 %
09 2반	**10** ①, ③	**11** 8명	**12** 28 %
13 40 m	**14** ③	**15** 35	**16** ③
17 9	**18** 36명	**19** 2 : 5	**20** ②
21 (1) B 반 (2) 6 %		**22** 13분	**23** 80점
24 60등			

01 전략 성은이의 키가 속한 줄기를 먼저 찾는다.

잎이 가장 많은 줄기는 15이므로 성은이의 키는 153 cm 이상이다.

따라서 성은이보다 키가 작은 학생은 적어도

$$3+5=8\ (명)$$

이다.   답 8명

02 전략 줄기와 잎 그림의 전체 변량 수 ➡ 전체 잎의 수와 같다.

$$(남학생\ 수)=2+3+4+5+3=17$$
$$(여학생\ 수)=3+5+5+3+2=18$$

이므로 $(전체\ 학생\ 수)=17+18=35$

연습 시간이 45분 이상인 학생은

$$1+8+5=14\ (명)$$

이므로 $\dfrac{14}{35}\times100=40\ (\%)$ 답 40 %

03 전략 도수의 총합을 이용하여 A의 값을 구한다.

① $A=45-(7+11+15+4)=8$

② 계급의 크기는 $40-30=10\ (세)$

④ 수상 당시의 나이가 50세 미만인 수상자는

$$7+11=18\ (명)$$

이므로 $\dfrac{18}{45}\times100=40\ (\%)$

⑤ 나이가 70세 이상인 수상자가 4명, 60세 이상인 수상자가 8+4=12 (명)이므로 5번째로 나이가 많은 수상자가 속하는 계급은 60세 이상 70세 미만이다.

따라서 옳지 않은 것은 ④이다.   답 ④

04 전략 하루 평균 수면 시간이 가장 짧은 학생이 속한 계급의 도수부터 차례대로 조사한다.

하루 평균 수면 시간이 5시간 미만인 학생은 3명, 6시간 미만인 학생은 3+8=11 (명)이다.

따라서 하루 평균 수면 시간이 8번째로 짧은 학생이 속하는 계급은 5시간 이상 6시간 미만이므로 구하는 도수는 8명이다.   답 ④

05 전략 먼저 전체 학생 수를 구한다.

$$(전체\ 학생\ 수)=3+5+8+10+9+5=40$$

리코더 연습 시간이 1시간 이상인 학생은

$$9+5=14\ (명)$$

이므로 $\dfrac{14}{40}\times100=35\ (\%)$ 답 35 %

06 전략 남학생과 여학생의 각각의 그래프에서 도수를 조사하여 전체 남학생 수와 여학생 수를 구한다.

ㄱ. 여학생의 그래프와 가로축으로 둘러싸인 부분의 넓이는

$$5\times(1+5+9+3+2)=100$$

남학생의 그래프와 가로축으로 둘러싸인 부분의 넓이는

$$5\times(2+6+8+3+1)=100$$

이므로 같다.

ㄴ. 45 kg 미만인 여학생은 1명, 남학생은 없다.

ㄷ. 남학생의 몸무게에서 도수가 가장 큰 계급은 55 kg 이상 60 kg 미만이다.

ㄹ. 여학생 수와 남학생 수는 각각 20으로 같다.

이상에서 옳은 것은 ㄱ, ㄴ, ㄷ이다.   답 ④

07 전략 $(도수의\ 총합)=\dfrac{(계급의\ 도수)}{(계급의\ 상대도수)}$임을 이용하여 도수의 총합을 먼저 구한다.

$$(도수의\ 총합)=\dfrac{12}{0.15}=80$$

따라서 도수가 30인 계급의 상대도수는

$$\dfrac{30}{80}=0.375$$ 답 ⑤

08 전략 상대도수의 총합은 항상 1임을 이용한다.

상대도수의 총합은 항상 1이므로 사회 참고서를 3권 갖고 있는 학생의 상대도수는

$$1-(0.2+0.38+0.27+0.02)=0.13$$

따라서 사회 참고서를 3권 이상 갖고 있는 학생은 전체의

$$(0.13+0.02)\times100=15\ (\%)$$ 답 15 %

09 전략 두 반의 전체 학생 수가 다르므로 상대도수를 구하여 자료를 비교한다.

1반에서 60점 이상 80점 미만인 계급의 상대도수는

$$\frac{17}{50}=0.34$$

2반에서 60점 이상 80점 미만인 계급의 상대도수는

$$\frac{16}{45}=0.355\cdots$$

따라서 60점 이상 80점 미만인 학생의 비율이 더 높은 반은 2반이다.　　　　　　　　　　　답 2반

10 전략 각 용어에 대한 뜻을 이해하고 특징을 생각한다.

① 줄기와 잎 그림에서 줄기에는 중복되는 수를 한 번씩만 써야 하고, 잎에는 중복되는 수를 모두 써야 한다.
③ 히스토그램의 직사각형의 넓이의 합은 도수분포다각형과 가로축으로 둘러싸인 부분의 넓이와 같다.
따라서 옳지 않은 것은 ①, ③이다.　　　　답 ①, ③

11 전략 각 계급의 상대도수는 그 계급의 도수에 정비례한다.

도수가 가장 큰 계급은 상대도수가 가장 크고 도수가 가장 작은 계급은 상대도수가 가장 작다.
상대도수가 가장 큰 계급의 도수는

$$40\times0.25=10\,(명)$$

상대도수가 가장 작은 계급의 도수는

$$40\times0.05=2\,(명)$$

따라서 두 계급의 도수의 차는

$$10-2=8\,(명)$$　　　　　　　　　　답 8명

12 전략 상대도수의 총합이 1임을 이용한다.

80점 미만인 계급의 상대도수의 합이

$$0.04+0.08+0.14+0.26+0.2=0.72$$

이므로 80점 이상인 계급의 상대도수의 합은

$$1-0.72=0.28$$

따라서 영어 성적이 80점 이상인 학생은 전체의

$$0.28\times100=28\,(\%)$$　　　　　　답 28 %

13 전략 전체 잎의 수를 조사하여 먼저 전체 학생의 $\frac{1}{5}$을 구한다.

(전체 학생 수)$=2+4+6+3=15$

전체 학생의 $\frac{1}{5}$은　$15\times\frac{1}{5}=3$

이때 기록이 좋은 쪽에서 3번째인 학생의 기록이 40 m이므로 준희의 기록은 최소 40 m이다.　　　답 40 m

14 전략 농도가 $40\,\mu g/m^3$ 미만인 지역이 전체의 20 %이면 농도가 $40\,\mu g/m^3$ 이상인 지역은 전체의 80 %이다.

농도가 $40\,\mu g/m^3$ 이상인 지역 수는

$$7+11+5+1=24$$

이고 전체의 $100-20=80\,(\%)$이므로

$$24=B\times\frac{80}{100}$$

$$\therefore B=30$$

따라서 $A=30-(2+24)=4$이므로

$$A+B=4+30=34$$　　　　　　답 ③

15 전략 히스토그램에서 직사각형의 넓이는 각 계급의 도수에 정비례한다.

직사각형 A와 B의 가로의 길이는 계급의 크기로 서로 같으므로 넓이의 비는 세로의 길이의 비, 즉 도수의 비와 같다.
A의 도수를 x명이라 하면

$$x:9=4:3,\qquad 3x=36$$

$$\therefore x=12$$

따라서 전체 학생 수는

$$2+4+6+12+9+2=35$$　　　답 35

16 전략 세로축의 한 칸을 x가구라 하고 각 계급의 도수를 x로 나타낸다.

세로축의 한 칸을 x가구라 하면

$$2x+6x+13x+10x+5x+4x=80$$

$$40x=80\qquad\therefore x=2$$

따라서 생활 폐기물 발생량이 120 L 미만인 가구 수는

$$2x+6x=8x=8\times2=16$$　　　답 ③

17 전략 S_1의 넓이와 S_2의 넓이는 같다.

계급의 크기는 5 cm이므로 세로축의 한 칸을 a명이라 하면 S_1, S_2의 넓이가 같으므로

$$S_1+S_2=2.5\times2a=5a=15$$

$$\therefore a=3$$

따라서 키가 150 cm 이상 155 cm 미만인 학생 수는

$$3a=3\times3=9$$　　　　　　답 9

18 전략 40세 이상인 사람 수와 주어진 조건을 이용하여 40세 미만인 사람 수를 구한다.

40세 이상인 사람 수는 $12+8=20$이므로 40세 미만인 사람 수는

$$20\times4=80$$

따라서 20세 이상 30세 미만인 계급의 도수는

$$80-(20+24)=36\,(명)$$　　　답 36명

19 전략 주어진 비를 이용하여 도수의 총합과 어떤 계급의 도수를 각각 문자로 놓는다.

도수의 총합을 각각 $2a$, a, 어떤 계급의 도수를 각각 $4b$, $5b$라 하면 이 계급의 상대도수의 비는

$$\frac{4b}{2a}:\frac{5b}{a}=2:5$$　　　　　답 2 : 5

20 전략 전체 학생 수를 x라 하고 각 계급의 학생 수를 x에 대한 식으로 나타낸다.

1학년 전체 학생 수를 x라 하면 성공한 횟수가 15회 이상 18회 미만인 학생 수는 $0.34x$, 18회 이상 21회 미만인 학생 수는 $0.2x$이므로

$$0.34x-0.2x=7, \qquad 0.14x=7$$
$$\therefore x=50$$

따라서 1학년 전체 학생 수는 50이다. 답 ②

21 전략 두 자료의 비교 ➡ 그래프가 오른쪽으로 치우쳐 있을수록 성적이 좋다.

(1) B 반의 그래프가 A 반의 그래프보다 오른쪽으로 치우쳐 있으므로 B 반의 성적이 더 좋은 편이다.

(2) B 반에서 95점 이상 100점 미만인 계급의 상대도수가 0.1이므로 상위 10 % 이내에 드는 학생의 성적은 95점 이상 100점 미만이다.

A 반에서 95점 이상 100점 미만인 계급의 상대도수가 0.06이므로 상위 6 % 이내에 든다.

답 (1) B 반 (2) 6 %

22 전략 먼저 검사 대상이 되는 학생이 몇 명인지 구한다.

(전체 학생 수)$=5+7+5+6+5+2=30$

전체의 20 %는

$$30\times\frac{20}{100}=6$$

게임 시간이 긴 쪽에서 상위 20 %의 학생은 6명이고 검사 대상이 되는 학생 6명 중 게임 시간이 가장 긴 학생의 게임 시간은 65분, 가장 짧은 학생의 게임 시간은 52분이므로 두 학생의 게임 시간의 차는

$$65-52=13 \,(분)$$

답 13분

23 전략 보이지 않는 계급의 도수를 구한 후 상위 34 %의 학생 수를 구한다.

수학 성적이 70점 이상 80점 미만인 학생 수를 x라 하면

$$\frac{x}{50}\times100=32$$
$$\therefore x=16$$

수학 성적이 80점 이상 90점 미만인 학생 수는

$$50-(4+6+7+16+5)=12$$

한편 상위 34 %는 $50\times\dfrac{34}{100}=17 \,(명)$이므로 최소한 80점을 받아야 한다. 답 80점

24 전략 먼저 A 중학교에서 15등인 학생이 속한 계급을 찾는다.

80점 이상 90점 미만인 계급의 상대도수는 A 중학교가 0.1, B 중학교가 0.2이므로

(A 중학교의 전체 학생 수)$=\dfrac{10}{0.1}=100$

(B 중학교의 전체 학생 수)$=\dfrac{40}{0.2}=200$

A 중학교에서 90점 이상 100점 미만인 계급의 도수는

$$100\times0.05=5 \,(명)$$

80점 이상 90점 미만인 계급의 도수는

$$100\times0.1=10 \,(명)$$

따라서 15등인 학생의 점수는 80점 이상이다.

한편 B 중학교에서 80점 이상인 학생 수는

$$200\times(0.2+0.1)=60$$

따라서 A 중학교에서 15등인 학생의 점수는 B 중학교에서 대략 60등인 학생의 점수와 같다. 답 60등

서술형 대비 문제 ❯ 본문 244~245쪽

1 (1) 0.82 (2) 0.12 (3) 6
2 (1) 5 (2) 86점 **3** 68 **4** 78
5 32명

1 1단계 (1) 등록된 친구가 100명 미만인 학생 수가 41이므로 100명 미만인 계급의 상대도수의 합은

$$\frac{41}{50}=0.82$$

2단계 (2) 등록된 친구가 100명 미만인 계급의 상대도수의 합이 0.82이므로 100명 이상 120명 미만인 계급의 상대도수는

$$1-(0.82+0.06)=1-0.88=0.12$$

3단계 (3) 등록된 친구가 100명 이상 120명 미만인 학생 수는

$$50\times0.12=6$$

답 (1) 0.82 (2) 0.12 (3) 6

2 1단계 (1) 점수가 75점 이상 86점 이하인 학생 수는

75점, 77점, 81점, 82점, 86점

의 5이다.

2단계 (2) 줄기와 잎 그림에서 5번째로 큰 수를 찾으면 86이다.

따라서 점수가 높은 쪽에서 5번째인 학생의 점수는 86점이다.

답 (1) 5 (2) 86점

단계	채점 요소	배점
1	점수가 75점 이상 86점 이하인 학생 수 구하기	2점
2	점수가 높은 쪽에서 5번째인 학생의 점수 구하기	3점

3 1단계 연습 시간이 60분 이상인 학생 수는
$$22+10+4=36$$
이고 전체의 60 %이므로
$$B \times \frac{60}{100}=36$$
$$\therefore B=60$$
2단계 $A=60-(2+14+22+10+4)=8$
3단계 $A+B=8+60=68$

답 68

단계	채점 요소	배점
1	B의 값 구하기	3점
2	A의 값 구하기	2점
3	$A+B$의 값 구하기	1점

4 1단계 히스토그램에서 두 직사각형의 넓이의 비는 두 계급의 도수의 비와 같으므로
$$7:5=a:10$$
$$\therefore a=14$$
2단계 직사각형 전체의 넓이의 합은
$$2 \times (2+5+8+14+10)=78$$

답 78

단계	채점 요소	배점
1	a의 값 구하기	3점
2	직사각형 전체의 넓이의 합 구하기	2점

5 1단계 각 계급의 상대도수는 그 계급의 도수에 정비례하므로 초등학생과 중학생의 등교 시각에 대한 도수의 차가 가장 큰 계급은 상대도수의 차가 가장 큰 계급이다. 따라서 주어진 그래프에서 상대도수의 차가 가장 큰 계급은
8시 30분 이후 8시 35분 전
이다.
2단계 초등학생과 중학생의 도수는
초등학생: $200 \times 0.24=48$ (명)
중학생: $100 \times 0.16=16$ (명)
3단계 구하는 차는
$$48-16=32 \ (명)$$

답 32명

단계	채점 요소	배점
1	초등학생과 중학생의 등교 시각에 대한 도수의 차가 가장 큰 계급 구하기	2점
2	각 계급의 도수 구하기	4점
3	도수의 차 구하기	1점

다른 풀이 주어진 상대도수의 분포를 나타낸 그래프를 도수분포표로 나타내면 다음과 같다.

시각(시 : 분)	초등학생 수(명)	중학생 수(명)
8 : 10^{이후} ~ 8 : 15^{전}	16	8
8 : 15 ~ 8 : 20	20	16
8 : 20 ~ 8 : 25	32	20
8 : 25 ~ 8 : 30	56	30
8 : 30 ~ 8 : 35	48	16
8 : 35 ~ 8 : 40	28	10
합계	200	100

각 계급의 도수의 차를 구하면
8 : 10 이후 8 : 15 전 ➡ $16-8=8$ (명)
8 : 15 이후 8 : 20 전 ➡ $20-16=4$ (명)
8 : 20 이후 8 : 25 전 ➡ $32-20=12$ (명)
8 : 25 이후 8 : 30 전 ➡ $56-30=26$ (명)
8 : 30 이후 8 : 35 전 ➡ $48-16=32$ (명)
8 : 35 이후 8 : 40 전 ➡ $28-10=18$ (명)
따라서 초등학생과 중학생의 등교 시각에 대한 도수의 차가 가장 큰 계급은 8시 30분 이후 8시 35분 전이고 구하는 차는 32명이다.

MEMO

정답 및 풀이

개념원리 중학 수학 **1-2**